KB159087

농산물품질
관리사

기출문제 정복하기

1차 필기

# 농산물품질관리사
## 기출문제 정복하기 1차필기

| | | |
|---|---|---|
| 초판 발행 | 2021년 1월 22일 |
| 개정 3판 1쇄 발행 | 2023년 1월 2일 |

편 저 자 | 자격시험연구소

발 행 처 | ㈜서원각

등록번호 | 1999-1A-107호

주　　소 | 경기도 고양시 일산서구 덕산로 88-45(가좌동)

대표번호 | 031-923-2051 / 070-4233-2507

팩　　스 | 031-923-3815

교재문의 | 카카오톡 플러스 친구[서원각]

영상문의 | 070-4233-2505

홈페이지 | www.goseowon.com

책임편집 | 성지현

디 자 인 | 김한울

이 책은 저작권법에 따라 보호받는 저작물로 무단 전재, 복제, 전송 행위를 금지합니다.

내용의 전부 또는 일부를 사용하려면 저작권자와 (주)서원각의 서면 동의를 반드시 받아야 합니다.

▷ ISBN과 가격은 표지 뒷면에 있습니다.

▷ 파본은 구입하신 곳에서 교환해드립니다.

# Preface

수입 농산물들을 국내 농산물로 원산지를 둔갑시키는 원산지 표시 위반 행위가 매년 급증함에 따라 농산물 거래질서가 혼란을 겪고 있으며, 피해를 입는 소비자의 사례가 늘고 있는 추세입니다. 이에 따라 정부는 원산지 표시의 신뢰성을 확보하여 농산물의 생산자와 소비자를 보호하고, 농산물의 유통질서를 확립하기 위해 농산물품질관리사를 양성하게 되었습니다.

농산물품질관리사는 농산물 등급 판정, 농산물 출하시기 조절 및 품질관리기술 등에 대한 자문, 그 밖에 농산물의 품질향상 및 유통효율화에 관하여 필요한 업무로서 농림수산식품부령이 정하는 업무를 수행하고 있습니다.

농산물품질관리사 자격증을 취득한 사람은 농산물과 관련된 공공기관에서 인사고과 및 승진에 유리하며, 관련 업무로 취업할 경우 국가공인전문가로 높은 연봉이 보장되기도 합니다. 또한 공무원 임용 시 가산점을 받는 등의 많은 이점이 있습니다.

본서는 최근 11개년(2012년~2022년) 동안 시행된 기출문제를 농산물품질관리사 시행 과목인 농산물 품질 관리법령 및 농수산물 유통 및 가격안정에 관한 법률, 원예작물학, 수확 후의 품질관리론, 농산물유통론을 과목별로 분류하여 상세하고 최근 개정법령을 반영한 해설을 함께 수록하였습니다.

**본서와 함께 농산물품질관리사 합격을 이루시길 서원각이 응원합니다.**

# Information

● 개요

농산물 원산지 표시 위반 행위가 매년 급증함에 따라 소비자와 생산자의 피해를 최소화하며 원산지 표시의 신뢰성을 확보함으로써 농산물의 생산자 및 소비자를 보호하고 농산물의 유통질서를 확립하기 위하여 도입되었다.

● 변천과정

• 2004년 ~ 2007년(제1회~제4회) : 국립농산물품질관리원 시행
• 2008년 ~ 현재 : 제5회 자격시험부터 한국산업인력공단에서 시행

● 수행직무

• 농산물의 등급판정
• 농산물의 출하시기 조절 및 품질관리 기술 등에 대한 자문
• 그 밖에 농산물의 품질향상 및 유통효율화에 관하여 필요한 업무로서 농림수산식품부령이 정하는 업무

● 접수방법 및 응시자격

• 접수방법 : Q - Net 농산물품질관리사(http://www.Q-Net.or.kr/site/nongsanmul) 홈페이지를 통한 인터넷 접수만 가능
  ※ 인터넷 활용 불가능자의 내방접수(공단지부·지사)를 위해 원서접수 도우미 지원
  ※ 단체접수는 불가함
• 응시자격 : 없음
  ※ 단, 「농수산물 품질관리법」 제107조 제2항 및 제109조에 따라 시험의 정지·무효 또는 합격취소 처분을 받았거나 농산물품질관리사의 자격이 취소된 자로 그 처분이 있은 날부터 2년이 경과하지 아니한 자는 시험에 응시할 수 없음

## ● 시험과목<농수산물 품질관리법 시행령 제38조 제3항>

| 구분 | | 시험과목 | 문항 수 | 시험 시간 |
|---|---|---|---|---|
| 제1차 시험 | 관계법령 (법, 시행령, 시행규칙) | • 「농수산물 품질관리법」<br>• 「농수산물 유통 및 가격안정에 관한 법률」<br>• 「농수산물의 원산지 표시에 관한 법률」 | 25문항 객관식 4지 택일형 | 09:00 ~ 11:30 (120분) |
| | 원예작물학 | • 원예작물학 개요<br>• 과수 · 채소 · 화훼작물 재배법 등 | | |
| | 수확 후 품질관리론 | • 수확 후의 품질관리 개요<br>• 수확 후의 품질관리 기술 등 | | |
| | 농산물유통론 | • 농산물 유통구조<br>• 농산물 시장구조 | | |

※ 시험과 관련하여 법률·규정 등을 적용하여 정답을 구하여야 하는 문제는 **시험시행일 기준으로 시행 중인 법률·기준 등을 적용**한다. 단, 관련법령의 경우 수산물 분야는 제외한다.

## ● 합격기준<농수산물 품질관리법 시행령 제38조 제3항>

각 과목 100점을 만점으로 하여 각 과목 40점 이상의 점수를 획득한 사람 중 평균점수가 60점 이상인 사람을 합격자로 결정한다.

## ● 제1차 시험(객관식) 수험자 유의사항

• 답안카드에 기재된 '수험자 유의사항 및 답안카드 작성 시 유의사항' 준수

• 수험자 교육시간에 감독위원 안내 또는 방송(유의사항)에 따라 답안카드에 수험번호를 기재 · 마킹하고, 배부된 시험지의 인쇄 상태 확인 후 답안카드에 형별 마킹

• 답안카드는 국가전문자격 공통 표준형으로 문제번호가 1번부터 125번까지 인쇄되어 있으며, 답안 마킹 시에는 반드시 시험문제지의 문제번호와 동일한 번호에 마킹

• 답안카드 기재 · 마킹 시에는 반드시 검정색 사인펜 사용

• 채점은 전산 자동 판독 결과에 따르므로 유의사항을 지키지 않거나(검정색 사인펜 미사용) 수험자의 부주의(답안카드 기재 · 마킹 착오, 불완전한 마킹 · 수정, 예비마킹, 형별 마킹 착오 등)로 판독불능, 중복판독 등 불이익이 발생할 경우 수험자 책임으로 이의제기를 하더라도 받아들여지지 않음

※ 답안을 잘못 작성했을 경우, 답안카드 교체 및 수정테이프 사용가능(단, 답안 이외 수험번호 등 인적사항은 수정불가)하며 재작성에 따른 시험시간은 별도로 부여하지 않음

※ 수정테이프 이외 수정액 및 스티커 등은 사용불가

※ 자세한 사항은 큐넷 홈페이지(http://www.Q-Net.or.kr/site/nongsanmul)문의

# Information

● **본서는 아래의 법령 개정에 맞춘 해설임을 밝힙니다.**

제19회 농산물 품질관리사 1차 필기시험 해설은 시험 시행일을 기준으로 시행된 아래의 법률 · 기준 등을 적용한 해설임을 밝힙니다.

• **농수산물 품질관리법**

[시행 2023. 6. 11.] [법률 제18878호, 2022. 6. 10., 일부개정]

• **농수산물 품질관리법 시행령**

[시행 2022. 4. 29.] [대통령령 제32608호, 2022. 4. 27., 일부개정]

• **농수산물 품질관리법 시행규칙**

[시행 2022. 4. 29.] [농림축산식품부령 제529호, 2022. 4. 29., 일부개정]

[시행 2022. 4. 29.] [해양수산부령 제541호, 2022. 4. 29., 일부개정]

• **농수산물 유통 및 가격안정에 관한 법률**

[시행 2022. 1. 1.] [법률 제18525호, 2021. 11. 30., 타법개정]

• **농수산물 유통 및 가격안정에 관한 법률 시행령**

[시행 2021. 1. 5.] [대통령령 제31380호, 2021. 1. 5., 타법개정]

• **농수산물 유통 및 가격안정에 관한 법률 시행규칙**

[시행 2022. 1. 1.] [농림축산식품부령 제511호, 2021. 12. 31., 타법개정]

[시행 2022. 1. 1.] [해양수산부령 제524호, 2021. 12. 31., 타법개정]

• **농수산물의 원산지 표시에 관한 법률**

[시행 2022. 1. 1.] [법률 제18525호, 2021. 11. 30., 일부개정]

• **농수산물의 원산지 표시에 관한 법률 시행령**

[시행 2022. 9. 16.] [대통령령 제32542호, 2022. 3. 15., 일부개정]

• **농수산물의 원산지 표시에 관한 법률 시행규칙**

[시행 2022. 1. 1.] [농림축산식품부령 제511호, 2021. 12. 31., 일부개정]

[시행 2022. 1. 1.] [해양수산부령 제524호, 2021. 12. 31., 일부개정]

• **유전자변형농수산물의 표시 및 농수산물의 안전성조사 등에 관한 규칙**

[시행 2022. 6. 22.] [총리령 제1807호, 2022. 6. 7., 일부개정]

**Q** 농산물 품질관리사 자격제도 도입 배경은 무엇인가요?

**A** 농산물 품질향상 및 유통 효율화를 촉진하기 위하여 자격제도를 운영합니다.

**Q** 농산물 품질관리사 자격시험은 어떻게 시행되나요?

**A** 매년 1회로 실시하고 있습니다. 농림축산식품부장관이 농산물 품질관리사의 수급상 필요하다고 인정되는 경우에는 2년마다 실시할 수 있습니다.

**Q** 농산물 품질관리사 자격시험 응시자격은 무엇인가요?

**A** 응시자격은 학력, 연령, 성별 등 제한이 없습니다. 자격시험은 제1차 시험(객관식)과 제2차 시험(서술형과 단답형 혼합)으로 나뉘는데 제2차 시험에 합격하지 못하는 경우, 다음 회에 한하여 제1차 시험을 면제하고 있습니다.

**Q** 농산물 품질관리사 자격증 우대조건은 무엇이 있나요?

**A** 9급 농업직(국가직·지방직) 시험 3% 가산점, *우수관리인증(GAP)기관 인증심사원 자격, *우수관리시설 담당자 자격, 농산물검사관 자격시험 일부 또는 전부 면제, *농산물 검정기관의 검정인력 자격, *원산지 인증기관 지정기준(인력부분) 자격, *고용노동부 직업능력개발훈련교사 자격 등이 있습니다.

※ 해당 심사원 등에 대한 자격을 말하는 것으로, 취업 보장을 의미하지 않으며 해당 기관(업체) 등의 결원, 예산, 채용 계획에 따라 공개 채용 등에 응시할 수 있음을 말합니다.

**Q** 농산물 품질관리사 자격증을 취득하면 취업이 보장되나요?

**A** 농산물 품질관리사 자격증은 물류관리사 등과 같이 전문성을 인정하는 자격증이며 배타적인 사업권한을 부여받는 자격증에 해당되지 않습니다. 또한, 자격증을 취득하였다고 해서 국가가 취업 보장 또는 공공기관, 민간 기업체 등에 채용을 의무화하는 규정은 없습니다.

## 기출문제 분석

**1**

최신 기출문제를 비롯하여 그동안 시행된 기출문제(2012년 ~ 2022년)를 수록하여 출제 경향을 파악할 수 있도록 하였습니다. 기출문제를 풀어봄으로써 실전에 보다 철저하게 대비할 수 있습니다.

## 상세한 해설

**2**

매 문제 법령 및 이론 등 상세한 해설을 달아 문제풀이만으로도 학습이 가능하도록 하였습니다. 문제풀이와 함께 이론정리를 함으로써 완벽하게 학습할 수 있습니다.

# Study Tip

## 농수산물품질관리법령

**시험을 준비함에 있어서 가장 많은 시간과 비중을 차지한다!**

농산물품질관리사의 기본적인 개념을 담고 있는 과목이므로 관련 법령, 시행규칙의 확실한 이해가 필요합니다. 1과목에서는 지리적표시등록, 유전자변형농수산물의 표시기준 등에 관한 규정이 많이 출제되었으며, 우선적인 정리가 필요합니다. 그 밖의 우수관리인증, 권한의 위임, 거짓표시 등의 금지, 과태료 등이 자주 출제되고 있습니다.

## 원예작물학

**화훼류를 중심으로 공부하는 것이 핵심이다!**

원예작물 일반을 바탕으로 종묘, 육묘, 가꾸기 등을 알아보는 것이 중요합니다. 많은 사람들이 까다로운 과목으로 손꼽을 만큼 이에 대한 철저한 공부가 필요합니다. 이밖에도 2과목에서는 생육과 환경, 재배시설, 환경요인 등이 자주 출제되고 있습니다.

## 수확 후 품질관리론

**암기가 특히 중요한 과목이므로 빈출 내용을 반드시 확인하자!**

다른 과목들도 마찬가지이지만, 특히나 암기가 중요한 과목입니다. 과실의 특성이나 증상 위주로 학습하는 것이 좋습니다. 이밖에도 3과목에서는 수확기준, 수확 후 호흡, 저장고 습도관리 등이 자주 출제되고 있습니다.

## 농산물유통론

**우리나라 농산물 유통의 일반적 특징을 이해하는 것이 중요하다!**

농산물의 공동판매, 가격전략, 조성기능 등에 대한 학습이 필요합니다. 앞서 공부한 과목들의 심화과목이라고 볼 수 있습니다. 이밖에도 4과목에서는 거래방식, 제품수명주기, 마케팅 등이 자주 출제되고 있습니다.

# Contents

## 01 농산물 품질관리사 기출문제

## 02 정답 및 해설

## 03 부록

**학습자료와
제8회 기출문제 PDF 제공**
서원각 홈페이지에 공개된 빈출 법령과
핵심 이론, 2011년도 기출문제와 학습하세요!
PDF PW : SEO0909

# 제19회 농산물품질관리사 기출 키워드

# 01

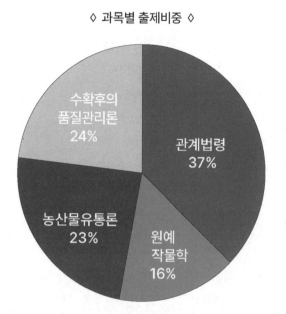

◇ 과목별 출제비중 ◇

수확후의
품질관리론
24%

관계법령
37%

농산물유통론
23%

원예
작물학
16%

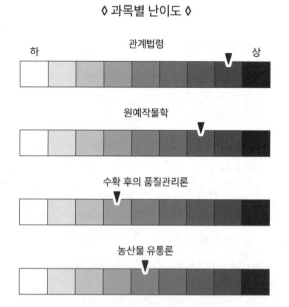

◇ 과목별 난이도 ◇

하   관계법령   상

원예작물학

수확 후의 품질관리론

농산물 유통론

# 농산물
# 품질관리사

# 2012년도 제9회 농산물품질관리사 1차 국가자격시험

| 교시 | 문제형별 | 시험시간 | 시험과목 |
|---|---|---|---|
| 1교시 | S | 120분 | 관계 법령<br>원예작물학<br>수확후품질관리론<br>농산물 유통론 |
| 수험번호 | | 성명 | |

## 수험자 유의사항

1. 시험문제지 표지와 시험문제지 내 문제형별의 동일여부 및 시험문제지의 총면수, 문제번호 일련순서, 인쇄 상태 등을 확인하시고, 문제지 표지에 수험번호와 성명을 기재하시기 바랍니다.

2. 답은 각 문제마다 요구하는 가장 적합하거나 가까운 답 1개만 선택하고, 답안카드 작성 시 시험문제지 형 별누락, 마킹착오로 인한 불이익은 전적으로 수험자에게 책임이 있음을 알려 드립니다.

3. 답인카드는 국가전문자격 공통 표준형으로 문제번호가 1번부터 125번까지 인쇄되어 있습니다. 답안 마킹 시에는 반드시 시험문제지의 문제번호와 동일한 번호에 마킹하여야 합니다.

4. 감독위원의 지시에 불응하거나 시험시간 종료 후 답안카드를 제출하지 않을 경우 불이익이 발생할 수 있음 을 알려 드립니다.

5. 시험문제지는 시험 종료 후 가져가시기 바랍니다.

## 안내사항

1. 답안카드에 기재된 '수험자 유의사항 및 답안카드 작성 시 유의사항' 준수

2. 수험자 교육시간에 감독위원 안내 또는 방송(유의사항)에 따라 답안카드에 수험번호를 기재·마킹하고, 배부된 시험지의 인쇄 상태 확인 후 답안카드에 형별 마킹

3. 답안카드는 국가전문자격 공통 표준형으로 문제번호가 1번부터 125번까지 인쇄되어 있으며, 답안 마킹 시에는 반드시 시 험문제지의 문제번호와 동일한 번호에 마킹

4. 답안카드 기재·마킹 시에는 반드시 검정색 사인펜 사용

5. 채점은 전산 자동 판독 결과에 따르므로 유의사항을 지키지 않거나(검정색 사인펜 미사용) 수험자의 부주의(답안카드 기 재·마킹 착오, 불완전한 마킹·수정, 예비마킹, 형별 마킹 착오 등)로 판독불능, 중복판독 등 불이익이 발생할 경우 수험 자 책임으로 이의제기를 하더라도 받아들여지지 않음

※ 답안을 잘못 작성했을 경우, 답안카드 교체 및 수정테이프 사용가능(단, 답안 이외 수험번호 등 인적사항은 수정불가)하며 재작성에 따른 시험시간은 별도 로 부여하지 않음
※ 수정테이프 이외 수정액 및 스티커 등은 사용불가
※ 자세한 사항은 큐넷 홈페이지(http://www.Q-Net.or.kr/site/nongsanmul)문의

– 수험자 여러분의 합격을 기원합니다. –

## I  농수산물 품질관리 관계법령

**1** 농수산물 품질관리법령상 지리적표시 등록에 관한 설명으로 옳은 것은?

① 인근지역에서 생산된 농산물을 지리적표시를 하고자 하는 지역에서 가공하면 등록할 수 있다.

② 동음이의어 지리적표시의 정의에 합치하는 경우 등록 거절사유가 된다.

③ 등록품목의 우수성이 널리 알려져 있지 않아도 생산된 역사가 깊으면 등록할 수 있다.

④ 지리적표시 대상 지역의 범위는 지리적 특성이 동일한 행정구역, 산, 강 및 바다 등에 따라 구획하나, 「인삼산업법」에 따른 인삼류는 국내로 한다.

**2** 농수산물 품질관리법령상 시정명령 등의 처분 기준에 관한 설명으로 옳지 않은 것은?

① 위반행위가 2 이상인 경우로서 그에 해당하는 각각의 처분 기준이 다른 경우에는 그 중 무거운 처분 기준에 따른다.

② 생산자단체 구성원이 위반행위를 한 경우 위반자 및 그 소속단체에 대해서도 처분한다.

③ 위반행위 횟수에 따른 행정처분은 최초로 적발된 날과 다시 같은 위반행위를 한 날을 기준으로 적용한다.

④ 위반행위 내용으로 보아 고의성이 없거나 특별한 사유가 있다고 인정되는 경우 그 기간을 2분의 1의 범위에서 경감할 수 있다.

**3** 우수관리인증농산물의 표지 및 표시사항에 관한 설명으로 옳지 않은 것은?

① 표시도형 글자의 활자체는 고딕체로 표시한다.

② 표시도형의 색상은 녹색을 기본 색상으로 하고, 포장재의 색깔 등을 고려하여 파란색 또는 빨간색으로도 할 수 있다.

③ 포장재 크기에 따라 표지의 크기, 형태 및 글자표기를 변형할 수 있다.

④ 표시사항은 포장재 측면에 표시하되, 포장재 구조상 측면표시가 어려울 경우에는 표시 위치를 변경할 수 있다.

**4** 농수산물 품질관리법령상 유전자변형농수산물에 관한 설명으로 옳지 않은 것은?

① 유전자변형농수산물을 판매하는 자는 유전자변형농수산물 판매 업체임을 표시하여야 한다.

② 표시 대상 품목은 식품의약품안전처장이 식용으로 적합하다고 인정하여 고시한 품목으로 한다.

③ 표시 기준 및 표시방법 등에 관하여 필요한 사항은 대통령령으로 정한다.

④ 시·도지사는 유전자변형농수산물을 거짓으로 표시하여 처분이 확정된 자의 경우 그 처분과 관련된 사항을 시·도 홈페이지에 공표하여야 한다.


**5** 농수산물 품질관리법령상 농산물 검사 결과의 이의신청에 관한 설명으로 옳지 않은 것은?

① 검사 결과에 이의가 있는 자는 검사 현장에서 재검사를 요구할 수 있다.

② 검사관은 재검사 요구를 받은 즉시 재검사를 하고 그 결과를 알려주어야 한다.

③ 재검사 결과에 대해 이의가 있는 자는 재검사일부터 7일 이내에 이의신청을 할 수 있다.

④ 재검사 결과에 대해 이의신청을 받은 기관의 장은 그 신청을 받은 날의 익일부터 5일 이내에 다시 검사하여야 한다.


**6** 농수산물 품질관리법령상 농수산물품질관리사의 업무내용이 아닌 것은?

① 농산물의 생산 및 수확 후의 품질관리기술지도

② 농산물의 선별·저장 및 포장 시설 등의 운용·관리

③ 농산물의 선별·포장 및 브랜드 개발 등 상품성 향상 지도

④ 농산물의 판매 및 가격평가


**7** 농산물의 표준규격과 표준규격품의 출하에 관한 설명으로 옳지 않은 것은?

① 표준규격은 포장규격 및 등급규격으로 구분한다.

② 포장규격은 원칙적으로 산업표준화법에 따른 한국산업표준에 따른다.

③ 농촌진흥청장 또는 국립농산물품질관리원장은 표준규격을 제정하는 경우에는 이를 고시한다.

④ 농림축산식품부장관, 해양수산부장관, 특별시장·광역시장·도지사·특별도지사는 농산물을 생산, 출하, 유통 또는 판매하는 자에게 표준규격에 따라 생산, 출하, 유통 또는 판매하도록 권장할 수 있다.

**8** 농수산물 품질관리법령상 농산물이력추적관리 판매단계 등록사항에 해당되지 않는 것은?

① 판매처 명칭                  ② 판매처 소재지

③ 판매처 전화번호              ④ 판매처 사업규모


**9** 농수산물 품질관리법령상 3년 이하의 징역 또는 3천만 원 이하의 벌금에 해당되지 않는 경우는?

① 지리적표시품이 아닌 농산물의 선전물에 지리적표시품의 표시와 비슷한 표시를 한 경우

② 표준규격품을 내용물과 다르게 거짓으로 표시하여 표시정지 처분을 받고도 그 처분에 따르지 아니한 경우

③ 우수관리인증농산물에 우수관리인증농산물이 아닌 농산물을 혼합하여 판매할 목적으로 보관한 경우

④ 이력추적관리 농산물이 아닌 농산물에 이력추적관리 농산물의 표시를 한 경우


**10** 농수산물 품질관리법령상 농수산물의 안정성조사를 시행 할 수 있는 자는?

① 시 · 도지사

② 식품의약품안전처장

③ 농촌진흥청장

④ 국립농산물품질관리원장


**11** 농수산물 품질관리법령상 용어의 정의에 관한 설명으로 옳지 않은 것은?

① "물류 표준화"란 농산물의 운송 · 보관 등 물류의 각 단계에서 사용되는 기기 · 용기 등을 규격화하여 호환성과 연계성을 원활히 하는 것을 말한다.

② "유전자변형농수산물"이란 인공적으로 유전자를 분리 또는 재조합하여 의도한 특성을 갖도록 한 농산물을 말한다.

③ "이력추적관리"란 농수산물의 안전성 등에 문제가 발생할 경우 해당 농수산물을 추적하여 원인을 규명하고 필요한 조치를 할 수 있도록 농산물을 생산단계부터 판매단계까지 각 단계별로 정보를 기록 · 관리하는 것을 말한다.

④ "유해물질"이란 농약, 중금속, 방사능 등 식품에 잔류하거나 오염되어 사람의 건강에 해를 줄 수 있는 물질로서 대통령령으로 정하는 것을 말한다.

**12** 농수산물 품질관리법령상 식품의약품안전처장이 안전성 검사기관의 지정을 취소하여야 하는 사유가 아닌 것은?(단, 경감사유는 없음)

① 검사과정에서 시료를 바꾸어 검사하고 검사성적서를 발급한 경우

② 업무의 정지 명령을 위반하여 계속 안전성조사 및 시험분석 업무를 한 경우

③ 고의로 의뢰받은 검사시료가 아닌 다른 검사시료의 검사 결과를 인용하여 검사성적서를 발급한 경우

④ 부정한 방법으로 지정을 받은 경우


**13** 다음 중 지방도매시장에 해당되는 것은?

① 울산광역시가 농림축산식품부장관의 허가를 받아 개설한 시장

② 대전광역시가 개설한 시장 중 농림축산식품부령이 정하는 시장

③ 광주광역시가 농림축산식품부장관의 허가를 받아 개설한 시장

④ 중앙도매시장 외의 농수산물도매시장


**14** 농수산물 품질관리법령상 취소 처분을 하려고 청문을 실시해야 하는 사유가 아닌 것은?

① 농산물우수관리인증기관이 고의 또는 중대한 과실로 우수관리인증 업무를 잘못한 경우

② 농산물우수관리시설을 운영하는 자가 부도로 인해 우수관리인증 업무를 할 수 없는 경우

③ 특별한 사유가 없이 지리적표시품의 생산이 곤란한 사유가 발생한 경우

④ 다른 사람에게 농수산물품질관리사의 자격증을 대여하여 징역 이상의 실형을 선고받은 자의 경우


**15** 농수산물 품질관리법령상 유전자변형농수산물 표시위반과 관련하여 처분을 받은 경우로서 공표명령 대상인 것만을 다음에서 모두 고른 것은?

```
㉠ 표시 위반물량이 125톤인 경우
㉡ 표시 위반물량의 판매 가격 환산금액이 8억 원인 경우
㉢ 표시 위반 품목이 가공품으로 위반물량의 판매 가격 환산 금액이 25억 원인 경우
㉣ 적발일 이전 최근 1년 동안 처분을 받은 횟수가 1회인 경우
```

① ㉠㉡

② ㉠㉢

③ ㉡㉣

④ ㉢㉣

**16** 농림축산식품부장관 또는 해양수산부장관이 농수산물(쌀·보리 제외)의 비축 또는 출하조절사업을 위탁할 수 있는 대상으로 옳지 않은 것은?

① 농업협동조합중앙회
② 수산업협동조합중앙회
③ 한국농어촌공사
④ 한국농수산식품유통공사

**17** 농산물 검사 또는 검정과 관련한 다음의 부정행위자 중 가장 무거운 처분(ⓐ)과 가장 가벼운 처분(ⓑ)에 해당하는 것은?

> ㉠ 검사를 받아야 하는 농산물에 대하여 검사를 받지 아니한 자
> ㉡ 검사 및 검정 결과의 표시를 위조하거나 변조한 자
> ㉢ 검사를 받은 농산물의 포장이나 내용물을 고의로 바꾼 자
> ㉣ 검정 결과에 대하여 허위 또는 과대광고를 한 자

|     | ⓐ   | ⓑ   |     |     | ⓐ   | ⓑ   |
| --- | --- | --- | --- | --- | --- | --- |
| ①   | ㉡   | ㉠   |     | ②   | ㉡   | ㉣   |
| ③   | ㉢   | ㉠   |     | ④   | ㉢   | ㉣   |

**18** 농수산물 품질관리법령상 농림축산식품부장관이 위임한 권한으로 옳지 않은 것은?

① 농촌진흥청장 – 농산물우수관리 기준에 대한 교육의 실시에 관한 사항
② 국립농산물품질관리원장 – 농산물, 축산물에 잔류하는 유해물질의 실태조사에 관한 사항
③ 시·도지사 – 누에씨·누에고치의 검사에 관한 사항
④ 산림청장 – 임산물의 지리적표시 등록에 관한 사항

**19** 다음은 주산지의 지정에 관한 내용이다. ( ) 안에 들어갈 내용을 옳게 나열한 것은?

> 시 · 도지사는 농수산물의 수급 조절을 위하여 생산 및 출하를 촉진 또는 조절할 필요가 있다고 인정할 때에는 주요 농수산물의 ( ㉠ )이나 ( ㉡ )을 지정한 후 이를 고시하고 농림축산식품부장관 또는 해양수산부장관에게 통지하여야 한다.

|  | ㉠ | ㉡ |  | ㉠ | ㉡ |
|---|---|---|---|---|---|
| ① | 생산지역 | 생산수면 | ② | 생산능력 | 생산품목 |
| ③ | 생산지역 | 생산품목 | ④ | 생산품목 | 생산수면 |

**20** 도매시장법인이 도매시장에 상장된 농수산물의 정가매매 또는 수의매매를 할 수 있는 경우로 옳은 것은?

① 가락동 농수산물도매시장에서 서울특별시장의 허가를 받아 매매참가인 외의 자에게 판매하는 경우

② 농림축산식품부장관의 수매에 응하기 위하여 시장도매인이 매수하여 도매 거래하는 경우

③ 반입량이 적고 거래 중도매인이 소수인 품목으로서 분쟁조정위원회의 심의를 거친 경우

④ 도매시장에서 통관절차를 거쳐 가격이 결정되어 바로 입하된 농산물을 매매하는 경우

**21** 산지유통인에 관한 설명으로 옳지 않은 것은?

① 부류별로 도매시장 개설자에게 등록하여야 하나, 그렇지 않은 경우도 있다.

② 등록된 도매시장에서 농수산물의 판매 · 매수 또는 중개업무를 할 수 있다.

③ 도매시장 개설자가 산지유통인 등록 신청을 받았을 때에는 정당한 사유 없이 이를 거부하여서는 아니 된다.

④ 국가는 산지유통인의 공정한 거래를 촉진하기 위하여 필요한 지원을 할 수 있다.

**22** 농수산물도매시장 개설 등에 관한 설명으로 옳지 않은 것은?

① 중앙도매시장의 경우에는 특별시 · 광역시 · 특별자치시 또는 특별자치도가 개설한다.

② 제주특별자치도가 지방도매시장을 개설하려면 미리 업무규정과 운영관리계획서를 작성하여야 한다.

③ 도매시장의 명칭에는 그 도매시장을 개설한 지방자치단체의 명칭과 부류별 · 품목별 명칭이 포함되어야 한다.

④ 민영도매시장의 시장도매인은 민영도매시장의 개설자가 지정한다.

**23** 농수산물 유통 및 가격안정에 관한 법령상 예시가격을 결정할 때 고려하여야 할 내용을 다음에서 모두 고른 것은?

> ㉠ 주요 곡물의 국제곡물관측          ㉡ 예상 경영비
>
> ㉢ 지역별 예상 생산량 및 예상 수급 상황    ㉣ 생산자 수취 가격

① ㉠㉡㉢

② ㉠㉡㉣

③ ㉠㉢㉣

④ ㉡㉢㉣


**24** 농수산물 유통 및 가격안정에 관한 법령상 포전매매에 관한 설명으로 옳지 않은 것은?

① 생산자가 수확하기 이전의 경작상태에서 면적단위 또는 수량단위로 매매하는 것을 말한다.

② 포전매매의 계약은 서면에 의한 방식으로 하여야 한다.

③ 포전매매의 계약은 특약이 없으면 매수인이 그 농산물을 7일 이내에 반출하지 아니한 경우에는 계약이 해지된 것으로 본다.

④ 농림축산식품부장관은 포전매매에서의 표준계약서 양식을 정하여 이를 계약서의 작성기준으로 이용할 것을 권장할 수 있다.


**25** 도매시장의 개설자가 시장도매인이 농수산물을 위탁받아 도매하는 것을 제한 또는 금지할 수 있는 경우가 아닌 것은?

① 대금결제 능력을 상실하여 출하자에게 피해를 입힐 우려가 있는 경우

② 도매시장에서 농수산물을 매수하여 도매 거래하거나 매매를 중개하는 경우

③ 표준정산서에 거래량·거래 방법을 거짓으로 적는 등 불공정행위를 한 경우

④ 개설자가 도매시장의 거래질서 유지를 위하여 필요하다고 인정하는 경우

**26** 오이재배 시 암꽃발생을 촉진시키는 주된 이유는?

① 병발생 억제

② 줄기신장

③ 착과 증대

④ 수광률 증대

**27** 근채류에서 직근류가 아닌 것은?

① 무

② 우엉

③ 당근

④ 고구마

**28** 다음 중 종자춘화형에 속하는 채소만을 고른 것은?

> ㉠ 양파      ㉡ 당근
>
> ㉢ 무      ㉣ 배추

① ㉠㉡

② ㉠㉣

③ ㉡㉢

④ ㉢㉣

**29** 채소의 종류와 주요 기능성 물질의 연결이 옳지 않은 것은?

① 고추 – 캡사이신

② 토마토 – 라이코펜

③ 오이 – 엘라테린

④ 마늘 – 액티니딘

**30** 다음 설명에 해당되는 병은?

> 딸기의 포복경(Runner)과 잎자루에서 곰팡이에 의해 주로 검은 반점이 나타나며, 고온다습하고 질소질 비료가 과다할 경우 많이 발생한다.

① 모자이크병　　　　　　　　② 탄저병
③ 모잘록병　　　　　　　　　④ 흰가루병


**31** 시설원예에서 병해충 발생억제방법이 아닌 것은?

① 토양 증기소독　　　　　　　② 건전묘 사용
③ 페로몬 트랩 설치　　　　　　④ 연작


**32** 채소류의 육묘에서 도장(웃자람) 억제방법은?

① 차광률을 높인다.
② 지베렐린을 처리한다.
③ 진동으로 자극을 준다.
④ 질소 시비량을 늘린다.


**33** 채소에서 접목육묘의 목적이 아닌 것은?

① 흡비력 증진　　　　　　　　② 묘 생산비 절감
③ 토양전염병 발생억제　　　　④ 불량환경 내성 증대


**34** 굴절당도계로 측정했을 때 당도가 가장 높은 원예작물은?

① 마늘　　　　　　　　　　　② 토마토
③ 양파　　　　　　　　　　　④ 딸기

**35** 화훼의 종류와 주된 번식기관의 연결이 옳지 않은 것은?

① 글라디올러스 – 목자

② 달리아 – 괴근

③ 아마릴리스 – 인편

④ 시클라멘 – 주아

**36** 절화보존제로 사용하는 물질이 아닌 것은?

① Sucrose

② 8 – HQS

③ AOA

④ Ethylene

**37** 장미 양액재배에서 아칭(Arching) 재배법에 관한 설명으로 옳지 않은 것은?

① 절화품질을 향상시킨다.

② 삽목묘 이용이 가능하다.

③ 재배베드 간격을 줄일 수 있다.

④ 광합성 효율을 증진시킬 수 있다.

**38** 음생식물이 아닌 것은?

① 고무나무

② 페튜니아

③ 드라세나

④ 디펜바키아

**39** 절화재배에서 적심에 관한 설명으로 옳지 않은 것은?

① 수량 증대를 위하여 실시한다.

② 곁봉오리를 조기에 제거한다.

③ 개화 시기나 초장조절을 목적으로 실시한다.

④ 정아우세성이 강한 식물의 세력을 조절한다.

**40** 가을에 국화의 개화 시기를 늦추기 위한 억제재배법은?

① 전조재배            ② 암막재배

③ 네트재배            ④ 촉성재배


**41** 다음 설명에 해당되는 해충은?

> 화훼류의 잎 뒷면에 주로 기생하면서 즙액을 빨아먹고, 배설한 곳에서는 그을음병이 발생되어 절화 품질이 떨어진다.

① 온실가루이           ② 담배거세미나방

③ 도둑나방            ④ 총채벌레


**42** 점적관수에 관한 설명으로 옳지 않은 것은?

① 관수를 자동화할 수 있다.

② 관수와 시비를 동시에 할 수 있다.

③ 토양유실이 많은 관수방법이다.

④ 물 절약형 관수방법이다.


**43** 화탁(꽃받기)의 일부가 과육으로 발달한 위과(僞果)는?

① 배, 복숭아           ② 사과, 배

③ 복숭아, 포도         ④ 포도, 사과


**44** 과실의 발육과정에서 수정 후 배(胚)가 퇴화되어 종자가 형성되지 않는 것은?

① 타동적 단위결과       ② 위단위결과

③ 자동적 단위결과       ④ 영양적 단위결과

**45** 과수의 하기전정(夏期剪定) 효과가 아닌 것은?

① 과실의 착색을 억제한다.

② 꽃눈의 분화를 촉진한다.

③ 과실의 비대를 촉진한다.

④ 수체의 투광 및 통기성을 향상시킨다.


**46** 다음과 같은 이중 S자 생장곡선을 갖는 과실은?

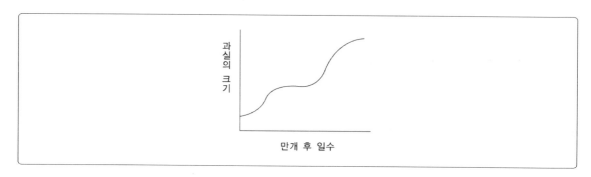

① 포도, 복숭아

② 배, 참다래

③ 참다래, 사과

④ 사과, 포도


**47** 과수원 토양의 초생관리법에 대한 설명으로 옳은 것은?

① 토양의 침식을 방지한다.

② 토양의 입단화를 억제한다.

③ 약제살포 등의 작업이 편리하다.

④ 토양 중의 미생물 밀도가 감소한다.

**48** 국내에서 육성된 품종이 아닌 것은?

① 홍로(사과)

② 원황(배)

③ 육보(딸기)

④ 백마(국화)

**49** 장미과에 속하는 원예작물만을 고른 것은?

| | |
|---|---|
| ㉠ 블루베리 | ㉡ 사과 |
| ㉢ 토마토 | ㉣ 나무딸기 |

① ㉠㉢

② ㉠㉣

③ ㉡㉢

④ ㉡㉣

**50** 포도 착색에 관여하는 주요 생장 조절 물질은?

① 옥신

② 지베렐린

③ 아브시스산

④ 사이토카이닌

## Ⅲ 수확 후의 품질관리론

**51** 포장용 필름 제작에 사용되는 첨가물로부터 발생되는 발암물질은?

① 알리신　　　　　　　　　　　　② 스핑고신
③ 다이옥신　　　　　　　　　　　　④ 캡사이신


**52** 농산물의 품질을 구성하는 요소가 아닌 것은?

① 영양가치　　　　　　　　　　　　② 안전성
③ 경제성　　　　　　　　　　　　　④ 풍미


**53** MA저장 시 발생할 수 있는 장해가 아닌 것은?

① 과피의 갈변　　　　　　　　　　② 조직의 수침
③ 이취 발생　　　　　　　　　　　④ 칼슘 함량의 감소


**54** 다음 중 품질을 결정짓는 요소별 인자와 단위를 옳게 짝지은 것은?

① 농약 잔류량 − LBF　　　　　　② 경도 − ppm
③ 산도 − Newton(N)　　　　　　④ 당도 − %


**55** 성숙도에 대한 설명 중 옳은 것은?

① 고추와 오이는 생리적으로 성숙해야 이용이 가능하다.
② 엽근채류는 대개 원예적으로 성숙하면 수확한다.
③ 성숙도를 판단하는 데 크기와 모양은 고려하지 않는다.
④ 만개 후 일수는 해마다 기상이 다르기 때문에 성숙도와는 관련이 없다.

**56** 다음 원예산물 중 호흡급등형이 아닌 것은?

① 토마토  ② 바나나

③ 참다래  ④ 딸기

**57** 신선편이 농산물의 살균소독용 세척수가 아닌 것은?

① 증류수  ② 오존수

③ 전해수  ④ 염소수

**58** 다음 원예작물의 수확 후 조직변화로 옳지 않은 것은?

① 무 – 리그닌 함량 증가

② 고구마 – 바깥쪽 유조직의 코르크화

③ 파프리카 – 수용성펙틴 증가

④ 토마토 – 셀룰로오스 함량 증가

**59** 원예산물의 저장 중 발생하는 저온장해에 관한 설명으로 옳지 않은 것은?

① 호온성의 박과채소와 가지과채소에서 자주 발생한다.

② 저온저장 중에는 나타나지 않다가 상온으로 옮긴 후 발생하기도 한다.

③ 빙결점 이하의 온도에서 발생하고 조직이 물러지거나 표피 색깔이 변하기도 한다.

④ 저온에 민감한 작물은 예냉온도가 낮을 경우 발생할 수 있다.

**60** 신선편이 가공공장의 오염도 관리에 관한 설명으로 옳지 않은 것은?

① 낙하균의 종류와 수를 측정하여 작업장의 오염도를 측정한다.

② Class 100은 부유균이 100개 이하인 상태를 말한다.

③ 청결구역은 준청결구역보다 압력을 높여 공기의 유입을 방지한다.

④ 제품의 내포장실은 청결구역으로 관리한다.

**61** 원예작물의 수확 후 선별에 관한 설명으로 옳지 않은 것은?

① 수출할 경우 국립농수산물 품질관리원의 농산물표준규격에 따라야 한다.

② X − ray를 이용하는 광학선별기는 내부결함을 판별할 수 있다.

③ 원통형 스크린 선별기는 감귤의 크기 선별에 유용하다.

④ 품질의 등급화와 균일화를 이룰 수 있어 원예산물의 상품화에 기여한다.

**62** 다음 원예작물의 수확 시기 결정을 위한 지표로 옳지 않은 것은?

① 양파 − 지상부 도복정도  ② 배추 − 결구정도

③ 감자 − 이층형성정도  ④ 고추 − 개화 후 일수

**63** 녹색상태의 미숙바나나가 성숙되는 동안 단맛의 변화와 관련이 가장 높은 것은?

① 전분 감소, Sucrose 증가

② 펙틴 감소, Fructan 증가

③ 전분 증가, Fructan 감소

④ 펙틴 증가, Sucrose 감소

**64** 예냉 시 반감기에 관한 설명으로 옳지 않은 것은?

① 반감기가 짧을수록 예냉 속도가 빠르다.

② 반감기 개념으로 볼 때 예냉이 진행될수록 온도 저하 폭이 커진다.

③ 7℃ 물로 25℃ 원예산물을 9℃까지 예냉하고자 할 때 17℃가 될 때까지의 시간이다.

④ 냉각매체의 온도가 낮을수록 반감기가 짧아진다.

**65** 저온장해 방지를 위해 저장고의 온도를 가장 높게 설정해야 하는 원예산물은?

① 당근  ② 토마토

③ 배추  ④ 아스파라거스

**66** 저장 중인 원예산물의 증산작용을 억제하는 방법이 아닌 것은?

① 저장고 내에 생석회를 비치한다.　　② 저장고 내 상대습도를 높인다.

③ 저장고 내 온도를 낮춘다.　　④ 저장고 송풍기의 풍속을 낮춘다.


**67** 유전자변형농수산물(GMO)인 Bt 옥수수 품종의 특징은?

① 제초제에 저항성이 있다.　　② 해충에 저항성이 있다.

③ 저온에 저항성이 있다.　　④ 바이러스에 저항성이 있다.


**68** 저장고 내에 발생된 에틸렌을 제거하는 방법만을 고른 것은?

| | |
|---|---|
| ㉠ 1 – MCP 처리 | ㉡ AVG 처리 |
| ㉢ 과망간산칼륨 처리 | ㉣ 활성탄 처리 |

① ㉠㉡　　② ㉠㉣

③ ㉡㉢　　④ ㉢㉣


**69** 근적외선의 반사 분광을 이용한 비파괴 선별법으로 평가할 수 있는 품질 인자는?

① 무게　　② 경도

③ 색도　　④ 당도


**70** 과실 수확 방법으로 옳지 않은 것은?

① 단감은 꼭지를 짧게 잘라 수확한다.

② 수확 전 낙과가 심한 사과는 일시에 수확한다.

③ 양조용 포도는 가능한 한 완숙시켜 수확한다.

④ 복숭아는 1일 이상 비가 온 후에는 2 ~ 3일 경과한 다음에 수확한다.

**71** 다음 원예산물의 수확 후 관리 방법으로 옳은 것은?

① 신고배는 저장 중 탈피를 막기 위해 변온 관리를 한다.

② 후지사과는 밀증상 방지를 위해 수확 시기를 늦춘다.

③ 생강은 부패억제를 위해 큐어링처리를 한다.

④ 양파는 건조 방지를 위해 상대습도 90% 이상에서 저장한다.


**72** 원예산물 저온저장고의 냉장용량 결정 시 고려할 사항이 아닌 것은?

① 냉매 교체주기　　　　　　　　② 저장고 단열정도

③ 원예산물 품온　　　　　　　　④ 저장할 품목


**73** CA저장 시 사과의 내부갈변의 주요 원인은?

① 일시적인 고온 노출　　　　　　② 칼슘 부족

③ 고농도 이산화탄소　　　　　　④ 높은 상대습도


**74** 다음 설명 중 옳은 것은?

① 프로필렌이나 아세틸렌 처리로 과실의 호흡이 증가될 수 있다.

② 원예산물에서 호흡급등과 에틸렌 증가시점은 일치한다.

③ 식물호르몬인 ABA는 에틸렌과 상호작용을 하지 않는다.

④ ACC합성효소는 에틸렌 합성과 관련이 없다.


**75** 시중에 판매되고 있는 락스(유효염소 4% 포함)를 사용하여 유효염소 100ppm의 세척수 200L를 만들고자 할 때 필요한 락스의 양(L)은?

① 0.4　　　　　　　　　　　　② 0.5

③ 0.8　　　　　　　　　　　　④ 1.6

**76** 농산물의 유통 과정에서 발생할 수 있는 물적 위험에 해당하는 것은?

① 경제여건 변화에 의한 시장축소

② 시장 가격 하락에 의한 농산물의 가치하락

③ 자연재해에 의한 농산물의 파손

④ 소비자 기호 변화에 의한 수요 감소

**77** 소비자들에게는 쇼핑시간을 절약해 주고, 소매업자에게는 점포비용 절감의 이점을 주는 소매업태는?

① 하이퍼마켓

② TV홈쇼핑

③ 할인점

④ 백화점

**78** 농산물의 생산환경 변화에 관한 설명으로 옳지 않은 것은?

① 산지직거래나 계약재배를 통한 맞춤생산 증가

② 농산물의 표준규격화 및 브랜드화 증가

③ 생산 전문화를 통한 농가의 위험부담 경감

④ 농산물 생산의 단지화

**79** A점에서 수요와 공급의 가격 탄력성에 관한 설명으로 옳은 것은?

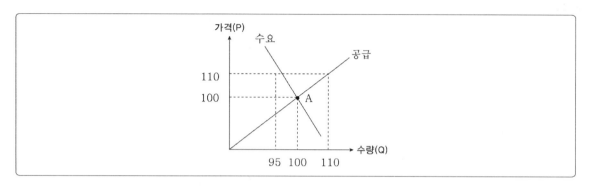

① 수요는 비탄력적이고 공급은 단위탄력적이다.

② 수요와 공급 모두 비탄력적이다.

③ 수요는 탄력적이고 공급은 단위탄력적이다.

④ 수요와 공급 모두 탄력적이다.

**80** 농산물 가공에 관한 설명으로 옳지 않은 것은?

① 농산물의 부가가치를 증대시킨다.

② 수송, 저장 등의 물적기능과 연관이 있다.

③ 농산물의 형태효용을 창출한다.

④ 유통마진의 증가로 총수요를 감소시킨다.

**81** 신제품 도입 초기에 짧은 기간 동안 시장점유율을 높이기 위해 상대적으로 낮은 가격을 책정하여 총 시장수요를 자극하는 전략은?

① 탄력가격 전략

② 명성가격 전략

③ 침투가격 전략

④ 단수가격 전략

**82** 농가에서 수확한 농산물을 창고에 보관한 후 방문한 수집상에게 판매하는 거래방식은?

① 산지공판

② 계약재배

③ 정전거래

④ 포전거래

**83** 농산물 중계기구에 관한 설명으로 옳은 것은?

① 주로 도매시장의 형태로 나타난다.

② 농산물의 수집 및 반출기능을 수행한다.

③ 농산물 산지를 중심으로 형성된다.

④ 농산물을 최종 소비자에게 분산하는 기능을 수행한다.

**84** 농산물 유통 현황에 관한 설명으로 옳지 않은 것은?

① 대형할인점들이 농산물 산지직거래를 확대하고 있다.

② 백화점은 농산물 소매유통업체의 대형화를 선도하고 있다.

③ 전체 농산물 유통에서 재래시장의 비중이 감소하고 있다.

④ 할인점 시장이 포화단계에 접어들면서 슈퍼슈퍼마켓(SSM)이 증가하고 있다.

**85** 영농조합법인이 사이버거래로 친환경 복숭아를 음료회사에 판매한 경우 전자상거래의 유형은?

① B2C

② B2B

③ C2C

④ B2G

**86** 촉진(Promotion)의 기능으로 옳지 않은 것은?

① 제품에 대한 정보 제공

② 구매 행동을 변화시키기 위한 설득

③ 제품에 대한 기억의 상기

④ 소비자의 관심을 끄는 신제품 개발

**87** 농산물 유통 정보에 관한 설명으로 옳지 않은 것은?

① 정부의 비대칭성을 감소시켜 불확실성에 따른 위험부담비용을 줄여준다.

② 유통 정보의 적합성보다 신속성 및 다양성이 중요시 된다.

③ 유통업자간에 경쟁을 유도하여 공정거래를 촉진한다.

④ 시세 및 출하물량에 대한 정보 제공으로 출하처 선택에 도움을 준다.

**88** 각각의 세분시장에 서로 다른 마케팅 믹스(Marketing Mix)를 적용하는 마케팅전략은?

① 차별적 마케팅(Differentiated Marketing)

② 무차별적 마케팅(Undifferentiated Marketing)

③ 집중적 마케팅(Concentrated Marketing)

④ 대중적 마케팅(Mass Marketing)

**89** 일반 슈퍼마켓과 대형할인점의 중간 규모로 식품 위주의 상품구색을 갖추고 있는 소매유통업체는?

① 슈퍼센터(Supercenter)

② 호울세일클럽(Wholesale Club)

③ 카테고리킬러(Category Killer)

④ 슈퍼슈퍼마켓(SSM)

**90** 제품수명주기(PLC)상 제품의 매출성장률이 둔화되기 시작하고, 재구매 고객에 의한 구매가 판매의 대부분을 차지하는 시기는?

① 도입기

② 성장기

③ 성숙기

④ 쇠퇴기

**91** 도매시장의 유통 기능에 관한 설명으로 옳지 않은 것은?

① 농산물의 안정성조사 및 품질인증

② 농산물의 가격형성 및 소유권 이전

③ 농산물의 수급과 가격에 관한 정보 제공

④ 농산물 판매대금의 정산 및 결제

**92** 농산물 유통마진에 관한 설명으로 옳은 것은?

① 유통경로나 연도에 상관없이 일정하다.

② 엽근채류의 유통마진율은 곡류보다 낮은 편이다.

③ 유통마진율과 마크업(Mark Up)은 동일한 개념이다.

④ 소매단계의 유통마진은 도매단계보다 높은 편이다.

**93** 농산물 공동계산제에 관한 설명으로 옳지 않은 것은?

① 시장교섭력의 증대 및 규모의 경제를 실현할 수 있다.

② 개별 생산농가의 명의로 농산물을 출하한다.

③ 엄격한 품질관리로 상품성을 높일 수 있다.

④ 공동정산 주기에 따라 자금수요 충족에 일시적인 곤란이 생길 수도 있다.

**94** 수요의 가격 탄력성에 관한 설명으로 옳은 것은?

① 수요가 비탄력적인 경우 저가전략이 유리하다.

② 대체재가 많은 상품일수록 수요의 가격 탄력성이 낮다.

③ 수요가 탄력적일 경우 가격을 인하하면 총수익은 증가한다.

④ 상품의 가격이 가계소득에서 차지하는 비중이 클수록 수요의 가격 탄력성은 낮다.

**95** 채소류의 포전거래가 성행하는 이유로 옳지 않은 것은?

① 채소농가가 위험선호적인 성향을 지니고 있다.

② 수확기에 많은 인력을 확보하기가 어렵다.

③ 저장 시설의 부족으로 수확물의 저장이 어렵다.

④ 출하처, 출하방법 등에 대한 정보가 부족하다.

**96** 어떤 농산물의 수요와 공급곡선이 다음과 같으며, 현재가격은 9이다. 수요곡선 : $P = 10-Q$, 공급곡선 : $P = 1+2Q$($P$ : 가격, $Q$ : 수량)거미집모형에 의하면 이 농산물의 가격은 시간이 경과함에 따라 어떻게 되겠는가?

① 균형가격으로 수렴

② 균형가격으로부터 발산

③ 일정한 폭으로 진동

④ 현재가격에서 불변

**97** 현물거래와 선물거래에 관한 설명으로 옳지 않은 것은?

① 선물가격은 미래의 현물가격에 대한 예시 기능을 수행한다.

② 선물거래는 현물거래에 수반되는 가격변동위험을 선물시장에 전가한다.

③ 현물거래와 선물거래는 서로 상이한 상품을 거래대상으로 한다.

④ 현물가격과 선물가격의 차이를 베이시스(Basis)라고 한다.

**98** 킹(King)의 법칙과 가장 관련이 깊은 농산물의 특성은?

① 용도의 다양성

② 부패성

③ 질과 양의 불균일성

④ 수요와 공급의 비탄력성

**99** 소수의 응답자들을 한 장소에 모이도록 한 다음 자유스러운 분위기 속에서 사회자가 제시하는 주제와 관련된 정보를 대화를 통해 수집하는 마케팅 조사법은?

① 델파이법

② 표적집단면접법

③ 심층면접법

④ 실험조사법

**100** 우리나라 농산물 종합유통센터에 관한 설명으로 옳지 않은 것은?

① 농산물의 소포장, 가공 등의 기능을 수행하고 있다.

② 출하물량의 조달은 사전발주를 원칙으로 한다.

③ 도매뿐만 아니라 소매기능도 수행하고 있다.

④ 생산자단체가 소매업으로 진출하는 후방통합형이다.

# 2013년도 제10회 농산물품질관리사 1차 국가자격시험

| 교시 | 문제형별 | 시험시간 | 시험과목 |
|---|---|---|---|
| 1교시 | S | 120분 | 관계 법령<br>원예작물학<br>수확후품질관리론<br>농산물 유통론 |
| 수험번호 | | 성명 | |

## 수험자 유의사항

1. 시험문제지 표지와 시험문제지 내 문제형별의 동일여부 및 시험문제지의 총면수, 문제번호 일련순서, 인쇄 상태 등을 확인하시고, 문제지 표지에 수험번호와 성명을 기재하시기 바랍니다.

2. 답은 각 문제마다 요구하는 가장 적합하거나 가까운 답 1개만 선택하고, 답안카드 작성 시 시험문제지 형 별누락, 마킹착오로 인한 불이익은 전적으로 수험자에게 책임이 있음을 알려 드립니다.

3. 답안카드는 국가선문사격 공통 표순형으로 분제번호가 1번부터 125번까지 인쇄되어 있습니다. 답안 마킹 시에는 반드시 시험문제지의 문제번호와 동일한 번호에 마킹하여야 합니다.

4. 감독위원의 지시에 불응하거나 시험시간 종료 후 답안카드를 제출하지 않을 경우 불이익이 발생할 수 있음 을 알려 드립니다.

5. 시험문제지는 시험 종료 후 가져가시기 바랍니다.

## 안내사항

1. 답안카드에 기재된 '수험자 유의사항 및 답안카드 작성 시 유의사항' 준수

2. 수험자 교육시간에 감독위원 안내 또는 방송(유의사항)에 따라 답안카드에 수험번호를 기재·마킹하고, 배부된 시험지의 인쇄 상태 확인 후 답안카드에 형별 마킹

3. 답안카드는 국가전문자격 공통 표준형으로 문제번호가 1번부터 125번까지 인쇄되어 있으며, 답안 마킹 시에는 반드시 시 험문제지의 문제번호와 동일한 번호에 마킹

4. 답안카드 기재·마킹 시에는 반드시 검정색 사인펜 사용

5. 채점은 전산 자동 판독 결과에 따르므로 유의사항을 지키지 않거나(검정색 사인펜 미사용) 수험자의 부주의(답안카드 기 재·마킹 착오, 불완전한 마킹·수정, 예비마킹, 형별 마킹 착오 등)로 판독불능, 중복판독 등 불이익이 발생할 경우 수험 자 책임으로 이의제기를 하더라도 받아들여지지 않음

※ 답안을 잘못 작성했을 경우, 답안카드 교체 및 수정테이프 사용가능(단, 답안 이외 수험번호 등 인적사항은 수정불가)하며 재작성에 따른 시험시간은 별도 로 부여하지 않음
※ 수정테이프 이외 수정액 및 스티커 등은 사용불가
※ 자세한 사항은 큐넷 홈페이지(http://www.Q-Net.or.kr/site/nongsanmul)문의

### - 수험자 여러분의 합격을 기원합니다. -

**제10회 농산물품질관리사** | 2013년 5월 25일 시행

---

## I 농수산물 품질관리 관계법령

**1** 농수산물 품질관리법상 용어의 정의에 관한 설명으로 옳지 않은 것은?

① "물류 표준화"란 농수산물의 운송 등 물류의 각 단계에서 사용되는 기기 등을 규격화하여 호환성과 연계성을 원활히 하는 것을 말한다.

② "지리적표시"란 농수산물 또는 농수산가공품의 명성·품질, 그 밖의 특징이 본질적으로 특정 지역의 지리적 특성에 기인하는 경우 해당 농수산물 또는 농수산가공품이 그 특정 지역에서 생산·제조 및 가공되었음을 나타내는 표시를 말한다.

③ "농수산물"이란 농산물·축산물 및 수산물과 그 가공품을 말한다.

④ "이력추적관리"란 농수산물(축산물 제외)의 안전성 등에 문제가 발생할 경우 해당 농수산물을 추적하여 원인을 규명하고 필요한 조치를 할 수 있도록 농수산물의 생산단계부터 판매단계까지 각 단계별로 정보를 기록·관리하는 것을 말한다.

**2** 농수산물 품질관리법령상 국립농산물품질관리원장이 농산물우수관리인증기관 지정서를 발급한 경우 관보에 고시해야 하는 사항이 아닌 것은?

① 우수관리시설의 지정번호

② 유효기간

③ 인증지역

④ 우수관리인증기관의 명칭 및 대표자

**3** 농수산물 품질관리법상 농산물 검사·검정과 관련하여 금지되는 행위가 아닌 것은?

① 거짓으로 검사를 받는 행위

② 검사를 받아야 하는 농수산물에 대하여 검사를 받지 아니하는 행위

③ 검사 받은 농산물에 대한 검사 결과를 표시하는 행위

④ 검정 결과에 대하여 과대광고를 하는 행위

**4** 농수산물의 원산지 표시에 관한 법령상 식품접객업소에서 원산지 표시를 해야 할 대상이 아닌 것은?

① 오리고기의 포장육

② 닭고기의 식육

③ 탕용으로 제공하는 배추김치

④ 쌀국수

**5** 농수산물 품질관리법령상 농산물 검사기관의 지정기준에 관한 설명으로 옳은 것은?

① 국산농산물 곡류 중 조곡의 포장물인 경우 검사 장소 6개소당 검사인력 최소 3명을 확보하여야 한다.

② 검사에 필요한 기본 검사장비와 종류별 검사장비 중 검사대행 품목에 해당하는 장비를 갖추어야 한다.

③ 검사견본의 계측 및 분석 등을 위하여 검사 현장을 관할하는 사무소별로 $5m^2$ 이상의 검정실이 설치되어야 한다.

④ 수입농산물의 경우 항구지 1개소당 검사인력 최소 2명을 확보하여야 한다.

**6** 농수산물 품질관리법상 지리적표시품 표시방법 위반으로 시정명령을 받고도 그 처분에 따르지 아니한 자에 대한 벌칙 기준은?

① 1년 이하의 징역 또는 2천만 원 이하의 벌금

② 2천만 원 이하의 과태료

③ 3년 이하의 징역 또는 3천만 원 이하의 벌금

④ 1천만 원 이하의 과태료

**7** 농수산물 품질관리법령상 농산물품질관리사에 관한 설명으로 옳지 않은 것은?

① 업무에는 포장농산물의 표시사항 준수에 관한 지도가 있다.

② 자격증 발급은 위임을 받은 국립농산물품질관리원장이 한다.

③ 농산물의 품질 향상과 유통의 효율화를 촉진하여 생산자와 소비자 모두에게 이익이 될 수 있도록 신의와 성실로써 그 직무를 수행하여야 한다.

④ 자격이 취소된 날부터 3년이 지나지 아니한 사람은 농산물품질관리사 자격시험에 응시하지 못한다.


**8** 농수산물 품질관리법령상 과태료 부과기준에 관한 설명으로 옳은 것은?

① 위반행위의 횟수에 따른 과태료의 기준은 최근 2년간 같은 유형의 위반행위로 처분 받은 경우에 적용한다.

② 위반행위가 둘 이상인 경우로서 그에 해당하는 각각의 처분 기준이 다른 경우에는 그 중 무거운 처분 기준에 따른다.

③ 부과권자는 위반행위가 경미한 과실로 인정될 경우 과태료 금액을 3분의 1의 범위에서 경감한다.

④ 이력추적관리 등록을 한 생산자가 우편 판매를 하면서 이력추적관리 기준을 지키지 않으면 50만 원의 과태료를 부과한다.


**9** 농수산물 품질관리법령상 농수산물 명예감시원의 임무가 아닌 것은?

① 농수산물의 표준규격화에 관한 지도

② 원산지 표시에 관한 지도

③ 유기가공식품 인증에 관한 지도

④ 농수산물 이력추적관리에 관한 지도


**10** 농수산물 품질관리법령상 표준규격품을 출하하는 자가 표준규격품임을 표시할 때 해당 물품의 포장 겉면에 "표준규격품"이라는 문구와 함께 표시해야 하는 사항이 아닌 것은?

① 품목                    ② 포장치수

③ 산지                    ④ 등급

**11** 농수산물 품질관리법령상 우수관리인증기관이 1회 위반 시 지정 취소가 되는 경우로만 묶인 것은?

> ㉠ 거짓이나 그 밖의 부정한 방법으로 지정을 받은 경우
> ㉡ 조직·인력 및 시설 중 어느 하나가 지정기준에 미달할 경우
> ㉢ 업무 정지기간 중에 우수관리인증 업무를 한 경우
> ㉣ 농산물우수관리 기준을 지키는지 조사·점검을 하지 않는 경우

① ㉠㉢　　　　　　　　　　　　② ㉠㉣
③ ㉡㉢㉣　　　　　　　　　　　④ ㉡㉣

**12** 농수산물의 원산지 표시에 관한 법령상 농산물의 가공품에 대한 원산지 표시기준으로 옳지 않은 것은?

① 원산지가 다른 동일 원료를 혼합하여 사용한 경우에는 혼합 비율이 높은 순서로 2개 국가(지역 등)까지의 원료 원산지와 그 혼합 비율을 각각 표시한다.

② 사용된 원료(물, 식품첨가물 및 당류는 제외)의 원산지가 모두 국산일 경우에는 원산지를 일괄하여 "국산"이나 "국내산"으로 표시할 수 있다.

③ 원산지가 다른 동일 원료의 원산지별 혼합 비율이 변경된 경우로서 그 어느 하나의 변경의 폭이 최대 15% 이하이면 종전의 원산지별 혼합 비율이 표시된 포장재를 혼합 비율이 변경된 날부터 1년의 범위에서 사용할 수 있다.

④ 특정 원료의 원산지나 혼합 비율이 최근 5년 이내에 연평균 2개국(회) 이상 변경된 경우에는 농림수산식품부장관(농림축산식품부장관)이 정하여 고시하는 바에 따라 원산지만 표시할 수 있다.

**13** 농수산물 품질관리법령상 농산물 표준규격에서 등급규격을 정할 때 고려해야 하는 사항이 아닌 것은?

① 색깔　　　　　　　　　　　　② 안전성
③ 크기　　　　　　　　　　　　④ 신선도

**14** 농수산물의 원산지 표시에 관한 법령상 통신판매의 원산지 표시방법으로 옳지 않은 것은?

① 인쇄매체를 이용(신문 등)할 경우 글자색은 제품명 또는 가격 표시와 다른 색으로 한다.

② 일반적인 표시는 원산지가 같은 경우 일괄하여 표시할 수 있다.

③ 전자매체를 이용하여 글자로 표시할 수 없는 경우(라디오 등) 1회당 원산지를 두 번 이상 말로 표시하여야 한다.

④ 전자매체를 이용하여 글자로 표시할 수 있는 경우(인터넷 등) 글자 크기는 제품명 또는 가격 표시와 같거나 그보다 커야 한다.

**15** 농수산물 품질관리법령상 농림수산식품부장관(농림축산식품부장관)의 권한을 국립농산물품질관리원장에게 위임하지 않은 것은?

① 농산물우수관리시설의 지정

② 농산물우수관리인증기관의 지정

③ 농산물품질관리사의 자격 취소

④ 농산물품질관리사 자격시험의 실시 계획 수립

**16** 농수산물 품질관리법상 우수관리인증의 유효기간에 관한 내용이다. (     ) 안에 들어갈 내용으로 옳은 것은?

> 우수관리인증의 유효기간은 우수관리인증을 받은 날부터 ( ㉠ )으로 한다. 다만, 품목의 특성에 따라 달리 적용할 필요가 있는 경우에는 ( ㉡ )의 범위에서 농림수산식품부령(농림축산식품부령)으로 유효기간을 달리 정할 수 있다.

|  | ㉠ | ㉡ |  | ㉠ | ㉡ |
|---|---|---|---|---|---|
| ① | 2년 | 10년 | ② | 3년 | 15년 |
| ③ | 4년 | 10년 | ④ | 4년 | 15년 |

**17** 농수산물 유통 및 가격안정에 관한 법령상 농수산물공판장을 개설·운영할 수 없는 자는?

① 도매시장관리공사

② 농어업경영체 육성 및 지원에 관한 법률에 따른 농업회사법인

③ 농업협동조합법에 따른 농협경제지주회사의 자회사

④ 지역농업협동조합


**18** 농수산물 유통 및 가격안정에 관한 법령상 가격예시에 관한 설명으로 옳은 것은?

① 농림수산식품부장관(농림축산식품부장관)이 예시가격을 결정할 때에는 해당 농산물의 농업관측, 예상 경영비, 지역별 예상 생산량 및 예상 수급 상황 등을 고려하여야 한다.

② 농림수산식품부장관(농림축산식품부장관)은 주요 농산물의 수급조절과 가격안정을 위하여 해당 농산물의 수확기 이전에 하한가격을 예시하여야 한다.

③ 농림수산식품부장관(농림축산식품부장관)은 예시가격을 결정하고 기획재정부장관에게 보고하여야 한다.

④ 농림수산식품부장관(농림축산식품부장관)이 가격을 예시한 후 예시가격을 지지하기 위해 해당 농산물을 몰수하여야 한다.


**19** 농수산물 유통 및 가격안정에 관한 법률 제5조 농업관측에 관한 내용이다. ( ) 안에 들어갈 내용으로 옳은 것은?

> 농림수산식품부장관(농림축산식품부장관)은 농산물의 수급 안정을 위하여 가격의 등락폭이 큰 주요 농산물에 대하여 매년 ( ㉠ ), 생산면적, 작황, 재고물량, ( ㉡ ), 해외시장정보 등을 조사하여 이를 분석하는 농업관측을 실시하고 그 결과를 공표하여야 한다.

|  | ㉠ | ㉡ |  |  | ㉠ | ㉡ |
|---|---|---|---|---|---|---|
| ① | 가격정보 | 출하분석 |  | ② | 파종면적 | 유통마진 |
| ③ | 기상정보 | 소비동향 |  | ④ | 가격정보 | 소비동향 |

**20** 농수산물 유통 및 가격안정에 관한 법령상 농수산물도매시장 개설 등에 관한 설명으로 옳지 않은 것은?

① 도매시장의 명칭에는 그 도매시장을 개설한 지방자치단체의 명칭이 포함되어야 한다.

② 인천광역시가 도매시장을 폐쇄하는 경우에는 그 3개월 전에 이를 공고하여야 한다.

③ 평택시가 지방도매시장을 개설하려면 경기도지사의 허가를 받아야 한다.

④ 광주광역시가 중앙도매시장을 개설하려면 농림수산식품부장관(농림축산식품부장관)의 허가를 받아야 한다.

**21** 농수산물 유통 및 가격안정에 관한 법령상 위탁수수료의 최고한도가 거래금액의 1천분의 20인 부류는?

① 청과

② 양곡

③ 화훼

④ 약용작물

**22** 농수산물 유통 및 가격안정에 관한 법령상 표준정산서에 포함되어야 할 사항이 아닌 것은?

① 출하자명

② 담당경매사

③ 판매대금 총액 및 매수인

④ 정산금액

**23** 농수산물 유통 및 가격안정에 관한 법령상 도매시장법인의 직접 대금결제에 관한 내용이다. (   ) 안에 들어갈 내용으로 옳은 것은?

> 도매시장 개설자가 ( ㉠ )로(으로) 정하는 출하대금결제용 보증금을 납부하고 ( ㉡ )을 확보한 도매시장법인은 출하자에게 출하대금을 직접 결제할 수 있다.

|   | ㉠ | ㉡ |   |   | ㉠ | ㉡ |
|---|---|---|---|---|---|---|
| ① | 운영조례 | 판매대금 | | ② | 운전자금 | 판매대금 |
| ③ | 업무규정 | 운전자금 | | ④ | 출하 약정 | 운전자금 |

**24** 농수산물 유통 및 가격안정에 관한 법령상 주산지 등에 관한 설명으로 옳은 것은?

① 경기도지사가 주산지를 지정하였을 때에는 이를 고시하고 농림수산식품부장관(농림축산식품부장관)에게 승인을 받아야 한다.

② 주산지의 시정요건은 주요 농산물의 판매금액이 농림수산식품부장관(농림축산식품부장관)이 고시하는 금액 이상이어야 한다.

③ 경기도지사는 주산지 지정에 필요한 주요 농산물의 품목을 지정하였을 때에는 이를 고시하여야 한다.

④ 경기도지사는 지정된 주산지가 지정요건에 적합하지 아니하게 되었을 때에는 그 지정을 변경하거나 해제 할 수 있다.

**25** 농수산물 유통 및 가격안정에 관한 법률 시행규칙 제42조 창고경매 및 포전경매에 관한 내용이다. (   ) 안에 들어갈 내용으로 옳은 것은?

> 지역농업협동조합이 창고경매나 포전경매를 하려는 경우에는 생산농가로부터 위임을 받아 창고 또는 포전상태로 상장하되, 품목의 작황·품질·생산량·( ㉠ ) 등을 고려하여 미리 ( ㉡ )을 정할 수 있다.

|   | ㉠ | ㉡ |   |   | ㉠ | ㉡ |
|---|---|---|---|---|---|---|
| ① | 시중가격 | 예정가격 | | ② | 생산단체 | 경매가격 |
| ③ | 경락가격 | 경매가격 | | ④ | 생산단체 | 예정가격 |

**26** 육묘에 관한 설명으로 옳지 않은 것은?

① 육묘용 상토에는 버미큘라이트, 펄라이트, 피트모스 등이 사용된다.

② 공정육묘에 이용되는 플러그 트레이 셀의 수는 72, 162, 288 등 다양하다.

③ 지피포트는 플라스틱을 원료로 하여 만든 것으로 통기성이 떨어진다.

④ 육묘는 직파에 비해 발아율을 향상시킨다.

**27** ( ) 안에 들어갈 내용을 순서대로 나열한 것은?

> ( )은(는) 지하경의 선단이 비대발육한 것이고, ( )은(는) 뿌리가 비대해진 것이다.

① 고구마, 감자　　　　　　　　② 감자, 고구마

③ 고구마, 생강　　　　　　　　④ 감자, 토란

**28** 다음에서 인경채류를 모두 고른 것은?

> ㉠ 마늘　　　　　　　　㉡ 상추
> ㉢ 쑥갓　　　　　　　　㉣ 양파

① ㉠㉡　　　　　　　　　② ㉠㉣

③ ㉡㉢　　　　　　　　　④ ㉢㉣

**29** 오이에서 쓴맛이 느껴지는 이유는?

① 암꽃 수 증가로 지베렐린 생성　　　② 질소비료 과잉으로 아질산태 화합물 생성

③ 토양 수분 부족으로 알칼로이드 화합물 생성　　④ 밀식재배로 에틸렌 생성

**30** 새싹채소에 관한 설명으로 옳지 않은 것은?

① 재배기간이 길다.

② 무, 브로콜리 종자의 싹이 이용되고 있다.

③ 기능성 성분 함량이 높고 영양가도 뛰어나다.

④ 이식(移植)이나 정식(定植)과정 없이 키울 수 있다.


**31** 채소류의 병충해에 관한 설명으로 옳지 않은 것은?

① 토마토는 뿌리혹선충 피해를 받으면 뿌리생육이 나빠지고 잎이 황화된다.

② 오이의 노균병은 기온이 20 ~ 25℃, 다습한 상태일 때 많이 발생한다.

③ 고추의 역병은 차먼지응애에 의해 발생하고 과실은 무름병에 걸려 썩는다.

④ 배추는 뿌리혹병에 걸리면 뿌리에 혹이 형성되고 수분과 영양분 이동이 억제된다.


**32** 채소류의 꽃눈분화와 추대에 관한 설명으로 옳지 않은 것은?

① 양파는 단일성 식물로 5 ~ 7월에 파종하면 바로 추대 · 개화한다.

② 무는 종자춘화형 식물로 고온장일조건에서 추대가 촉진된다.

③ 상추는 온도감응형 식물로 고온에서 꽃눈이 분화된다.

④ 당근은 녹식물 상태에서 저온에 감응하여 꽃눈이 분화된다.


**33** 상품성 증진을 위해 배토(培土, 북주기, Hilling) 작업이 필요한 것은?

① 당근, 딸기      ② 토란, 양배추

③ 감자, 대파      ④ 아스파라거스, 수박


**34** 다음 화훼작물 중 구근류는?

① 튤립      ② 스토크

③ 카네이션      ④ 스타티스

**35** 분화류의 줄기신장 억제를 위해 사용할 수 있는 방법이 아닌 것은?

① 주간온도보다 야간온도를 높인다.

② 지베렐린의 생합성억제제를 살포한다.

③ 줄기의 생장점 부위를 물리적으로 자극한다.

④ 적색광(Red)보다 근적외광(Far Red) 비율을 높인다.


**36** 다음 설명의 병해와 해당 화훼작물의 연결이 옳은 것은?

> 이 병은 발생 초기에 잎의 뒷면에 백색 ~ 연한 황색의 작은 돌기가 형성되며, 이것이 차츰 사마귀 모양으로 커져 원형의 병반이 된다. 잎의 앞면은 약간 오목하고 연한 황색으로 변한다.

① 흰녹병 – 국화                    ② 흰가루병 – 거베라

③ 근두암종병 – 장미                ④ 반점세균병 – 카네이션


**37** 원예작물의 증산속도를 감소시키는 환경 조건에 해당되지 않는 것은?

① 풍속 감소                        ② 광량 감소

③ 상대습도 감소                    ④ 지상부 온도 감소


**38** 다음 중 다육식물이 아닌 것은?

① 돌나물                           ② 달리아

③ 알로에                           ④ 칼랑코에


**39** 종자 발아에 관한 설명으로 옳지 않은 것은?

① 종피의 불투수성은 발아억제의 요인이 된다.

② 미성숙배는 발아불량의 주요한 내부 원인이다.

③ 일부 종자의 발아는 빛에 민감하게 반응한다.

④ 발아 도중 배유에서 녹말의 합성이 일어난다.

**40** 절화의 수확 시기와 채화단계에 관한 설명으로 옳은 것은?

① 절화의 수분 함량은 아침보다 저녁에 수확할 때 높다.

② 절화의 탄수화물 함량은 저녁보다 아침에 수확할 때 높다.

③ 여름철에는 겨울철보다 어린 단계에서 수확한다.

④ 단기저장용 절화는 장기저장용보다 어린 단계에서 수확한다.


**41** 다음과 같이 생육을 조절하는 화훼작물은?

> • 암막처리를 하여 개화 시기를 앞당긴다.
> • 야파(夜破, Night Break)처리를 하여 개화 시기를 늦춘다.
> • 장일처리를 하여 삽수채취용 모주를 재배한다.

① 국화, 카네이션

② 금어초, 시클라멘

③ 숙근안개초, 달리아

④ 포인세티아, 칼랑코에


**42** 절화수명연장제의 구성 성분별 기능으로 옳지 않은 것은?

① 자당(Sucrose) : 영양분 공급으로 수명 연장

② 사이토카이닌(Cytokinin) : 노화 지연 및 잎의 황화 억제

③ STS(Silver Thiosulfate) : 에틸렌 작용 저해로 노화 억제

④ HQS(8 – Hydroxyquinoline Sulfate) : 삼투압 조절로 세포신장 촉진


**43** 과수 재배 시 광합성 환경에 관한 설명으로 옳지 않은 것은?

① 적절한 바람은 $CO_2$ 흡수를 촉진하여 광합성 효율을 증가시킨다.

② 고온에서는 광합성과 호흡의 불균형에 의해 각종 생리장해가 발생한다.

③ 온대과수는 열대과수에 비해 일반적으로 광보상점이 높은 특성을 나타낸다.

④ 광포화점 이상의 광도에서는 빛에 의한 광합성 효율의 증대를 기대하기 어렵다.

**44** 광합성 동화산물이 뿌리로 이동하는 것을 억제하여 꽃눈분화 및 과실발육을 촉진시키는 작업은?

① 뿌리전정

② 환상박피

③ 솎음전정

④ 순지르기

**45** 토양개량을 위한 석회시비의 효과로 옳지 않은 것은?

① 산성 토양의 중화

② 토양의 단립화(單粒化) 유도

③ 토양 내 양이온 용탈 억제

④ 토양미생물의 활동을 유도하여 유기물의 분해 촉진

**46** 인과류(仁果類, Pomes)에 해당하는 과실을 모두 고른 것은?

| | |
|---|---|
| ㉠ 사과 | ㉡ 배 |
| ㉢ 복숭아 | ㉣ 감 |

① ㉠㉡

② ㉠㉢

③ ㉡㉣

④ ㉢㉣

**47** 엽록소를 구성하는 필수 성분으로 결핍 시 엽맥 사이의 황화 현상을 나타내는 원소는?

① 철

② 인산

③ 구리

④ 마그네슘

**48** 왜성대목을 활용한 접붙이기에 관한 설명으로 옳지 않은 것은?

① 실생묘에 비해 수명이 길다.

② 결실연령을 단축시킬 수 있다.

③ 토양적응력이 약하여 생리장해가 발생할 수 있다.

④ 단위면적당 재식주수를 증가시켜 수량 증대 효과를 꾀할 수 있다.

**49** 낙엽과수의 휴면에 관한 설명으로 옳지 않은 것은?

① 내재휴면은 눈의 생리적 요건이 충족되지 않아 발생한다.

② 일정 기간의 저온요구도가 충족되어야 환경휴면이 타파된다.

③ 휴면에 돌입하면 호흡이 줄어들고, 효소의 활성이 매우 낮아진다.

④ 휴면 개시와 함께 ABA는 증가하고, 지베렐린과 옥신은 감소한다.

**50** 과수의 해충방제를 위한 친환경적 방법이 아닌 것은?

① 봉지씌우기

② 페로몬 트랩

③ 천적곤충 활용

④ 생장억제제 처리

**51** 과실의 수확에 적합한 성숙도 판정기준으로 옳지 않은 것은?

① 경도                          ② 색택

③ 풍미                          ④ 중량


**52** 원예산물의 품질평가 방법으로 옳지 않은 것은?

① 당도는 굴절당도계를 이용하고, °Brix로 표시한다.

② 경도는 경도계를 이용하고, Newton(N)으로 표시한다.

③ 산도는 산도계를 이용하고, mmho · cm − 1로 표시한다.

④ 과피색은 색차계를 이용하고, Hunter 'L', 'a', 'b'로 표시한다.


**53** 원예산물의 맛과 관련 있는 성분이 아닌 것은?

① 과당(Fructose)

② 나린진(Naringin)

③ 구연산(Citric Acid)

④ 라이코펜(Lycopene)


**54** 원예산물의 저장 중 수분 손실에 관한 설명으로 옳지 않은 것은?

① 저장온도가 낮을수록 적다.

② 저장상대습도가 높을수록 적다.

③ 표피가 치밀한 작물일수록 적다.

④ 용적대비 표면적이 큰 작물일수록 적다.

**55** 원예산물의 비파괴 측정 선별법에 관한 설명으로 옳지 않은 것은?

① 전수조사가 어렵다.

② 선별속도가 빠르다.

③ 설치·운용 비용이 높다.

④ 당도 등 내부품질을 측정할 수 있다.

**56** 고품질 신선편이 농산물의 생산을 위해 중점관리 해야 하는 품질 저하 요인으로 거리가 먼 것은?

① 조직 연화

② 미생물 증식

③ 효소적 갈변

④ 영양성분 변화

**57** 원예산물의 전처리기술 중 세척에 관한 설명으로 옳지 않은 것은?

① 세척수는 음용수 기준 이상의 수질이어야 한다.

② 건식세척에는 체, 송풍, 자석, X선 등이 사용된다.

③ 오존수 사용 시 작업실에는 환기시설을 갖추어야 한다.

④ 분무세척법은 침지세척법에 비해 이물질 제거 효과가 낮다.

**58** 에틸렌 수용체에 결합하여 에틸렌 작용을 억제시키는 화합물은?

① 1 - MCP(1 - Methylcyclopropene)

② ABA(Abscisic Acid)

③ 오존($O_3$)

④ 이산화티타늄($TiO_2$)

**59** 원예산물의 수확 후 호흡에 관한 설명으로 옳지 않은 것은?

① 호흡률과 품질 변화 속도는 비례한다.
② 호흡률과 에틸렌 발생량은 반비례한다.
③ 토마토, 바나나는 호흡급등형 작물이다.
④ 사과의 호흡률은 만생종이 조생종보다 낮다.


**60** 원예산물의 수확기준으로 옳지 않은 것은?

① 장기저장용 사과는 완숙단계에 수확한다.
② 토마토는 착색정도를 기준으로 수확한다.
③ 결구상추는 결구도를 기준으로 수확한다.
④ 시장출하용 수박은 완숙단계에 수확한다.


**61** 과실의 숙성 중 나타나는 색 변화 요인으로 옳은 것은?

① 캡산틴 분해
② 엽록소 합성
③ 안토시아닌 합성
④ 카로티노이드 분해


**62** 원예산물의 수확 후 호흡에 영향을 미치는 외적 요인이 아닌 것은?

① 온도
② 공기조성
③ 호흡기질
④ 물리적 스트레스

**63** 원예산물의 연화(Softening)와 관련 있는 인자로 옳게 짝지은 것은?

> ㉠ 탄닌  ㉡ 펙틴
> ㉢ 헤미셀룰로오스  ㉣ 플라보노이드

① ㉠㉡  ② ㉡㉢

③ ㉡㉣  ④ ㉢㉣

**64** 원예산물 포장에 일반적으로 사용되고 있는 PP(Polypropylene) 필름의 특징이 아닌 것은?

① 연신 등 가공이 쉽다.

② 방습성이 높다.

③ 산소 투과도가 낮다.

④ 광택 및 투명성이 높다.

**65** 원예산물의 예냉을 위한 냉각방식에 관한 설명으로 옳은 것은?

① 진공냉각방식은 과채류에 주로 이용된다.

② 냉풍냉각방식은 냉각속도가 늦다.

③ 냉수냉각방식은 미생물 오염에 안전하다.

④ 차압통풍냉각방식은 적재효율이 높다.

**66** 포장된 신선편이 농산물의 이취 발생과 관련이 없는 것은?

① 저산소  ② 에탄올

③ 저이산화탄소  ④ 아세트알데히드

**67** 원예산물의 신선도 유지를 위한 저장관리에 관한 설명으로 옳지 않은 것은?

① 에틸렌이 축적되면 품질 저하를 초래한다.

② 아열대산은 온대산에 비해 저장온도가 낮아야 한다.

③ 저장고의 습도 유지를 위해 바닥에 물을 뿌리거나 가습기를 이용한다.

④ 저장고의 공기흐름을 원활하게 하기 위해 적재용적률은 60 ~ 65%로 한다.


**68** 다음 원예산물 중 호흡률이 높은 것으로 옳게 짝지은 것은?

| | |
|---|---|
| ㉠ 양배추 | ㉡ 당근 |
| ㉢ 브로콜리 | ㉣ 시금치 |

① ㉠㉡          ② ㉠㉣

③ ㉡㉢          ④ ㉢㉣


**69** 원예산물의 부패에 관한 설명으로 옳지 않은 것은?

① 저온장해 발생 시 부패가 쉽다.

② 상대습도가 낮을수록 곰팡이 증식이 쉽다.

③ 물리적 상처는 부패균의 감염 통로가 된다.

④ 수분활성도가 높을수록 부패가 쉽다.


**70** 원예산물의 수확 후 대사조절 방법과 효과가 옳지 않은 것은?

① 에테폰처리 : 고추의 착색억제

② 에탄올처리 : 감의 탈삽촉진

③ 중온열처리 : 결구상추의 갈변억제

④ UV처리 : 포도의 레스베라트롤 함량 증가

**71** 다음 중 원예산물의 화학적 위해 요인은?

① 마이코톡신

② 리스테리아

③ 장염비브리오

④ 살모넬라


**72** 사과의 밀(Water Core) 증상에 관한 설명으로 옳지 않은 것은?

① 유관속 주변 조직이 투명해지는 현상이다.

② 솔비톨이 축적되어 정상과에 비해 당도가 높아진다.

③ 일교차가 심하거나 수확 시기가 늦었을 때 나타난다.

④ 장기저장 할 경우 밀증상 부위가 갈변되고 심하면 스펀지화 된다.


**73** 원예산물의 수확 후 관리 방법과 효과가 옳지 않은 것은?

① 예건 : 딸기의 연화 억제

② 큐어링 : 감자의 부패 억제

③ 방사선 조사 : 마늘의 맹아 억제

④ 칼슘처리 : 사과의 고두병 억제


**74** 원예산물의 동해(Freezing Injury)에 관한 설명으로 옳지 않은 것은?

① 조직이 함몰되고 갈변된다.

② 물의 빙점보다 낮은 온도에서 발생한다.

③ 세포막의 지질 유동성 변화가 주요인이다.

④ 세포 외 결빙이 세포 내 결빙보다 먼저 발생한다.

**75** 원예산물의 신선도를 유지하기 위한 콜드체인 시스템의 관리 방법으로 옳은 것은?

① 상온저장고의 구비
② 판매진열대의 실온유지
③ 냉장 컨테이너 차량의 보급
④ 방습도가 낮은 포장상자 구비

**76** 농산물 유통의 특성이라고 할 수 없는 것은?

① 농산물은 다품목 소량 생산 특성으로 상품화가 용이하다.
② 농산물 생산은 계절적이지만 소비는 연중 발생하여 보관의 중요성이 크다.
③ 농산물은 가치에 비해 부피가 크고 무거워 운반과 보관에 많은 비용이 든다.
④ 농산물은 중량이나 크기, 모양이 균일하지 않기 때문에 표준화, 등급화가 어렵다.

**77** 농산물 도매시장 유통주체가 아닌 것은?

① 시장도매인
② 도매물류센터
③ 중도매인
④ 도매시장법인

**78** 유통경로상 수직적 통합과 관련된 활동이 아닌 것은?

① 농협과 조합원 간 계약재배 실시
② 과일 재배농가와 과일 가공업체 간 계열화
③ 산지에서 유통 활동을 하는 영농법인들 간의 통합
④ 대형 유통업체와 생산자 조직과의 지속적인 납품관계 형성

**79** 전자상거래의 특징으로 옳지 않은 것은?

① 시장진입 장벽이 낮다.

② 생산자 주도로 거래한다.

③ 고객정보의 획득이 용이하다.

④ 유통경로가 오프라인(Off Line)거래에 비해 짧다.


**80** 공동계산제의 장점으로 옳은 것은?

| | |
|---|---|
| ㉠ 시장교섭력 제고 | ㉡ 매취사업 확대 |
| ㉢ 신속한 대금 정산 | ㉣ 대량거래의 유리 |

① ㉠㉢

② ㉠㉣

③ ㉡㉢

④ ㉡㉣


**81** 농산물종합유통센터의 역할과 기능으로 옳지 않은 것은?

① 적정수의매매참가인을 확보하여 거래규모를 확대한다.

② 도매 후 잔품 등을 일반 소비자에게 소매형태로 판매한다.

③ 농가의 출하선택권을 확대하여 계획적 생산을 유도한다.

④ 수집 · 분산기능 뿐만 아니라 다양한 상적 · 물적기능을 수행한다.


**82** 다음 중 도매상 유형에 해당되지 않는 것은?

① 대리인

② 중개인

③ 제조업자 도매상

④ 카테고리킬러

**83** 농산물 거래에 관한 설명으로 옳지 않은 것은?

① 도매시장에서 경매와 입찰은 전자식을 원칙으로 한다.

② 중개는 유통기구가 사전에 구매자로부터 주문을 받아 구매를 대행하는 방식이다.

③ 매수는 유통기구가 출하자로부터 농산물을 구매하여 자기 책임으로 판매하는 방식이다.

④ 정가 · 수의매매는 출하자, 도매시장법인, 중도매인이 경매 이후 상호 협의하여 거래량과 거래가격을 정하는 방식이다.


**84** 농산물 유통마진에 관한 설명으로 옳은 것은?

① 부피가 크고 저장 · 수송이 어려울수록 낮다.

② 일반적으로 경제가 발전할수록 감소하는 경향이 있다.

③ 수집단계, 도매단계, 소매단계 마진으로 구성된다.

④ 소매상 구입가격에서 생산농가 수취 가격을 공제한 것이다.


**85** 다음의 농산물 산지 유통 과정에서 창출되는 효용을 순서대로 나열한 것은?

- A 작목반이 복숭아를 생산하여 수도권 도매시장에 출하하였다.
- B 농협이 수확기에 수매한 단감을 저온창고에 저장 후 분산 출하하였다.
- C 농가는 수박을 포전거래하여 위험부담을 산지유통인에게 전가하였다.

① 시간효용, 형태효용, 장소효용

② 장소효용, 시간효용, 소유효용

③ 소유효용, 장소효용, 시간효용

④ 장소효용, 소유효용, 형태효용


**86** 산지 농산물 공동판매의 원칙이 아닌 것은?

① 무조건 위탁 원칙            ② 총거래수 최소화 원칙

③ 공동계산 원칙              ④ 평균판매 원칙

**87** A 농가의 배추 생산 공급함수 Q = 3,000 + 2P, 배추가격 P = 500원일 때 배추의 공급탄력성은?

① 0.25

② 0.5

③ 1.0

④ 1.5


**88** 농산물 등급화에 관한 설명으로 옳지 않은 것은?

① 가격 경쟁을 촉진하고, 농산물 생산과 가격의 계절 진폭을 완화한다.

② 통일된 거래 단위를 사용하여 품질 속성의 차이를 쉽게 식별할 수 있도록 한다.

③ 가격정보의 유용성을 높여줌으로써 농업인과 유통업자의 의사결정에 도움을 준다.

④ 농산물 등급별 구성비의 변화는 등급별 수요 탄력성에 따라 생산자의 총소득을 변화시킨다.


**89** 농산물 시세변동에 대한 위험을 회피하기 위한 대책이 아닌 것은?

① 보험가입

② 품질보증제도 도입

③ 선물거래

④ 농산물 생산성 증대


**90** 농산물의 수요와 공급의 가격 비탄력성에 관한 설명으로 옳지 않은 것은?

① 가격변동률만큼 수요변동률이 크지 않다.

② 가격폭등 시 공급량을 쉽게 늘리기 어렵다.

③ 소폭의 공급변동에는 가격변동이 크지 않다.

④ 수요와 공급의 불균형 현상이 연중 또는 지역별로 발생할 수 있다.

**91** 우리나라 표준형 상품 바코드의 설명으로 옳은 것은?

① 국가번호는 '80'이다.

② 상품코드는 8번째부터 4자리이다.

③ 유통업체 코드는 첫 번째 1자리이다.

④ 제조업체 코드는 4번째부터 4자리이다.

**92** 현재 정부가 시행하고 있는 농산물 수급과 가격안정을 위한 정책 수단이 아닌 것은?

① 생산자단체의 자조금 조성을 지원한다.

② 수매 비축 및 방출을 통해 적정가격을 유지한다.

③ 유통명령을 통해 해당 품목을 산지에서 폐기한다.

④ 농가소득 보전을 위해 생산과 연계되는 직불금을 지급한다.

**93** 농산물 상품화 전략 수립 시 고려해야 할 요소가 아닌 것은?

① 서비스

② 디자인

③ 상표

④ 광고

**94** 고객정보를 수집하고 분석하여 고객 이탈방지와 신규 고객확보 등에 활용하는 마케팅 기법은?

① POS(Point of Sales)

② SCM(Supply Chain Management)

③ CRM(Customer Relationship Management)

④ CS(Customer Satisfaction)

**95** 협동조합 유통사업에 관한 설명으로 옳지 않은 것은?

① 거래비용을 증가시킨다.

② 무임승차 문제를 야기할 수 있다.

③ 상인의 초과이윤 발생을 억제할 수 있다.

④ 공동계산제는 개별농가의 개성이 상실될 수 있다.

**96** 제품수명주기(PLC)상 성장기에 해당되는 것은?

① 매출액 급상승

② 상품단위별 이익 최고조 두달

③ 비용통제 및 광고활동 축소

④ 적극적 신제품 홍보

**97** 브랜드 충성도에 관한 설명이 아닌 것은?

① 브랜드 충성도는 편견이 작용한다.

② 제조업자의 브랜드 파워가 강할수록 브랜드 충성도가 높다.

③ 소비자가 특정 상표에 대해 일관되게 선호하는 경향을 말한다.

④ 브랜드 충성도는 상표고집, 상표인식, 상표출원의 3가지 유형이 있다.

**98** '명품 멜론이 2개 들은 한 상자가 30만 원'과 같이 고가품임을 암시하는 심리적 가격 전략에 해당하는 것은?

① 원가 가산가격

② 과점가격

③ 개수가격

④ 수요자 지향적 가격

**99** 소매업체에서 농산물을 판매할 때 경품이나 할인쿠폰 제공 등의 촉진활동 효과로 옳지 않은 것은?

① 단기적인 매출이 증가한다.

② 경쟁기업이 쉽게 모방하기 어렵다.

③ 가격 경쟁을 회피하여 차별화할 수 있다.

④ 신상품 홍보와 잠재고객을 확보할 수 있다.

**100** 농산물 유통 기능 중 금융기능이 아닌 것은?

① 보험가입

② 외상거래

③ 할부판매

④ 선도자금

# 2014년도 제11회 농산물품질관리사 1차 국가자격시험

| 교시 | 문제형별 | 시험시간 | 시험과목 |
|---|---|---|---|
| 1교시 | S | 120분 | 관계 법령<br>원예작물학<br>수확후품질관리론<br>농산물 유통론 |
| **수험번호** | | **성명** | |

## 수험자 유의사항

1. 시험문제지 표지와 시험문제지 내 문제형별의 동일여부 및 시험문제지의 총면수, 문제번호 일련순서, 인쇄 상태 등을 확인하시고, 문제지 표지에 수험번호와 성명을 기재하시기 바랍니다.

2. 답은 각 문제마다 요구하는 가장 적합하거나 가까운 답 1개만 선택하고, 답안카드 작성 시 시험문제지 형 별누락, 마킹착오로 인한 불이익은 전적으로 수험자에게 책임이 있음을 알려 드립니다.

3. 답안카드는 국가전문지격 공통 표준형으로 문제번호가 1번부터 125번까지 인쇄되어 있습니다. 답인 마킹 시에는 반드시 시험문제지의 문제번호와 동일한 번호에 마킹하여야 합니다.

4. 감독위원의 지시에 불응하거나 시험시간 종료 후 답안카드를 제출하지 않을 경우 불이익이 발생할 수 있음 을 알려 드립니다.

5. 시험문제지는 시험 종료 후 가져가시기 바랍니다.

## 안내사항

1. 답안카드에 기재된 '수험자 유의사항 및 답안카드 작성 시 유의사항' 준수

2. 수험자 교육시간에 감독위원 안내 또는 방송(유의사항)에 따라 답안카드에 수험번호를 기재·마킹하고, 배부된 시험지의 인쇄 상태 확인 후 답안카드에 형별 마킹

3. 답안카드는 국가전문자격 공통 표준형으로 문제번호가 1번부터 125번까지 인쇄되어 있으며, 답안 마킹 시에는 반드시 시 험문제지의 문제번호와 동일한 번호에 마킹

4. 답안카드 기재·마킹 시에는 반드시 검정색 사인펜 사용

5. 채점은 전산 자동 판독 결과에 따르므로 유의사항을 지키지 않거나(검정색 사인펜 미사용) 수험자의 부주의(답안카드 기 재·마킹 착오, 불완전한 마킹·수정, 예비마킹, 형별 마킹 착오 등)로 판독불능, 중복판독 등 불이익이 발생할 경우 수험 자 책임으로 이의제기를 하더라도 받아들여지지 않음

※ 답안을 잘못 작성했을 경우, 답안카드 교체 및 수정테이프 사용가능(단, 답안 이외 수험번호 등 인적사항은 수정불가)하며 재작성에 따른 시험시간은 별도 로 부여하지 않음
※ 수정테이프 이외 수정액 및 스티커 등은 사용불가
※ 자세한 사항은 큐넷 홈페이지(http://www.Q-Net.or.kr/site/nongsanmul)문의

— 수험자 여러분의 합격을 기원합니다. —

## Ⅰ 농수산물 품질관리 관계법령

**1** 농수산물품질관리법상 "이력추적관리"에 대한 정의이다. (    ) 안에 들어갈 내용을 순서대로 옳게 나열한 것은?

> 축산물을 제외한 농수산물의 안전성 등에 문제가 발생할 경우 해당 농수산물을 (    )하여 (    )을 하고 필요한 조치를 할 수 있도록 농수산물의 생산단계부터 판매단계까지 각 단계별로 정보를 기록·관리하는 것을 말한다.

① 추적, 문제점, 분석　　　　　　　② 추적, 원인, 규명

③ 관리, 원인, 추적　　　　　　　　④ 관리, 이력, 추적

**2** 농수산물의 원산지 표시에 관한 법령상 캐나다에서 수입하여 국내에서 45일간 사육한 양을 국내 음식점에서 양고기로 판매할 경우 원산지 표시 방법으로 옳은 것은?

① 양고기(국내산)　　　　　　　　　② 양고기(국내산, 출생국 캐나다)

③ 양고기(캐나다산)　　　　　　　　④ 양고기(양, 국내산)

**3** 농수산물의 원산지 표시에 관한 법령상 다음과 같은 위반행위를 하여 적발된 한우전문음식점에 부과할 과태료의 총 합산금액은?(단, 1차 위반의 경우이며, 경감은 고려하지 않음)

> • 쇠고기 : 원산지 및 식육의 종류를 표시하지 않음
> • 배추김치 : 배추는 원산지를 표시하였으나 고춧가루의 원산지를 표시하지 않음

① 90만 원　　　　　　　　　　　　② 130만 원

③ 150만 원　　　　　　　　　　　　④ 180만 원

**4** 농수산물의 원산지 표시에 관한 법령상 원산지를 표시하여야 하는 일반음식점을 설치·운영하는 자가 다른 법률에 따라 발급받은 원산지 등이 기재된 영수증이나 거래명세서 등을 비치·보관하여야 하는 기관은?

① 매입일로부터 2개월간　　　　　　② 매입일로부터 3개월간

③ 매입일로부터 5개월간　　　　　　④ 매입일로부터 6개월간


**5** 농수산물품질관리법령상 농산물품질관리사 자격시험에 관한 설명으로 옳은 것은?

① 농산물품질관리사 자격이 취소된 날부터 1년이 된 자는 농산물품질관리사 자격시험에 응시할 수 있다.

② 국립농산물품질관리원장은 수급상 필요하다고 인정하는 경우에는 3년마다 농산물품질관리사 자격시험을 실시할 수 있다.

③ 농산물품질관리사 자격시험의 실시 계획, 응시자격, 시험과목, 시험방법, 합격기준 및 자격증 발급 등에 필요한 사항은 대통령령으로 한다.

④ 한국산업인력공단이사장은 농산물품질관리사 자격시험의 시행일 1년 전까지 농산물품질관리사 자격시험의 실기계획을 세워야 한다.


**6** 농수산물 품질관리법령상 농산물우수관리의 인증기준에 관한 설명으로 옳지 않은 것은?

① 농산물우수관리시설에서 수확 후 관리를 한 것이어야 한다.(단, 품목의 특성상 농산물우수관리시설에서 관리할 필요가 없는 것으로 판단하여 농림축산식품부장관이 고시하는 품목은 제외)

② 이력추적관리 등록을 한 것이어야 한다.

③ 농산물우수관리인증의 세부기준은 우수관리인증기관의 장이 정하여 고시한다.

④ 농산물우수관리의 기준에 적합하게 생산·관리된 것이어야 한다.


**7** 농수산물품질관리법령상 농산물검정기관, 농산물 검사기관, 농산물우수관리인증기관 및 농산물우수관리시설로 지정받기 위한 인력보유 기준에 농산물품질관리사 자격증 소지자가 포함되지 않은 곳은?

① 농산물검정기관(품위·일반성분 검정업무 수행)

② 농산물 검사기관(농산물 검사업무 수행)

③ 농산물우수관리인증기관(인증심사업무 수행)

④ 농산물우수관리시설(농산물우수관리업무 수행)

**8** 농수산물 품질관리법령상 농산물우수관리인증의 유효기간 연장신청은 인증의 유효기간이 끝나기 몇 개월 전까지 누구에게 제출해야 하는가?

① 2개월, 국립농산물품질관리원장      ② 2개월, 우수관리인증기관의 장

③ 1개월, 국립농산물품질관리원장      ④ 1개월, 우수관리인증기관의 장

**9** 농수산물품질관리법령상 농산물품질관리사의 교육에 관한 설명으로 옳지 않은 것은?

① 교육 실시기관은 국립농산물품질관리원장이 지정한다.

② 교육 실시기관은 필요한 경우 교육을 정보통신매체를 이용한 원격교육을 실시할 수 있다.

③ 교육 실시기관은 교육을 이수한 사람에게 이수증명서를 발급하여야 한다.

④ 교육에 필요한 경비(교재비, 강사 수당 등 포함)은 교육 실시기관이 부담한다.

**10** 농수산물품질관리법령상 농산물 우수관리인증기관 지정의 유효기관은 지정을 받은 날부터 몇 년인가?

① 2년                                 ② 3년

③ 4년                                 ④ 5년

**11** 농수산물품질관리법령상 위반행위에 대한 벌칙 기준이 다른 자는?

① 농산물 표준규격품이 표시된 규격에 미치지 못하여 표시정지처분을 내렸으나 처분에 따르지 아니한 자

② 다른 사람에게 농산물품질관리사 자격증을 빌려준 자

③ 농수산물 품질관리법에 의한 검사를 받아야 하는 대상 농산물에 대하여 검사를 받지 아니한 자

④ 농산물의 검정 결과에 대하여 거짓광고나 과대광고를 한 자

**12** 농수산물 품질관리법령상 감자를 표준규격품으로 출하할 때 포장 겉면에 '표준규격품'이라는 문구와 함께 표시해야 할 의무사항이 아닌 것은?

① 무게(실중량)                        ② 산지

③ 생산연도                            ④ 품목

**13** 농수산물 품질관리법령상 농산물 이력추적관리 등록기관의 장은 등록의 유효기간이 끝나기 몇 개월 전까지 신청인에게 갱신 절차와 갱신 신청 기간을 미리 알려야 하는가?

① 2개월

② 3개월

③ 4개월

④ 5개월

**14** 농수산물 품질관리법령상 지리적표시의 등록 거절 사유의 세부기준으로 옳지 않은 것은?

① 해당 품목의 우수성이 국내나 국외에서 널리 알려지지 않은 경우

② 해당 품목의 명성·품질 또는 그 밖의 특성이 본질적으로 특정지역의 생산환경적 요인이나 인적 요인에 기인하지 않는 경우

③ 지리적 특성을 가진 농산물 생산자가 1인이어서 그 생산자 1인이 등록 신청한 경우

④ 해당 품목이 지리적표시 대상 지역에서 생산된 역사가 깊지 않을 경우

**15** 농수산물품질관리법령상 다음 (   ) 안에 들어갈 내용으로 옳은 것은?

> 농림축산식품부장관은 지리적표시의 등록 또는 중요 사항의 변경등록 신청을 받으면 그 신청을 받은 날부터 (   ) 이내에 지리적표시분과위원회의 심의를 요청하여야 한다.

① 30일

② 45일

③ 60일

④ 90일

**16** 농수산물 품질관리법상 지리적표시 등록 제도에 관한 설명으로 옳은 것은?

① 지리적표시의 등록을 받으려면 이력추적관리등록을 하여야 한다.

② 지리적 특성을 가진 농산물의 품질 향상과 지역특산화산업 육성 및 소비자 보호를 위하여 실시한다.

③ 지리적표시의 등록은 등록 대상 지역의 생산자와 유통자가 신청할 수 있다.

④ 지리적표시의 등록법인은 지리적표시의 등록 대상 품목 생산자의 가입을 임의로 제한할 수 있다.

**17** 농수산물 유통 및 가격안정에 관한 법령상 농수산물공판장 및 민영도매시장에 관한 설명으로 옳은 것은?

① 농수산물공판장의 매매참가인은 공판장 개설자가 지정한다.

② 민영도매시장의 시장도매인은 민영도매시장의 개설자가 지정한다.

③ 농수산물공판장의 시장도매인은 공판장 개설자가 지정한다.

④ 민영도매시장의 중도매인은 시 · 도시자가 지정한다.


**18** 농수산물 유통 및 가격안정에 관한 법령상 농수산물 전자거래소를 이용하는 판매자와 구매자로부터 징수하는 거래수수료의 최고한도로 옳은 것은?

① 거래액의 1천분의 20

② 거래액의 1천분의 30

③ 거래액의 1천분의 60

④ 거래액의 1천분의 70


**19** 농수산물 유통 및 가격안정에 관한 법령상 농산물가격안정기금의 재원이 아닌 것은?

① 기금운용에 따른 수입금

② 과태료 납부금

③ 관세법 및 검찰청법에 따라 몰수되거나 국고에 귀속된 농산물의 매각 · 공매 대금

④ 정부의 출연금


**20** 농수산물 유통 및 가격안정에 관한 법령상 도매시장법인이 농산물을 매수하여 도매할 수 있는 경우가 아닌 것은?

① 농림축산식품부장관의 수매에 응하기 위하여 필요한 경우

② 품목의 특성으로 인하여 해당 품목을 취급하는 중도매인이 소수인 품목의 경우

③ 물품의 특성상 외형을 변형하는 등 가공하여 도매하여야 하는 경우로서 도매시장 개설자가 업무규정으로 정하는 경우

④ 도매시장인이 겸영사업에 필요한 농산물을 매수하는 경우

**21** 농수산물 유통 및 가격안정에 관한 법령상 계약생산의 생산자 관련 단체가 될 수 없는 것은?

① 지역농업협동조합

② 품목별 · 업종별협동조합

③ 조합공동사업법인

④ 도매시장법인

**22** 농수산물 유통 및 가격안정에 관한 법령상 농림축산식품부장관이 유통명령의 발령기준을 정할 때 감안하여야 할 사항이 아닌 것은?

① 품목별 특성

② 농림업 관측 결과 등을 반영하여 산정한 예상 가격

③ 표준가격

④ 농림업 관측 결과 등을 반영하여 산정한 예상 공급량

**23** 농수산물 유통 및 가격안정에 관한 법령상 도매시장 개설자가 거래관계자의 편익과 소비자 보호를 위하여 이행하여야 하는 사항으로 옳은 것은?

① 상품성 향상을 위한 규격화, 포장 개선 및 선도 유지의 촉진

② 농산물 수매 · 수입 · 수송 · 보관 및 판매

③ 농산물을 확보하기 위한 재배 · 선매 계약의 체결

④ 농산물의 출하 약정 및 선급금의 지급

**24** 농수산물 유통 및 가격안정에 관한 법령상 농수산물종합유통센터의 필수시설이 아닌 것은?

① 직판장

② 저온저장고

③ 주차시설

④ 사무실 · 전산실

**25** 농수산물 유통 및 가격안정에 관한 법령상 농수산물도매시장의 다음 거래 품목 중 양곡부류를 모두 고른 것은?

| ㉠ 옥수수 | ㉡ 참깨 |
|---|---|
| ㉢ 감자 | ㉣ 땅콩 |
| ㉤ 잣 | |

① ㉠㉡㉣

② ㉠㉢㉤

③ ㉡㉣㉤

④ ㉢㉣㉤

**26** 고온에 감응하여 꽃눈이 분화되는 채소 작물은?

① 배추                    ② 무

③ 상추                    ④ 당근

**27** 작물의 종류와 주요 기능성 물질의 연결이 옳지 않은 것은?

① 포도 – 레스배라트롤(Resveratrol)

② 토마토 – 라이코펜(Lycopene)

③ 인삼 – 사포닌(Saponin)

④ 블루베리 – 이소플라본(Isoflavo)

**28** 국내에서 육성한 품종이 아닌 것은?

① 감홍(사과)              ② 설향(딸기)

③ 거봉(포도)              ④ 백마(국화)

**29** 원예작물의 식물학적 분류에서 같은 과(科)끼리 묶이지 않은 것은?

① 배추, 결구상추          ② 무, 갓

③ 오이, 수박              ④ 고추, 토마토

**30** 재래육묘와 비교하여 플러그 육묘가 갖는 장점이 아닌 것은?

① 투자비용이 저렴하다      ② 수송이 용이하다

③ 정식 시 상처가 적다      ④ 정식 후 활착이 빠르다

**31** 추대하면 상품성이 떨어지는 채소 작물이 아닌 것은?

① 배추

② 무

③ 파

④ 브로콜리


**32** 거실, 안방 등 광도가 약한 곳에서도 잘 자라는 식물을 고른 것은?

| | |
|---|---|
| ㉠ 스킨답서스 | ㉡ 소철 |
| ㉢ 백일홍 | ㉣ 스파티필름 |

① ㉠㉡

② ㉠㉣

③ ㉡㉢

④ ㉢㉣


**33** 다음 ( ) 안에 들어갈 내용을 순서로 나열한 것은?

배추의 결구는 ( ) 조건에서 촉진되고, 양파의 구비대는 ( )과 ( ) 조건에서 촉진된다.

① 저온, 고온, 장일

② 저온, 저온, 단일

③ 장일, 고온, 단일

④ 장일, 저온, 단일


**34** 과채류의 생육에 관연하는 환경 요인에 관한 설명으로 옳지 않은 것은?

① 주야간온도차가 크면 과실 품질이 향상된다.

② 일반적으로 점질토에서 재배하면 과실의 숙기가 늦어진다.

③ 광량이 부족하면 도장하기 쉽다.

④ 착과기 이후에 질소를 많이 주면 숙기를 앞당길 수 있다.

**35** 토마토 배꼽썩음병의 원인은?

① 질소 결핍　　　　　　　　　② 칼륨 결핍

③ 칼슘 결핍　　　　　　　　　④ 마그네슘 결핍


**36** 삽목 번식의 장점으로 옳은 것은?

① 바이러스 감염을 줄일 수 있다.

② 품종 개량을 목적으로 한다.

③ 모본의 유전형질을 안정하게 유지할 수 있다.

④ 병해충의 저항성을 향상시킬 수 있다.


**37** 토마토의 착과를 촉진하기 위해 처리하는 생장 조절 물질은?

① 옥신(Auxin)

② 시토키닌(Cytokiin)

③ 에틸렌(Ethylene)

④ 아브시스산(Abscisic Acid)


**38** 줄기신장을 억제하여 고품질의 분화를 만들고자 할 때 올바른 처리 방법이 아닌 것은?

① B – 9, Paclobutrazol 등 생장억제제를 처리한다.

② 생장점부위를 물리적으로 자극한다.

③ 주간온도를 야간온도보다 높게 관리한다.

④ 질소 시비량을 줄이고 수광량을 많게 한다.


**39** 어깨, 가슴에 패션용으로 사용하는 꽃 장식은?

① 부케　　　　　　　　　　　② 리스

③ 코사지　　　　　　　　　　④ 포푸라

**40** 다음 설명에 해당하는 해충은?

> 이 해충은 화훼작물의 어린 잎, 눈, 꽃봉오리, 꽃잎 속 등에 들어가 즙액을 빨아먹거나 겉껍질을 갉아 먹는다. 피해를 입은 잎이나 꽃은 기형이 되거나 은백색으로 퇴색된다.

① 도둑나방      ② 깍지벌레

③ 온실가루이      ④ 총채벌레

**41** 시설 내에서 난방유의 불완전 연소로 인해 식물체에 생리장애를 유발하는 물질은?

① 아황산가스

② 암모니아가스

③ 불화수소

④ 염소가스

**42** 절화의 물 흡수를 원활하게 하기 위한 방법이 아닌 것은?

① 절단면을 경사지게 자른다.

② 물속에서 절단한다.

③ 살균제를 넣어준다.

④ 냉탕에 침지한다.

**43** 절화작물의 수확기 관수방법으로 적합하지 않은 것은?

① 점적관수      ② 스프링클러관수

③ 저면관수      ④ 지중관수

**44** 여름철에 절화국화를 수확하려고 할 때 알맞은 재배방법은?

① 전조재배　　　　　　　　② 암막재배

③ 야파처리　　　　　　　　④ 억제재배

**45** 다음 작물 중에서 장과류에 속하는 것을 고른 것은?

| | |
|---|---|
| ㉠ 복숭아 | ㉡ 포도 |
| ㉢ 배 | ㉣ 블루베리 |

① ㉠㉢　　　　　　　　② ㉠㉣

③ ㉡㉢　　　　　　　　④ ㉡㉣

**46** 토양관리 방법 중 초생법과 관련이 없는 것은?

① 토양의 입단화

② 병해충 발생억제

③ 지온의 과도한 상승 억제

④ 토양의 침식 방지

**47** 수확기 사과 과실의 착색증진을 위한 방법이 아닌 것은?

① 반사필름을 피복한다.

② 봉지를 벗겨준다.

③ 잎을 따준다.

④ 지베렐린을 처리한다.

**48** 자연적 단위결과성 과실에 관한 설명으로 옳지 않은 것은?

① 감귤은 자연적 단위결과성이 높다.

② 종자는 과실발달 중에 퇴화한다.

③ 체내 옥신 함량이 높다.

④ 과실 내 종자의 유무와 과실의 비대는 관련이 없다.

**49** 다음 (   ) 안에 들어갈 내용을 순서대로 나열한 것은?

쌈추는 배추와 (   )의 (   )종이다.

① 양배추, 종간교잡

② 양배추, 속간교잡

③ 상추, 종간교잡

④ 상추, 속간교잡

**50** 친환경적인 병해충 방제방법이 아닌 것은?

① 천적을 활용하거나 페로몬으로 유인하여 방제한다.

② 연작을 하여 병에 대한 작물의 내성을 기른다.

③ 유살등, 끈끈이 트랩을 설치한다.

④ 무독한 종묘를 이용하거나 저항성 작물을 재배한다.

# Ⅲ 수확 후의 품질관리론

**51** 원예산물의 수확 후 생리적 변화를 지연시킬 목적으로 포장열을 신속히 제거하는 전처리기술은?

① 예건

② 예냉

③ 큐어링

④ 훈증

**52** 원예산물과 주요 색소 성분이 옳게 연결된 것은?

① 순무 – 캡산틴(Capsanthin)

② 딸기 – 라이코벤(Lycopene)

③ 시금치 – 클로로필(Chlorophyll)

④ 오이 – 베타레인(Betalain)

**53** 원예산물의 수확 후 호흡에 관한 설명으로 옳지 않은 것은?

① 호흡 속도가 높을수록 호흡열이 낮아진다.

② 호흡 속도는 조생종이 만생종에 비해 높다.

③ 호흡 속도가 높을수록 신맛이 빠르게 감소한다.

④ 호흡 속도는 품목의 유전적 특성과 연관되어 있다.

**54** MA포장재를 선정할 때 고려할 사항으로 가장 거리가 먼 것은?

① 저장고의 상대습도

② 필름의 기체 투과도

③ 저장온도

④ 원예산물의 호흡 속도

**55** 수확 후 원예산물에 피막제를 처리하는 목적으로 옳지 않은 것은?

① 경도유지 및 감모를 막는다.

② 과실의 착색을 증진시킨다.

③ 증산을 억제하여 시들음을 막는다.

④ 과실 표면에 광택을 주어 상품성을 높인다.


**56** 품목별 에틸렌 처리 시 나타나는 효과로 옳지 않은 것은?

① 떫은 감 - 탈삽

② 바나나 - 숙성

③ 오렌지 - 착색

④ 참다래 - 경화


**57** 농산물 포장상자에 관한 설명으로 옳은 것은?

① 통기구가 없는 상자를 이용한다.

② 저온고습에 견딜 수 있어야 한다.

③ 다단적재 시 하중을 견딜 수 있어야 한다.

④ 팔레타이징(Palletizing) 효율을 고려하여 크기를 결정한다.


**58** HACCP에 관한 설명으로 옳지 않은 것은?

① 식품의 안전성 확보를 위한 위생관리시스템이다.

② 위해발생 시 원인과 책임소재를 명확히 할 수 있는 장점이 있다.

③ 식품의 제조과정부터 소비자 섭취 전까지를 대상으로 한다.

④ HACCP의 7원칙에는 문서화 및 기록 유지가 포함된다.

**59** 다음 현상의 원인은?

> 신선편이(Fresh Cut)혼합 채소 제품의 양상추 절단면에서 갈변현상이 발생하였다.

① 전분 분해요소
② 단백질 분해요소
③ 폴리페놀 산화요소
④ ACC 산화요소

**60** 어린잎채소에 관한 설명으로 옳지 않은 것은?

① 성숙채소에 비해 호흡률이 낮다.
② 성숙채소에 비해 미생물 증식이 빠르다.
③ 다채(비타민), 청경채, 치커리, 상추가 주로 이용된다.
④ 조직이 연하여 가공, 포장, 유통 시 물리적 상해를 받기 쉽다.

**61** 원예산물의 저온장해(Chilling Injury)에 관한 설명으로 옳지 않은 것은?

① 온대작물에 비해 열대작물이 더 민감하다.
② 세포 외 결빙이 세포 내 결빙보다 먼저 발생한다.
③ 대표적인 증상으로 함몰, 갈변, 수침 등이 있다.
④ 간헐적 온도 상승처리로 저온장해를 억제할 수 있다.

**62** 원예산물 포장 시 저산소에 의한 이취 발생 위험이 가장 낮은 포장소재는?(단, 포장재 두께는 동일함)

① 폴리비닐클로라이드(PCV)

② 폴리에스터(PET)

③ 폴리프로필렌(PP)

④ 저밀도 폴리에틸렌(LDPE)

**63** 예건을 통해 저장성을 향상시키는 원예산물은?

① 고구마, 참외

② 배, 콜리플라워

③ 양파, 사과

④ 마늘, 감귤

**64** CA저장에 관한 설명으로 옳지 않은 것은?

① 곰팡이 등 부패균 번식이 억제된다.

② 호흡 및 에틸렌 생성 억제 효과가 있다.

③ 생리장해 억제를 위해 주기적인 환기가 필요하다.

④ 수확 시기에 따라 저산소 및 고이산화탄소 장해에 대한 내성이 달라진다.

**65** 다음 증상에 해당하는 것은?

> 복숭아는 0℃의 저온에서 3주 저장 후 상온유통 시 과육이 섬유질화되고 과즙이 줄어들어 조직감과 맛이 급격히 저하된다.

① 저온장해

② 병리장해

③ 고온장해

④ 이산화탄소장해

**66** 원예산물의 외관을 결정하는 품질요인으로 옳은 것을 고른 것은?

> ㉠ 결함        ㉡ 당도
> ㉢ 모양        ㉣ 색
> ㉤ 경도

① ㉠㉡㉢              ② ㉠㉢㉣

③ ㉡㉢㉤              ④ ㉡㉣㉤


**67** 신선편이(Fresh Cut) 농산물에 관한 설명이다. (    ) 안에 들어갈 내용을 순서대로 옳게 나열한 것은?

> 농산물을 편리하게 조리할 수 있도록 (    ), 박피, 다듬기, 또는 (    )과정을 거쳐 (    )되어 유통되는 채소류, 서류, 버섯류 등의 농산물을 대상으로 한다.

① 세척, 후숙, 멸균              ② 절단, 선별, 건조

③ 세척, 절단, 포장              ④ 선별, 예냉, 냉동


**68** 원예산물과 대표적인 유기산이 옳게 짝지어지지 않은 것은?

① 사과 – 사과산(Malic Acid)

② 복숭아 – 젖산(Lactic Acid)

③ 포도 – 주석산(Tartaric Acid)

④ 감귤 – 구연산(Citric Acid)


**69** 원예산물의 성숙단계에서 나타나는 생리적 현상으로 옳지 않은 것은?

① 환원당의 증가

② 세포벽분해효소 활성 증가

③ 불용성펙틴 증가

④ 풍미성분 증가

**70** 원예산물의 저장 및 유통 시 자주 발생하는 결로현상의 주원인은?

① 이산화탄소 농도 차이

② 원예산물의 수분 함량

③ 공기 유속

④ 품온과 외기의 온도차

**71** 원예산물의 품질요소와 판정시술의 연결로 옳지 않은 것은?

① 산도 : 요오드반응

② 당근 : 근적외선(NIR)

③ 내부결함 : X선(X – ray)

④ 크기 : 원통형 스크린 선별

**72** 원예산물에 의해 발생할 수 있는 식중독 유발 독성 물질이 옳게 짝지어진 것은?

① 블루베리 – 고시폴(Gossypol)

② 감자 – 리시닌(Ricinine)

③ 양파 – 솔라닌(Solanine)

④ 청매실 – 아미그다린(Amigdalin)

**73** 원예산물 저장 중 에틸렌 농도를 낮추기 위한 방법으로 옳은 것을 모두 고른 것은?

> ㉠ CA저장한다.
> ㉡ 저장적온이 유사한 품목은 혼합저장한다.
> ㉢ 과망간산칼륨, 오존, 변형활성탄을 사용한다.
> ㉣ 저장고 내부를 소독하여 부패 미생물 발생을 억제한다.

① ㉠㉢
② ㉡㉣
③ ㉠㉢㉣
④ ㉡㉢㉣

**74** 양파의 수확 후 맹아와 관련된 설명으로 옳은 것은?

① 맹아신장 억제를 위한 저장온도는 약 10℃이다.
② 맹아신장 억제를 위한 방사선 조사는 휴면기 이후에 실시한다.
③ 수확 후 일정 기간 휴면기간이 있으므로 바로 맹아신장하지 않는다.
④ MH(Maleic Hydrazide)는 잔류허용기준이 없는 친환경 맹아신장 억제제이다.

**75** 호흡급등형 과실에 관한 설명으로 옳지 않은 것은?

① 숙성후 호흡급등이 일어난다.
② 사과, 바나나가 대표적인 호흡급등형 과실이다.
③ 에틸렌 처리 시 호흡급등 시기가 빨라진다.
④ 호흡급등 시 에틸렌 생성 급등이 동반된다.

**76** 농산물 유통의 조성기능으로 옳지 않은 것은?

① 금융

② 시장정보

③ 홍보 및 광고

④ 표준화 및 등급화


**77** 농산물 공동계산제에 관한 설명으로 옳지 않은 것은?

① 농산물의 대량거래를 통하여 생산자(단체)의 시장교섭력이 증대된다.

② 표준화된 공동선별로 농산물의 상품성이 높아지게 된다.

③ 등급별 평균가격에 의한 정산과정을 통하여 농사의 소득이 안정된다.

④ 다수의 농가가 참여하여 농산물의 브랜드화가 어려워진다.


**78** 농산물의 유통마진에 관한 설명으로 옳은 것은?

① 유통단계별로는 소매단계의 유통마진이 가장 낮다.

② 포전거래의 비중이 높은 엽근채류의 유통마진이 가장 낮다.

③ 유통마진율은 판매액에서 구입액을 뺀 차액을 구입액으로 나눈 값이다.

④ 유통경로 또는 측정시기에 따라 달라진다.


**79** 최근 농산물 소비 트렌드에 관한 설명으로 옳지 않은 것은?

① 식료품에 지출되는 소득의 비중(엥겔계수)이 감소하고 있다.

② 가공 및 조리식품의 소비가 감소하고 있다.

③ 신선편이 농산물의 소비가 증가하고 있다.

④ 소포장 농산물의 소비가 증가하고 있다.

**80** 농산물 선물거래에 관한 설명으로 옳지 않은 것은?

① 농산물 재고의 시차적 배분을 촉진한다.

② 위험전가(헤징)기능과 미래 현물가격에 대한 예시 기능을 수행한다.

③ 상류와 물류가 분리된 채로 거래될 수 없다.

④ 거래소에서 표준화된 계약조건에 따라 거래가 이루어진다.


**81** 경쟁업체보다 높은 수준의 정상가격을 유지하다가 파격적인 가격할인으로 수요자를 끌어들이는 가격 전략은?

① EDLP

② 하이 – 로우 전략

③ 단수가격 전략

④ 개수가격 전략


**82** 특정 상품계열에서 전문점 수준과 같은 구색을 갖추고 저렴하게 판매하는 소매유통업체는?

① 수퍼센터(Supercenter)

② 호울세일클럽(Wholesale Club)

③ 카테고리킬러(Category Killer)

④ 슈퍼슈퍼마켓(Super Supermarket)


**83** 도매시장 개설자의 지정을 받고 농수산물을 출하자로부터 매수 또는 위탁받아 도매하거나 매매를 중개하는 유통주체는?

① 시장도매인

② 중도매인

③ 도매시장법인

④ 매매참가인


**84** 거점 농산물산지유통센터(APC)에 관한 설명으로 옳지 않은 것은?

① 일반 APC와 비교하여 규모화된 센터이다.

② 공동계산제를 통하여 농가 조직화를 유도한다.

③ 대형유통업체를 주요 출하처로 한다.

④ 산지 경매를 통하여 농가수취 가격을 결정한다.

**85** 농산물 수송수단 중 철도, 선박, 비행기와 비교한 자동차의 장점으로 옳은 것은?

① 운전연결성이 가장 높다

② 안정성·정확성이 가장 우수하다.

③ 속도가 가장 빠르다.

④ 장거리 대량 운송비용이 가장 저렴하다.


**86** 농산물의 산지브랜드에 관한 설명으로 옳은 것은?

> ㉠ 규모화·조직화가 실현될수록 브랜드 효과가 높다.
> ㉡ 경쟁 상품과의 차별화를 위하여 도입한다.
> ㉢ 상표등록을 하지 않아도 시장에서 사용가능하다.

① ㉠㉡                          ② ㉠㉢
③ ㉡㉢                          ④ ㉠㉡㉢


**87** 농산물 종합유통센터의 운영 성과에 관한 설명으로 옳지 않은 것은?

① 경매를 통한 도매 거래의 투명성 확보

② 농산물 유통경로의 다원화

③ 표준규격품의 출하 유도

④ 유통의 물적 효율성 제고


**88** 농산물 유통 정보의 요건에 해당하지 않는 것은?

① 이용자의 요구를 충분히 반영하여야 한다.

② 이용자에게 신속하게 제공되어야 한다.

③ 추가지식이 필요한 전문적인 정보가 담겨야 한다.

④ 실수, 오류 또는 왜곡이 없어야 한다.

**89** 농산물 표준규격화의 결과로 옳지 않은 것은?

① 유통 정보가 보다 신속하고 정확하게 전달된다.

② 품질에 따른 공정한 가격이 형성되어 거래가 촉진된다.

③ 소비자의 쓰레기 발생이 억제되어 환경오염을 줄인다.

④ 부가업무가 생겨 도매시장 경영·관리의 능률이 저하된다.

**90** 농산물 팔레트(Pallet) 상자에 관한 설명으로 옳지 않은 것은?

① 초기 투자비용이 적게 소요된다.

② 상자와 팔레트를 결합한 형태이다.

③ 상·하차, 수송의 효율성이 높다.

④ 농산물 수확단계에서 많이 사용된다.

**91** 수요의 자체가격 탄력성에 관한 설명으로 옳은 것을 모두 고른 것은?

> ㉠ 탄력성계수가 0인 경우를 단위탄력적이라고 한다.
> ㉡ 공식의 분자와 분모 모두 변화율의 값을 사용한다.
> ㉢ 탄력적인 경우 판매 가격 인하가 총수익 증가를 가져온다.

① ㉠㉡                  ② ㉠㉢

③ ㉡㉢                  ④ ㉠㉡㉢

**92** 농산물의 가격안정화를 위한 방법으로 옳지 않은 것은?

① 정부는 작물의 파종시기 이전에 재배의향면적 정보를 공지한다.

② 정부는 가격 급락 우려 시 비축물량을 선제적으로 방출한다.

③ 농가는 산지 조직화에 노력하여 유통명령제도의 효과를 높인다.

④ 농가는 자조금을 조성하여 수급 변화에 적극 대응한다.

**93** 완전경쟁시장에 관한 설명으로 옳지 않은 것은?

① 수요자와 공급자는 완전한 시장정보를 가진다.

② 동종 · 동질의 상품이 공급된다.

③ 거래자는 가격순응자이다.

④ 시장 가격은 개별 기업의 한계수익보다 높다.

**94** 시장세분화에 관한 설명으로 옳은 것을 모두 고른 것은?

> ㉠ 소비자의 다양한 욕구를 파악하여 매출 증대를 이룰 수 있다.
> ㉡ 제품 및 마케팅 활동을 목표시장 요구에 적합하도록 조성할 수 있다.
> ㉢ 소비자의 개별적 관점이 아니라 전체를 보고 비용을 절감한다.

① ㉠㉡                    ② ㉠㉢
③ ㉡㉢                    ④ ㉠㉡㉢

**95** 자료가 부족하고 통계분석이 어려울 때 관련 전문가들을 통하여 종합적인 방향을 모색하는 마케팅 조사법은?

① 서베이조사법

② 패널조사법

③ 관찰법

④ 델파이법

**96** 상표 충성도(Brand Loyalty)에 관한 설명으로 옳지 않은 것은?

① 상표를 통하여 제품의 구매가 결정된다.

② 반복구매를 통하여 나타난다.

③ 편견이 없는 합리적인 구매 행동을 표출한다.

④ 심리적인 의사결정과정에서 형성된다.

**97** 농산물 광고에 관한 일반적인 설명으로 옳은 것을 모두 고른 것은?

> ㉠ 농산물에 대한 수요를 창출한다.
> ㉡ 불특정 브랜드에 대한 판매촉진은 제외된다.
> ㉢ 고객의 구입의사결정을 도와준다.

① ㉠㉡                    ② ㉠㉢
③ ㉡㉢                    ④ ㉠㉡㉢

**98** 농산물가격의 특징으로 옳지 않은 것은?

① 안정성
② 계절성
③ 지역성
④ 비탄력성

**99** 명성가격 전략에 관한 설명으로 옳은 것은?

① 경제성의 이미지를 제공하여 구매를 자극하기 위한 심리적 가격 전략이다.
② 어떤 상품의 가격이 자동적으로 연상되도록 하는 가격 전략이다.
③ 상품 가격을 높게 책정하여 품질의 고급화와 상품의 차별화를 나타내는 전략이다.
④ 고급품질의 이미지 제공으로 구매를 자극하기 위하여 '하나의 얼마' 하는 방식으로 가격을 책정하는 전략이다.

**100** 시장이 확대되어 기업이 생산량을 증가시키고 상품 및 가격차별화를 도모하는 상품수명주기(PLC) 단계는?

① 도입기
② 성장기
③ 성숙기
④ 쇠퇴기

# 2015년도 제12회 농산물품질관리사 1차 국가자격시험

| 교시 | 문제형별 | 시험시간 | 시험과목 |
|------|----------|----------|----------|
| 1교시 | S | 120분 | 관계 법령<br>원예작물학<br>수확후품질관리론<br>농산물 유통론 |
| **수험번호** | | **성명** | |

## 수험자 유의사항

1. 시험문제지 표지와 시험문제지 내 문제형별의 동일여부 및 시험문제지의 총면수, 문제번호 일련순서, 인쇄 상태 등을 확인하시고, 문제지 표지에 수험번호와 성명을 기재하시기 바랍니다.

2. 답은 각 문제마다 요구하는 가장 적합하거나 가까운 답 1개만 선택하고, 답안카드 작성 시 시험문제지 형 별누락, 마킹착오로 인한 불이익은 전적으로 수험자에게 책임이 있음을 알려 드립니다.

3. 답안카드는 국가전문자격 공통 표준형으로 문제번호가 1번부터 125번까지 인쇄되어 있습니다. 답안 마킹 시에는 반드시 시험문제지의 문제번호와 동일한 번호에 마킹하여야 합니다.

4. 감독위원의 지시에 불응하거나 시험시간 종료 후 답안카드를 제출하지 않을 경우 불이익이 발생할 수 있음 을 알려 드립니다.

5. 시험문제지는 시험 종료 후 가져가시기 바랍니다.

## 안내사항

1. 답안카드에 기재된 '수험자 유의사항 및 답안카드 작성 시 유의사항' 준수

2. 수험자 교육시간에 감독위원 안내 또는 방송(유의사항)에 따라 답안카드에 수험번호를 기재·마킹하고, 배부된 시험지의 인쇄 상태 확인 후 답안카드에 형별 마킹

3. 답안카드는 국가전문자격 공통 표준형으로 문제번호가 1번부터 125번까지 인쇄되어 있으며, 답안 마킹 시에는 반드시 시 험문제지의 문제번호와 동일한 번호에 마킹

4. 답안카드 기재·마킹 시에는 반드시 검정색 사인펜 사용

5. 채점은 전산 자동 판독 결과에 따르므로 유의사항을 지키지 않거나(검정색 사인펜 미사용) 수험자의 부주의(답안카드 기 재·마킹 착오, 불완전한 마킹·수정, 예비마킹, 형별 마킹 착오 등)로 판독불능, 중복판독 등 불이익이 발생할 경우 수험 자 책임으로 이의제기를 하더라도 받아들여지지 않음

※ 답안을 잘못 작성했을 경우, 답안카드 교체 및 수정테이프 사용가능(단, 답안 이외 수험번호 등 인적사항은 수정불가)하며 재작성에 따른 시험시간은 별도 로 부여하지 않음
※ 수정테이프 이외 수정액 및 스티커 등은 사용불가
※ 자세한 사항은 큐넷 홈페이지(http://www.Q-Net.or.kr/site/nongsanmul)문의

— 수험자 여러분의 합격을 기원합니다. —

## I  농수산물 품질관리 관계법령

**1**  농수산물 품질관리법령상 이력추적관리 농산물 생산자의 이력추적관리 등록사항을 모두 고른 것은?

> ㉠ 생산자의 성명, 주소 및 전화번호　　㉡ 생산계획량
> ㉢ 출하량　　㉣ 수확 후 관리시설명

① ㉠㉡　　　　　　　　　　　② ㉠㉣
③ ㉡㉢　　　　　　　　　　　④ ㉢㉣

**2**  농수산물 품질관리법 시행규칙 제5조(표준규격의 제정)의 내용 중 일부이다. (　　) 안에 들어갈 내용으로 옳지 않은 것은?

> 등급규격은 품목 또는 품종별로 그 특성에 따라 고르기, 크기, 형태, 색깔, (　　), (　　), 결점, (　　) 및 선별 성태 등에 따라 정한다.

① 신선도　　　　　　　　　　② 꼭지길이
③ 숙도(熟度)　　　　　　　　④ 건조도

**3**  농수산물 품질관리법령상 우수관리인증농산물의 표시방법으로 옳지 않은 것은?

① 포장재의 크기에 따라 표지의 크기를 키우거나 줄일 수 있다.
② 수출용의 경우에는 해당 국가의 요구에 따라 표시할 수 있다.
③ 산지는 표준규격, 지리적표시 등 다른 규정에 따라 표시하고 있더라도 그 표시를 생략해서는 안 된다.
④ 포장재 주 표시면의 옆면에 표시하되, 포장재 구조상 옆면에 표시하기 어려울 경우에는 표시 위치를 변경할 수 있다.

**4** 농수산물 품질관리법령상 농산물 이력추적관리 등록의 유효기간에 관한 설명으로 옳은 것은?

① 이력추적관리 등록의 유효기간은 신청한 날부터 2년으로 한다.

② 약용작물류의 유효기간은 5년 이내의 범위 내에서 등록기관의 장이 정하여 고시한다.

③ 이력추적관리의 등록을 한 자가 유효기간 내에 해당 품목의 출하를 종료하지 못할 경우에는 농림축산식품부장관의 심사를 받아 이력추적관리 등록의 유효기간을 연장할 수 있다.

④ 유효기간을 연장하려는 경우에는 해당 등록의 유효기간이 끝나기 3개월 전까지 연장신청서를 제출하여야 한다.


**5** 농수산물 품질관리법령상 농산물을 생산, 출하, 유통 또는 판매하는 자에게 표준규격에 따라 생산, 출하, 유통 또는 판매하도록 권장할 수 있게 규정되어 있지 않은 자는?

① 군수

② 광역시장

③ 특별자치도지사

④ 농림축산식품부장관


**6** 농수산물 품질관리법령상 검사판정을 취소하여야 하거나 취소할 수 있는 경우로 옳지 않은 것은?

① 2등품으로 검사받은 농산물을 1등품으로 검사 결과 표시를 바꾼 사실이 확인된 경우

② 벼 41포대를 출하하여 1등품으로 검사를 받은 후 검사증명서를 47포대로 고친 사실이 확인된 경우

③ 헌 포장재에 벼를 담아 출하하였으나 검사전에 새 포장재로 바꾸어 검사를 받은 사실이 확인된 경우

④ 2013년산 벼를 2014년산으로 속여 검사를 받은 사실이 확인된 경우


**7** 농수산물 품질관리법령상 농촌진흥청장에게 위임된 권한은?

① 유전자변형농산물의 표시 조사에 관한 권한

② 농산물우수관리 기준의 고시에 관한 권한

③ 농산물 이력추적관리 등록에 관한 권한

④ 농산물 표준규격의 제정·개정에 관한 권한

**8** 농수산물 품질관리법령상 다음의 조건을 모두 충족시키는 검사 대상 농산물의 품목으로 옳게 짝지어진 것은?

> • 정부가 수매하거나 생산자단체 등이 정부를 대행하여 수매하는 농산물
> • 정부가 수출 · 수입하거나 생산자단체 등이 정부를 대행하여 수출 · 수입하는 농산물

① 배, 쌀보리, 겉보리

② 벼, 참깨, 마늘

③ 쌀, 현미, 보리쌀

④ 땅콩, 마늘, 콩


**9** 농수산물 품질관리법령상 농산물품질관리사 교육 실시기관이 실시하는 교육에 포함하여야 할 내용을 모두 고른 것은?

> ㉠ 농산물 등급 판정
> ㉡ 농산물 유통 관련 법령 및 제도
> ㉢ 농산물 수확 후 품질관리기술

① ㉠

② ㉠㉡

③ ㉡㉢

④ ㉠㉡㉢


**10** 농수산물 품질관리법령상 다른 사람에게 농산물품질관리사의 명의를 사용하게 하거나 그 자격증을 빌려준 자에 대한 벌칙 기준으로 옳은 것은?

① 1천만 원 이하의 과태료

② 1년 이하의 징역 또는 1천만 원 이하의 벌금

③ 2년 이하의 징역 또는 2천만 원 이하의 벌금

④ 3년 이하의 징역 또는 3천만 원 이하의 벌금

**11** 농수산물의 원산지 표시에 관한 법령상 원산지 거짓표시로 처분이 확정되어 처분과 관련된 사항을 국립농산물품질관리원 홈페이지에 공표하는 경우, 공표해야 할 사항이 아닌 것은?

① 영업의 종류

② 영업소의 명칭 및 주소

③ 위반 농산물 등의 명칭

④ 영업소의 대표자


**12** 농수산물 품질관리법령상 지리적표시의 등록에 관한 내용의 일부이다. (    ) 안에 공통으로 들어갈 숫자는?

> • 농림축산식품부장관은 지리적표시 등록 신청 공고결정을 할 때에는 그 결정 내용을 관보와 인터넷 홈페이지에 공고하고, 공고일부터 (    )개월간 지리적표시 등록 신청 서류 및 그 부속서류를 일반인이 열람할 수 있도록 하여야 한다.
> • 누구든지 공고일부터 (    )개월 이내에 이의 사유를 적은 서류와 증거를 첨부하여 농림축산식품부장관에게 이의신청을 할 수 있다.

① 2

② 3

③ 4

④ 5


**13** 농수산물 품질관리법령상 농림축산식품부장관의 사전 승인을 받아 지리적표시권을 이전 및 승계할 수 있는 경우에 해당하지 않는 것은?

① 법인 자격으로 등록한 지리적표시권자가 법인명을 개정한 경우

② 법인 자격으로 등록한 지리적표시권자가 합병하는 경우

③ 개인 자격으로 등록한 지리적표시권자가 사업장을 매각한 경우

④ 개인 자격으로 등록한 지리적표시권자가 사망한 경우

**14** 농수산물의 원산지 표시에 관한 법령상 다음과 같은 비율로 혼합하여 판매하는 콩의 원산지 표시방법으로 옳은 것은?

> 국내산 60%, 중국산 20%, 미국산 15%, 태국산 5%

① 콩(국내산 60%, 수입산 40%)

② 콩(국내산 60%, 중국산 20%)

③ 콩(국내산 60%, 중국산 20%, 미국산 15%)

④ 콩(국내산, 중국산, 미국산, 태국산 혼합)

**15** 농수산물 품질관리법령상 1차 위반행위의 행정처분 기준으로 옳지 않은 것은?(단, 가중 및 경감사유는 고려하지 않음)

① 우수관리인증농산물이 우수관리 기준에 미치지 못한 경우 : 표시정지 1개월

② 표준규격품의 내용물과 다르게 과장된 표시를 한 경우 : 표시정지 1개월

③ 지리적표시품이 등록기준에 미치지 못하게 된 경우 : 표시정지 3개월

④ 표준규격품의 생산이 곤란한 사유가 발생한 경우 : 표시정지 3개월

**16** 농수산물의 원산지 표시에 관한 법령상 원산지 표시 대상 음식점의 원산지 표시 대상으로 옳지 않은 것은?

① 찌개용으로 제공하는 배추김치

② 훈제용으로 조리하여 판매·제공하는 닭고기의 식육

③ 육회용으로 조리하여 판매·제공하는 양고기의 식육

④ 돼지고기의 식육가공품 중 배달을 통하여 판매·제공하는 족발

**17** 농수산물 유통 및 가격안정에 관한 법령상 도매시장법인이 입하된 농산물의 수탁을 거부할 수 있는 사유가 아닌 것은?

① 산지유통인이 도매시장법인에 거래보증금을 납부하지 않은 경우

② 도매시장 개설자가 업무규정으로 정하는 최소출하량의 기준에 미달되는 경우

③ 유통명령을 위반하여 출하하는 경우

④ 출하자 신고를 하지 아니하고 출하하는 경우


**18** 농수산물 유통 및 가격안정에 관한 법령상 중앙도매시장이 아닌 곳은?

① 대구광역시 북부 농수산물도매시장

② 인천광역시 구월동 농산물도매시장

③ 울산광역시 농수산물도매시장

④ 광주광역시 서부 농수산물도매시장


**19** 농수산물 유통 및 가격안정에 관한 법령상 비축용 농산물로 수입할 수 있는 품목을 모두 고른 것은?

| ㉠ 고추 | ㉡ 감자 |
| ㉢ 양파 | ㉣ 들깨 |

① ㉠㉢

② ㉠㉣

③ ㉡㉢

④ ㉡㉣

**20** 농수산물 유통 및 가격안정에 관한 법령상 국제곡물관측에 관한 내용이다. (    ) 안에 들어갈 내용으로 옳은 것은?

> 농림축산식품부장관은 주요 곡물의 수급 안정을 위하여 농림축산식품부장관이 정하는 주요 곡물에 대한 상시 관측체계의 구축과 국제 곡물 ( ㉠ ) 모형의 개발을 통하여 매년 주요 곡물 생산 및 수출 국가들의 ( ㉡ ) 및 수급 상황 등을 조사·분석하는 국제곡물관측을 별도로 실시하고 그 결과를 공표하여야 한다.

|   | ㉠ | ㉡ |   |   | ㉠ | ㉡ |
|---|---|---|---|---|---|---|
| ① | 수급 | 작황 | | ② | 수급 | 가격 |
| ③ | 공급 | 작황 | | ④ | 공급 | 가격 |

**21** 농수산물 유통 및 가격안정에 관한 법령상 시장도매인에 대한 정의이다. (    ) 안에 들어갈 내용으로 옳은 것은?

> 농수산물도매시장 또는 민영농수산물도매시장의 개설자로부터 ( ㉠ )을(를) 받고 농수산물을 ( ㉡ ) 또는 위탁받아 도매하거나 중개하는 영업을 하는 법인

|   | ㉠ | ㉡ |   |   | ㉠ | ㉡ |
|---|---|---|---|---|---|---|
| ① | 허가 | 상장 | | ② | 지정 | 매수 |
| ③ | 승인 | 상장 | | ④ | 허가 | 매수 |

**22** 농수산물 유통 및 가격안정에 관한 법령상 경매 또는 입찰의 방법에 관한 설명으로 옳은 것은?

① 도매시장법인은 입찰의 방법으로 판매하는 경우 예정가격에 근접한 가격을 제시한 자에게 판매하여야 한다.

② 도매시장 개설자는 효율적인 유통을 위하여 필요한 경우에는 대량 입하품, 표준규격품, 지역특산품을 우선적으로 판매하게 하여야 한다.

③ 입찰방법은 서면입찰식을 원칙으로 한다.

④ 공개경매를 실현하기 위해 필요한 경우 농림축산식품부장관은 품목별·도매시장별로 경매방식을 제한할 수 있다.

**23** 농수산물 유통 및 가격안정에 관한 법령상 하역업무에 관한 설명으로 옳지 않은 것은?

① 도매시장법인 또는 시장도매인은 도매시장에서 하는 하역업무에 대하여 하역 전문업체 등과 용역계약을 체결할 수 있다.

② 도매시장 개설자가 업무규정으로 정하는 규격출하품에 대한 표준하역비는 도매시장법인 또는 시장도매인이 부담한다.

③ 도매시장법인이 표준하역비를 부담하지 않았을 경우 1차 위반행위에 대한 행정처분 기준은 업무정지 15일이다.

④ 도매시장 개설자는 도매시장에서 하는 하역업무의 효율화를 위하여 하역체제의 개선 및 하역의 기계화 촉진에 노력하여야 한다.

**24** 농수산물 유통 및 가격안정에 관한 법령상 도매시장의 관리 및 운영에 관한 설명으로 옳지 않은 것은?

① 도매시장 개설자는 공공출자법인을 시장관리자로 지정할 수 있다.

② 시장관리자는 도매시장의 정산창구에 대한 관리·감독을 할 수 있다.

③ 도매시장 개설자는 도매시장에 그 시설규모·거래액 등을 고려하여 적정 수의 산지유통인을 두어 운영하여야 한다.

④ 도매시장 개설자는 지방공기업법에 따른 지방공사를 시장관리자로 지정할 수 있다.

**25** 농수산물 유통 및 가격안정에 관한 법령상 농림축산식품부장관이 유통조절명령을 할 경우 협의를 거쳐야 하는 곳은?

① 시장관리운영위원회

② 공정거래위원회

③ 기획재정부

④ 관측위원회

**26** 원예에 관한 설명으로 옳지 않은 것은?

① 기능성 건강식품의 인기에 따라 각광을 받고 있다.

② 원예의 가치에는 식품적, 경제적 가치는 있으나 관상적 가치는 포함되지 않는다.

③ 채소, 과수, 화훼작물을 집약적으로 재배하고 생산하는 활동이다.

④ 어원적으로는 울타리를 둘러치고 재배하는 것을 의미한다.

**27** 일반적으로 종자번식에 비해 영양번식이 가지는 장점은?

① 대량 채종이 가능하다.

② 품종 개량을 목적으로 한다.

③ 취급이 간편하고 수송이 용이하다.

④ 유전적으로 동일한 개체를 얻는다.

**28** 종자의 발아를 촉진하는 방법에 관한 설명으로 옳은 것은?

① 종자의 휴면타파를 위해 아브시스산을 처리한다.

② 호르몬 및 효소의 활성화를 위해 수분을 충분히 공급해 준다.

③ 발아를 위한 물질대사의 유지를 위해 파종 후 지속적으로 저온을 유지한다.

④ 종피가 단단하여 산소 공급이 억제되면 발아가 지연되므로 파종 후 강산을 처리한다.

**29** 자연광 이용형 식물공장에 비해 인공광 이용형(완전제어형) 식물공장이 가지는 특징이 아닌 것은?

① 작물의 생장속도가 빨라 대량 생산이 가능하다.

② 재배관리에 에너지가 적게 들어 저비용 생산이 가능하다.

③ 생육과 생산량을 예측할 수 있어 계획 생산이 가능하다.

④ 장소와 계절에 관계없이 균일한 작물 생산이 가능하다.

**30** 비닐하우스 내 토양의 염류집적에 관한 개선방안이 아닌 것은?

① 연작재배

② 객토 및 유기물 시용

③ 담수처리

④ 제염작물 재배

**31** 원예작물의 식물학적 분류에서 토마토와 같은 과(科, Family)에 속하는 것은?

① 양파

② 가지

③ 상추

④ 오이

**32** 토마토의 착과를 촉진하기 위해 처리하는 착과제 종류가 아닌 것은?

① 토마토톤(4 – CPA)

② 지베렐린(GA)

③ 아브시스산(ABA)

④ 토마토란(Cloxyfonac)

**33** 채소의 광합성에 관한 설명으로 옳지 않은 것은?

① 적색광과 청색광에서 광합성 이용 효율이 높다.

② 광포화점까지는 충분한 햇빛이 있으면 광합성이 촉진된다.

③ 이산화탄소 시비가 증가할수록 광합성은 계속 증가한다.

④ 수박과 토마토에 비해 상추의 광포화점이 낮다.

**34** 무배유 종자에 속하는 것은?

① 수박

② 토마토

③ 마늘

④ 시금치


**35** 양파의 주요 기능성 물질은?

① 캡사이신(Capsaicin)

② 라이코펜(Lycopene)

③ 아미그달린(Amygdalin)

④ 케르세틴(Quercetin)


**36** 채소 작물에서 나타나는 일장반응에 관한 설명으로 옳지 않은 것은?

① 양파는 장일조건에서 인경비대가 촉진된다.

② 오이는 장일조건에서 암꽃의 수가 증가한다.

③ 결구형 배추는 단일조건에서 결구가 촉진된다.

④ 일계성 딸기는 단일조건에서 화아분화가 촉진된다.


**37** 해충의 친환경적 방제에서 천적으로 이용되지 않는 것은?

① 칠레이리응애

② 온실가루이좀벌

③ 애꽃노린재

④ 굴파리

**38** 화훼작물별 구근 기관(Organ)으로 옳지 않은 것은?

① 칼라 – 근경

② 튤립 – 인경

③ 달리아 – 괴근

④ 프리지아 – 구경


**39** 화훼작물 재배용 배지 중 무기질 재료가 아닌 것은?

① 암면                     ② 펄라이트

③ 피트모스            ④ 버미큘라이트


**40** 화훼작물 재배 시 사용되는 생장 조절 물질과 그 이용 목적이 잘못 연결된 것은?

① 지베렐린(GA) – 생육 촉진

② 벤질아데닌(BA) – 분지 촉진

③ IBA(Indolebutric Acid) – 발근 촉진

④ 파클로부트라졸(Paclobutrazol) – 줄기신장 촉진


**41** 다음 설명에 해당하는 해충은?

> • 몸의 길이가 1 ~ 2mm 내외로 작으며 2쌍의 날개가 있고 날개의 둘레에는 긴 털이 규칙적으로 나 있다.
> • 원예작물의 어린 잎, 눈, 꽃봉오리, 꽃잎 속 등에 들어가 즙액을 빨아먹거나 겉껍질을 갉아먹어 피해를 입은 잎이나 꽃은 기형이 된다.

① 뿌리혹선충

② 깍지벌레

③ 총채벌레

④ 담배거세미나방

**42** ( ) 안에 들어갈 내용을 순서대로 나열한 것은?

> 분화용 수국(Hydrangea)은 토양의 Ph에 따라 화색이 변하는데, Ph가 낮은 산성 토양일수록 화색이 ( )을 띠고, pH가 높은 알칼리성 토양일수록 화색이 ( )을 띤다.

① 황색, 청색

② 청색, 황색

③ 청색, 분홍색

④ 분홍색, 청색

**43** 항굴지성 반응으로 절화의 선단부가 휘는 현상을 막기 위해 세워서 저장하거나 수송해야 하는 절화는?

① 거베라             ② 아이리스

③ 카네이션         ④ 금어초

**44** 4℃의 저장고에 저장하면 저온장해가 발생하는 절화는?

① 장미

② 카네이션

③ 안스리움

④ 리시안셔스

**45** 다음 과실 중 각과류로 분류되는 것은?

① 호두             ② 배

③ 대추             ④ 복숭아

**46** 다음 (    ) 안에 공통으로 들어갈 말은?

> • 위과 : (    )와(과) 함께 꽃받기의 일부가 과육으로 발달한 열매로 사과, 배, 비파, 무화과 등이 있다.
> • 진과 : (    )이(가) 발육하여 자란 열매로 감귤류, 포도, 복숭아, 자두 등이 있다.

① 수술                                    ② 꽃잎
③ 씨방                                    ④ 주두


**47** 포도의 개화 후 수정이 불량하여 포도송이에 포도알이 드문드문 달리는 현상은?

① 휴면병                                  ② 꽃떨이 현상
③ 과육흑변 현상                           ④ 열과


**48** 과수원 토양의 초생법에 관한 설명으로 옳지 않은 것은?

① 토양의 침식을 초래한다.
② 토양의 입단화를 증가시킨다.
③ 지온의 과도한 상승을 억제한다.
④ 풀을 유기질 퇴비로 이용할 수 있다.


**49** 과수의 꽃눈분화를 촉진하기 위한 방법이 아닌 것은?

① 질소 시비량을 줄인다.                   ② 하기전정을 실시한다.
③ 해마다 결실량을 최대한 늘린다.          ④ 가지를 수평으로 유인한다.


**50** 사과 재배에서 칼슘 결핍 시 발생하는 병은?

① 빗자루병                                ② 고두병
③ 흰녹병                                  ④ 근두암종병

**51** 공기세척식 CA저장 설비로 옳지 않은 것은?

① 가스분석기

② 에틸렌 발생기

③ 질소공급장치

④ 탄산가스흡수기

**52** 원예산물의 열풍건조 시 일어나는 변화에 관한 설명으로 옳지 않은 것은?

① 영양성분이 잘 보존된다.

② 미생물의 증식이 억제된다.

③ 수축 및 표면경화가 일어난다.

④ 가용성 성분의 표면이동이 일어난다.

**53** 과일의 크기를 선별하는 대표적인 장치는?

① 원판선별기                         ② 롤러선별기

③ 광학선별기                         ④ 스펙트럼선별기

**54** 다음 중 0 ~ 4℃에서 저장할 경우 저온장해가 일어날 수 있는 원예산물만을 옳게 고른 것은?

| | |
|---|---|
| ㉠ 오이 | ㉡ 망고 |
| ㉢ 양배추 | ㉣ 녹숙토마토 |
| ㉤ 아스파라거스 | |

① ㉠㉡㉣                           ② ㉠㉢㉤

③ ㉡㉢㉣                           ④ ㉡㉣㉤

**55** 압축식 냉동기의 냉동사이클에서 냉매의 순환 순서로 옳은 것은?

① 압축기 → 응축기 → 팽창밸브 → 증발기

② 압축기 → 팽창밸브 → 증발기 → 응축기

③ 증발기 → 팽창밸브 → 응축기 → 압축기

④ 증발기 → 응축기 → 팽창밸브 → 압축기


**56** 신선편이(Fresh Cut) 채소의 진공포장 유통에 관한 설명으로 옳지 않은 것은?

① 이취 발생 위험이 없다.

② 갈변 억제에 도움이 된다.

③ 부피를 줄여 수송에 도움이 된다.

④ 높은 $CO_2$ 농도에 의해 생리장해가 일어날 수 있다.


**57** 진공냉각방식에 의한 예냉에 관한 설명으로 옳지 않은 것은?

① 차압통풍냉각방식에 비하여 설치비가 고가이다.

② 엽채류에 효과가 좋다.

③ 예냉 속도는 느리나 온도 편차가 적다.

④ 수분의 증발잠열에 의한 온도 저하 방식이다.


**58** 신선편이(Fresh Cut) 농산물의 제조 시 이용되는 소독제로 옳지 않은 것은?

① 오존($O_3$)

② 차아염소산(HOCl)

③ 염화나트륨(NaCl)

④ 차아염소산나트륨(NaOCl)

**59** 부력차이를 이용한 세척방법으로 비중이 큰 이물질을 제거하는데 효과적인 것은?

① 분무세척

② 부유세척

③ 침지세척

④ 초음파세척


**60** 농산물의 농약 잔류성 및 중독에 관한 설명으로 옳지 않은 것은?

① 유기인계 농약은 급성 중독이 많다.

② 유기염소계 농약은 만성 중독을 일으킨다.

③ 수확 직전에 살포할 경우 잔류할 가능성이 높다.

④ 유기염소계 농약은 유기인계 농약에 비하여 잔류성이 약하다.


**61** HACCP에 관한 설명으로 옳지 않은 것은?

① 위해발생요소에 대한 사후 집중관리방식이다.

② HACCP의 7원칙 중 첫 번째 원칙은 위해 요소 분석이다.

③ 식품업체에게는 자율적이고 체계적인 위생관리 확립 기회를 제공한다.

④ 식품 제조 시 위해 요인을 분석하여 관계되는 중요한 공정을 관리하는 체계이다.


**62** GMO에 관한 설명으로 옳지 않은 것은?

① GMO는 유전자변형농산물을 말한다.

② 우리나라는 GMO 식품 표시제를 시행하고 있다.

③ 미생물 Agrobacterium은 GMO 개발에 이용된다.

④ GMO 표시 대상 품목에는 감자, 콩, 양파가 있다.

**63** 원예산물의 적재 및 유통에 관한 설명으로 옳지 않은 것은?

① 압상을 억제할 수 있는 강도의 골판지 상자로 포장해야 한다.

② 단위화 포장을 통한 팔레타이징으로 물리적 손상을 줄일 수 있다.

③ 저온저장고의 적재용적률은 85 ～ 90%로 한다.

④ 1,100mm × 1,100mm는 국내의 표준화된 팰릿규격이다.


**64** 농산물과 독소성분이 옳게 연결된 것은?

① 오이 – 솔라닌(Solanine)

② 감자 – 고시폴(Gossypol)

③ 콩 – 아마니타톡신(Amanitatoxin)

④ 복숭아 – 아미그달린(Amygdalin)


**65** 원예산물의 색과 관련이 없는 성분은?

① 시트르산(Citric Acid)

② 클로로필(Chlorophyll)

③ 플라보노이드(Flavonoid)

④ 카로티노이드(Carotenoid)


**66** 채소류의 영양학적인 가치에 관한 설명으로 옳지 않은 것은?

① 다양한 비타민을 함유하고 있다.

② 많은 무기질 성분을 함유하고 있다.

③ 다양한 기능성 성분을 함유하고 있다.

④ 많은 단백질 및 지방을 함유하고 있다.

**67** 농산물의 저장 시 발생하는 저온장해 증상에 관한 설명으로 옳지 않은 것은?

① 고구마는 쉽게 부패한다.

② 애호박은 수침현상이 발생한다.

③ 복숭아는 과육의 섬유질화가 발생한다.

④ 사과는 과육부위에 밀증상이 발생한다.


**68** 수확 후 후숙에 의해 상품성이 향상되는 원예산물이 아닌 것은?

① 키위

② 포도

③ 바나나

④ 머스크멜론


**69** 생리적 성숙단계에서 수확되는 원예산물만을 옳게 고른 것은?

| | |
|---|---|
| ㉠ 수박 | ㉡ 애호박 |
| ㉢ 참외 | ㉣ 사과 |
| ㉤ 오이 | |

① ㉠㉡㉢

② ㉠㉢㉣

③ ㉡㉢㉣

④ ㉡㉣㉤


**70** 녹숙기에서 적숙기로 성숙하는 과정의 토마토에서 증가하는 성분으로 옳은 것은?

① 환원당

② 유기산

③ 엽록소

④ 펙틴질

**71** 원예산물의 증산작용에 의한 영향으로 옳지 않은 것은?

① 중량 감소

② 위조 발생

③ 에틸렌 생성 감소

④ 세포막의 구조 변형


**72** 원예산물의 수확적기를 판정하는 방법에 관한 설명으로 옳지 않은 것은?

① 신고배는 만개 후 일수를 기준으로 수확한다.

② 참외는 과피의 색깔을 지표로 하여 판정한다.

③ 멜론은 경도를 측정하여 수확한다.

④ 사과는 요오드반응에 의해 판정한다.


**73** 원예산물 저장 시 에틸렌 제어에 사용되는 물질로 옳지 않은 것은?

① 오존

② 1 – MCP

③ 염화칼슘

④ 과망간산칼륨


**74** 원예산물에서 에틸렌 발생 및 작용에 관한 설명으로 옳지 않은 것은?

① 에틸렌은 호흡과 노화를 촉진한다.

② MA저장은 에틸렌 발생을 촉진한다.

③ STS(Silver Thiosulfate)는 에틸렌 작용을 억제한다.

④ 에틸렌은 엽록소의 분해를 촉진하고 카로티노이드의 합성을 유도한다.


**75** 다음 농산물 중 5℃의 동일 조건에서 측정한 호흡 속도가 가장 높은 것은?

① 사과

② 감귤

③ 감자

④ 브로콜리

**76** A 농업회사법인은 유자를 이용하여 유자차를 생산·판매하고 있다. 이와 관련된 유통 활동효용은?

① 형태효용

② 시간효용

③ 장소효용

④ 소유효용

**77** 농산물 직거래에 관한 설명으로 옳지 않은 것은?

① 유통단계 축소에 기여한다.

② 도매시장 거래가격은 직거래가격에 영향을 미친다.

③ B2C 전자상거래 방식도 해당한다.

④ 도매시장을 경유할 때 보다 유통마진율이 높다.

**78** 농산물 유통금융에 해당되지 않는 것은?

① 농산물 가공업체의 운영자금 조달

② 농업인이 판매시기까지 필요한 선도자금 조달

③ 농업인의 농지 구입 자금 조달

④ 농산물 창고업자의 시설 자금 조달

**79** 농산물 유통조성기관이 아닌 것은?

① 포장업체

② 컨설팅업체

③ 소매업체

④ 보험회사

**80** 우리나라 농산물 도매시장에 관한 설명으로 옳은 것은?

① 상장수수료는 대량출하자에게 유리하다.

② 출하물량 조달은 사전발주를 원칙으로 한다.

③ 농산물 가격에 관한 정보를 제공한다.

④ 도매시장은 경매로만 가격을 결정한다.


**81** 최근 농식품 소비 추세로 옳은 것은?

① 저위보전식품 소비 증가

② 신선편이 식품 소비 감소

③ 가정대체식(HMR) 소비 증가

④ 에스닉푸드(Ethnic Food) 소비 감소


**82** 무농약 블루베리를 재배하는 영농조합법인이 기능성 블루베리즙을 가공하여 판매하고자 한다. 이 사업에 관한 SWOT 분석으로 옳지 않은 것은?

① S : 친환경 재배기술 보유

② W : 농산물 수입개방 확대

③ O : 건강지향적 소비 트렌드

④ T : 지역 간 경쟁 심화


**83** 산지 유통의 기능으로 옳지 않은 것은?

① 원산지 표시 기능

② 물적 조성기능

③ 상품화 기능

④ 공급량 조절 기능

**84** 농산물 공동계산제에 관한 설명으로 옳지 않은 것은?

① 농가의 수취 가격 제고

② 신속한 대금 정산

③ 가격위험 분산

④ 유통 비용 절감


**85** 농산물 유통환경 변화에 관한 설명으로 옳은 것은?

① 맞춤생산 증가

② 유통경로의 단일화

③ 수입농산물 증가로 인한 국산농산물 가격 상승

④ 산지와 대형유통업체 간 수직적 통합 약화


**86** 무점포 소매업태가 아닌 것은?

① 텔레마케팅

② 자동판매기

③ TV 홈쇼핑

④ 카테고리킬러


**87** 생산자를 위한 도매상의 기능으로 옳은 것을 모두 고른 것은?

| | |
|---|---|
| ㉠ 시장 확대 | ㉡ 구색 갖춤 |
| ㉢ 주문 처리 | ㉣ 소단위 판매 |

① ㉠㉡                    ② ㉠㉢

③ ㉡㉢                    ④ ㉢㉣

**88** 시장세분화에 이용되는 소비행태적 변수에 해당되는 것은?

① 지역                          ② 브랜드 충성도

③ 연령                          ④ 소득


**89** 유통조성기능 중 시장정보의 효과가 아닌 것은?

① 효율적인 시장 운영

② 합리적인 시장 선택

③ 거래의 불확실성 감소

④ 유통업자 간의 경쟁 감소


**90** 신품종 농산물의 판매량과 가격과의 인과관계를 파악하기 위해 두 집단에게 각기 다른 가격을 제시하여 반응을 비교 분석하는 방법은?

① 델파이법

② 실험조사법

③ 심층면접법

④ 표적집단면접법


**91** 제품수명주기(PLC) 단계별 마케팅 목표로 옳은 것은?

① 도입기 : 비용 절감 및 시장점유율 유지

② 성장기 : 신뢰도 상승 및 매출 증대

③ 성숙기 : 제품인지도 상승 및 시험구매 유도

④ 쇠퇴기 : 시장점유율 최대화

**92** 소비자 대상 판매촉진 수단 중 가격 경쟁에 해당되는 것은?

① 경품(Premium)

② 샘플(Sample)

③ 시연회(Demonstration)

④ 할인쿠폰(Coupon)


**93** 협동조합 유통에 관한 설명으로 옳은 것은?

① 거래비용을 증가시킨다.

② 시장교섭력이 저하된다.

③ 상인의 초과이윤을 억제한다.

④ 생산자의 수취 가격을 낮춘다.


**94** 감자 kg당 농가수취 가격이 2,500원이고, 소비자 가격이 5,000원인 경우 유통마진율은?

① 25%

② 50%

③ 100%

④ 200%


**95** 선물시장 상장품목이 갖추어야 하는 요건과 거리가 먼 것은?

① 표준화 · 규격화가 어려운 품목

② 계절별 가격 진폭이 큰 품목

③ 현물시장의 규모가 큰 품목

④ 연중 가격정보 제공이 가능한 품목

**96** 농산물의 특성에 관한 설명으로 옳지 않은 것은?

① 표준화 · 등급화가 어렵다.

② 수요와 공급이 비탄력적이다.

③ 용도가 다양하지 않아 대체성이 작다.

④ 운반과 보관에 비용이 많이 발생한다.

**97** 제조업자가 해야 할 업무의 일부를 중간상이 수행하는 경우 이에 대한 보상으로 경비의 일부를 제조업자가 부담해 주는 가격할인 방식은?

① 현금할인

② 거래할인

③ 리베이트

④ 수량할인

**98** 농산물 A의 수요함수는 $Q = 10 - P$, 공급함수는 $Q = 1 + 2P$ 이며, 현재가격은 4이다. 거미집모형에 의한 농산물 A 가격의 변화는?(단, $P$는 가격, $Q$는 수량이다.)

① 균형가격으로 수렴

② 일정한 폭으로 진동

③ 현재가격에서 불변

④ 현재가격으로부터 발산

**99** 기존 브랜드와 동일한 제품 범주 내에서 새로운 맛, 향, 성분의 신제품을 추가적으로 도입하면서 기존의 브랜드명을 부착하는 전략은?

① 라인확장(Line Extension) 전략

② 복수브랜딩(Multibranding) 전략

③ 메가브랜드(Megabrand) 전략

④ 신규브랜드(New Brand) 전략

**100** 다음의 산지출하 형태 중에서 개별출하에 해당되는 것을 모두 고른 것은?

> ㉠ 소비지 도매시장에 직접 출하한다.
> ㉡ 산지농협에 출하를 위탁한다.
> ㉢ 수확 전에 산지유통인에게 전량 출하 약정한다.
> ㉣ 대도시 슈퍼마켓에 납품한다.

① ㉠㉡

② ㉠㉣

③ ㉡㉢

④ ㉢㉣

# 2016년도 제13회 농산물품질관리사 1차 국가자격시험

| 교시 | 문제형별 | 시험시간 | 시험과목 |
|------|----------|----------|----------|
| 1교시 | S | 120분 | 관계 법령<br>원예작물학<br>수확후품질관리론<br>농산물 유통론 |
| 수험번호 | | 성명 | |

## 수험자 유의사항

1. 시험문제지 표지와 시험문제지 내 문제형별의 동일여부 및 시험문제지의 총면수, 문제번호 일련순서, 인쇄 상태 등을 확인하시고, 문제지 표지에 수험번호와 성명을 기재하시기 바랍니다.

2. 답은 각 문제마다 요구하는 가장 적합하거나 가까운 답 1개만 선택하고, 답안카드 작성 시 시험문제지 형별누락, 마킹착오로 인한 불이익은 전적으로 수험자에게 책임이 있음을 알려 드립니다.

3. 답안카드는 국가전문자격 공동 표준형으로 문세번호가 1번부터 125번까지 인쇄되어 있습니다. 답안 마킹 시에는 반드시 시험문제지의 문제번호와 동일한 번호에 마킹하여야 합니다.

4. 감독위원의 지시에 불응하거나 시험시간 종료 후 답안카드를 제출하지 않을 경우 불이익이 발생할 수 있음을 알려 드립니다.

5. 시험문제지는 시험 종료 후 가져가시기 바랍니다.

## 안내사항

1. 답안카드에 기재된 '수험자 유의사항 및 답안카드 작성 시 유의사항' 준수

2. 수험자 교육시간에 감독위원 안내 또는 방송(유의사항)에 따라 답안카드에 수험번호를 기재·마킹하고, 배부된 시험지의 인쇄 상태 확인 후 답안카드에 형별 마킹

3. 답안카드는 국가전문자격 공통 표준형으로 문제번호가 1번부터 125번까지 인쇄되어 있으며, 답안 마킹 시에는 반드시 시험문제지의 문제번호와 동일한 번호에 마킹

4. 답안카드 기재·마킹 시에는 반드시 검정색 사인펜 사용

5. 채점은 전산 자동 판독 결과에 따르므로 유의사항을 지키지 않거나(검정색 사인펜 미사용) 수험자의 부주의(답안카드 기재·마킹 착오, 불완전한 마킹·수정, 예비마킹, 형별 마킹 착오 등)로 판독불능, 중복판독 등 불이익이 발생할 경우 수험자 책임으로 이의제기를 하더라도 받아들여지지 않음

   ※ 답안을 잘못 작성했을 경우, 답안카드 교체 및 수정테이프 사용가능(단, 답안 이외 수험번호 등 인적사항은 수정불가)하며 재작성에 따른 시험시간은 별도로 부여하지 않음
   ※ 수정테이프 이외 수정액 및 스티커 등은 사용불가
   ※ 자세한 사항은 큐넷 홈페이지(http://www.Q-Net.or.kr/site/nongsanmul)문의

— 수험자 여러분의 합격을 기원합니다. —

---

## I  농수산물 품질관리 관계법령

**1**  농수산물 품질관리법의 목적(제1조)에 관한 내용으로 옳지 않은 것은?

① 농산물의 적절한 품질관리
② 농산물의 안전성 확보
③ 농산물의 적정한 가격 유지
④ 농업인의 소득 증대와 소비자 보호

**2**  농수산물 품질관리법 제2조 정의에 관한 내용이다. (   ) 안에 들어갈 것으로 옳은 것은?

> 유해물질이란 농약, 중금속, 항생물질, 잔류성 유기오염물질, 병원성 미생물, 곰팡이 독소, 방사성물
> 질, 유독성 물질 등 식품에 잔류하거나 오염되어 사람의 건강에 해를 끼칠 수 있는 물질로서 (   )
> 으로 정하는 것을 말한다.

① 대통령령
② 총리령
③ 농림축산식품부령
④ 환경부령

**3**  농수산물의 원산지 표시에 관한 법령상 인터넷으로 농산물을 판매할 때 원산지의 개별적인 표시 방법
으로 옳지 않은 것은?

① 표시 위치는 제품명 또는 가격 표시 주위에 표시하거나 매체의 특성에 따라 자막 또는 별도의 창
  을 이용할 수 있다.
② 표시 시기는 원산지를 표시하여야 할 제품이 화면에 표시되는 시점부터 원산지를 알 수 있도록
  표시해야 한다.
③ 글자 크기는 제품명 또는 가격 표시와 같거나 그보다 커야 한다.
④ 글자색은 제품명 또는 가격 표시와 다른 색으로 한다.

**4** 농수산물의 원산지 표시에 관한 법령상 원산지 위장판매의 범위에 해당하는 것은?

① 외국산과 국내산을 진열·판매하면서 외국 국가명 표시를 잘 보이지 않게 가리거나 대상농산물과 떨어진 위치에 표시하는 경우

② 원산지 표시란에는 외국 국가명 또는 "국내산"으로 표시하고 포장재 앞면 등 소비자가 잘 보이는 위치에는 큰 글씨로 "국내생산", "경기특미" 등과 같이 국내 유명 특산물 생산지역명을 표시한 경우

③ 게시판 등에는 "국산 김치만 사용합니다"로 일괄 표시하고 원산지 표시란에는 외국 국가명을 표시하는 경우

④ 원산지 표시란에는 외국 국가명을 표시하고 인근에 설치된 현수막 등에는 "우리 농산물만 취급", "국산만 취급", "국내산 한우만 취급" 등의 표시·광고를 한 경우

**5** 농수산물의 원산지 표시에 관한 법령상 원산지 표시 위반 자를 주무관청에 신고한 자에 대해 예산의 범위에서 지급할 수 있는 포상금의 범위는?

① 최고 200만 원

② 최고 300만 원

③ 최고 500만 원

④ 최고 1,000만 원

**6** 농수산물 품질관리법령상 농산물 검사의 유효기간이 다른 것은?(단, 검사 시행일은 10월 15일이다.)

① 마늘                    ② 사과
③ 양파                    ④ 단감

**7** 농수산물 품질관리법상 농산물품질관리사의 직무가 아닌 것은?

① 농산물의 검사

② 농산물의 출하 시기 조절에 관한 조언

③ 농산물의 품질관리기술에 관한 조언

④ 농산물의 생산 및 수확 후 품질관리기술지도

**8** 농수산물 품질관리법령상 농산물우수관리에 관한 내용으로 옳은 것은?

① 농림축산식품부장관은 외국에서 수입되는 농산물에 대한 우수관리인증의 경우 외국의 기관이 농림축산식품부장관이 정한 기준을 갖추어도 우수관리인증기관으로 지정할 수 없다.

② 쌀의 우수관리인증의 유효기간은 우수관리인증을 받은 날부터 1년으로 한다.

③ 농산물우수관리시설의 지정 유효기간은 3년으로 하되, 우수관리시설 지정의 효력을 유지하기 위하여는 유효기간이 끝나기 전에 그 지정을 갱신하여야 한다.

④ 우수관리인증을 받은 자는 우수관리 기준에 따라 생산·관리한 농산물의 포장·용기·송장·거래명세표·간판·차량 등에 우수관리인증의 표시를 할 수 있다.


**9** 농수산물 품질관리법령상 우수관리인증 농가가 1차 위반 시 우수관리인증이 취소되는 위반행위로 묶인 것은?

```
㉠ 우수관리 기준을 지키지 않은 경우
㉡ 거짓이나 그 밖의 부정한 방법으로 우수관리인증을 받은 경우
㉢ 우수관리인증의 표시정지기간 중에 우수관리인증의 표시를 한 경우
㉣ 우수관리인증을 받은 자가 정당한 사유 없이 조사·점검에 응하지 않은 경우
```

① ㉠㉡

② ㉠㉣

③ ㉡㉢

④ ㉢㉣


**10** 농수산물 품질관리법상 안전성 검사기관의 지정과 취소 등에 관한 내용으로 옳지 않은 것은?

① 안전성 검사기관으로 지정받으려는 자는 농림축산식품부장관에게 신청하여야 한다.

② 안전성 검사기관 지정이 취소된 후 2년이 지나지 아니하면 안전성 검사기관 지정을 신청할 수 없다.

③ 거짓이나 그 밖의 부정한 방법으로 지정을 받은 경우에는 지정을 취소하여야 한다.

④ 안전성 검사기관의 지정기준 및 절차와 업무 범위 등 필요한 사항은 총리령으로 정한다.

**11** 농수산물 품질관리법령상 단감을 출하할 때 해당 물품의 포장 겉면에 '표준규격품'이라는 문구와 함께 표시해야 하는 사항으로 묶인 것은?

> ㉠ 등급   ㉡ 당도
> ㉢ 산지   ㉣ 무게(실중량)
> ㉤ 포장치수

① ㉠㉡㉣   ② ㉠㉢㉣
③ ㉡㉣㉤   ④ ㉡㉢㉤

**12** 농수산물 품질관리법령상 농산물의 생산자가 이력추적관리등록을 할 때 등록사항이 아닌 것은?

① 생산자의 성명, 주소 및 전화번호   ② 생산계획량
③ 수확 후 관리시설명 및 그 주소   ④ 이력추적관리 대상 품목명

**13** 농수산물 품질관리법령상 ( ) 안에 들어갈 것으로 옳은 것은?

> 인삼류의 농산물이력추적관리 등록의 유효기간은 ( ) 이내의 범위에서 등록기관의 장이 정하여 고시한다.

① 5년   ② 6년
③ 8년   ④ 10년

**14** 농수산물 품질관리법상 지리적표시의 등록절차를 순서대로 올바르게 나열한 것은?

> ㉠ 등록 신청   ㉡ 이의신청
> ㉢ 등록 신청 공고결정   ㉣ 등록증 교부

① ㉠ → ㉡ → ㉢ → ㉣   ② ㉠ → ㉢ → ㉡ → ㉣
③ ㉢ → ㉠ → ㉡ → ㉣   ④ ㉢ → ㉡ → ㉠ → ㉣

**15** 농수산물 품질관리법상 농산물품질관리사 자격증을 다른 사람에게 빌려준 자에 대한 벌칙 기준으로 옳은 것은?

① 1년 이하의 징역 또는 5백만 원 이하의 벌금

② 1년 이하의 징역 또는 1천만 원 이하의 벌금

③ 2년 이하의 징역 또는 2천만 원 이하의 벌금

④ 3년 이하의 징역 또는 3천만 원 이하의 벌금

**16** 농수산물 품질관리법령상 지리적표시품 표지의 제도법에 관한 설명이다. (    ) 안에 들어갈 내용으로 옳은 것은?

표지도형의 한글 및 영문 글자는 ( ㉠ )로 하고, 표지도형의 색상은 ( ㉡ )을 기본 색상으로 한다.

|   | ㉠ | ㉡ |   | ㉠ | ㉡ |
|---|-----|------|---|-----|--------|
| ① | 명조체 | 녹색 | ② | 명조체 | 빨간색 |
| ③ | 고딕체 | 녹색 | ④ | 고딕체 | 빨간색 |

**17** 농수산물 유통 및 가격안정에 관한 법령상 위탁수수료의 최고한도가 거래금액의 1천분의 50인 부류는?

① 청과부류

② 화훼부류

③ 양곡부류

④ 약용작물부류

**18** 농수산물 유통 및 가격안정에 관한 법령상 주산지의 지정 및 해제 등에 관한 설명으로 옳지 않은 것은?

① 주산지의 지정은 읍·면·동 또는 시·군·구 단위로 한다.

② 농림축산식품부장관이 주산지를 지정할 경우 시·도지사에게 이를 통지하여야 한다.

③ 시·도지사는 지정된 주산지가 지정요건에 적합하지 아니하게 되었을 때에는 그 지정을 변경하거나 해제할 수 있다.

④ 시·도지사는 지정된 주산지에서 주요 농산물을 생산하는 자에 대하여 생산자금의 융자 및 기술지도 등 필요한 지원을 할 수 있다.

**19** 농수산물 유통 및 가격안정에 관한 법률상 (  ) 안에 들어갈 내용으로 옳은 것은?

> 경기도 성남시가 농산물 거래를 위해 지방도매시장을 개설하려면 ( ㉠ )의 허가를 받아야 하고, 개설 후 지방도매시장의 개설자가 업무규정을 변경하는 때에는 ( ㉡ )의 승인을 받아야 한다.

|  | ㉠ | ㉡ |
|---|---|---|
| ① | 농림축산식품부장관 | 경기도지사 |
| ② | 경기도지사 | 성남시장 |
| ③ | 경기도지사 | 경기도지사 |
| ④ | 농림축산식품부장관 | 성남시장 |

**20** 농수산물 유통 및 가격안정에 관한 법령상 유통조절명령에 포함되어야 하는 사항이 아닌 것은?

① 지역

② 생산조정 또는 출하조절의 방안

③ 소비억제의 의무화

④ 대상 품목

**21** 농수산물 유통 및 가격안정에 관한 법령상 도매시장법인이 농산물을 매수하여 도매할 수 있는 경우에 해당하지 않는 것은?

① 수탁판매의 방법으로는 적정한 거래 물량의 확보가 어려운 경우로서 농림축산식품부장관이 고시하는 범위에서 시장도매인의 요청으로 그 시장도매인에게 정가·수의매매로 도매하기 위하여 필요한 물량을 매수하는 경우

② 거래의 특례에 따라 다른 도매시장법인 또는 시장도매인으로부터 매수하여 도매하는 경우

③ 물품의 특성상 외형을 변형하는 등 가공하여 도매하여야 하는 경우로서 도매시장 개설자가 업무규정으로 정하는 경우

④ 해당 도매시장에서 주로 취급하지 아니하는 농산물의 품목을 갖추기 위하여 대상 품목과 기간을 정하여 도매시장 개설자의 승인을 받아 다른 도매시장으로부터 이를 매수하는 경우

**22** 농수산물 유통 및 가격안정에 관한 법률상 농산물공판장에 관한 설명으로 옳지 않은 것은?

① 생산자단체와 공익법인은 법률에 따른 기준에 적합한 시설을 갖추고 시·도지사의 승인을 받아 공판장을 개설할 수 있다.

② 공판장에는 시장도매인, 중도매인, 매매참가인, 산지유통인 및 경매사를 두어야 한다.

③ 농산물을 수집하여 공판장에 출하하려는 자는 공판장의 개설자에게 산지유통인으로 등록하여야 한다.

④ 공판장의 경매사는 공판장의 개설자가 임면한다.

**23** 농수산물 유통 및 가격안정에 관한 법률상 도매시장거래 분쟁조정위원회의 심의·조정 사항이 아닌 것은?

① 낙찰자 결정에 관한 분쟁

② 낙찰가격에 관한 분쟁

③ 거래대금의 지급에 관한 분쟁

④ 위탁수수료의 결정에 관한 사항

**24** 농수산물 유통 및 가격안정에 관한 법령상 농산물가격안정기금을 융자 또는 대출할 수 있는 사업은?

① 농산물의 가격조절과 생산·출하의 장려 또는 조절

② 기금이 관리하는 유통시설의 설치·취득 및 운영

③ 농산물의 가공·포장 및 저장기술의 개발

④ 농산물의 유통구조 개선 및 가격안정사업과 관련된 조사

**25** 농수산물 유통 및 가격안정에 관한 법률상 2년 이하의 징역 또는 2천만 원 이하의 벌금 기준에 해당하는 행위를 한 자는?

① 도매시장 개설자가 업무규정으로 정하는 표준하역비의 부담을 이행하지 아니한 자

② 매매참가인의 거래 참가를 방해한 자

③ 수입 추천신청을 할 때에 정한 용도 외의 용도로 수입농산물을 사용한 자

④ 상장된 농수산물 외의 농수산물을 거래한 자

**26** 원예작물별 주요 기능성 물질의 연결이 옳지 않은 것은?

① 감귤 – 아미그달린(Amygdalin)　　② 고추 – 캡사이신(Capsaicin)

③ 포도 – 레스베라트롤(Resveratrol)　　④ 토마토 – 리코펜(Lycopene)

**27** 원예작물의 바이러스병에 관한 설명으로 옳지 않은 것은?

① 바이러스에 감염된 작물은 신속하게 제거한다.

② 바이러스 무병묘를 이용하여 회피할 수 있다.

③ 많은 바이러스가 진딧물과 같은 곤충에 의해 전염된다.

④ 대표적인 바이러스병으로 토마토의 궤양병이 있다.

**28** 채소 작물의 식물학적 분류에서 같은 과(科)끼리 묶이지 않은 것은?

① 브로콜리, 갓　　② 양배추, 상추

③ 감자, 가지　　④ 마늘, 아스파라거스

**29** 결핍 시 딸기의 잎끝마름과 토마토의 배꼽썩음병의 원인이 되는 무기양분은?

① 질소(N)　　② 인(P)

③ 칼륨(K)　　④ 칼슘(Ca)

**30** 채소 작물 중 과실의 주요 색소가 안토시아닌(Anthocyanin)인 것은?

① 토마토　　② 가지

③ 오이　　④ 호박

**31** 채소 작물별 배토(培土)의 효과로 옳지 않은 것은?

① 파의 연백(軟白)을 억제한다.

② 감자의 괴경 노출을 방지한다.

③ 당근의 어깨 부위 엽록소 발생을 억제한다.

④ 토란의 자구(子球) 비대를 촉진한다.


**32** 채소 작물 육묘의 목적에 관한 설명으로 옳지 않은 것은?

① 조기 수확이 가능하고 수확기간을 연장하여 수량을 늘릴 수 있다.

② 묘상의 집약관리로 어릴 때의 환경 관리, 병해충 관리가 쉽다.

③ 대체로 발아율은 감소되나 본밭의 토지이용률은 높여준다.

④ 묘의 생식생장 유도, 접목 등으로 본밭에서의 적응력을 향상시킬 수 있다.


**33** 채소 작물의 암수 분화에 관한 설명이다. (   ) 안에 들어갈 내용으로 옳은 것은?

> 단성화의 암수 분화는 유전적 요인으로 결정되지만 환경의 영향도 크다. 오이는 (   ) 조건과 (   ) 조건에서 암꽃의 수가 많아진다.

① 저온, 단일

② 저온, 장일

③ 고온, 단일

④ 고온, 장일


**34** 호광성 종자의 발아에 관한 설명으로 옳지 않은 것은?

① 발아는 450nm 이하의 광파장에서 잘 된다.

② 발아는 파종 후 복토를 얇게 할수록 잘 된다.

③ 광은 수분을 흡수한 종자에만 작용한다.

④ 발아는 색소단백질인 피토크롬(Phytochrome)이 관여한다.

**35** 채소 작물에 고온으로 인해 나타나는 현상이 아닌 것은?

① 상추는 발아가 억제된다.

② 단백질의 변성으로 효소 활성이 증가한다.

③ 동화물질의 소모가 크게 증가한다.

④ 대사작용의 교란으로 독성 물질이 체내에 축적된다.


**36** 화훼작물의 식물학적 분류에서 과(科)가 다른 것은?

① 튤립        ② 히야신스

③ 백합        ④ 수선화


**37** 고형 배지 없이 베드 내 배양액에 뿌리를 계속 잠기게 하여 재배하는 방법은?

① 분무경(Aeroponics)

② 담액수경(Deep Flow Technique)

③ 암면재배(Rockwool Culture)

④ 저면담배수식(EBB and Flow)


**38** 화훼작물에서 종자 또는 줄기의 생장점이 일정 기간의 저온을 겪음으로써 화아가 형성되는 현상은?

① 경화        ② 춘화

③ 휴면        ④ 동화


**39** 화훼작물의 선단부 절간이 신장하지 못하고 짧게 되는 로제트(Rosette) 현상을 타파하기 위해 사용하는 생장 조절 물질은?

① 옥신        ② 시토키닌

③ 지베렐린       ④ 아브시스산

**40** 가을에 국화의 개화 시기를 늦추기 위한 재배방법은?

① 전조재배

② 암막재배

③ 네트재배

④ 촉성재배


**41** 장미에서 분화된 꽃눈이 꽃으로 발육하지 못하고 퇴화하는 블라인드(Blind) 현상의 주요 원인이 아닌 것은?

① 일조량의 부족

② 낮은 야간온도

③ 엽수의 부족

④ 질소 시비량의 과다


**42** 원예작물에 발생하는 병 중에서 곰팡이(진균)에 의한 것이 아닌 것은?

① 잘록병

② 역병

③ 탄저병

④ 무름병


**43** 화훼작물의 초장조절을 위한 시설 내 주야간 관리 방법인 DIF가 의미하는 것은?

① 주야간 습도차

② 주야간온도차

③ 주야간 광량차

④ 주야간 이산화탄소 농도차


**44** 과수작물에서 씨방하위과(子房下位果)로 위과(僞果)이며 단과(單果)인 것은?

① 배

② 복숭아

③ 감귤

④ 무화과


**45** 과수작물의 영양번식법 중에서 무병묘(Virus Free Stock) 생산에 적합한 방법은?

① 취목

② 접목

③ 조직배양

④ 삽목

**46** 다음은 사과 과실 모양과 온도와의 관계를 설명한 내용이다. (    ) 안에 들어갈 내용을 순서대로 나열한 것은?

> 생육 초기에는 (    )생장이, 그 후에는 (    )생장이 왕성하므로 해발 고도가 높은 지역이나 추운 지방에서는 과실이 대체로 원형이나 (    )으로 된다.

① 종축, 횡축, 편원형　　　　　　② 종축, 횡축, 장원형
③ 횡축, 종축, 편원형　　　　　　④ 횡축, 종축, 장원형


**47** 포도 재배 시 봉지씌우기의 주요 목적이 아닌 것은?

① 과실 품질을 향상시킨다.
② 병해충으로부터 과실을 보호한다.
③ 비타민 함량을 높인다.
④ 농약이 과실에 직접 묻지 않도록 한다.


**48** 배 재배 시 열매솎기(적과)의 목적이 아닌 것은?

① 과실의 당도 증진　　　　　　② 해거리 방지
③ 무핵 과실 생산　　　　　　　④ 유목의 수관 확대


**49** 과수작물에서 병원균에 의해 나타나는 병은?

① 적진병(Internal Bark Necrosis)　　② 고무병(Internal Breakdown)
③ 고두병(Bitter Pit)　　　　　　　　④ 화상병(Fire Blight)


**50** 사과나무에서 접목 시 대목 목질부에 홈이 파이는 증상이 나타나는 고접병의 원인이 되는 것은?

① 진균　　　　　　　　　　② 세균
③ 바이러스　　　　　　　　④ 파이토플라즈마

**51** 다음 중 호흡급등형 작물을 고른 것은?

| | |
|---|---|
| ㉠ 감 | ㉡ 오렌지 |
| ㉢ 포도 | ㉣ 사과 |

① ㉠㉡　　　　　　　　　　　　② ㉠㉣

③ ㉡㉢　　　　　　　　　　　　④ ㉢㉣

**52** 원예작물의 수확적기에 관한 설명으로 옳은 것은?

① 저장용 마늘은 추대가 되기 전에 수확한다.

② 포도는 당도를 높이기 위해 비가 온 후 수확한다.

③ 만생종 사과는 낙과를 방지하기 위해 추석 전에 수확한다.

④ 감자는 잎과 줄기의 색이 누렇게 될 때부터 완전히 마르기 직전까지 수확한다.

**53** 원예산물의 품질을 측정하는 기기가 아닌 것은?

① 경도계　　　　　　　　　　　　② 조도계

③ 산도계　　　　　　　　　　　　④ 색차계

**54** 원예산물 저장고 관리에 관한 설명으로 옳지 않은 것은?

① 저장고 내의 고습을 유지하기 위해 과망간산칼륨 또는 활성탄을 처리한다.

② 저장고 내부를 5% 차아염소산나트륨 수용액을 이용하여 소독한다.

③ CA저장고는 저장고 내부로 외부공기가 들어가지 않도록 밀폐한다.

④ CA저장고는 냉각장치, 압력조절장치, 질소발생기를 구비한다.

**55** 원예산물의 수확 후 전처리에 관한 설명으로 옳은 것은?

① 양파는 큐어링 할 때 햇빛에 노출되면 흑변이 발생한다.

② 마늘은 열풍건조할 때 온도를 60 ~ 70℃로 유지하여 내부 성분이 변하지 않도록 한다.

③ 감자는 온도 15℃, 습도 90 ~ 95%에서 큐어링 한다.

④ 고구마는 큐어링 한 후 품온을 0 ~ 5℃로 낮추어야 한다.

**56** 원예산물의 장해에 관한 설명으로 옳지 않은 것은?

① 장미는 수확 직후 물에 꽂아 꽃목굽음을 방지한다.

② 포도는 저온저장 중 유관속 조직 주변이 투명해지는 밀증상이 나타난다.

③ 가지, 호박, 오이는 저온저장 중 과실의 표면이 함몰되는 수침현상이 나타난다.

④ 금어초는 줄기를 수직으로 세워 물올림하여 줄기굽음을 방지한다.

**57** 원예산물 포장상자에 관한 설명으로 옳지 않은 것은?

① 상품성 향상 및 정보 제공의 기능이 있다.

② 충격으로부터 내용물을 보호하여야 한다.

③ 저온고습에 견딜 수 있어야 한다.

④ 모든 품목의 포장상자 규격은 동일하다.

**58** 원예산물의 저장 중 수분 손실에 관한 설명으로 옳은 것은?

① 과실은 화훼류와 혼합저장하면 수분 손실이 적다.

② 저온 및 MA저장하면 수분 손실이 적다.

③ 냉기의 대류속도가 빠르면 수분 손실이 적다.

④ 부피에 비하여 표면적이 넓은 작물일수록 수분 손실이 적다.

**59** 딸기와 포도의 주요 유기산을 순서대로 나열한 것은?

① 구연산, 주석산　　　　　　　② 사과산, 옥살산

③ 주석산, 구연산　　　　　　　④ 옥살산, 사과산


**60** 다음 원예산물에서 에틸렌에 의해 나타나는 증상이 아닌 것은?

① 결구상추의 중륵반점　　　　　② 브로콜리의 황화

③ 카네이션의 꽃잎말림　　　　　④ 복숭아의 과육섬유질화


**61** 굴절당도계에 관한 설명으로 옳은 것을 모두 고른 것은?

> ㉠ 증류수로 영점 보정한 후 측정한다.
> ㉡ 측정치는 과즙의 온도에 영향을 받는다.
> ㉢ 측정된 당도값은 °Brix 또는 %로 표시한다.
> ㉣ 가용성 고형물에 의해 통과하는 빛의 속도가 빨라진다.

① ㉠㉢　　　　　　　　　　　② ㉡㉢

③ ㉠㉡㉢　　　　　　　　　　④ ㉠㉡㉢㉣


**62** 다음 중 원예작물의 비파괴적 품질평가에 이용되지 않은 것은?

① NIR　　　　　　　　　　　② MRI

③ HPLC　　　　　　　　　　④ X − ray


**63** 원예산물의 성숙기 판단 지표가 아닌 것은?

① 적산온도　　　　　　　　　　② 개화 후 일수

③ 성분의 변화　　　　　　　　　④ 대기조성비

**64** 원예산물의 에틸렌 발생 촉진 물질은?

① AVG

② ACC

③ STS

④ AOA

**65** 에틸렌에 관한 설명으로 옳지 않은 것은?

① 수용체는 세포벽에 존재한다.

② 코발트 이온에 의해 생성이 억제 된다.

③ 무색이며 상온에서 공기보다 가볍다.

④ 식물의 방어기작과 관련이 있다.

**66** 원예산물의 저장에 관한 설명으로 옳은 것은?

① 선박에 의한 장거리 수송 시 CA저장은 불가능하다.

② MA포장 시 필름의 이산화탄소 투과도는 산소 투과도 보다 낮아야 한다.

③ 소석회는 주로 저장고 내 산소를 제거하는데 이용된다.

④ CA저장 시 드라이아이스를 이용하여 이산화탄소 농도를 증가시킬 수 있다.

**67** 저장고 습도관리에 관한 설명으로 옳지 않은 것은?

① 과실 저장 시 상대습도는 85 ~ 95%로 유지하는 것이 좋다.

② 저장고 내 상대습도의 상승은 원예산물의 증산을 촉진시킨다.

③ 저장고의 습도를 유지하기 위해 바닥에 물을 뿌리거나 가습기를 이용한다.

④ 상대습도가 100%가 되면 수분응결 등에 의해 곰팡이 번식이 일어나기 쉽다.

**68** 원예산물의 온도장해에 관한 설명으로 옳지 않은 것은?

① 배에서 환원당은 빙점을 높일 수 있다.

② 사과에서 칼슘이온은 세포 내 결빙을 억제시킬 수 있다.

③ 토마토에서 열처리는 냉해발생을 억제시킬 수 있다.

④ 고추에서 CA저장은 냉해발생을 억제시킬 수 있다.


**69** 신선편이 농산물 가공에 관한 설명으로 옳지 않은 것은?

① 가공처리에 의해 호흡량이 증가하므로 가공 전 예냉처리가 선행되어야 한다.

② 화학제 살균을 대체하는 기술로 자외선 살균방법이 가능하다.

③ 오존수는 환원력과 잔류성이 높아 세척제로 부적합하다.

④ 원료 농산물의 품질에 따라 가공 후 유통기간이 영향을 받는다.


**70** 원예산물의 수확 후 처리기술인 예냉의 목적이 아닌 것은?

① 호흡 감소                     ② 과실의 조기후숙

③ 포장열 제거                   ④ 엽록소분해 억제


**71** 원예산물의 외부포장용 골판지의 품질기준이 아닌 것은?

① 인장강도                     ② 압축강도

③ 발수도                       ④ 파열강도


**72** 다음 중 수확 후 관리기술에 관한 설명으로 옳지 않은 것은?

① 과실류는 엽채류에 비해 표면적 비율이 높아 진공예냉한다.

② 배는 예건을 통해 과피흑변을 억제할 수 있다.

③ 저장온도가 낮을수록 미생물 증식이 낮다.

④ 배는 사과에 비해 왁스층 발달이 적어 수분 손실에 유의해야 한다.

**73** 생리적 성숙 완료기에 수확하여 이용하는 작물은?

① 오이, 가지

② 가지, 딸기

③ 딸기, 단감

④ 단감, 오이

**74** 사과의 수확기 판정을 위한 요오드반응 검사에 관한 설명으로 옳은 것은?

① 100% 요오드 용액을 과육부위에 반응시켜 칙색되는 정도를 기준으로 한다.

② 성숙 중 유기산과 환원당이 감소하는 원리를 이용한다.

③ 성숙될수록 요오드반응 착색 면적이 넓어진다.

④ 적숙기의 요오드반응 착색 면적은 '쓰가루'가 '후지'에 비해 넓다.

**75** Hunter 'a' 값이 − 20일 때 측정된 부위의 과색은?

① 적색

② 황색

③ 녹색

④ 흑색

## Ⅳ 농산물유통론

**76** 농산물의 일반적인 특성으로 옳지 않은 것은?

① 단위가치에 비해 부피가 크고 무겁다.

② 가격변동에 대한 공급 반응에 물리적 시차가 존재한다.

③ 가격은 계절적 특성을 지닌다.

④ 다품목 소량 생산으로 상품화가 유리하다.


**77** 다음 사례에서 창출되는 유통의 효용으로 모두 옳은 것은?

> A 원예농협은 가을에 수확한 사과를 저온저장고에 입고하였다가 이듬해 봄에 판매하고, 남은 사과를 잼으로 가공하여 판매하였다.

① 시간효용, 형태효용                  ② 시간효용, 소유효용

③ 장소효용, 형태효용                  ④ 장소효용, 소유효용


**78** 다음 설명에 해당하는 것은?

> • 국내에서 생산되는 모든 식품에 대한 총 소비자지출액과 총 농가수취액의 차이이다.
> • 전체 식품에 대한 유통마진의 내념이다.

① 농가 몫                  ② 농가 교역조건

③ 한계 수입                  ④ 식품 마케팅빌


**79** 농업협동조합 유통의 기대효과로 옳지 않은 것은?

① 거래 교섭력 강화                  ② 규모의 경제 실현

③ 농산물 단위당 거래비용 증가                  ④ 유통 및 가공업체에 대한 견제 강화

**80** 농산물 선물거래에 관한 설명으로 옳은 것은?

① 대부분의 선물계약이 실물 인수 또는 인도를 통해 최종 결제된다.

② 매매당사자 간의 직접적인 대면 계약으로 이루어진다.

③ 해당 품목의 가격변동성이 낮을수록 거래가 활성화된다.

④ 베이시스(Basis)의 변동이 없을 경우 완전 헤지(Perfect Hedge)가 가능하다.


**81** 소매상이 이전 유통단계의 주체를 위해 수행하는 기능을 모두 고른 것은?

> ㉠ 상품구색 제공
> ㉡ 시장정보 제공
> ㉢ 판매 대행

① ㉠㉡　　　　　　　　　　　　② ㉠㉢

③ ㉡㉢　　　　　　　　　　　　④ ㉠㉡㉢


**82** 농산물 소매유통에 관한 설명으로 옳지 않은 것은?

① 농산물의 수집 기능을 담당한다.

② 카테고리킬러(Category Killer)가 포함된다.

③ 대형유통업체의 비중이 높아지고 있다.

④ 점포 없이 농산물을 거래하는 경우도 있다.


**83** 농산물 종합유통센터의 기능을 모두 고른 것은?

> ㉠ 수집 · 분산　　　　　　　　㉡ 보관 · 저장
> ㉢ 상장경매　　　　　　　　　㉢ 정보처리

① ㉠　　　　　　　　　　　　② ㉡㉢

③ ㉢㉣　　　　　　　　　　　④ ㉠㉡㉣

**84** 밭떼기 거래에 관한 설명으로 옳지 않은 것은?

① 선도거래에 해당된다.

② 정전매매라고도 불린다.

③ 무, 배추 등에서 많이 이루어진다.

④ 농가의 수확 전 필요 자금 확보에 도움을 준다.


**85** 대형유통업체의 농산물 직거래 확대에 대한 산지 유통전문조직의 대응방안으로 옳지 않은 것은?

① 농가를 조직화, 규모화 한다.

② 고품질 농산물의 연중공급체계를 구축한다.

③ 대형유통업체 간의 경쟁을 유도하기 위해 도매시장 출하를 확대한다.

④ 농산물산지유통센터(APC)를 활용하여 상품화 기능을 강화한다.


**86** 농산물 수송수단 중 선박의 특성으로 옳지 않은 것은?

① 문전연결성이 취약하다.

② 신속성이 상대적으로 떨어진다.

③ 단거리 수송에 유리하다.

④ 대량 운송에 적합하다.


**87** 농산물 물적유통 기능으로 옳은 것은?

① 포장(Packing)

② 시장정보

③ 표준화 및 등급화

④ 위험부담

**88** 농산물 유통금융기능이 아닌 것은?

① 도매시장법인의 출하대금 정산

② 자동선별 시설 자금의 융자

③ 농작물 재해 보험 제공

④ 중도매인의 외상판매


**89** 농산물 표준규격화에 관한 설명으로 옳지 않은 것은?

① 견본거래나 전자상거래가 활성화된다.

② 유통 정보가 보다 신속하고 정확하게 전달된다.

③ 품질에 따른 공정한 가격이 형성되어 거래가 촉진된다.

④ 농산물 유통의 물류비용이 증가한다.


**90** 단위화물적재 시스템(ULS)에 관한 설명으로 옳은 것을 모두 고른 것은?

> ㉠ 수송 및 하역의 효율성 제고
> ㉡ 농산물의 파손, 분실 등 방지
> ㉢ 펠릿(Pallet), 컨테이너 등 이용

① ㉠㉡                    ② ㉠㉢

③ ㉡㉢                    ④ ㉠㉡㉢


**91** 농산물 가격 전략의 일환으로 수요의 가격 탄력성이 - 0.25인 품목을 할인하여 판매한다면 총수익은 어떻게 변화하는가?

① 가격 하락에 비해 판매량이 더 증가하기 때문에 총수익은 늘어난다.

② 가격 하락에 비해 판매량이 덜 증가하기 때문에 총수익은 줄어든다.

③ 가격 하락과 판매량 증가분이 동일하여 총수익은 변화가 없다.

④ 수요가 비탄력적이기 때문에 총수익은 가격 하락과 무관하다.

**92** 완전경쟁시장에 관한 설명으로 옳은 것은?

① 다수의 생산자와 소비자가 존재하며 가격 결정은 생산자가 한다.

② 다양한 품질의 상품이 서로 경쟁한다.

③ 시장에 대한 진입은 자유롭지만 탈퇴는 어렵다.

④ 시장 참여자들이 완전한 정보를 획득할 수 있어야 한다.


**93** 농산물 가격이 폭등하는 경우 정부가 시행하는 정책수단으로 옳은 것을 모두 고른 것은?

| | |
|---|---|
| ㉠ 수매 확대 | ㉡ 비축물량 방출 |
| ㉢ 수입 확대 | ㉣ 직거래 장려 |

① ㉠㉡                          ② ㉠㉣

③ ㉡㉢㉣                       ④ ㉠㉡㉢㉣


**94** 기업의 강점과 약점을 파악하고, 기회와 위기 요인을 감안하여 마케팅 환경을 분석하는 방법은?

① SWOT 분석                   ② BC 분석

③ 요인 분석                     ④ STP 분석


**95** 다음 사례에서 ㉠과 ㉡에 대한 설명으로 옳지 않은 것은?

> A 친환경 생산자단체는 유기농 주스를 출시하기 위해 ㉠통계기관의 음료시장 규모 자료를 확보하고, 소비자들의 유기가공식품의 소비성향을 파악하기 위해 ㉡설문조사를 진행 하였다.

① ㉠은 1차 자료에 해당한다.

② ㉠은 문헌조사 방법을 활용할 수 있다.

③ ㉡에서 리커트 척도를 적용할 수 있다.

④ ㉡의 경우 주관식보다 객관식 문항에 대한 응답률이 높다.

**96** 마케팅 믹스(4P)의 요소가 아닌 것은?

① 상품(Product)

② 생산(Production)

③ 장소(Place)

④ 촉진(Promotion)


**97** 농산물 브랜드(Brand)에 관한 설명으로 옳지 않은 것은?

① 브랜드 마크, 등록상표, 트레이드 마크 등이 해당된다.

② 성공적인 브랜드는 소비자의 브랜드 충성도가 높다.

③ 프라이빗 브랜드(PB)는 제조업자 브랜드이다.

④ 경쟁 상품과의 차별화 등을 위해 사용한다.


**98** 배추, 계란 등을 미끼상품으로 제공하여 고객의 점포 방문을 유인하는 가격 전략은?

① 단수가격 전략

② 리더가격 전략

③ 개수가격 전략

④ 관습가격 전략

**99** 다음 문구를 포괄하는 광고의 형태로 옳은 것은?

> • 면역력 강화를 위해 인삼을 많이 먹자!
> • 우리나라 감귤이 최고!
> • 아침 식사는 우리 쌀로!

① 기초광고(Generic Advertising)

② 대량광고(Mass Advertising)

③ 상표광고(Brand Advertising)

④ 간접광고(PPL)

**100** 농산물 유통 과정에서 부가가치 창출에 관련되는 일련의 활동, 기능 및 과정의 연계를 의미하는 것은?

① 물류체인(Logistics Chain)

② 밸류체인(Value Chain)

③ 공급체인(Supply Chain)

④ 콜드체인(Cold Chain)

# 2017년도 제14회 농산물품질관리사 1차 국가자격시험

| 교시 | 문제형별 | 시험시간 | 시험과목 |
|------|----------|----------|----------|
| 1교시 | S | 120분 | 관계 법령<br>원예작물학<br>수확후품질관리론<br>농산물 유통론 |
| 수험번호 | | 성명 | |

## 수험자 유의사항

1. 시험문제지 표지와 시험문제지 내 문제형별의 동일여부 및 시험문제지의 총면수, 문제번호 일련순서, 인쇄 상태 등을 확인하시고, 문제지 표지에 수험번호와 성명을 기재하시기 바랍니다.

2. 답은 각 문제마다 요구하는 가장 적합하거나 가까운 답 1개만 선택하고, 답안카드 작성 시 시험문제지 형 별누락, 마킹착오로 인한 불이익은 전적으로 수험자에게 책임이 있음을 알려 드립니다.

3. 답안카드는 국가전문자격 공통 표준형으로 문제번호가 1번부터 125번까지 인쇄되어 있습니다. 답안 마킹 시에는 반드시 시험문제지의 문제번호와 동일한 번호에 마킹하여야 합니다.

4. 감독위원의 지시에 불응하거나 시험시간 종료 후 답안카드를 제출하지 않을 경우 불이익이 발생할 수 있음 을 알려 드립니다.

5. 시험문제지는 시험 종료 후 가져가시기 바랍니다.

## 안내사항

1. 답안카드에 기재된 '수험자 유의사항 및 답안카드 작성 시 유의사항' 준수

2. 수험자 교육시간에 감독위원 안내 또는 방송(유의사항)에 따라 답안카드에 수험번호를 기재·마킹하고, 배부된 시험지의 인쇄 상태 확인 후 답안카드에 형별 마킹

3. 답안카드는 국가전문자격 공통 표준형으로 문제번호가 1번부터 125번까지 인쇄되어 있으며, 답안 마킹 시에는 반드시 시 험문제지의 문제번호와 동일한 번호에 마킹

4. 답안카드 기재·마킹 시에는 반드시 검정색 사인펜 사용

5. 채점은 전산 자동 판독 결과에 따르므로 유의사항을 지키지 않거나(검정색 사인펜 미사용) 수험자의 부주의(답안카드 기 재·마킹 착오, 불완전한 마킹·수정, 예비마킹, 형별 마킹 착오 등)로 판독불능, 중복판독 등 불이익이 발생할 경우 수험 자 책임으로 이의제기를 하더라도 받아들여지지 않음

※ 답안을 잘못 작성했을 경우, 답안카드 교체 및 수정테이프 사용가능(단, 답안 이외 수험번호 등 인적사항은 수정불가)하며 재작성에 따른 시험시간은 별도 로 부여하지 않음
※ 수정테이프 이외 수정액 및 스티커 등은 사용불가
※ 자세한 사항은 큐넷 홈페이지(http://www.Q-Net.or.kr/site/nongsanmul)문의

### – 수험자 여러분의 합격을 기원합니다. –

# 제14회 농산물품질관리사 | 2017년 6월 3일 시행

## I  농수산물 품질관리 관계법령

**1**  농수산물 품질관리법령상 농수산물의 지리적표시 등록 거절 사유에 해당되지 않는 것은?

① 해당 품목이 지리적표시 대상 지역에서만 생산된 것이 아닌 경우
② 해당 품목이 지리적표시 대상 지역에서 생산된 역사가 깊지 않은 경우
③ 해당 품목의 우수성이 국내에는 널리 알려져 있지만 국외에는 알려지지 아니한 경우
④ 「상표법」에 따라 먼저 출원되었거나 등록된 타인의 상표와 같거나 비슷한 경우


**2**  농수산물 품질관리법령상 농산물의 이력추적관리 등록에 관한 설명으로 옳지 않은 것은?

① 이력추적관리 표시정지 명령을 위반하여 계속 표시한 경우는 등록을 취소하여야 한다.
② 이력추적관리 등록 유효기간의 연장기간은 해당 품목의 이력추적관리 등록의 유효기간을 초과할 수 없다.
③ 이력추적관리 등록 대상 품목은 농산물(축산물은 제외) 중 식용을 목적으로 생산하는 농산물로 한다.
④ 이력추적관리 등록을 하려는 자는 이상이 있는 농산물에 대한 위해 요소관리계획서를 제출하여야 한다.


**3**  농수산물 품질관리법령상 농산물의 등급규격을 정할 때 고려해야 하는 사항을 모두 고른 것은?

| ㉠ 형태 | ㉡ 향기 |
|---|---|
| ㉢ 성분 | ㉣ 숙도 |

① ㉠㉡
② ㉠㉣
③ ㉡㉢
④ ㉠㉢㉣

**4** 농수산물 품질관리법령상 3년 이하의 징역 또는 3천만 원 이하의 벌금에 처해지는 위반행위를 한 자는?

① 우수표시품이 아닌 농산물에 우수표시품의 표시를 하거나 이와 비슷한 표시를 한 자

② 유전자변형농산물 표시의 이행·변경·삭제 등 시정명령을 이행하지 아니한 자

③ 검사를 받아야 하는 농산물에 대하여 검사를 받지 아니한 자

④ 다른 사람에게 농산물품질관리사의 명의를 사용하게 하거나 그 자격증을 빌려준 자


**5** 농수산물 품질관리법령상 안전성조사 결과 생산단계 안전기준을 위반한 농산물 또는 농지에 대한 조치 방법으로 옳지 않은 것은?

① 해당 농산물의 몰수

② 해당 농산물의 출하 연기

③ 해당 농지의 개량

④ 해당 농지의 이용 금지


**6** 농수산물 품질관리법령상 유전자변형농산물의 표시 위반에 대한 처분에 해당되지 않는 것은?

① 표시의 변경 명령

② 표시의 삭제 명령

③ 위반품의 용도 전환 명령

④ 위반품의 거래행위 금지 처분


**7** 농수산물 품질관리법령상 농산물 지리적표시의 등록을 취소하였을 때 공고하여야 하는 사항은?

① 등록일 및 등록번호

② 지리적표시 등록 대상 품목 및 등록 명칭

③ 지리적표시품의 품질 특성과 지리적 요인의 관계

④ 지리적표시 대상 지역의 범위

**8** 농수산물 품질관리법령상 농산물의 안전성조사에 관한 설명으로 옳은 것은?

① 식품의약품안전처장은 안전한 농축산물의 생산·공급을 위한 안전관리계획을 5년마다 수립·시행하여야 한다.

② 농림축산식품부장관은 농산물의 생산에 이용·사용하는 농지·용수(用水)·자재 등에 대하여 안전성조사를 하여야 한다.

③ 식품의약품안전처장은 농산물의 생산단계 안전기준을 정할 때에는 관계 시·도지사와 합의하여야 한다.

④ 식품의약품안전처장은 유해물질 잔류조사를 위하여 필요하면 관계 공무원에게 무상으로 시료 수거를 하게 할 수 있다.


**9** 농수산물 품질관리법령상 농산물의 검사판정 취소 사유로 옳지 않은 것은?

① 농림축산식품부령으로 정하는 검사 유효기간이 지나고, 검사 결과의 표시가 없어지거나 명확하지 아니하게 된 경우

② 거짓이나 그 밖의 부정한 방법으로 검사를 받은 사실이 확인된 경우

③ 검사 또는 재검사 결과의 표시 또는 검사증명서를 위조하거나 변조한 사실이 확인된 경우

④ 검사 또는 재검사를 받은 농산물의 포장이나 내용물을 바꾼 사실이 확인된 경우


**10** 농수산물 품질관리법령상 정부가 수매하는 농산물로서 농림축산식품부장관의 검사를 받아야 하는 것이 아닌 것은?

① 겉보리  　　　　　　　　　② 쌀보리

③ 누에씨  　　　　　　　　　④ 땅콩


**11** 농수산물 품질관리법령상 농산물품질관리사의 업무로 옳지 않은 것은?

① 포장농산물의 표시사항 준수에 관한 지도

② 농산물의 생산 및 수확 후의 품질관리기술지도

③ 농산물 및 농산가공품의 품위·성분 등에 대한 검정

④ 농산물의 선별·저장 및 포장 시설 등의 운용·관리

**12** 농수산물 품질관리법령상 농산물우수관리인증을 신청할 수 있는 자는?

① 우수표시품이 아닌 농산물에 우수표시품의 표시를 하거나 이와 비슷한 표시를 하여 벌금 이상의 형이 확정된 후 1년이 지나지 아니한 자

② 이력추적관리의 표시를 한 농산물에 이력추적관리의 등록을 하지 아니한 농산물 또는 농산가공품을 혼합판매하여 벌금 이상의 형이 확정된 후 1년이 지나지 아니한 자

③ 농산물에 대한 검사 및 검정 결과의 표시, 검사증명서 및 검정증명서를 위조하여 벌금 이상의 형이 확정된 후 1년이 지나지 아니한 자

④ 유전자변형농산물의 표시를 거짓으로 하거나 이를 혼동하게 할 우려가 있는 표시를 하여 벌금 이상의 형이 확정된 후 1년이 지나지 아니한 자


**13** 농수산물 품질관리법령상 농림축산식품부장관이 6개월 이내의 기간을 정하여 우수관리인증기관의 업무정지를 명할 수 있는 경우가 아닌 것은?

① 우수관리인증 업무와 관련하여 우수관리인증기관의 장 등 임원·직원에 대하여 벌금 이상의 형이 확정된 경우

② 우수관리인증의 기준을 잘못 적용하는 등 우수관리인증 업무를 잘못한 경우

③ 정당한 사유 없이 1년 이상 우수관리인증 실적이 없는 경우

④ 거짓이나 그 밖의 부정한 방법으로 우수관리인증기관 지정을 받은 경우


**14** 농수산물 품질관리법령상 우수관리인증의 취소 및 표시정지에 해당하는 다음의 위반사항 중 1차 위반만으로는 인증취소가 되지 않는 것을 모두 고른 것은?

> ㉠ 우수관리 기준을 지키지 않은 경우
> ㉡ 거짓이나 그 밖의 부정한 방법으로 우수관리인증을 받은 경우
> ㉢ 우수관리인증의 변경승인을 받지 않고 중요 사항을 변경한 경우
> ㉣ 전업·폐업 등으로 우수관리인증농산물을 생산하기 어렵다고 판단되는 경우
> ㉤ 우수관리인증을 받은 자가 정당한 사유 없이 조사·점검 요청에 응하지 않은 경우

① ㉠㉢
② ㉠㉢㉤
③ ㉡㉢㉣
④ ㉡㉣㉤

**15** 농수산물의 원산지 표시에 관한 법령상 개별기준에 의한 위반금액별 과징금의 부과기준으로 옳지 않은 것은?

① 100만 원 초과 500만 원 이하 : 위반금액 × 0.5

② 500만 원 초과 1,000만 원 이하 : 위반금액 × 1.0

③ 1,000만 원 초과 2,000만 원 이하 : 위반금액 × 1.5

④ 2,000만 원 초과 3,000만 원 이하 : 위반금액 × 2.0

**16** 농수산물의 원산지 표시에 관한 법령상 일반음식점 영업을 하는 자가 농산물을 조리하여 판매하는 경우 원산지 표시 대상이 아닌 것은?

① 누룽지에 사용하는 쌀

② 깍두기에 사용하는 무

③ 콩국수에 사용하는 콩

④ 육회에 사용하는 쇠고기

**17** 농수산물 유통 및 가격안정에 관한 법령상 전자거래를 촉진하기 위하여 한국농수산식품유통공사 등에 수행하게 할 수 있는 업무가 아닌 것은?

① 대금결제 지원을 위한 인터넷 은행의 설립

② 농산물 전자거래 분쟁조정위원회에 대한 운영 지원

③ 농산물 전자거래 참여 판매자 및 구매자의 등록 · 심사 및 관리

④ 농산물 전자거래에 관한 유통 정보 서비스 제공

**18** 농수산물 유통 및 가격안정에 관한 법령상 도매시장 개설자로부터 중도매업의 허가를 받을 수 있는 자는?

① 파산선고를 받고 복권되지 아니한 사람이나 피성년후견인

② 절도죄로 징역형을 선고받고 그 형의 집행이 종료 된지 1년이 지나지 아니한 자

③ 중도매업 허가증을 타인에게 대여하여 허가가 취소된 날부터 1년이 지난 자

④ 도매시장법인의 주주가 해당 도매시장법인의 업무와 경합되는 중도매업을 하려는 자

**19** 농수산물 유통 및 가격안정에 관한 법령상 농산물가격안정기금으로 출하를 약정하는 생산자에게 그 대금의 일부를 미리 지급할 수 있는 대상 농산물을 모두 고른 것은?

> ㉠ 배추　　　　　　　　　　　㉡ 양파
> ㉢ 쌀　　　　　　　　　　　　㉣ 감귤

① ㉠㉡　　　　　　　　　　　② ㉢㉣

③ ㉠㉡㉣　　　　　　　　　　④ ㉠㉡㉢㉣


**20** 농수산물 유통 및 가격안정에 관한 법령상 도매시장거래 분쟁조정위원회의 위원으로 위촉할 수 있는 사람을 모두 고른 것은?

> ㉠ 출하자를 대표하는 사람
> ㉡ 도매시장 업무에 관한 학식과 경험이 풍부한 사람
> ㉢ 소비자단체에서 3년 이상 근무한 경력이 있는 사람
> ㉣ 변호사의 자격이 있는 사람

① ㉠㉡　　　　　　　　　　　② ㉢㉣

③ ㉠㉡㉢　　　　　　　　　　④ ㉠㉡㉢㉣


**21** 농수산물 유통 및 가격안정에 관한 법령상 농산물의 비축사업 등을 위탁하기 위하여 정하는 사항으로 옳지 않은 것은?

① 대상 농산물의 품목 및 수량

② 대상 농산물의 수출에 관한 사항

③ 대상 농산물의 판매 방법 · 수매에 필요한 사항

④ 대상 농산물의 품질 · 규격 및 가격

**22** 농수산물 유통 및 가격안정에 관한 법령상 농산물 수탁판매의 원칙에 관한 설명으로 옳은 것은?

① 시장도매인은 해당 도매시장의 도매시장법인 · 중도매인에게 농산물을 판매하지 못한다.

② 중도매인이 전자거래소에서 농산물을 거래하는 경우에도 도매시장으로 반입하여야 한다.

③ 중도매인 간 거래액은 최저거래금액 산정 시에 포함한다.

④ 상장되지 아니한 농산물의 거래는 도매시장법인의 허가를 받아야 한다.


**23** 농수산물 유통 및 가격안정에 관한 법령상 도매시장법인이 과도한 겸영사업으로 인하여 도매업무가 약화될 우려가 있는 경우 겸영사업 제한으로 옳지 않은 것은?

① 보완명령

② 6개월 금지

③ 1년 금지

④ 2년 금지


**24** 농수산물 유통 및 가격안정에 관한 법령상 시(市)가 지방도매시장 개설허가를 받을 경우에 갖추어야 할 요건이 아닌 것은?

① 개설하려는 장소가 농수산물 거래의 중심지로서 적절한 위치에 있을 것

② 도매시장이 보유하여야 하는 시설의 기준은 부류별로 그 지역의 인구 및 거래 물량 등을 고려하여 정할 것

③ 농산물집하장의 설치 운영에 관한 사항을 정할 것

④ 운영관리 계획서의 내용이 충실하고 그 실현이 확실하다고 인정되는 것일 것


**25** 농수산물 유통 및 가격안정에 관한 법령상 주산지의 지정 및 해제에 관한 설명으로 옳지 않은 것은?

① 주요 농산물의 재배면적이 농림축산식품부장관이 고시하는 면적 이상이어야 한다.

② 주요 농산물의 출하량이 농림축산식품부장관이 고시하는 수량 이상이어야 한다.

③ 주요 농산물의 생산지역의 지정은 읍 · 면 · 동 또는 시 · 군 · 구 단위로 한다.

④ 농림축산식품부장관은 주산지가 지정요건에 적합하지 아니하게 되었을 때에는 그 지정을 변경하거나 해제할 수 있다.

**26** 채소 작물과 주요 기능성 물질의 연결이 옳지 않은 것은?

① 양파 – 케르세틴(Quercetin)

② 상추 – 락투신(Lactucin)

③ 딸기 – 엘라그산(Ellagic Acid)

④ 생강 – 알리인(Alliin)

**27** 채소 작물 중 조미채소는?

① 마늘, 배추             ② 마늘, 양파

③ 배추, 호박             ④ 호박, 양파

**28** 작업의 편리성을 높이기 위해 양액재배 베드를 허리 높이로 설치하여 NFT 방식 또는 점적관수 방식으로 딸기를 재배하는 방법은?

① 고설 재배

② 아칭재배

③ 매트재배

④ 홈통 재배

**29** 다음 채소종자 중 장명(長命)종자를 모두 고른 것은?

| | |
|---|---|
| ㉠ 파 | ㉡ 양파 |
| ㉢ 오이 | ㉣ 가지 |

① ㉠㉡             ② ㉢㉣

③ ㉠㉡㉢           ④ ㉡㉢㉣

**30** 채소류의 추대와 개화에 관한 설명으로 옳지 않은 것은?

① 상추는 저온단일조건에서 추대가 촉진된다.

② 배추는 고온장일조건에서 추대가 촉진된다.

③ 오이는 저온단일조건에서 암꽃의 수가 증가한다.

④ 당근은 녹식물 상태에서 저온에 감응하여 꽃눈이 분화된다.

**31** 채소 작물 재배 시 병해충의 경종적(耕種的) 방제법에 속하는 것은?

① 윤작

② 천적 방사

③ 농약 살포

④ 페로몬 트랩

**32** 채소 작물의 과실 착과와 발육에 관한 설명으로 옳은 것은?

① 토마토는 위과이며 자방이 비대하여 과실이 된다.

② 딸기는 진과이고 화탁이 발달하여 과실이 된다.

③ 멜론은 시설재배 시 인공 수분이나 착과제 처리를 하는 것이 좋다.

④ 오이는 단위결과성이 약하여 인공수분이나 착과제 처리가 필요하다.

**33** 식물체 내에서 수분의 역할에 관한 설명으로 옳지 않은 것은?

① 광합성의 원료가 된다.

② 세포 팽압 조절에 관여하다.

③ 식물에 필요한 영양원소를 이동시킨다.

④ 증산작용을 통해 잎의 온도를 상승 시킨다.

**34** 다음 화훼작물 중 화목류에 해당하는 것을 모두 고른 것은?

> ㉠ 산수유　　　　　　　㉡ 작약
> ㉢ 철쭉　　　　　　　　㉣ 무궁화

① ㉠㉡　　　　　　　　② ㉢㉣
③ ㉠㉢㉣　　　　　　　④ ㉡㉢㉣


**35** 화훼작물과 주된 영양번식 방법의 연결이 옳지 않은 것은?

① 국화 – 삽목　　　　　② 백합 – 취목
③ 베고니아 – 엽삽　　　④ 무궁화 – 경삽


**36** 1경1화 형태로 출하하기 때문에 개화 전에 측뢰, 측지를 따 주어야 상품성이 높은 절화용 화훼작물은?

① 능소화　　　　　　　② 시클라멘
③ 스탠다드국화　　　　④ 글라디올러스


**37** 절화류 취급방법에 관한 설명으로 옳지 않은 것은?

① 수국은 수명을 유지하고 수분흡수를 높이기 위해 워터튜브에 꽂아 유통되고 있다.
② 국화는 저장 시 암흑 상태가 지속되면 잎이 황변되어 상품성이 떨어진다.
③ 안수리움은 저장 시 4℃ 이하의 저온에 두어야 수명이 길어진다.
④ 줄기 끝을 비스듬히 잘라 물과의 접촉 면적을 넓혀 물의 흡수를 증가시킨다.


**38** 일조량의 부족, 낮은 야간온도 및 엽수 부족으로 인하여 장미 꽃눈이 꽃으로 발육하지 못하는 현상은?

① 수침현상　　　　　　② 블라인드 현상
③ 일소 현상　　　　　　④ 로제트 현상

**39** 절화 유통 과정에서 눕혀 수송하면 화서 선단부가 중력 반대 방향으로 휘어지는 현상을 보이는 화훼작물은?

① 장미, 백합

② 칼라, 튤립

③ 거베라, 스토크

④ 글라디올러스, 금어초

**40** ( ) 안에 들어갈 말을 순서대로 옳게 나열한 것은?

( )은(는) 파종부터 아주심기 할 때까지의 작업을 말한다. 이 중 ( )은(는) 발아 후 아주심기까지 잠정적으로 1 ~ 2회 옮겨 심는 작업을 말한다.

① 육묘, 가식

② 가식, 육묘

③ 육모, 정식

④ 재배, 정식

**41** 절화보존용액 구성 성분 중 에틸렌 생성 및 작용을 억제시키는 목적으로 사용되는 물질이 아닌 것은?

① 황산알루미늄

② STS

③ AOA

④ AVG

**42** 핵과류(核果類, Stone Fruit)에 해당하는 과실은?

① 배

② 사과

③ 호두

④ 복숭아

**43** 다음 중 야파(夜破, Night Break) 처리를 하면 개화 시기가 늦춰지는 화훼작물을 모두 고른 것은?

| ㄱ 국화 | ㄴ 스킨답서스 |
|---|---|
| ㄷ 장미 | ㄹ 포인세티아 |

① ㄱㄴ
② ㄱㄹ
③ ㄴㄷ
④ ㄷㄹ


**44** 과수의 번식에 관한 설명으로 옳지 않은 것은?

① 분주, 조직배양은 영양번식에 해당한다.
② 취목은 실생번식에 비해 많은 개체를 얻을 수 있다.
③ 접목은 대목과 접수를 조직적으로 유합·접착시키는 번식법이다.
④ 발아가 어려운 종자의 파종 전 처리 방법에는 침지법, 약제처리법이 있다.


**45** 과수의 병해충에 관한 설명으로 옳은 것은?

① 사과 근두암종병은 진균에 의한 병이다.
② 바이러스는 테트라사이클린으로 치료가 가능하다.
③ 대추나무 빗자루병은 파이토플라즈마에 의한 병이다.
④ 과수류를 가해하는 응애에는 점박이응애, 긴털이리응애가 있다.


**46** 과원의 토양관리 방법 중 초생법에 관한 설명으로 옳은 것은?

① 토양침식이 촉진된다.
② 토양의 입단화가 억제된다.
③ 지온의 변화가 심해 유기물의 분해가 촉진된다.
④ 과수와 풀 사이에 양·수분 쟁탈이 일어날 수 있다.

**47** 다음 중 재배에 적합한 토양 산도가 가장 낮은 과수는?

① 감

② 포도

③ 참다래

④ 블루베리

**48** 과원의 시비관리에 관한 설명으로 옳지 않은 것은?

① 칼슘은 산성 토양을 중화시키는 토양개량제로 이용되고 있다.

② 질소는 과다시비하면 식물체가 도장하고 꽃눈형성이 불량하게 된다.

③ 망간은 과다시비하면 착색이 늦어지고 과육에 내부갈변이 나타난다.

④ 마그네슘은 엽록소의 필수 구성 성분으로 부족 시 엽맥 사이의 황화 현상을 일으킨다.

**49** 복숭아 재배 시 봉지씌우기의 목적이 아닌 것은?

① 무기질 함량을 높인다.

② 병해충으로부터 과실을 보호한다.

③ 열과를 방지한다.

④ 농약이 과실에 직접 묻지 않도록 한다.

**50** 다음 중 자발휴면타파에 필요한 저온요구도가 가장 낮은 과수는?

① 사과

② 살구

③ 무화과

④ 동양배

**51** 다음 원예작물의 수확기 판정기준으로 옳지 않은 것은?

① 당근은 뿌리가 오렌지색이고 심부는 녹색일 때 수확한다.

② 감자는 괴경의 전분이 축적되고 표피가 코르크화 되었을 때 수확한다.

③ 양파는 부패율 감소를 위해 잎이 90% 정도 도복되었을 때 수확한다.

④ 마늘은 잎이 30% 정도 황화되면서부터 경엽이 1/2 ~ 1/3 정도 건조되었을 때 수확한다.

**52** 겉포장재와 속포장재의 기본요건에 관한 설명으로 옳지 않은 것은?

① 겉포장재는 수송 및 취급이 편리하여야 한다.

② 겉포장재는 외부의 환경으로부터 상품을 보호해야 한다.

③ 속포장재는 상품 간 압상, 마찰을 방지할 수 있어야 한다.

④ 속포장재는 기능성보다는 심미성을 우선으로 한 재질을 선택해야 한다.

**53** 원예산물의 MA포장용 필름 조건으로 옳지 않은 것은?

① 인장강도가 높아야 한다.

② 결로현상을 막을 수 있어야 한다.

③ 외부로부터의 가스차단성이 높아야 한다.

④ 접착작업과 상업적 취급이 용이해야 한다.

**54** 저온유통수송에 관한 설명으로 옳은 것은?

① 예냉한 농산물을 일반트럭이나 컨테이너를 사용하여 운송한다.

② 저장고를 구비하여 출하 전까지 저온저장을 해야 한다.

③ 상온유통에 비하여 압축강도가 낮은 포장상자를 사용한다.

④ 다품목 운송 시 수송온도를 동일하게 작용하면 경제성을 높일 수 있다.


**55** 품질관리측면에서 일반 청과물과 비교했을 때 신선편이 농산물이 갖는 특징으로 옳지 않은 것은?

① 노출된 표면적이 크다.

② 물리적인 상처가 많다.

③ 호흡 속도가 느리다.

④ 미생물 오염 가능성이 높다.


**56** 원예산물과 저온장해 증상의 연결이 옳은 것은?

① 참외 – 발효촉진

② 토마토 – 후숙억제

③ 사과 – 탈피증상

④ 복숭아 – 막공현상


**57** 기계적 장해를 회피하기 위한 수확 후 관리 방법으로 옳은 것을 모두 고른 것은?

| ㉠ 포장용기의 규격화 | ㉡ 포장박스 내 적재물량 조절 |
|---|---|
| ㉢ 정확한 선별 후 저온수송 컨테이너 이용 | ㉣ 골판지 격자 또는 스티로폼 그물망 사용 |

① ㉠㉢

② ㉡㉢

③ ㉠㉡㉣

④ ㉠㉡㉢㉣

**58** 수확 후 손실경감 대책으로 옳지 않은 것은?

① 바나나는 수확 후 후숙억제를 위해 5°C에서 저장한다.

② 배, 감귤은 수확 후 7 ~ 10일 정도 통풍이 잘되는 곳에서 예건한다.

③ 단감은 갈변을 예방하기 위해 수확 후 0°C에서 3 ~ 4주간 저온저장한 후 MA포장을 실시한다.

④ 조생종 사과는 수확 직후에 호흡이 가장 왕성하기 때문에 예냉을 통해 5°C까지 낮춘다.


**59** 인경과 화채류의 호흡에 관한 설명이다. (    ) 안에 들어갈 원예산물을 순서대로 나열한 것은?

> 인경(鱗莖)인 (    )의 호흡 속도는 화채류인 (    )보다 느리다.

① 무, 배추

② 당근, 콜리플라워

③ 양파, 브로콜리

④ 마늘, 아스파라거스


**60** 에틸렌이 원예산물에 미치는 영향으로 옳지 않은 것은?

① 토마토의 착색

② 아스파라거스 줄기의 연화

③ 떫은 감의 탈삽

④ 브로콜리의 황화


**61** 원예산물의 성숙 과정에서 착색에 관한 설명으로 옳지 않은 것은?

① 고추는 캡사이신 색소의 합성으로 일어난다.

② 사과는 안토시아닌 색소의 합성으로 일어난다.

③ 토마토는 카로티노이드 색소의 합성으로 일어난다.

④ 바나나는 가려져 있던 카로티노이드 색소가 엽록소의 분해로 전면에 나타난다.

**62** 감자 수확 후 큐어링이 저장 중 수분 손실을 줄이고 부패균의 침입을 막을 수 있는 주된 이유는?

① 슈베린 축적

② 큐틴 축적

③ 펙틴질 축적

④ 왁스질 축적

**63** 원예산물의 풍미를 결정짓는 인자는?

① 크기, 모양

② 색도, 경도

③ 당도, 산도

④ 염도, 밀도

**64** Hunter L, a, b 값에 관한 설명으로 옳지 않은 것은?

① 과피색을 수치화하는데 이용한다.

② L 값이 클수록 밝음을 의미한다.

③ 양(+)의 a 값은 적색도를 나타낸다.

④ 양(+)의 b 값은 녹색도를 나타낸다.

**65** 사과의 비파괴 품질 측정법으로서 근적외선(NIR) 분광법의 주요 용도는?

① 당도 선별

② 무게 선별

③ 모양 선별

④ 색도 선별

**66** 원예산물의 경도와 연관성이 큰 품질 구성 요소는?

① 조직감

② 착색도

③ 안전성

④ 기능성

**67** 저장 중인 원예산물의 증산작용에 관한 설명으로 옳지 않은 것은?

① 온도를 낮추면 증산이 감소한다.

② 기압을 낮추면 증산이 증가한다.

③ $CO_2$ 농도를 높이면 증산이 감소한다.

④ 키위나 복숭아처럼 표피에 털이 많으면 증산이 증가한다.

**68** 농산물의 안전성에 위협이 되는 곰팡이 독소로 옳지 않은 것은?

① 아플라톡신(Aflatoxin) B1

② 오크라톡신(Ochratoxin) A

③ 보툴리늄 톡신(Botulinum Toxin)

④ 제랄레논(Zearalenone)

**69** 과실의 성숙 과정에서 일어나는 현상으로 옳지 않은 것은?

① 전분이 당으로 변한다.

② 유기산이 증가하여 신맛이 증가한다.

③ 엽록소가 감소하여 녹색이 감소한다.

④ 펙틴질이 분해되어 조직이 연화된다.

**70** 다음 농산물 포장재 중 기계적 강도가 높고 산소 투과도가 가장 낮은 것은?

① 저밀도 폴리에틸렌(LDPE)

② 폴리에스테르(PET)

③ 폴리스티렌(PS)

④ 폴리비닐클로라이드(PVC)


**71** HACCP 7원칙 중 다음 4단계의 실시 순서가 옳은 것은?

> ㉠ 위해분석 실시
> ㉡ 관리 기준 결정
> ㉢ 중점관리점 결정
> ㉣ 중점관리점에 대한 모니터링 방법 설정

① ㉠ → ㉡ → ㉢ → ㉣

② ㉠ → ㉢ → ㉡ → ㉣

③ ㉡ → ㉠ → ㉣ → ㉢

④ ㉡ → ㉣ → ㉢ → ㉠


**72** 저장 과정에서 과도하게 증산되어 사과의 과피가 쭈글쭈글해지는 수확 후 장해는?

① 고두병

② 밀증상

③ 껍질덴병

④ 위조증상


**73** 원예산물의 수확 후 가스장해에 관한 설명으로 옳지 않은 것은?

① 복숭아의 섬유질화가 대표적이다.

② 저농도 산소 조건에서는 이취가 발생한다.

③ 고농도 이산화탄소 조건에서는 과육갈변이 발생한다.

④ 에틸렌에 의해서 포도의 연화(노화) 현상이 발생한다.

**74** 강제통풍식 예냉 방법에 관한 설명으로 옳지 않은 것은?

① 진공식 예냉 방법에 비하여 시설비가 적게 든다.

② 냉풍냉각 방법에 비하여 적재 위치에 따른 온도 편차가 적다.

③ 차압통풍 방법에 비하여 냉각속도가 빨라 급속 냉각이 요구되는 작물에 효과적으로 사용될 수 있다.

④ 예냉고 내의 공기를 송풍기로 강제적으로 교반시키거나 예냉 산물에 직접 냉기를 불어 넣는 방법이다.

**75** 저온저장고의 벽면 시공에 사용되는 재료 중에서 단열 효과가 우수한 것은?

① 합판

② 시멘트 블록

③ 폴리우레탄 패널

④ 콘크리트

**76** 우리나라 농산물 유통정책 과제에 관한 설명으로 옳지 않은 것은?

① 소비자 지향적 유통체계 구축이 필요하다.

② 우리나라 유통 상황에 적합한 수확 후 관리기술체계를 구축해야 한다.

③ 기존 유통 관련시설 운영의 효율성을 높여야 한다.

④ 유통조성사업 규모는 감축시키고 유통시설투자는 확충해야 한다.

**77** 최근 산지직거래 확대에 따른 유통경로 다양화에 관한 설명으로 옳지 않은 것은?

① 도매시장 외 거래가 위축되고 있다.

② 대형유통업체는 구입가격을 조정할 수 있다.

③ 종합유통센터를 경유하면 유통단계가 축소된다.

④ 수직적 유통경로의 특성을 보인다.

**78** 농산물 유통경로에 관한 설명으로 옳지 않은 것은?

① 도매단계, 소매단계는 유통단계에 포함된다.

② 유통경로는 단계와 길이로 구분한다.

③ 중간상이 늘어날수록 유통 비용은 증가한다.

④ 유통단계가 많을수록 전체 유통경로의 길이는 짧아진다.

**79** 공동계산제도에 관한 설명으로 옳지 않은 것은?

① 주단위, 월단위 등 일정 기간의 평균가격을 적용한다.

② 출하자별로 출하물량과 등급을 구분하지 않는다.

③ 다품목에 대해 서로 독립된 공동계산을 형성할 수 있다.

④ 신선 채소와 같이 수확량의 변동이 큰 품목의 경우 가격변동위험을 축소하는 효과가 더 크다.


**80** 농산물을 구매하기 위하여 설립한 소비자협동조합에 관한 설명으로 옳지 않은 것은?

① 농가수취 가격과 소비자 구매가격의 인하를 유도하고 있다.

② 자연을 지키는 사회 참여 활동을 하기도 한다.

③ 가격보다 안전하고 믿을 수 있는 품질을 우선시하는 경향이 있다.

④ 생산자와 농산물의 직거래를 꾀하고 있다.


**81** 농산물 선물거래를 활성화하기 위한 조건을 모두 고른 것은?

> ㉠ 시장의 규모가 클수록 좋다.
> ㉡ 가격변동성이 비교적 커야 한다.
> ㉢ 많이 생산되고 품질, 규격 등이 균일해야 한다.
> ㉣ 상품가치가 클수록 헤저(Hedger)의 참여를 촉진할 수 있다.

① ㉠㉡                          ② ㉢㉣

③ ㉠㉡㉢                        ④ ㉠㉡㉢㉣


**82** 농산물의 소매단계 유통조직이 아닌 것은?

① 인터넷 판매

② 체인스토어 물류센터

③ 전통시장

④ 대형마트(할인점)

**83** 계약자가 생산농가에게 종자, 비료, 농약 등을 제공하고 생산된 물량을 전량 구매하는 조건의 계약형태는?

① 유통협약계약

② 판매특정계약

③ 경영소득보장계약

④ 자원공급계약


**84** 다음과 같은 매매방법은?

> - A 농가가 판매예정가격을 정하여 지방도매시장 B 농산물공판장에 사과를 출하하였다.
> - B 농산물공판장은 구매자와 가격, 수량 등 거래조건을 협의하여 결정된 금액을 정산 후 A 농가에
>   지  급하였다.
> - 이 거래는 가격변동성을 완화시키는 장점이 있다.

① 상장경매

② 비상장거래

③ 정가 · 수의매매

④ 시장도매인 거래


**85** 현재 우리나라 농산물종합유통센터의 발전 방안으로 옳지 않은 것은?

① 유통센터 간 통합 · 조정 기능 강화

② 실질적 예약상대거래 체계 구축

③ 첨단 유통 정보시스템 구축

④ 수입농산물 취급 추진


**86** 산지에서 이루어지는 밭떼기, 입도선매(立稻先賣) 농산물 거래방식은?

① 정전거래  ② 포전거래

③ 문전거래  ④ 창고거래

**87** 농산물 등급화에 관한 설명으로 옳지 않은 것은?

① 등급의 수를 증가시킬수록 유통의 효율성 중 가격의 효율성이 낮아진다.

② 등급기준은 생산자보다 최종 소비자의 입장을 우선적으로 고려해야 한다.

③ 등급화가 정착되면 농산물 거래가 보다 효율적으로 진행된다.

④ 농산물은 무게, 크기, 모양이 균일하지 않기 때문에 등급화가 어렵다.

**88** 유통조성기능에 관한 설명으로 옳지 않은 것은?

① 유통 기능이 효율적으로 이루어지도록 하는 기능이다.

② 유통 정보, 표준화, 등급화가 포함된다.

③ 상적(商的) 유통 기능을 의미한다.

④ 유통금융과 위험부담 기능이 포함된다.

**89** 농산물의 공급량 변동이 가격에 얼마만큼 영향을 미치는지를 계측하는 수치는?

① 가격 신축성

② 가격변동률

③ 가격 탄력성

④ 공급탄력성

**90** 농산물 가격의 안정을 추구하는 방법이 아닌 것은?

① 계약재배사업 확대

② 자조금제도 시행

③ 출하 약정사업 실시

④ 공동판매사업 제한

**91** 생산자, 유통인, 소비자 등의 대표가 농산물 수급조절과 품질 향상을 위해 도모하는 사업은?

① 수매 비축

② 자조금

③ 유통협약

④ 농업관측


**92** 최근 솔로 이코노미(Solo Economy)의 사회현상에서 1인 가구의 증가에 따른 농식품 소비 트렌드로 옳지 않은 것은?

① 쌀 소비량 감소

② HMR(간편가정식) 구매량 감소

③ 소분포장 제품 선호 및 외식 증가

④ 편의점 도시락 판매량 증가


**93** 시장세분화의 목적으로 옳지 않은 것은?

① 고객만족의 극대화

② 핵심역량을 집중할 시장의 결정

③ 광고와 마케팅 비용의 절감

④ 자사 제품 간의 경쟁 방지


**94** 소비자의 구매의사결정 과정을 순서대로 나열한 것은?

① 정보의 탐색 → 필요의 인식 → 구매의사결정 → 대안의 평가 → 구매 후 평가

② 정보의 탐색 → 필요의 인식 → 대안의 평가 → 구매의사결정 → 구매 후 평가

③ 필요의 인식 → 정보의 탐색 → 대안의 평가 → 구매의사결정 → 구매 후 평가

④ 필요의 인식 → 구매의사결정 → 정보의 탐색 → 대안의 평가 → 구매 후 평가

**95** 서비스 마케팅에서 서비스의 특성으로 옳지 않은 것은?

① 무형성

② 획일성

③ 소멸성

④ 변동성

**96** 제품수명주기(PLC)상 매출액은 증가하는 반면 매출 증가율이 감소하는 시기는?

① 성숙기

② 성장기

③ 쇠퇴기

④ 도입기

**97** 농산물의 브랜드 전략에 관한 설명으로 옳은 것을 모두 고른 것은?

> ㉠ 경쟁 상품과의 차별화를 위하여 도입한다.
> ㉡ 읽고 기억하기 쉽도록 가능한 짧고 단순한 브랜드명을 사용한다.
> ㉢ 소비자가 회상이나 재인을 통해 브랜드를 쉽게 인지할 수 있도록 한다.
> ㉣ 브랜드 자산(Brand Equity) 형성을 위해 가격할인 정책을 자주 사용한다.

① ㉡㉢

② ㉢㉣

③ ㉠㉡㉢

④ ㉠㉡㉣

**98** 마케팅 믹스 중 가격 전략에 관한 설명으로 옳지 않은 것은?

① 시장경쟁이 치열할수록 개별 기업은 독자적으로 가격을 결정하기 어렵다.

② 기업들은 혁신소비자층에 대해 초기 저가전략을 시용하는 경향이 있다.

③ 제품 가격의 숫자에 대한 소비자들의 심리적인 반응에 따라 가격을 변화시키는 단수(홀수)가격 결정 전략이 있다.

④ 일반적으로 농산물의 품질은 가격과 직·간접적으로 연관되어 있다.

**99** 신설 영농조합법인이 PC 및 모바일로 친환경 파프리카를 건강식품 제조회사에 판매하는 인터넷 마케팅의 유형으로 옳은 것은?

① B2B

② C2C

③ B2G

④ B2C

**100** 즉각적이고 단기적인 매출이나 이익 증대를 달성하기 위한 촉진 수단은?

① PR

② 광고

③ 판촉

④ 인적 판매

# 2018년도 제15회 농산물품질관리사 1차 국가자격시험

| 교시 | 문제형별 | 시험시간 | 시험과목 |
|---|---|---|---|
| 1교시 | S | 120분 | 관계 법령<br>원예작물학<br>수확후품질관리론<br>농산물 유통론 |
| 수험번호 | | | 성명 | |

## 수험자 유의사항

1. 시험문제지 표지와 시험문제지 내 문제형별의 동일여부 및 시험문제지의 총면수, 문제번호 일련순서, 인쇄 상태 등을 확인하시고, 문제지 표지에 수험번호와 성명을 기재하시기 바랍니다.

2. 답은 각 문제마다 요구하는 가장 적합하거나 가까운 답 1개만 선택하고, 답안카드 작성 시 시험문제지 형 별누락, 마킹착오로 인한 불이익은 전적으로 수험자에게 책임이 있음을 알려 드립니다.

3. 답안카드는 국가전문자격 공통 표준형으로 문제번호가 1번부터 125번까지 인쇄되어 있습니다. 답안 마킹 시에는 반드시 시험문제지의 문제번호와 동일한 번호에 마킹하여야 합니다.

4. 감독위원의 지시에 불응하거나 시험시간 종료 후 답안카드를 제출하지 않을 경우 불이익이 발생할 수 있음 을 알려 드립니다.

5. 시험문제지는 시험 종료 후 가져가시기 바랍니다.

## 안내사항

1. 답안카드에 기재된 '수험자 유의사항 및 답안카드 작성 시 유의사항' 준수

2. 수험자 교육시간에 감독위원 안내 또는 방송(유의사항)에 따라 답안카드에 수험번호를 기재·마킹하고, 배부된 시험지의 인쇄 상태 확인 후 답안카드에 형별 마킹

3. 답안카드는 국가전문자격 공통 표준형으로 문제번호가 1번부터 125번까지 인쇄되어 있으며, 답안 마킹 시에는 반드시 시 험문제지의 문제번호와 동일한 번호에 마킹

4. 답안카드 기재·마킹 시에는 반드시 검정색 사인펜 사용

5. 채점은 전산 자동 판독 결과에 따르므로 유의사항을 지키지 않거나(검정색 사인펜 미사용) 수험자의 부주의(답안카드 기 재·마킹 착오, 불완전한 마킹·수정, 예비마킹, 형별 마킹 착오 등)로 판독불능, 중복판독 등 불이익이 발생할 경우 수험 자 책임으로 이의제기를 하더라도 받아들여지지 않음

※ 답안을 잘못 작성했을 경우, 답안카드 교체 및 수정테이프 사용가능(단, 답안 이외 수험번호 등 인적사항은 수정불가)하며 재작성에 따른 시험시간은 별도 로 부여하지 않음
※ 수정테이프 이외 수정액 및 스티커 등은 사용불가
※ 자세한 사항은 큐넷 홈페이지(http://www.Q-Net.or.kr/site/nongsanmul)문의

## - 수험자 여러분의 합격을 기원합니다. -

## I 농수산물 품질관리 관계법령

**1** 농수산물 품질관리법 제2조(정의)에 관한 내용이다. (   ) 안에 들어갈 내용을 순서대로 옳게 나열한 것은?

> 물류 표준화란 농수산물의 운송·보관·하역·포장 등 물류의 각 단계에서 사용되는 기기·용기·설비·정보 등을 (   )하여 (   )과 연계성을 원활히 하는 것을 말한다.

① 규격화, 호환성

② 표준화, 신속성

③ 다양화, 호환성

④ 등급화, 다양성

**2** 농수산물 품질관리법령상 농수산물품질관리심의회의 위원을 구성할 경우, 그 위원을 지명할 수 있는 단체 및 기관의 장을 모두 고른 것은?

> ㉠ 한국보건산업진흥원의 장  ㉡ 한국식품연구원의 장
> ㉢ 한국농촌경제연구원의 장  ㉣ 한국소비자원의 장

① ㉠㉡

② ㉢㉣

③ ㉡㉢㉣

④ ㉠㉡㉢㉣

**3** 농수산물 품질관리법령상 농산물 검사 결과의 이의신청과 재검사에 관한 설명으로 옳지 않은 것은?

① 농산물 검사 결과에 이의가 있는 자는 검사 현장에서 검사를 실시한 농산물 검사관에게 재검사를 요구할 수 있다.

② 재검사 요구 시 농산물 검사관은 7일 이내에 재검사 여부를 결정하여야 한다.

③ 재검사 결과에 이의가 있는 자는 재검사일로부터 7일 이내에 이의신청을 할 수 있다.

④ 재검사 결과에 이의신청을 받은 기관의 장은 그 신청을 받은 날부터 5일 이내에 다시 검사하여 그 결과를 이의신청자에게 알려야 한다.

**4** 농수산물 품질관리법령상 농산물품질관리사의 직무가 아닌 것은?

① 농산물의 등급 판정
② 농산물의 생산 및 수확 후 품질관리기술지도
③ 농산물의 출하 시기 조절에 관한 조언
④ 농산물의 검사 및 물류비용 조사

**5** 농수산물 품질관리법령상 우수관리인증농산물의 표지 및 표시사항에 관한 설명으로 옳은 것은?

① 표지형태 및 글자표기는 변형할 수 없다.

② 표지도형의 한글 글자는 명조체로 한다.

③ 표지도형의 색상은 파란색을 기본 색상으로 한다.

④ 사과는 생산연도를 표시하여야 한다.

**6** 농수산물 품질관리법령상 농산물 유통자의 이력추적관리 등록사항에 해당하는 것만을 옳게 고른 것은?

> ㉠ 재배면적
> ㉡ 생산계획량
> ㉢ 이력추적관리 대상 품목명
> ㉣ 유통업체명, 수확 후 관리시설명 및 그 각각의 주소

① ㉢
② ㉣
③ ㉢㉣
④ ㉠㉡㉢㉣

**7** 농수산물 품질관리법령상 지리적표시의 등록을 결정한 경우 공고하여야 할 사항이 아닌 것은?

① 지리적표시 대상 지역의 범위

② 품질의 특성과 지리적 요인의 관계

③ 특산품의 유명성과 역사성을 증명할 수 있는 자료

④ 등록자의 자체품질기준 및 품질관리계획서


**8** 농수산물 품질관리법령상 농산물우수관리의 인증 및 기관에 관한 설명으로 옳지 않은 것은?

① 우수관리 기준에 따라 생산·관리된 농산물을 포장하여 유통하는 자도 우수관리인증을 받을 수 있다.

② 수입되는 농산물에 대해서는 외국의 기관도 우수관리인증기관으로 지정될 수 있다.

③ 우수관리인증기관 지정의 유효기간은 지정을 받은 날부터 5년으로 한다.

④ 우수관리인증기관의 장은 우수관리인증 신청을 받은 경우 현지심사를 필수적으로 하여야 한다.


**9** 농수산물 품질관리법령상 포장규격에 있어 한국산업표준과 다르게 정할 필요가 있다고 인정되는 경우 그 규격을 따로 정할 수 있는 항목이 아닌 것은?

① 포장등급

② 거래단위

③ 포장설계

④ 표시사항


**10** 농수산물 품질관리법령상 지리적표시품의 표시방법 등에 관한 설명으로 옳은 것은?

① 포장재 주 표시면의 중앙에 표시하되, 포장재 구조상 중앙에 표시하기 어려울 경우에는 표시 위치를 변경할 수 있다.

② 표시사항 중 표준규격 등 다른 규정·법률에 따라 표시하고 있는 사항은 모두 표시하여야 한다.

③ 표지도형 하단의 "농림축산식품부"와 "MAFRA KOREA"의 글자는 녹색으로 한다.

④ 포장재 15kg을 기준으로 글자의 크기 중 등록 명칭(한글, 영문)은 가로 2.0cm(57pt.) × 세로 2.5cm(71pt.)이다.

**11** 농수산물의 원산지 표시에 관한 법령상 대통령령으로 정하는 집단급식소를 설치 · 운영하는 자가 농산물이나 그 가공품을 조리하여 판매 · 제공하는 경우 그 원료의 원산지 표시 대상이 아닌 것은?

① 쇠고기

② 돼지고기

③ 가공두부

④ 죽에 사용하는 쌀

**12** 농수산물의 원산지 표시에 관한 법령상 A 음식점은 배추김치의 고춧가루 원산지를 표시하지 않았으며, 매입일로부터 6개월간 구입한 원산지 표시 대상 농산물의 영수증 등 증빙서류를 비치 · 보관하지 않아서 적발되었다. 이 A 음식점에 부과할 과태료의 총 합산금액은?(단, 모두 1차 위반이며, 경감은 고려하지 않는다.)

① 30만 원

② 50만 원

③ 60만 원

④ 100만 원

**13** 농수산물 품질관리법령상 축산물을 제외한 농산물의 품질 향상과 안전한 농산물의 생산 · 공급을 위한 안전관리계획을 매년 수립 · 시행하여야 하는 자는?

① 식품의약품안전처장

② 농촌진흥청장

③ 농림축산식품부장관

④ 시 · 도지사

**14** 농수산물 품질관리법령상 안전성 검사기관의 지정을 취소해야 하는 사유가 아닌 것은?(단, 경감은 고려하지 않는다.)

① 거짓으로 지정을 받은 경우

② 검사성적서를 거짓으로 내준 경우

③ 부정한 방법으로 지정을 받은 경우

④ 업무의 정지 명령을 위반하여 계속 안전성조사 및 시험분석 업무를 한 경우

**15** 농수산물 품질관리법령상 유전자변형농산물 표시의무자가 거짓표시 등의 금지를 위반하여 처분이 확정된 경우, 식품의약품안전처장이 지체 없이 식품의약품안전처의 인터넷 홈페이지에 게시해야 할 사항이 아닌 것은?

① 영업의 종류
② 위반 기간
③ 영업소의 명칭 및 주소
④ 처분권자, 처분일 및 처분내용

**16** 농수산물 품질관리법령상 다음의 위반행위자 중 가장 무거운 처분 기준(A)과 가장 가벼운 처분 기준(B)에 해당하는 것은?

> ㉠ 지리적표시품에 지리적표시품이 아닌 농산물을 혼합하여 판매한 자
> ㉡ 유전자변형농산물의 표시를 한 농산물에 다른 농산물을 혼합하여 판매할 목적으로 보관 또는 진열한 유전자변형농산물 표시의무자
> ㉢ 표준규격품의 표시를 한 농산물에 표준규격품이 아닌 농산물을 혼합하여 판매한 자
> ㉣ 안전성조사 결과 생산단계 안전기준을 위반한 농산물에 대해 폐기처분 조치를 받고도 폐기조치를 이행하지 아니한 자

|  | A | B |  |  | A | B |
|---|---|---|---|---|---|---|
| ① | ㉠ | ㉡ |  | ② | ㉠ | ㉢ |
| ③ | ㉡ | ㉣ |  | ④ | ㉢ | ㉣ |

**17** 농수산물 유통 및 가격안정에 관한 법률에 따른 민영도매시장의 개설에 관한 사항이다. ( ) 안에 들어갈 숫자를 순서대로 나열한 것은?

> 시·도지사는 민간인 등이 제반규정을 준수하여 제출한 민영도매시장 개설허가의 신청을 받은 경우 신청서를 받은 날부터 ( )일 이내에 허가 여부 또는 허가 처리 지연 사유를 신청인에게 통보하여야 한다. 이때 허가 처리 지연 사유를 통보하는 경우에는 허가 처리기간을 ( )일 범위에서 한 번만 연장할 수 있다.

① 30, 10
② 45, 30
③ 60, 30
④ 90, 45

**18** 농수산물 유통 및 가격안정에 관한 법령상 도매시장 개설자가 거래관계자의 편익과 소비자 보호를 위하여 이행하여야 하는 사항으로 옳지 않은 것은?

① 도매시장 시설의 정비 · 개선과 합리적인 관리

② 경쟁 촉진과 공정한 거래질서의 확립 및 환경 개선

③ 도매시장법인 간의 인수와 합병 명령

④ 상품성 향상을 위한 규격화, 포장 개선 및 선도 유지의 촉진

**19** 농수산물 유통 및 가격안정에 관한 법령상 농림축산식품부장관이 하는 가격예시에 관한 설명으로 옳은 것은?

① 주요 농산물의 수급조절과 가격안정을 위하여 해당 농산물의 수확기 이전에 하한가격을 예시할 수 있다.

② 가격예시의 대상 품목은 계약생산 또는 계약출하를 하는 농산물로서 농림축산식품부장관이 지정하는 품목으로 한다.

③ 예시가격을 결정할 때에는 미리 공정거래위원장과 협의하여야 한다.

④ 예시가격을 지지하기 위하여 농산물 도매시장을 통합하는 정책을 추진하여야 한다.

**20** 농수산물 유통 및 가격안정에 관한 법률상 공판장과 민영도매시장에 관한 설명으로 옳지 않은 것은?

① 농업협동조합중앙회가 개설한 공판장은 농협경제지주회사 및 그 자회사가 개설한 것으로 본다.

② 도매시장공판장은 농림수협 등의 유통자회사로 하여금 운영하게 할 수 있다.

③ 민영도매시장의 경매사는 민영도매시장의 개설자가 임면한다.

④ 공판장의 시장도매인은 공판장의 개설자가 지정한다.

**21** 농수산물 유통 및 가격안정에 관한 법령상 도매시장법인이 겸영사업(선별, 배송 등)을 할 수 있는 경우는?(단, 다른 사항은 고려하지 않는다.)

① 부채비율이 250퍼센트인 경우　　　　　② 유동부채비율이 150퍼센트인 경우

③ 유동비율이 50퍼센트인 경우　　　　　④ 당기순손실이 3개 회계연도 계속하여 발생한 경우

**22** 농수산물 유통 및 가격안정에 관한 법령상 산지유통인에 관한 설명으로 옳지 않은 것은?

① 산지유통인은 등록된 도매시장에서 농산물의 출하업무 외에 중개업무를 할 수 있다.

② 농수산물도매시장ㆍ농수산물공판장 또는 민영농수산물도매시장의 개설자에게 등록하여야 한다.

③ 주산지협의체의 위원이 될 수 있다.

④ 도매시장법인의 주주는 해당 도매시장에서 산지유통인의 업무를 하여서는 아니 된다.


**23** 농수산물 유통 및 가격안정에 관한 법령상 대통령령으로 정하는 농산물의 유통구조 개선 및 가격안정과 종자산업의 진흥을 위하여 필요한 사업 중 농산물가격안정기금에서 지출할 수 있는 사업으로 옳지 않은 것은?

① 종자산업의 진흥과 관련된 우수 유전자원의 수집 및 조사ㆍ연구

② 농산물의 유통구조 개선 및 가격안정사업과 관련된 해외시장개척

③ 식량작물의 유통구조 개선을 위한 생산자의 공동이용시설에 대한 지원

④ 농산물 가격안정을 위한 안전성 강화와 관련된 검사ㆍ분석시설 지원


**24** 농수산물 유통 및 가격안정에 관한 법령상 농산물의 유통조절명령에 관한 설명으로 옳은 것은?

① 농산물 수급조절위원회와의 협의를 거쳐 농림축산식품부장관이 발한다.

② 생산자단체가 유통명령을 요청할 경우 해당 생산자단체 출석회원 과반수의 찬성을 얻어야 한다.

③ 기획재정부장관이 예상 수요량을 감안하여 유통명령의 발령 기준을 고시한다.

④ 유통명령을 하는 이유, 대상 품목, 대상자, 유통조절 방법 등 대통령령으로 정하는 사항이 포함되어야 한다.


**25** 농수산물 유통 및 가격안정에 관한 법령상 주산지의 지정 등에 관한 설명으로 옳지 않은 것은?

① 시ㆍ도지사는 주요 농산물을 생산하는 자에 대하여 기술지도 등 필요한 지원을 할 수 있다.

② 주요 농산물의 재배면적은 농림축산식품부장관이 고시하는 면적 이상이어야 한다.

③ 주요 농산물의 출하량은 농림축산식품부장관이 고시하는 수량 이상이어야 한다.

④ 주요 농산물의 생산지역의 지정은 시ㆍ군ㆍ구 단위로 한정된다.

**26** 원예작물이 속한 과(科, Family)로 옳지 않은 것은?

① 아욱과 : 무궁화

② 국화과 : 상추

③ 장미과 : 블루베리

④ 가지과 : 파프리카

**27** 원예작물과 주요 기능성 물질의 연결이 옳지 않은 것은?

① 토마토 – 엘라테린(Elaterin)

② 수박 – 시트룰린(Citrulline)

③ 우엉 – 이눌린(Inulin)

④ 포도 – 레스베라트롤(Resveratrol)

**28** 양지식물을 반음지에서 재배할 때 나타나는 현상으로 옳지 않은 것은?

① 잎이 넓어지고 두께가 얇아진다.

② 뿌리가 길게 신장하고, 뿌리털이 많아진다.

③ 줄기가 가늘어지고 마디 사이는 길어진다.

④ 꽃의 크기가 작아지고, 꽃수가 감소한다.

**29** DIF에 관한 설명으로 옳지 않은 것은?

① 주야간온도 차이를 의미하며 낮 온도에서 밤 온도를 뺀 값이다.

② DIF의 적용 범위는 식물체의 생육 적정온도 내에서 이루어져야 한다.

③ 분화용 포인세티아, 국화, 나팔나리의 초장조절에 이용된다.

④ 정(+)의 DIF는 식물의 GA 생합성을 감소시켜 절간신장을 억제한다.

**30** 구근 화훼류를 모두 고른 것은?

| ㉠ 거베라 | ㉡ 튤립 |
|---|---|
| ㉢ 칼랑코에 | ㉣ 달리아 |
| ㉤ 프리지아 | ㉥ 안스리움 |

① ㉠㉡㉤
② ㉠㉢㉥
③ ㉡㉣㉤
④ ㉢㉣㉥


**31** 포인세티아 재배에서 자연 일장이 짧은 시기에 전조처리를 하는 목적은?

① 휴면타파
② 휴면 유도
③ 개화 촉진
④ 개화 억제


**32** 종자번식과 비교할 때 영양번식의 장점이 아닌 것은?

① 모본의 유전적인 형질이 그대로 유지된다.
② 화목류의 경우 개화까지의 기간을 단축할 수 있다.
③ 번식재료의 원거리 수송과 장기저장이 용이하다.
④ 불임성이나 단위결과성 화훼류를 번식할 수 있다.


**33** 난과식물의 생태 분류에서 온대성 난에 속하지 않은 것은?

① 춘란
② 한란
③ 호접란
④ 풍란

**34** 감자의 괴경이 햇빛에 노출될 경우 발생하는 독성 물질은?

① 캡사이신(Capsaicin)

② 솔라닌(Solanine)

③ 아미그달린(Amygdalin)

④ 시니그린(Sinigrin)


**35** 화훼작물에서 세균에 의해 발생하는 병과 그 원인균으로 옳은 것은?

① 풋마름병 − *Pseudomonas*

② 흰가루병 − *Sphaerotheca*

③ 줄기녹병 − *Puccinia*

④ 잘록병 − *Pythium*


**36** 관엽식물을 실내에서 키울 때 효과로 옳지 않은 것은?

① 유해물질 흡수에 의한 공기정화　　　② 음이온 발생

③ 유해전자파 감소　　　　　　　　　④ 실내습도 감소


**37** 양액재배의 장점으로 옳지 않은 것은?

① 토양재배가 어려운 곳에서도 가능하다.

② 재배관리의 생력화와 자동화가 용이하다.

③ 양액의 완충능력이 토양에 비하여 크다.

④ 생육이 빠르고 균일하여 수량이 증대된다.


**38** 절화보존제의 주요 구성 성분으로 옳지 않은 것은?

① HQS　　　　　　　　　　　　　　② 에테폰

③ $AgNO_3$　　　　　　　　　　　　　④ Sucrose

**39** 낙엽과수의 자발휴면 개시기의 체내 변화에 관한 설명으로 옳지 않은 것은?

① 호흡이 증가한다.

② 생장 억제물질이 증가한다.

③ 체내 수분 함량이 감소한다.

④ 효소의 활성이 감소한다.

**40** 철사나 나뭇가지 등으로 틀을 만들고 식물을 심어 여러 가지 동물 모양으로 만든 화훼장식은?

① 토피어리(Topiary)

② 포푸리(Potpourri)

③ 테라리움(Terrarium)

④ 디쉬가든(Dish Garden)

**41** 채소 재배에서 직파와 비교할 때 육묘의 목적으로 옳지 않은 것은?

① 수확량을 높일 수 있다.

② 본밭의 토지이용률을 증가시킬 수 있다.

③ 생육이 균일하고 종자 소요량이 증가한다.

④ 조기 수확이 가능하다.

**42** 마늘의 휴면 경과 후 인경비대를 촉진하는 환경 조건은?

① 저온, 단일

② 저온, 장일

③ 고온, 단일

④ 고온, 장일

**43** 과수에서 다음 설명에 공통으로 해당되는 병원체는?

- 핵산과 단백질로 이루어져 있다.
- 사과나무 고접병의 원인이다.
- 과실을 작게 하거나 반점을 만든다.

① 박테리아

② 바이러스

③ 바이로이드

④ 파이토플라즈마

**44** 1년생 가지에 착과되는 과수를 모두 고른 것은?

| ㉠ 포도 | ㉡ 감귤 |
|---|---|
| ㉢ 복숭아 | ㉣ 사과 |

① ㉠㉡  
③ ㉡㉢  

② ㉠㉣  
④ ㉢㉣  

**45** 뿌리의 양분 흡수기능이 상실되거나 식물체 생육이 불량하여 빠르게 영양공급을 해야 할 때 잎에 실시하는 보조 시비방법은?

① 조구시비  
② 엽면시비  
③ 윤구시비  
④ 방사구시비  

**46** 감나무의 생리적 낙과의 방지 대책이 아닌 것은?

① 수분수를 혼식한다.  
② 적과로 과다 결실을 방지한다.  
③ 영양분을 충분히 공급하여 영양생장을 지속시킨다.  
④ 단위결실을 유도하는 식물생장 조절제를 개화 직전 꽃에 살포한다.

**47** 여러 개의 원줄기가 자라 지상부를 구성하는 관목성 과수에 해당하는 것은?

① 대추

② 사과

③ 블루베리

④ 포도

**48** 과수의 환상박피(環狀剝皮) 효과로 옳지 않은 것은?

① 꽃눈분화 촉진

② 과실발육 촉진

③ 과실성숙 촉진

④ 뿌리생장 촉진

**49** 과수와 실생 대목의 연결로 옳지 않은 것은?

① 배 – 야광나무

② 감 – 고욤나무

③ 복숭아 – 산복사나무

④ 사과 – 아그배나무

**50** 과수의 가지 종류에 관한 설명으로 옳지 않은 것은?

① 원가지 : 원줄기에 발생한 큰 가지

② 열매가지 : 과실이 붙어 있는 가지

③ 새가지 : 그해에 자란 잎이 붙어 있는 가지

④ 곁가지 : 새 가지의 곁눈이 그해에 자라서 된 가지

**51** 원예산물의 수확에 관한 설명으로 옳지 않은 것은?

① 포도는 열과(裂果)의 발생을 방지하기 위하여 비가 온 후 바로 수확한다.

② 블루베리는 손으로 수확하는 것이 일반적이나 기계 수확기를 이용하기도 한다.

③ 복숭아는 압상을 받지 않도록 손바닥으로 감싸고 가볍게 밀어 올려 수확한다.

④ 파프리카는 과경을 매끈하게 절단하여 수확한다.

**52** 과실의 수확 시기에 관한 설명으로 옳은 것은?

① 포도는 산도가 가장 높을 때 수확한다.

② 바나나는 단맛이 가장 강할 때 수확한다.

③ 후지 사과는 만개 후 160 ~ 170일에 수확한다.

④ 감귤은 요오드반응으로 청색면적이 20 ~ 30%일 때 수확한다.

**53** 저장 중 원예산물의 증산작용에 관한 설명으로 옳지 않은 것은?

① 상대습도가 높으면 증가한다.　　　② 온도가 높을수록 증가한다.

③ 광(光)이 있으면 증가한다.　　　④ 공기 유속이 빠를수록 증가한다.

**54** 호흡형이 같은 원예산물을 모두 고른 것은?

| ㉠ 참다래 | ㉡ 양앵두 |
|---|---|
| ㉢ 가지 | ㉣ 아보카도 |

① ㉠㉡　　　　　　　　　　② ㉠㉢

③ ㉡㉢　　　　　　　　　　④ ㉡㉢㉣

**55** 원예산물의 에틸렌 제어에 관한 설명으로 옳은 것은?

① STS는 에틸렌을 흡착한다.

② $KMnO_4$는 에틸렌을 분해한다.

③ 1 – MCP는 에틸렌을 산화시킨다.

④ AVG는 에틸렌 생합성을 억제한다.


**56** 토마토의 후숙 과정에서 조직의 연화 관련 성분과 효소의 연결이 옳은 것은?

① 펙틴 – 폴리갈락투로나제      ② 펙틴 – 폴리페놀옥시다제

③ 폴리페놀 – 폴리갈락투로나제      ④ 폴리페놀 – 폴리페놀옥시다제


**57** 원예산물의 성숙 과정에서 발현되는 색소 성분이 아닌 것은?

① 클로로필      ② 라이코펜

③ 안토시아닌      ④ 카로티노이드


**58** 신선편이 농산물의 제조 시 살균소독제로 사용되는 것은?

① 안식향산      ② 소르빈산

③ 염화나트륨      ④ 차아염소산나트륨


**59** 신선 농산물의 MA포장재료로 적합한 것은?

| | |
|---|---|
| ㉠ PP | ㉡ PET |
| ㉢ LDPE | ㉣ PVDC |

① ㉠㉢      ② ㉠㉣

③ ㉡㉢      ④ ㉡㉣

**60** HACCP 7원칙에 해당하지 않는 것은?

① 위해 요소 분석

② 중점관리점 결정

③ 제조공장현장 확인

④ 개선 조치 방법수립


**61** CA저장고에 관한 설명으로 적합하지 않은 것은?

① 저장고의 밀폐도가 높아야 한다.

② 저장 대상 작물, 품종, 재배조건에 따라 CA조건을 적절하게 설정하여야 한다.

③ 장시간 작업 시 질식 우려가 있으므로 외부 대기자를 두어 내부를 주시하여야 한다.

④ 저장고 내 산소 농도는 산소발생장치를 이용하여 조절한다.


**62** 원예산물의 저장 중 동해에 관한 설명으로 옳지 않은 것은?

① 빙점 이하의 온도에서 조직의 결빙에 의해 나타난다.

② 동해 증상은 결빙 상태일 때보다 해동 후 잘 나타난다.

③ 세포 내 결빙이 일어난 경우 서서히 해동시키면 동해 증상이 나타나지 않는다.

④ 동해 증상으로 수침현상, 과피함몰, 갈변이 나타난다.


**63** 원예산물의 풍미를 결정하는 요인을 모두 고른 것은?

| | |
|---|---|
| ㉠ 당도 | ㉡ 산도 |
| ㉢ 향기 | ㉣ 색도 |

① ㉠㉡

② ㉠㉡㉢

③ ㉠㉢㉣

④ ㉡㉢㉣

**64** 비파괴 품질평가 방법에 관한 설명으로 옳지 않은 것은?

① 동일한 시료를 반복해서 측정할 수 있다.

② 분석이 신속하다.

③ 당도 선별에 사용할 수 있다.

④ 화학적인 분석법에 비해 정확도가 높다.


**65** 저장고 관리에 관한 설명으로 옳지 않은 것은?

① 저장고 내 온도는 저장 중인 원예산물의 품온을 기준으로 조절하는 것이 가장 정확하다.

② 입고시기에는 품온이 적정 수준에 도달한 안정기 때보다 더 큰 송풍량으로 공기를 순환시킨다.

③ 저장고 내 산소를 제거하기 위해 소석회를 이용한다.

④ 저장고 내 습도 유지를 위해 온도가 상승하지 않는 선에서 공기 유동을 억제하고 환기는 가능한 한 극소화한다.


**66** 다음의 용어로 옳은 것은?

> ㉠ 수확한 생산물이 가지고 있는 열
> ㉡ 생산물의 생리대사에 의해 발생하는 열
> ㉢ 저장고 문을 여닫을 때 외부에서 유입되는 열

| | ㉠ | ㉡ | ㉢ | | ㉠ | ㉡ | ㉢ |
|---|---|---|---|---|---|---|---|
| ① | 호흡열 | 포장열 | 대류열 | ② | 포장열 | 호흡열 | 대류열 |
| ③ | 대류열 | 호흡열 | 포장열 | ④ | 포장열 | 대류열 | 호흡열 |

**67** 원예산물의 수확 후 전처리에 관한 설명으로 옳지 않은 것은?

① 양파는 적재 큐어링 시 햇빛에 노출되면 녹변이 발생할 수 있다.

② 감자는 상처보호 조직의 빠른 재생을 위하여 30℃에서 큐어링한다.

③ 감귤은 중량비의 3 ~ 5%가 감소될 때까지 예건하여 저장하면 부패를 줄일 수 있다.

④ 마늘은 인편 중앙의 줄기부위가 물기 없이 건조되었을 때 예건을 종료한다.

**68** 다음 원예산물 중 5℃의 동일 조건에서 측정한 호흡 속도가 가장 높은 것은?

① 사과

② 배

③ 감자

④ 아스파라거스

**69** 원예산물의 적재 및 유통에 관한 설명으로 옳지 않은 것은?

① 유통 과정 중 장시간의 진동으로 원예산물의 손상이 발생할 수 있다.

② 팰릿 적재화물의 안정성 확보를 위하여 상자를 3단 이상 적재 시에는 돌려쌓기 적재를 한다.

③ 골판지 상자의 적재방법에 따라 상자에 가해지는 압축강도는 달라진다.

④ 신선 채소류는 수확 후 수분증발이 일어나지 않아 골판지 상자의 강도가 달라지지 않는다.

**70** 농산물의 포장재료 중 겉포장재에 해당하지 않는 것은?

① 트레이

② 골판지 상자

③ 플라스틱 상자

④ PP대(직물제 포대)


**71** 원예산물에서 에틸렌에 의해 나타나는 증상으로 옳은 것은?

① 배의 과심갈변

② 브로콜리의 황화

③ 오이의 피팅

④ 사과의 밀증상


**72** 원예산물별 수확 후 손실경감 대책으로 옳지 않은 것은?

① 마늘을 예건하면 휴면에도 영향을 주어 맹아신장이 억제된다.

② 배는 수확 즉시 저온저장을 하여야 과피흑변을 막을 수 있다.

③ 딸기는 예냉 후 소포장으로 수송하면 감모를 줄일 수 있다.

④ 복숭아 유통 시 에틸렌 흡착제를 사용하면 연화 및 부패를 줄일 수 있다.


**73** 0 ~ 4℃에서 저장할 경우 저온장해가 일어날 수 있는 원예산물을 모두 고른 것은?

| | |
|---|---|
| ㉠ 파프리카 | ㉡ 배추 |
| ㉢ 고구마 | ㉣ 브로콜리 |
| ㉤ 호박 | |

① ㉠㉡㉣

② ㉠㉢㉤

③ ㉡㉢㉣

④ ㉢㉣㉤

**74** 원예산물의 화학적 위해 요인에 해당하지 않는 것은?

① 곰팡이 독소

② 중금속

③ 다이옥신

④ 병원성 대장균

**75** GMO에 관한 설명으로 옳지 않은 것은?

① GMO는 유전자변형농산물을 말한다.

② GMO는 병충해 저항성, 바이러스 저항성, 제초제 저항성을 기본 형질로 하여 개발되었다.

③ GMO 표시 대상 품목에는 콩, 옥수수, 양파가 있다.

④ GMO 표시 대상 품목 중 유전자변형 원재료를 사용하지 않은 식품은 비유전자변형식품, Non − GMO로 표시할 수 있다.

**76** 다음 내용에 해당하는 농산물 유통의 효용(Utility)은?

하우스에서 수확한 블루베리를 농산물 산지유통센터(APC)의 저온저장고로 이동하여 보관한다.

① 형태(Form) 효용

② 장소(Place) 효용

③ 시간(Time) 효용

④ 소유(Possession) 효용

**77** 우리나라 농업협동조합에 관한 설명으로 옳지 않은 것은?

① 규모의 경제 확대에 기여하고 있다.

② 완전경쟁시장에서 적합한 조직이다.

③ 거래비용을 절감하는 기능을 하고 있다.

④ 유통업체의 지나친 이윤 추구를 견제하고 있다.

**78** 선물거래에 관한 설명으로 옳지 않은 것은?

① 표준화된 조건에 따라 거래를 진행한다.

② 공식 거래소를 통해서 거래가 성사된다.

③ 당사자끼리의 직접 거래에 의존한다.

④ 헤저(Hedger)와 투기자(Speculator)가 참여한다.

**79** 농산물의 산지 유통에 관한 설명으로 옳지 않은 것은?

① 농산물 중개기능이 가장 중요하게 작용한다.

② 조합공동사업법인이 설립되어 판매사업을 수행한다.

③ 농산물 산지유통센터(APC)가 선별 기능을 하고 있다.

④ 포전거래를 통해 농가의 시장 위험이 상인에게 전가된다.

**80** 농산물 유통 정보의 평가 기준에 관한 설명으로 옳지 않은 것을 모두 고른 것은?

> ㉠ 정보의 신뢰성을 높이기 위해 주관성이 개입된다.
> ㉡ 알권리 차원에서 정보수집 대상에 대한 개인 정보를 공개한다.
> ㉢ 시의적절성을 위해 이용자가 원하는 시기에 유통 정보가 제공되어야 한다.

① ㉠

② ㉠㉡

③ ㉡㉢

④ ㉠㉡㉢

**81** 배추 가격이 10% 상승함에 따라 무의 수요량이 15% 증가하였다. 이때 농산물 가격 탄력성에 관한 설명으로 옳은 것은?

① 배추와 무의 수요량 계측 단위가 같아야만 한다.

② 배추와 무는 서로 대체재의 관계를 가진다.

③ 교차가격 탄력성이 비탄력적인 경우이다.

④ 가격 탄력성의 값이 음( − )으로 계측된다.

**82** 마케팅 믹스(Marketing Mix)의 4P 전략에 관한 설명으로 옳지 않은 것은?

① 상품(Product)전략 : 판매 상품의 특성을 설정한다.

② 가격(Price)전략 : 상품 가격의 수준을 결정한다.

③ 장소(Place)전략 : 상품의 유통경로를 결정한다.

④ 정책(Policy)전략 : 상품에 대한 규제에 대응한다.


**83** 농산물 표준화에 관한 내용으로 옳지 않은 것은?

① 포장은 농산물 표준화의 대상이다.

② 농산물은 표준화를 통하여 품질이 균일하게 된다.

③ 농산물 표준화를 위한 공동선별은 개별농가에서 이루어진다.

④ 농산물 표준화는 유통의 효율성을 높일 수 있다.


**84** 농산물 수요곡선이 공급곡선보다 더 탄력적일 때 거미집모형에 의한 가격변동에 관한 설명으로 옳은 것은?

① 가격이 발산한다.

② 가격이 균형가격으로 수렴한다.

③ 가격이 균형가격으로 수렴하다 다시 발산한다.

④ 가격이 일정한 폭으로 진동한다.


**85** 완전경쟁시장에 관한 설명으로 옳은 것은?

① 소비자가 가격을 결정한다.

② 다양한 품질의 상품이 거래된다.

③ 시장에 대한 진입과 탈퇴가 자유롭다.

④ 시장 참여자들은 서로 다른 정보를 갖는다.

**86** SWOT 분석의 구성 요소가 아닌 것은?

① 기회                  ② 위협

③ 강점                  ④ 가치


**87** 마케팅 분석을 위한 2차 자료의 특징으로 옳지 않은 것은?

① 1차 자료보다 객관성이 높다.

② 조사방식에는 관찰조사, 설문조사, 실험이 있다.

③ 1차 자료수집과 비교하여 시간이나 비용을 줄일 수 있다.

④ 공공기관에서 발표하는 자료도 포함된다.


**88** 농산물 구매 행동 결정에 영향을 미치는 인구학적 요인을 모두 고른 것은?

| ㉠ 성별 | ㉡ 소득 | ㉢ 직업 |
|---|---|---|

① ㉠㉡                  ② ㉠㉢

③ ㉡㉢                  ④ ㉠㉡㉢


**89** 제품수명주기(PLC)의 단계가 아닌 것은?

① 도입기

② 성장기

③ 성숙기

④ 안정기

**90** 소비자를 대상으로 하는 심리적 가격 전략이 아닌 것은?

① 단수가격 전략

② 교역가격 전략

③ 명성가격 전략

④ 관습가격 전략

**91** 농산물 판매 확대를 위한 촉진기능이 아닌 것은?

① 새로운 상품에 대한 정보 제공

② 소비자 구매 행동의 변화 유도

③ 소비자 맞춤형 신제품 개발

④ 브랜드 인지도 제고

**92** 유닛로드시스템(Unit Load System)에 관한 설명으로 옳지 않은 것은?

① 농산물의 파손과 분실을 유발한다.

② 유닛로드시스템은 팰릿화와 컨테이너화가 있다.

③ 팰릿을 이용하여 일정한 중량과 부피로 단위화 할 수 있다.

④ 초기 투자비용이 많이 소요된다.

**93** 농산물의 물적유통 기능이 아닌 것은?

① 가공

② 표준화 및 등급화

③ 상 · 하역

④ 포장

**94** 농산물 소매유통에 관한 설명으로 옳지 않은 것은?

① 무점포 거래가 가능하다.

② 대형 소매업체의 비중이 늘고 있다.

③ TV홈쇼핑은 소매유통에 해당된다.

④ 농산물의 수집 기능을 주로 담당한다.

**95** 농산물 도매시장에 관한 설명으로 옳지 않은 것은?

① 농산물 도매시장의 시장도매인은 상장수수료를 부담한다.

② 농산물 도매시장은 수집과 분산기능을 가지고 있다.

③ 농산물 도매시장은 출하자에 대한 대금 정산 기능을 수행한다.

④ 농산물 도매시장의 가격은 경매와 정가·수의매매 등을 통하여 발견된다.

**96** 농산물 수급 안정을 위한 정책으로 옳지 않은 것은?

① 생산자단체의 의무자조금 조성을 지원한다.

② 수매 비축 및 방출을 통해 농산물의 과부족을 대비한다.

③ 농업관측을 강화하여 시장변화에 선제적으로 대응한다.

④ 계약재배를 폐지하여 개별농가의 출하자율권을 확대한다.

**97** 농산물의 일반적인 특성이 아닌 것은?

① 농산물은 부패성이 강하여 특수저장 시설이 요구된다.

② 농산물은 계절성이 없어 일정한 물량이 생산된다.

③ 농산물은 생산자의 기술수준에 따라 생산량에 차이가 발생된다.

④ 농산물은 단위가치에 비해 부피가 크다.


**98** 배추 1포기당 농가수취 가격이 3천 원이고 소비자가 구매한 가격이 6천 원 일 때, 유통마진율은?

① 25%

② 50%

③ 75%

④ 100%


**99** 농산물의 유통조성기능에 해당하는 것은?

① 농산물을 구매한다.

② 농산물을 수송한다.

③ 농산물을 저장한다.

④ 농산물의 거래대금을 융통한다.


**100** 농산물 등급화에 관한 설명으로 옳은 것은?

① 농산물의 등급화는 소비자의 탐색비용을 증가시킨다.

② 농산물은 크기와 모양이 다양하여 등급화하기 쉽다.

③ 농산물 등급의 설정은 최종 소비자의 인지능력을 고려한다.

④ 농산물 등급의 수가 많을수록 가격의 효율성은 낮아진다.

# 2019년도 제16회 농산물품질관리사 1차 국가자격시험

| 교시 | 문제형별 | 시험시간 | 시험과목 |
|---|---|---|---|
| 1교시 | S | 120분 | 관계 법령<br>원예작물학<br>수확후품질관리론<br>농산물 유통론 |
| 수험번호 | | 성명 | |

## 수험자 유의사항

1. 시험문제지 표지와 시험문제지 내 문제형별의 동일여부 및 시험문제지의 총면수, 문제번호 일련순서, 인쇄
   상태 등을 확인하시고, 문제지 표지에 수험번호와 성명을 기재하시기 바랍니다.

2. 답은 각 문제마다 요구하는 가장 적합하거나 가까운 답 1개만 선택하고, 답안카드 작성 시 시험문제지 형
   별누락, 마킹착오로 인한 불이익은 전적으로 수험자에게 책임이 있음을 알려 드립니다.

3. 답인카드는 국가진문자격 공통 표준형으로 문제번호가 1민부터 125민까지 인쇄되어 있습니다. 답안 마킹
   시에는 반드시 시험문제지의 문제번호와 동일한 번호에 마킹하여야 합니다.

4. 감독위원의 지시에 불응하거나 시험시간 종료 후 답안카드를 제출하지 않을 경우 불이익이 발생할 수 있음
   을 알려 드립니다.

5. 시험문제지는 시험 종료 후 가져가시기 바랍니다.

## 안내사항

1. 답안카드에 기재된 '수험자 유의사항 및 답안카드 작성 시 유의사항' 준수

2. 수험자 교육시간에 감독위원 안내 또는 방송(유의사항)에 따라 답안카드에 수험번호를 기재·마킹하고, 배부된 시험지의
   인쇄 상태 확인 후 답안카드에 형별 마킹

3. 답안카드는 국가전문자격 공통 표준형으로 문제번호가 1번부터 125번까지 인쇄되어 있으며, 답안 마킹 시에는 반드시 시
   험문제지의 문제번호와 동일한 번호에 마킹

4. 답안카드 기재·마킹 시에는 반드시 검정색 사인펜 사용

5. 채점은 전산 자동 판독 결과에 따르므로 유의사항을 지키지 않거나(검정색 사인펜 미사용) 수험자의 부주의(답안카드 기
   재·마킹 착오, 불완전한 마킹·수정, 예비마킹, 형별 마킹 착오 등)로 판독불능, 중복판독 등 불이익이 발생할 경우 수험
   자 책임으로 이의제기를 하더라도 받아들여지지 않음

   ※ 답안을 잘못 작성했을 경우, 답안카드 교체 및 수정테이프 사용가능(단, 답안 이외 수험번호 등 인적사항은 수정불가)하며 재작성에 따른 시험시간은 별도
      로 부여하지 않음
   ※ 수정테이프 이외 수정액 및 스티커 등은 사용불가
   ※ 자세한 사항은 큐넷 홈페이지(http://www.Q-Net.or.kr/site/nongsanmul)문의

## - 수험자 여러분의 합격을 기원합니다. -

## I  농수산물 품질관리 관계법령

**1**  농수산물 품질관리법상 지리적표시에 관한 정의이다. (  ) 안에 들어갈 내용으로 옳은 것은?

> 지리적표시란 농수산물 또는 농수산가공품의 (  )·품질, 그 밖의 특징이 본질적으로 특정 지역의 지리적 특성에 기인하는 경우 해당 농수산물 또는 농수산가공품이 그 특정 지역에서 생산·제조 및 가공되었음을 나타내는 표시를 말한다.

① 포장            ② 무게

③ 생산자           ④ 명성

**2**  농수산물 품질관리법령상 유전자변형농수산물의 표시 등에 관한 설명으로 옳지 않은 것은?

① 유전자변형농수산물을 판매하는 자는 대통령령으로 정하는 바에 따라 해당 농수산물에 유전자변형 농수산물임을 표시하여야 한다.

② 농림축산식품부장관은 유전자변형농수산물인지를 판정하기 위하여 필요한 경우 시료의 검정기관을 지정하여 고시하여야 한다.

③ 유전자변형농수산물의 표시기준 및 표시방법에 관한 세부사항은 식품의약품안전처장이 정하여 고시한다.

④ 유전자변형농수산물의 표시 대상 품목, 표시기준 및 표시방법 등에 필요한 사항은 대통령령으로 정한다.

**3**  농수산물 품질관리법상 농수산물품질관리심의회의 심의 사항이 아닌 것은?

① 표준규격 및 물류 표준화에 관한 사항      ② 지리적표시에 관한 사항

③ 유전자변형농수산물의 표시에 관한 사항     ④ 유기가공식품의 수입 및 통관에 관한 사항

**4** 농수산물의 원산지 표시에 관한 법령상 일반음식점 영업을 하는 자가 농산물을 조리하여 판매하는 경우 원산지 표시를 하지 않아 1차 위반행위로 부과되는 과태료 기준금액이 다른 것은?(단, 가중 및 경감사유는 고려하지 않음)

① 쇠고기
② 양고기
③ 돼지고기
④ 오리고기

**5** 농수산물의 원산지 표시에 관한 법령상 일반음식점 영업을 하는 자가 농산물을 조리하여 판매하는 경우 원산지 표시 대상이 아닌 것은?

① 죽에 사용하는 쌀
② 콩국수에 사용하는 콩
③ 동치미에 사용하는 무
④ 배추김치의 원료인 배추와 고춧가루

**6** 농수산물 품질관리법령상 농산물우수관리인증의 유효기간 연장신청은 인증의 유효기간이 끝나기 몇 개월 전까지 어디에 제출해야 하는가?

① 1개월, 농림축산식품부
② 1개월, 우수관리인증기관
③ 2개월, 국립농산물품질관리원
④ 2개월, 한국농수산식품유통공사

**7** 농수산물 품질관리법령상 농산물 생산자(단순가공을 하는 자를 포함)의 이력추적관리 등록사항이 아닌 것은?

① 재배면적
② 재배지의 주소
③ 구매자의 내역
④ 생산자의 성명, 주소 및 전화번호

**8** 농수산물 품질관리법령상 이력추적관리 등록기관의 장은 이력추적관리 등록의 유효기간이 끝나기 얼마 전까지 신청인에게 갱신 절차와 갱신 신청 기간을 미리 알려야 하는가?

① 7일
② 15일
③ 1개월
④ 2개월

**9** 농수산물의 원산지 표시에 관한 법령상 원산지 표시위반 신고 포상금의 최대 지급 금액은?

① 200만 원
② 500만 원
③ 1,000만 원
④ 2,000만 원

**10** 농수산물 품질관리법령상 농산물 검사에서 농림축산식품부장관의 검사를 받아야 하는 농산물이 아닌 것은?

① 정부가 수매하거나 수출 또는 수입하는 농산물
② 정부가 수매하는 누에씨 및 누에고치
③ 생산자단체 등이 정부를 대행하여 수출하는 농산물
④ 정부가 수입하여 가공한 농산물

**11** 농수산물 품질관리법상 권장품질표시에 관한 내용으로 옳지 않은 것은?

① 농림축산식품부장관은 표준규격품의 표시를 하지 아니한 농산물의 포장 겉면에 등급·당도 등 품질을 표시하는 기준을 따로 정할 수 있다.
② 농산물을 유통·판매하는 자는 표준규격품의 표시를 하지 아니한 경우 포장 겉면에 권장품질표시를 할 수 있다.
③ 권장품질표시의 기준 및 방법 등에 필요한 사항은 국립농산물품질관리원장이 정하여 고시한다.
④ 농림축산식품부장관은 관계 공무원에게 권장품질표시를 한 농산물의 시료를 수거하여 조사하게 할 수 있다.

**12** 농수산물 품질관리법령상 지리적표시의 심의·공고·열람 및 이의신청 절차에 관한 규정이다. ( ) 안에 들어갈 내용은?

> 농림축산식품부장관은 지리적표시 분과위원회에서 지리적표시의 등록 또는 중요 사항의 변경등록을 하기에 부적합한 것으로 의결되면 지체될 수 있다고 인정되면 일정 기간을 정하여 신청인에게 보완하도록 할 수 있다.

① 30일
② 40일
③ 50일
④ 60일

**13** 농수산물 품질관리법령상 우수관리인증기관이 우수관리인증을 한 후 조사, 점검 등의 과정에서 위반행위가 확인되는 경우 1차 위반 시 그 인증을 취소해야 하는 사유가 아닌 것은?

① 우수관리인증의 표시정지기간 중에 우수관리인증의 표시를 한 경우

② 거짓이나 그 밖의 부정한 방법으로 우수관리인증을 받은 경우

③ 전업(轉業) · 폐업 등으로 우수관리인증농산물을 생산하기 어렵다고 판단되는 경우

④ 우수관리인증을 받은 자가 정당한 사유 없이 조사 · 점검 또는 자료제출 요청에 응하지 아니한 경우


**14** 농수산물 품질관리법령상 지리적표시품의 표시방법으로 옳지 않은 것은?

① 포장하지 아니하고 판매하는 경우에는 대상 품목에 스티커를 부착하여 표시할 수 있다.

② 표지도형의 한글 및 영문 글자는 고딕체로 하고, 글자 크기는 표지도형의 크기에 따라 조정한다.

③ 표지도형의 색상은 파란색을 기본 색상으로 하고, 포장재의 색깔 등을 고려하여 검정색으로 한다.

④ 지리적표시품의 포장 · 용기의 겉면 등에 등록 명칭을 표시하여야 한다.


**15** 농수산물 품질관리법상 안전관리계획 및 안전성조사에 관한 설명으로 옳은 것은?

① 농산물 또는 농산물의 생산에 이용 · 사용하는 농지 · 용수(用水) · 자재 등은 안전성조사 대상이다.

② 농림축산식품부장관은 안전관리계획을 10년마다 수립 · 시행하여야 한다.

③ 국립농산물품질관리원장은 안전관리계획에 따라 5년마다 세부추진계획을 수립 · 시행하여야 한다.

④ 농산물의 안전성조사는 수입통관단계 및 사후관리단계로 구분하여 조사한다.


**16** 농수산물 품질관리법령상 농산물품질관리사의 업무가 아닌 것은?

① 농산물의 선별 · 저장 및 포장 시설 등의 운용 · 관리

② 농산물의 선별 · 포장 및 브랜드 개발 등 상품성 향상 지도

③ 농산물의 판매 가격 결정

④ 포장농산물의 표시사항 준수에 관한 지도

**17** 농수산물 유통 및 가격안정에 관한 법률상 산지유통인의 등록에 관한 설명으로 옳지 않은 것은?

① 농산물을 수집하여 도매시장에 출하하려는 자는 대통령령이 정하는 바에 따라 품목별로 농림축산식품부장관에게 등록하여야 한다.

② 국가나 지방자치단체는 산지유통인의 공정한 거래를 촉진하기 위하여 필요한 지원을 할 수 있다.

③ 산지유통인은 등록된 도매시장에서 농산물의 출하업무 외의 판매·매수 또는 중개업무를 하여서는 아니 된다.

④ 도매시장법인의 임직원은 해당 도매시장에서 산지유통인의 업무를 하여서는 아니 된다.


**18** 농수산물 유통 및 가격안정에 관한 법령상 표준정산서에 포함되어야 할 사항이 아닌 것은?

① 출하자 주소

② 정산금액

③ 표준정산서의 발행일 및 발행자명

④ 경락 예정가격


**19** 농수산물 유통 및 가격안정에 관한 법령상 농림축산식품부장관이 농산물 전자거래를 촉진하기 위하여 한국농수산식품유통공사에게 수행하게 할 수 있는 업무가 아닌 것은?

① 도매시장법인이 전자거래를 하기 위하여 구축한 전자거래시스템의 승인

② 전자거래 분쟁조정위원회에 대한 운영 지원

③ 전자거래에 관한 유통 정보 서비스 제공

④ 대금결제 지원을 위한 정산소(精算所)의 운영·관리


**20** 농수산물 유통 및 가격안정에 관한 법령상 주산지 지정 등에 관한 설명으로 옳지 않은 것은?

① 해당 시·도 소속 공무원은 주산지협의체의 위원이 될 수 있다.

② 주산지의 지정은 읍·면·동 또는 시·군·구 단위로 한다.

③ 주산지의 지정 및 해제는 국립농산물품질관리원장이 한다.

④ 시·도지사는 지정된 주산지에서 주요 농산물을 생산하는 자에 대하여 생산자금의 융자 및 기술지도 등 필요한 지원을 할 수 있다.

**21** 농수산물 유통 및 가격안정에 관한 법령상 도매시장 개설자가 도매시장법인으로 하여금 우선적으로 판매하게 할 수 있는 품목이 아닌 것은?

① 대량 입하품

② 최소출하기준 이하 출하품

③ 예약 출하품

④ 도매시장 개설자가 선정하는 우수출하주의 출하품

**22** 농수산물 유통 및 가격안정에 관한 법률상 민영도매시장의 개설 및 운영 등에 관한 내용으로 옳지 않은 것은?

① 민영도매시장의 개설자는 중도매인, 매매참가인, 산지유통인 및 경매사를 두어 직접 운영하거나 시장도매인을 두어 이를 운영하게 할 수 있다.

② 민영도매시장을 개설하려는 장소가 교통체증을 유발할 수 있는 위치에 있는 경우에는 허가하지 않는다.

③ 민간인이 광역시에 민영도매시장을 개설하려면 농림축산식품부장관의 허가를 받아야 한다.

④ 민영도매시장의 중도매인은 민영도매시장의 개설자가 지정한다.

**23** 농수산물 유통 및 가격안정에 관한 법률상 시장관리운영위원회의 심의사항으로 옳지 않은 것은?

① 도매시장의 거래제도 및 거래 방법의 선택에 관한 사항

② 수수료, 시장 사용료, 하역비 등 각종 비용의 결정에 관한 사항

③ 도매시장의 거래질서 확립에 관한 사항

④ 시장관리자의 지정에 관한 사항

**24** 농수산물 유통 및 가격안정에 관한 법령상 중앙도매시장이 아닌 곳은?

① 인천광역시 삼산 농산물도매시장

② 부산광역시 반여 농산물도매시장

③ 광주광역시 각화동 농산물도매시장

④ 대전광역시 노은 농산물도매시장

**25** 농수산물 유통 및 가격안정에 관한 법률 제22조(도매시장의 운영 등)에 관한 내용이다. (   ) 안에 들어갈 내용은?

> 도매시장 개설자는 도매시장에 그 ( ㉠ ) 등을 고려하여 적정 수의 도매시장법인·시장도매인 또는 ( ㉡ )을/를 두어 이를 운영하게 하여야 한다.

       ㉠               ㉡

① 시설규모·거래액      중도매인

② 취급부류·거래 물량    매매참가인

③ 시설규모·거래 물량    산지유통인

④ 취급품목·거래액      경매사

**26** 우리나라에서 가장 넓은 재배면적을 차지하는 채소류는?

① 조미채소류          ② 엽채류

③ 양채류          ④ 근채류

**27** 채소의 식품적 가치에 관한 일반적인 특징으로 옳지 않은 것은?

① 대부분 산성 식품이다.          ② 약리적 · 기능성 식품이다.

③ 각종 무기질이 풍부하다.          ④ 각종 비타민이 풍부하다.

**28** 북주기[배토(培土)]를 하여 연백(軟白)재배하는 작물을 모두 고른 것은?

| | |
|---|---|
| ㉠ 시금치 | ㉡ 대파 |
| ㉢ 아스파라거스 | ㉣ 오이 |

① ㉠㉡          ② ㉠㉣

③ ㉡㉢          ④ ㉢㉣

**29** 비대근의 바람들이 현상은?

① 표피가 세로로 갈라지는 현상          ② 조직이 갈변하고 표피가 거칠어지는 현상

③ 뿌리가 여러 개로 갈라지는 현상          ④ 조직 내 공극이 커져 속이 비는 현상

**30** 채소 작물의 식물학적 분류에서 같은 과(科)로 나열되지 않은 것은?

① 우엉, 상추, 쑥갓          ② 가지, 감자, 고추

③ 무, 양배추, 브로콜리          ④ 당근, 근대, 셀러리

**31** 해충에 의한 피해를 감소시키기 위한 생물적 방제법은?

① 천적곤충 이용        ② 토양 가열

③ 유황 훈증        ④ 작부체계 개선

**32** 작물별 단일조건에서 촉진되지 않는 것은?

① 마늘의 인경비대        ② 오이의 암꽃 착생

③ 가을 배추의 엽구 형성        ④ 감자의 괴경 형성

**33** 광합성 과정에서 명반응에 관한 설명으로 옳은 것은?

① 스트로마에서 일어난다.

② 캘빈회로라고 부른다.

③ 틸라코이드에서 일어난다.

④ $CO_2$와 ATP를 이용하여 당을 생성한다.

**34** 화훼 분류에서 구근류로 나열된 것은?

① 백합, 거베라, 장미        ② 국화, 거베라, 장미

③ 국화, 글라디올러스, 칸나        ④ 백합, 글라디올러스, 칸나

**35** 여름철에 암막(단일)재배를 하여 개화를 촉진할 수 있는 화훼작물은?

① 추국(秋菊)        ② 페튜니아

③ 금잔화        ④ 아이리스

**36** DIF에 관한 설명으로 옳은 것은?

① 낮 온도에서 밤 온도를 뺀 값으로 주야간온도 차이를 의미한다.

② 짧은 초장 유도를 위해 정(+)의 DIF 처리를 한다.

③ 국화, 장미 등은 DIF에 대한 반응이 적다.

④ 튤립, 수선화 등은 DIF에 대한 반응이 크다.

**37** 화훼작물별 주된 번식방법으로 옳지 않은 것은?

① 시클라멘 - 괴경 번식

② 아마릴리스 - 주아(珠芽) 번식

③ 달리아 - 괴근 번식

④ 수선화 - 인경 번식

**38** 식물의 춘화에 관한 설명으로 옳지 않은 것은?

① 저온에 의해 개화가 촉진되는 현상이다.

② 구근류에 냉장 처리를 하면 개화 시기를 앞당길 수 있다.

③ 종자춘화형에는 스위트피, 스타티스 등이 있다.

④ 식물이 저온에 감응하는 부위는 잎이다.

**39** 화훼류의 줄기신장 촉진 방법이 아닌 것은?

① 지베렐린을 처리한다.

② Paclobutrazol을 처리한다.

③ 질소 시비량을 늘린다.

④ 재배환경을 개선하여 수광량을 늘린다.

**40** 다음 설명에 모두 해당하는 해충은?

> - 난, 선인장, 관엽류, 장미 등에 피해를 준다.
> - 노린재목에 속하는 Pseudococcus Comstocki 등이 있다.
> - 식물의 수액을 흡즙하며 당이 함유된 왁스층을 분비한다.

① 깍지벌레

② 도둑나방

③ 콩풍뎅이

④ 총채벌레

**41** 에틸렌의 생성이나 작용을 억제하여 절화수명을 연장하는 물질이 아닌 것은?

① STS

② AVG

③ Sucrose

④ AOA

**42** 화훼류의 블라인드 현상에 관한 설명으로 옳지 않은 것은?

① 일조량이 부족하면 발생한다.

② 일반적으로 야간온도가 높은 경우 발생한다.

③ 장미에서 주로 발생한다.

④ 꽃눈이 꽃으로 발육하지 못하는 현상이다.

**43** 자동적 단위결과 작물로 나열된 것은?

① 체리, 키위

② 바나나, 배

③ 감, 무화과

④ 복숭아, 블루베리

**44** 개화기가 빨라 늦서리의 피해를 받을 우려가 큰 과수는?

① 복숭아나무

② 대추나무

③ 감나무

④ 포도나무

**45** 과수의 가지(枝)에 관한 설명으로 옳지 않은 것은?

① 곁가지 : 열매가지 또는 열매어미가지가 붙어 있어 결실 부위의 중심을 이루는 가지

② 덧가지 : 새가지의 곁눈이 그해에 자라서 된 가지

③ 흡지 : 지하부에서 발생한 가지

④ 자람가지 : 과실이 직접 달리거나 달릴 가지

**46** 과수작물 중 장미과에 속하는 것을 모두 고른 것은?

| | |
|---|---|
| ㉠ 비파 | ㉡ 올리브 |
| ㉢ 블루베리 | ㉣ 매실 |
| ㉤ 산딸기 | ㉥ 포도 |

① ㉠㉡㉢

② ㉠㉣㉤

③ ㉡㉢㉥

④ ㉣㉤㉥

**47** 종자 발아를 촉진하기 위한 파종 전 처리 방법이 아닌 것은?

① 온탕침지법

② 환상박피법

③ 약제처리법

④ 핵층파쇄법

**48** 국내에서 육성된 과수 품종은?

① 신고

② 거봉

③ 홍로

④ 부유

**49** 과수의 휴면과 함께 수체 내에 증가하는 호르몬은?

① 지베렐린

② 옥신

③ 아브시스산

④ 시토키닌

**50** 늦서리 피해 경감 대책에 관한 설명으로 옳지 않은 것은?

① 스프링클러를 이용하여 수상 살수를 실시한다.

② 과수원 선정 시 분지와 상로(霜路)가 되는 경사지를 피한다.

③ 빙핵 세균을 살포한다.

④ 왕겨 · 톱밥 · 등유 등을 태워 과수원의 기온 저하를 막아준다.

**51** 원예산물의 품질요소 중 이화학적특성이 아닌 것은?

① 경도                 ② 모양

③ 당도                 ④ 영양성분

**52** Hunter 'b' 값이 +40일 때 측정된 부위의 과색은?

① 노란색             ② 빨간색

③ 초록색             ④ 파란색

**53** 수분 손실이 원예산물의 생리에 미치는 영향으로 옳은 것은?

① ABA 함량의 감소

② 팽압의 증가

③ 세포막 구조의 유지

④ 폴리갈락투로나아제의 활성 증가

**54** 성숙 시 사과(후지) 과피의 주요 색소의 변화는?

① 엽록소 감소, 안토시아닌 감소

② 엽록소 감소, 안토시아닌 증가

③ 엽록소 증가, 카로티노이드 감소

④ 엽록소 증가, 카로티노이드 증가

**55** 과실의 연화와 경도 변화에 관여하는 주된 물질은?

① 아미노산          ② 비타민

③ 펙틴            ④ 유기산


**56** 원예산물의 형상선별기의 구동방식이 아닌 것은?

① 스프링식         ② 벨트식

③ 롤식            ④ 드럼식


**57** 원예산물의 저장 전처리 방법으로 옳은 것은?

① 마늘은 수확 후 줄기를 제거한 후 바로 저장고에 입고한다.
② 양파는 수확 후 녹변발생억제를 위해 햇빛에 노출시킨다.
③ 고구마는 온도 30℃, 상대습도 35 ~ 50%에서 큐어링 한다.
④ 감자는 온도 15℃, 상대습도 85 ~ 90%에서 큐어링 한다.


**58** 다음 (   ) 안에 들어갈 품목을 순서대로 옳게 나열한 것은?

> 원예산물의 저장 전처리에 있어 (   )은(는) 차압통풍식으로 예냉을 하고, (   )은(는) 예건을 주로 실시한다.

① 당근, 근대        ② 딸기, 마늘

③ 배추, 상추        ④ 수박, 오이

**59** 신선편이(Fresh Cut) 농산물의 특징으로 옳은 것은?

① 저온유통이 권장된다.　　　　　② 에틸렌의 발생량이 적다.

③ 물리적 상처가 없다.　　　　　　④ 호흡률이 낮다.

**60** 사과 수확기 판정을 위한 요오드반응 검사에 관한 설명으로 옳지 않은 것은?

① 성숙 중 전분 함량 감소 원리를 이용한다.

② 성숙할수록 요오드반응 착색 면적이 줄어든다.

③ 종자 단면의 색깔 변화를 기준으로 판단한다.

④ 수확기 보름 전부터 2 ~ 3일 간격으로 실시한다.

**61** 원예산물의 수확에 관한 설명으로 옳은 것은?

① 마늘은 추대가 되기 직전에 수확한다.

② 포도는 열과를 방지하기 위해 비가 온 후 수확한다.

③ 양파는 수량 확보를 위해 잎이 도복되기 전에 수확한다.

④ 후지 사과는 만개 후 일수를 기준으로 수확한다.

**62** GMO 농산물에 관한 설명으로 옳지 않은 것은?

① 유전자변형농산물을 말한다.

② 우리나라는 GMO 표시제를 시행하고 있다.

③ GMO 표시를 한 농산물에 다른 농산물을 혼합하여 판매할 수 없다.

④ GMO 표시 대상이 아닌 농산물에 비(非)유전자변형 식품임을 표시할 수 있다.

**63** 저장 중 원예산물에서 에틸렌에 의해 나타나는 증상을 모두 고른 것은?

ㄱ 아스파라거스 줄기의 경화      ㄴ 브로콜리의 황화
ㄷ 떫은 감의 탈삽      ㄹ 오이의 피팅
ㅁ 복숭아 과육의 스펀지화

① ㄱㄴㄷ        ② ㄱㄹㅁ
③ ㄴㄷㄹ        ④ ㄷㄹㅁ

**64** 다음 ( ) 안에 들어갈 알맞은 내용을 순서대로 옳게 나열한 것은?(단, 5℃ 동일 조건으로 저장한다.)

• 호흡 속도가 ( ) 사과와 양파는 저장력이 강하다.
• 호흡 속도가 ( ) 아스파라거스와 브로콜리는 중량 감소가 빠르다.

① 낮은, 낮은        ② 낮은, 높은
③ 높은, 낮은        ④ 높은, 높은

**65** 포장재의 구비 조건에 관한 설명으로 옳지 않은 것은?

① 겉포장재는 취급과 수송 중 내용물을 보호할 수 있는 물리적 강도를 유지해야 한다.
② 겉포장재는 수분, 습기에 영향을 받지 않도록 방수성과 방습성이 우수해야 한다.
③ 속포장재는 상품이 서로 부딪히지 않게 적절한 공간을 확보해야 한다.
④ 속포장재는 호흡가스의 투과를 차단할 수 있어야 한다.

**66** 국내 표준 파렛트 규격은?

① 1,100mm × 1,000mm      ② 1,100mm × 1,100mm

③ 1,200mm × 1,100mm      ④ 1,200mm × 1,200mm

**67** HACCP에 관한 설명으로 옳은 것은?

① 식품에 문제가 발생한 후에 대처하기 위한 관리 기준이다.

② 식품의 유통단계부터 위해 요소를 관리한다.

③ 7원칙에 따라 위해 요소를 관리한다.

④ 중요관리점을 결정한 후에 위해 요소를 분석한다.

**68** 포장치수 중 길이의 허용 범위(%)가 다른 포장재는?

① 골판지 상자

② 그물망

③ 직물제포대(PP대)

④ 폴리에틸렌대(PE대)

**69** 저장고의 냉장용량을 결정할 때 고려하지 않아도 되는 것은?

① 대류열      ② 장비열

③ 전도열      ④ 복사열

**70** 원예산물의 저장 시 상품성 유지를 위한 허용 수분 손실 최대치(%)가 큰 것부터 순서대로 나열한 것은?

> ⊙ 양파          ⓒ 양배추          ⓒ 시금치

① ⊙ > ⓒ > ⓒ                    ② ⊙ > ⓒ > ⓒ
③ ⓒ > ⊙ > ⓒ                    ④ ⓒ > ⓒ > ⊙

**71** CA저장고의 특성으로 옳지 않은 것은?

① 시설비와 유지관리비가 높다.
② 작업자가 위험에 노출될 우려가 있다.
③ 저장산물의 품질분석이 용이하다.
④ 가스 조성농도를 유지하기 위해서는 밀폐가 중요하다.

**72** 원예산물별 저온장해 증상이 아닌 것은?

① 수박 – 수침현상
② 토마토 – 후숙불량
③ 바나나 – 갈변현상
④ 참외 – 과숙(過熟)현상

**73** 원예산물의 예냉에 관한 설명으로 옳지 않은 것은?

① 원예산물의 품온을 단시간 내 낮추는 처리이다.

② 냉매의 이동속도가 빠를수록 예냉효율이 높다.

③ 냉매는 액체보다 기체의 예냉효율이 높다.

④ 냉매와 접촉 면적이 넓을수록 예냉효율이 높다.

**74** 사과 밀증상의 주요 원인물질은?

① 구연산

② 솔비톨

③ 메티오닌

④ 솔라닌

**75** 원예산물별 신선편이 농산물의 품질 변화 현상으로 옳지 않은 것은?

① 당근 – 백화현상

② 감자 – 갈변현상

③ 양배추 – 황반현상

④ 마늘 – 녹변현상

**76** 우리나라 농산물 유통의 일반적 특징으로 옳은 것은?

① 표준화 · 등급화가 용이하다.

② 운반과 보관비용이 적게 소요된다.

③ 수요의 가격 탄력성이 높다.

④ 생산은 계절적이나 소비는 연중 발생한다.

**77** 농산물 도매유통의 조성기능이 아닌 것은?

① 상장하여 경매한다.

② 경락대금을 정산 · 결제한다.

③ 경락가격을 공표한다.

④ 도매시장 반입물량을 공지한다.

**78** 우리나라 협동조합 유통사업에 관한 설명으로 옳은 것은?

① 시장교섭력을 저하시킨다.

② 생산자의 수취 가격을 낮춘다.

③ 규모의 경제를 실현할 수 있다.

④ 공동계산으로 농가별 판매결정권을 갖는다.

**79** 농산물 산지 유통의 거래유형을 모두 고른 것은?

> ㉠ 정전거래 　　　　　㉡ 산지공판 　　　　　㉢ 계약재배

① ㉠㉡
② ㉠㉢
③ ㉡㉢
④ ㉠㉡㉢


**80** 산지 농산물의 공동판매 원칙은?

① 조건부 위탁 원칙
② 평균판매 원칙
③ 개별출하 원칙
④ 최고가 구매 원칙


**81** 항상 낮은 가격으로 상품을 판매하는 소매업체의 가격 전략은?

① High - Low가격 전략
② 명성가격 전략
③ EDLP전략
④ 초기저가전략


**82** 선물거래에 관한 설명으로 옳은 것은?

① 헤저(Hedger)는 위험 회피를 목적으로 한다.
② 거래당사자 간에 직접 거래한다.
③ 포전거래는 선물거래에 해당된다.
④ 정부의 시장개입을 전제로 한다.

**83** 거미집이론에서 균형가격에 수렴하는 조건에 관한 내용이다. (  ) 안에 들어갈 내용을 순서대로 나열한 것은?

> 수요곡선의 기울기가 공급곡선의 기울기보다 (  ), 수요의 가격 탄력성이 공급의 가격 탄력성보다 (  ).

① 작고, 작다

② 작고, 크다

③ 크고, 작다

④ 크고, 크다

**84** 5kg들이 참외 1상자의 유통단계별 판매 가격이 생산자 30,000원, 산지공판장 32,000원, 도매상 36,000원, 소매상 40,000원일 때, 소매상의 유통마진율(%)은?

① 10

② 20

③ 25

④ 30

**85** 시장도매인제에 관한 설명으로 옳지 않은 것은?

① 상장경매를 원칙으로 한다.

② 도매시장법인과 중도매인의 역할을 겸할 수 있다.

③ 농가의 출하선택권을 확대한다.

④ 도매시장 내 유통주체 간 경쟁을 촉진한다.

**86** 농가가 엽근채소류의 포전거래에 참여하는 이유가 아닌 것은?

① 생산량 및 수확기의 가격 예측이 곤란하기 때문이다.

② 계약금을 받아서 부족한 현금 수요를 충당할 수 있기 때문이다.

③ 채소가격안정제사업 참여가 불가능하기 때문이다.

④ 수확 및 상품화에 필요한 노동력이 부족하기 때문이다.

**87** 정가 · 수의매매에 관한 설명으로 옳지 않은 것은?

① 경매사가 출하자와 중도매인 간의 거래를 주관한다.

② 출하자가 시장도매인에게 거래가격을 제시할 수 없다.

③ 단기 수급 상황 변화에 따른 급격한 가격변동을 완화할 수 있다.

④ 출하자의 가격 예측 가능성을 제고한다.


**88** 농산물 표준규격화에 관한 설명으로 옳지 않은 것은?

① 유통 비용의 증가를 초래한다.　　　② 견본거래, 전자상거래 등을 촉진한다.

③ 품질에 따른 공정한 거래를 할 수 있다.　④ 브랜드화가 용이하다.


**89** 농산물 산지 유통조직의 통합마케팅사업에 관한 설명으로 옳은 것을 모두 고른 것은?

┌─────────────────────────────────────────────┐
│ ㉠ 유통계열화 촉진　　　　　　　㉡ 공동브랜드 육성 │
│ ㉢ 농가 조직화 · 규모화　　　　　㉣ 참여조직 간 과열경쟁 억제 │
└─────────────────────────────────────────────┘

① ㉠㉡　　　　　　　　　　　② ㉢㉣

③ ㉠㉢㉣　　　　　　　　　　④ ㉠㉡㉢㉣


**90** 단위화물적재 시스템(ULS)에 관한 설명으로 옳은 것을 모두 고른 것은?

┌─────────────────────────────────────────────┐
│ ㉠ 상 · 하역작업의 기계화 │
│ ㉡ 수송 서비스의 효율성 증대 │
│ ㉢ 공영도매시장의 규격품 출하 유도 │
│ ㉣ 파렛트나 컨테이너를 이용한 화물 규격화 │
└─────────────────────────────────────────────┘

① ㉠㉡　　　　　　　　　　　② ㉢㉣

③ ㉠㉢㉣　　　　　　　　　　④ ㉠㉡㉢㉣

**91** 농산물 생산과 소비의 시간적 간격을 극복하기 위한 물적유통 기능은?

① 수송

② 저장

③ 가공

④ 포장

**92** 농산물 수급 불안 시 비상품(非商品)의 유통을 규제하거나 출하량을 조절하는 등의 수급 안정정책은?

① 수매 비축

② 직접지불제

③ 유통조절명령

④ 출하 약정

**93** 제품수명주기상 대량 생산이 본격화되고 원가 하락으로 단위당 이익이 최고점에 달하는 시기는?

① 성숙기

② 도입기

③ 성장기

④ 쇠퇴기

**94** 소비자의 구매의사결정 순서를 옳게 나열한 것은?

| ㉠ 필요의 인식 | ㉡ 정보의 탐색 |
|---|---|
| ㉢ 대안의 평가 | ㉣ 구매의사결정 |

① ㉠ → ㉡ → ㉢ → ㉣

② ㉡ → ㉠ → ㉢ → ㉣

③ ㉢ → ㉠ → ㉡ → ㉣

④ ㉢ → ㉡ → ㉠ → ㉣

**95** 농산물의 공급이 변동할 때 공급량의 변동폭보다 가격의 변동폭이 훨씬 더 크게 나타나는 현상과 관련된 것을 모두 고른 것은?

> ㉠ 공급의 가격 탄력성이 작다.　　㉡ 공급의 가격 신축성이 크다.
> ㉢ 킹(G. King)의 법칙이 적용된다.　　㉣ 공급의 교차탄력성이 크다.

① ㉠㉡
② ㉡㉢
③ ㉠㉡㉢
④ ㉠㉢㉣

**96** 소비자의 식생활 변화에 따라 1인당 쌀 소비량이 지속적으로 감소하는 경향과 같은 변동형태는?

① 순환변동
② 추세변동
③ 계절변동
④ 주기변동

**97** 설문지를 이용하여 표본조사를 실시하는 방법은?

① 실험조사
② 심층면접법
③ 서베이조사
④ 관찰법

**98** 정부가 농산물의 목표가격과 시장 가격 간의 차액을 직접 지불하는 정책은?

① 공공비축제도

② 부족불제도

③ 이중곡가제도

④ 생산조정제도

**99** 농산물의 촉진가격 전략이 아닌 것은?

① 고객유인 가격 전략

② 특별염가 전략

③ 미끼가격 전략

④ 개수가격 전략

**100** 광고와 홍보에 관한 설명으로 옳지 않은 것은?

① 광고는 광고주가 비용을 지불하는 비(非) 인적 판매활동이다.

② 기업광고는 기업에 대하여 호의적인 이미지를 형성시킨다.

③ 카피라이터는 고객이 공감할 수 있는 언어로 메시지를 만든다.

④ 홍보는 비용을 지불하는 상업적 활동이다.

# 2020년도 제17회 농산물품질관리사 1차 국가자격시험

| 교시 | 문제형별 | 시험시간 | 시험과목 |
|---|---|---|---|
| 1교시 | S | 120분 | 관계 법령<br>원예작물학<br>수확후품질관리론<br>농산물 유통론 |
| 수험번호 | | 성명 | |

## 수험자 유의사항

1. 시험문제지 표지와 시험문제지 내 문제형별의 동일여부 및 시험문제지의 총면수, 문제번호 일련순서, 인쇄 상태 등을 확인하시고, 문제지 표지에 수험번호와 성명을 기재하시기 바랍니다.

2. 답은 각 문제마다 요구하는 가장 적합하거나 가까운 답 1개만 선택하고, 답안카드 작성 시 시험문제지 형 별누락, 마킹착오로 인한 불이익은 전적으로 수험자에게 책임이 있음을 알려 드립니다.

3. 답안가드는 국가전문자격 공통 표준형으로 문제번호가 1번부터 125번까지 인쇄되어 있습니다. 답안 마킹 시에는 반드시 시험문제지의 문제번호와 동일한 번호에 마킹하여야 합니다.

4. 감독위원의 지시에 불응하거나 시험시간 종료 후 답안카드를 제출하지 않을 경우 불이익이 발생할 수 있음 을 알려 드립니다.

5. 시험문제지는 시험 종료 후 가져가시기 바랍니다.

## 안내사항

1. 답안카드에 기재된 '수험자 유의사항 및 답안카드 작성 시 유의사항' 준수

2. 수험자 교육시간에 감독위원 안내 또는 방송(유의사항)에 따라 답안카드에 수험번호를 기재·마킹하고, 배부된 시험지의 인쇄 상태 확인 후 답안카드에 형별 마킹

3. 답안카드는 국가전문자격 공통 표준형으로 문제번호가 1번부터 125번까지 인쇄되어 있으며, 답안 마킹 시에는 반드시 시 험문제지의 문제번호와 동일한 번호에 마킹

4. 답안카드 기재·마킹 시에는 반드시 검정색 사인펜 사용

5. 채점은 전산 자동 판독 결과에 따르므로 유의사항을 지키지 않거나(검정색 사인펜 미사용) 수험자의 부주의(답안카드 기 재·마킹 착오, 불완전한 마킹·수정, 예비마킹, 형별 마킹 착오 등)로 판독불능, 중복판독 등 불이익이 발생할 경우 수험 자 책임으로 이의제기를 하더라도 받아들여지지 않음

※ 답안을 잘못 작성했을 경우, 답안카드 교체 및 수정테이프 사용가능(단, 답안 이외 수험번호 등 인적사항은 수정불가)하며 재작성에 따른 시험시간은 별도 로 부여하지 않음
※ 수정테이프 이외 수정액 및 스티커 등은 사용불가
※ 자세한 사항은 큐넷 홈페이지(http://www.Q-Net.or.kr/site/nongsanmul)문의

— 수험자 여러분의 합격을 기원합니다. —

## I  농수산물 품질관리 관계법령

**1**  농수산물 품질관리법령상 이력추적관리 농산물의 표시에 관한 내용으로 옳지 않은 것은?

① 글자는 고딕체로 한다.

② 산지는 시 · 군 · 구 단위까지 적는다.

③ 쌀만 생산연도를 표시한다.

④ 소포장의 경우 표시항목만을 표시할 수 있다.

**2**  농수산물 품질관리법령상 표준규격품의 포장 겉면에 표시하여야 하는 사항 중 국립농산물품질관리원장이 고시하여 생략할 수 있는 것은?

① 품목

② 산지

③ 품종

④ 등급

**3**  농수산물 품질관리법령상 등록된 지리적표시의 무효심판 청구사유에 해당하지 않는 것은?

① 먼저 등록된 타인의 지리적표시와 비슷한 경우

② 「상표법」에 따라 먼저 등록된 타인의 상표와 같은 경우

③ 지리적표시 등록이 된 후에 그 지리적표시가 원산지 국가에서 보호가 중단된 경우

④ 지리적표시 등록 단체의 소속 단체원이 지리적표시를 잘못 사용하여 수요자가 상품의 품질에 대하여 오인한 경우

**4** 농수산물 품질관리법령상 검사 대상 농산물 중 생산자단체 등이 정부를 대행하여 수매하는 농산물에 해당하지 않는 것을 모두 고른 것은?

> ㉠ 땅콩　　　　　　　　㉡ 현미
> ㉢ 녹두　　　　　　　　㉣ 양파

① ㉠㉡
② ㉠㉢
③ ㉡㉢
④ ㉡㉣


**5** 농수산물 품질관리법령상 유전자변형농산물 표시의 조사에 관한 설명으로 옳은 것은?

① 농림축산식품부장관은 표시위반 여부의 확인을 위해 관계 공무원에게 매년 1회 이상 유전자변형 표시 대상 농산물을 조사하게 하여야 한다.

② 우수관리인증기관, 우수관리시설을 운영하는 자 및 우수관리인증을 받은 자는 정당한 사유 없이 조사를 거부하거나 기피해서는 아니 된다.

③ 조사 공무원은 조사 대상자가 요구하는 경우에 한하여 그 권한을 표시하는 증표를 보여주어야 한다.

④ 조사 공무원은 조사 대상자가 요구하는 경우에 한하여 성명·출입시간·출입목적 등이 표시된 문서를 내주어야 한다.


**6** 농수산물 품질관리법령상 농산물품질관리사가 수행하는 직무로 옳지 않은 것은?

① 농산물의 규격출하 지도

② 농산물의 생산 및 수확 후 품질관리기술지도

③ 농산물의 선별 및 포장 시설 등의 운용·관리

④ 유전자변형표시 대상 농산물의 검사 및 조사

**7** 농수산물 품질관리법상 안전성 검사기관에 대한 지정을 취소해야 하는 사유를 모두 고른 것은?(단, 감경 사유는 고려하지 않음)

> ㉠ 거짓으로 지정을 받은 경우
> ㉡ 검사성적서를 거짓으로 내준 경우
> ㉢ 업무의 정지 명령을 위반하여 계속 안전성조사 및 시험분석 업무를 한 경우
> ㉣ 부정한 방법으로 지정을 받은 경우

① ㉠㉡㉢
② ㉠㉡㉣
③ ㉠㉢㉣
④ ㉡㉢㉣


**8** 농수산물 품질관리법상 농산물의 권장품질표시에 관한 설명으로 옳지 않은 것은?

① 농산물 생산자는 권장품질표시를 할 수 있지만 유통·판매자는 표시할 수 없다.
② 농림축산식품부장관은 권장품질표시를 장려하기 위하여 이에 필요한 지원을 할 수 있다.
③ 권장품질표시는 상품성을 높이고 공정한 거래를 실현하기 위함이다.
④ 농림축산식품부장관은 권장품질표시를 한 농산물이 권장품질표시 기준에 적합하지 아니한 경우 그 시정을 권고할 수 있다.


**9** 농수산물 품질관리법령상 생산자단체의 농산물우수관리인증에 관한 내용으로 옳지 않은 것은?

① 생산자단체는 신청서에 사업운영계획서를 첨부하여야 한다.
② 우수관리인증기관은 제출받은 서류를 심사한 후에 현지심사를 하여야 한다.
③ 우수관리인증기관은 원칙적으로 전체 구성원에 대하여 각각 심사를 하여야 한다.
④ 거짓으로 우수관리인증을 받아 우수관리인증이 취소된 후 1년이 지난 생산자단체는 우수관리인증을 신청할 수 있다.

**10** 농수산물 품질관리법령상 농산물우수관리인증의 유효기간 연장기간에 관한 설명이다. (    ) 안에 들어갈 내용은?(단, 인삼류, 약용작물은 제외함)

> 우수관리인증기관이 농산물우수관리인증 유효기간을 연장해 주는 경우 그 유효기간 연장기간은 (    )을 초과할 수 없다.

① 1년                                    ② 2년
③ 3년                                    ④ 4년


**11** 농수산물 품질관리법상 3년 이하의 징역 또는 3천만 원 이하의 벌금에 처해지는 위반행위를 한 자는?

① 농산물의 검사증명서 및 검정증명서를 변조한 자
② 검사 대상 농산물에 대하여 검사를 받지 아니한 자
③ 다른 사람에게 농산물품질관리사의 명의를 사용하게 한 자
④ 재검사 대상 농산물의 재검사를 받지 아니하고 해당 농산물을 판매한 자


**12** 농수산물 품질관리법상 안전성조사 결과 생산단계 안전기준을 위반한 농산물에 대한 시·도지사의 조치 방법으로 옳지 않은 것은?

① 몰수
② 폐기
③ 출하 연기
④ 용도 전환


**13** 농수산물 품질관리법령상 농산물의 지리적표시 등록을 결정한 경우 공고하지 않아도 되는 사항은?

① 지리적표시 대상 지역의 범위
② 지리적표시 등록 생산제품 출하가격
③ 지리적표시 등록 대상 품목 및 등록 명칭
④ 등록자의 자체품질기준 및 품질관리계획서

**14** 농수산물 품질관리법령상 지리적표시품의 사후관리 사항으로 옳지 않은 것은?

① 지리적표시품의 등록 유효기간 조사

② 지리적표시품의 소유자의 관계 장부의 열람

③ 지리적표시품의 시료를 수거하여 조사하거나 전문시험기관 등에 시험 의뢰

④ 지리적표시품의 등록기준에의 적합성 조사


**15** 농수산물의 원산지 표시에 관한 법령상 정당한 사유 없이 원산지 조사를 거부하거나 방해한 경우 과태료 부과금액은?(단, 2차 위반의 경우이며, 감경 사유는 고려하지 않음)

① 50만 원

② 100만 원

③ 200만 원

④ 300만 원


**16** 농수산물의 원산지 표시에 관한 법령상 원산지 표시 적정성 여부를 관계 공무원에게 조사하게 하여야 하는 자가 아닌 것은?

① 농림축산식품부장관

② 관세청장

③ 식품의약품안전처장

④ 시·도지사


**17** 농수산물 유통 및 가격안정에 관한 법령상 농림업 관측에 관한 설명으로 옳지 않은 것은?

① 농림축산식품부장관은 가격의 등락폭이 큰 주요 농산물에 대하여 농림업 관측을 실시하고 그 결과를 공표하여야 한다.

② 농림축산식품부장관은 주요 곡물의 수급 안정을 위하여 국제곡물관측을 별도로 실시하고 그 결과를 공표하여야 한다.

③ 농림축산식품부장관이 지정한 농업관측 전담기관은 한국농수산식품유통공사이다.

④ 농림축산식품부장관은 품목을 지정하여 농업협동조합중앙회로 하여금 농림업 관측을 실시하게 할 수 있다.

**18** 농수산물 유통 및 가격안정에 관한 법령상 출하자 신고에 관한 내용으로 옳지 않은 것은?

① 도매시장에 농산물을 출하하려는 자는 농림축산식품부령으로 정하는 바에 따라 해당 도매시장의 개설자에게 신고하여야 한다.

② 도매시장법인은 출하자 신고를 한 출하자가 출하 예약을 하고 농산물을 출하하는 경우 경매의 우선 실시 등 우대조치를 할 수 있다.

③ 도매시장 개설자는 전자적 방법으로 출하자 신고서를 접수할 수 있다.

④ 법인인 출하자는 출하자 신고서를 도매시장법인에게 제출하여야 한다.

**19** 농수산물 유통 및 가격안정에 관한 법령상 출하자에 대한 대금결제에 관한 설명으로 옳지 않은 것은? (단, 특약은 고려하지 않음)

① 도매시장법인은 출하자로부터 위탁받은 농산물이 매매되었을 경우 그 대금의 전부를 출하자에게 즉시 결제하여야 한다.

② 시장도매인은 표준정산서를 출하자와 정산 조직에 각각 발급하고, 정산 조직에 대금결제를 의뢰하여 정산 조직에서 출하자에게 대금을 지급하는 방법으로 하여야 한다.

③ 도매시장 개설자가 업무규정으로 정하는 출하대금결제용 보증금을 납부하고 운전자금을 확보한 도매시장법인은 출하자에게 출하대금을 직접 결제할 수 있다.

④ 출하대금결제에 따른 표준송품장, 대금결제의 방법 및 절차 등에 관하여 필요한 사항은 도매시장 개설자가 정한다.

**20** 농수산물 유통 및 가격안정에 관한 법령상 중도매인에 대한 1차 행정처분 기준이 허가취소 사유에 해당하는 것은?

① 업무 정지 처분을 받고 그 업무 정지기간 중에 업무를 한 경우

② 다른 사람에게 자기의 성명이나 상호를 사용하여 중도매업을 하게 하거나 그 허가증을 빌려준 경우

③ 다른 사람에게 시설을 재임대 하는 등 중대한 시설물의 사용기준을 위반한 경우

④ 다른 중도매인 또는 매매참가인의 거래참가를 방해한 주동자의 경우

**21** 농수산물 유통 및 가격안정에 관한 법령상 중앙도매시장에 관한 설명으로 옳지 않은 것은?

① 중앙도매시장이란 특별시·광역시·특별자치시 또는 특별자치도가 개설한 농수산물도매시장 중 해당 관할구역 및 그 인접지역에서 도매의 중심이 되는 농수산물도매시장으로서 농림축산식품부령 또는 해양수산부령으로 정하는 것을 말한다.

② 개설자는 청과부류와 축산부류에 대하여는 도매시장법인을 두어야 한다.

③ 개설자가 업무규정을 변경하는 때에는 농림축산식품부장관 또는 해양수산부장관의 승인을 받아야 한다.

④ 개설자가 도매시장법인을 지정하는 경우 농림축산식품부장관 또는 해양수산부장관과 협의하여 지정한다.

**22** 농수산물 유통 및 가격안정에 관한 법령상 농수산물도매시장의 거래 품목 중에서 양곡부류에 해당하는 것은?

① 과실류

② 옥수수

③ 채소류

④ 수삼

**23** 농수산물 유통 및 가격안정에 관한 법령상 농림축산식품부장관이 도매시장, 농수산물공판장 및 민영농수산물도매시장의 통합·이전 또는 폐쇄를 명령하는 경우 비교·검토하여야 하는 사항으로 옳지 않은 것은?

① 최근 1년간 유통종사자 수의 증감

② 입지조건

③ 시설현황

④ 통합·이전 또는 폐쇄로 인하여 당사자가 입게 될 손실의 정도

**24** 농수산물 유통 및 가격안정에 관한 법령상 농림축산식품부장관이 농산물전자거래 분쟁조정위원회 위원을 해임 또는 해촉할 수 있는 사유를 모두 고른 것은?

> ㉠ 자격정지 이상의 형을 선고받은 경우
> ㉡ 심신장애로 직무를 수행할 수 없게 된 경우
> ㉢ 위원 스스로 직무를 수행하기 어렵다는 의사를 밝히는 경우

① ㉠㉡                           ② ㉠㉢

③ ㉡㉢                           ④ ㉠㉡㉢

**25** 농수산물 유통 및 가격안정에 관한 법령상 공판장의 개설에 관한 설명이다. (    ) 안에 들어갈 내용은?

> 농림수협 등 생산자단체 또는 공익법인이 공판장의 개설승인을 받으려면 공판장 개설승인 신청서에 업무규정과 운영관리계획서 등 승인에 필요한 서류를 첨부하여 (    )에게 제출하여야 한다.

① 농림축산식품부장관

② 농업협동조합중앙회의 장

③ 시·도지사

④ 한국농수산식품유통공사의 장

## Ⅱ 원예작물학

**26** 무토양재배에 관한 설명으로 옳지 않은 것은?

① 작물선택이 제한적이다.

② 주년재배의 제약이 크다.

③ 연작재배가 가능하다.

④ 초기 투자 자본이 크다.


**27** 조직배양을 통한 무병주 생산이 상업화되지 않은 작물을 모두 고른 것은?

| | |
|---|---|
| ㉠ 마늘 | ㉡ 딸기 |
| ㉢ 고추 | ㉣ 무 |

① ㉠㉡                                        ② ㉠㉢

③ ㉡㉣                                        ④ ㉢㉣


**28** 다음 (   ) 안에 들어갈 내용은?

동절기 토마토 시설재배에서 착과촉진을 위해 ( ㉠ )계열의 4 − CPA를 처리한다. 그러나 연속사용 시 ( ㉡ )이(가) 발생할 수 있어 ( ㉡ )의 발생이 우려될 경우 ( ㉢ )을(를) 사용하면 효과적이다.

|  | ㉠ | ㉡ | ㉢ |
|---|---|---|---|
| ① | 시토키닌 | 공동과 | ABA |
| ② | 옥신 | 기형과 | ABA |
| ③ | 옥신 | 공동과 | 지베렐린 |
| ④ | 시토키닌 | 기형과 | 지베렐린 |

**29** 다음 (    ) 안에 들어갈 내용은?

> 백다다기 오이를 재배하는 하우스농가에서 암꽃의 수를 증가시키고자, 재배환경을 ( ㉠ ) 및 ( ㉡ )
> 조건으로 관리하여 수확량이 많아졌다.

| | ㉠ | ㉡ | | | ㉠ | ㉡ |
|---|---|---|---|---|---|---|
| ① | 고온 | 단일 | | ② | 저온 | 장일 |
| ③ | 저온 | 단일 | | ④ | 고온 | 장일 |

**30** 다음 (    ) 안에 들어갈 내용은?

> A : 토마토를 먹었더니 플라보노이드계통의 기능성 물질인 ( ㉠ )이(가) 들어 있어서 혈압이 내려간
> 듯 해.
> B : 그래? 나는 상추에 진통효과가 있는 ( ㉡ )이(가) 있다고 해서 먹었더니 많이 졸려.

| | ㉠ | ㉡ |
|---|---|---|
| ① | 루틴(Rutin) | 락투신(Lactucin) |
| ② | 라이코펜(Lycopene) | 락투신(Lactucin) |
| ③ | 루틴(Rutin) | 시니그린(Sinigrin) |
| ④ | 라이코펜(Lycopene) | 시니그린(Sinigrin) |

**31** 하우스피복재로서 물방울이 맺히지 않도록 제작된 것은?

① 무적필름　　　　　　　　　　② 산광필름

③ 내후성강화필름　　　　　　　④ 반사필름

**32** 채소 재배에서 실용화된 천적이 아닌 것은?

① 무당벌레

② 칠레이리응애

③ 마일스응애

④ 점박이응애


**33** 다음 ( ) 안에 들어갈 내용은?

> A 수박 종자를 저장고에 장기저장을 하기 위한 저장환경을 조사한 결과, 저장에 적합하지 않음을 알고 저장고를 ( ㉠ ), ( ㉡ ), 저산소 조건이 되도록 설정하였다.

|   | ㉠ | ㉡ |   | ㉠ | ㉡ |
|---|-----|-----|---|-----|-----|
| ① | 저온 | 저습 | ② | 고온 | 저습 |
| ③ | 저온 | 고습 | ④ | 고온 | 고습 |


**34** 에틸렌의 생리작용이 아닌 것은?

① 꽃의 노화 촉진

② 줄기신장 촉진

③ 꽃잎말림 촉진

④ 잎의 황화 촉진


**35** 원예학적 분류를 통해 화훼류를 진열·판매하고 있는 A 마트에서, 정원에 심을 튤립을 소비자가 구매하고자 할 경우 가야 할 화훼류의 구획은?

① 구근류

② 일년초

③ 다육식물

④ 관엽식물

**36** 화훼작물과 주된 영양번식 방법의 연결이 옳지 않은 것은?

① 국화 – 분구        ② 수국 – 삽목

③ 접란 – 분주        ④ 개나리 – 취목

**37** A 농산물품질관리사가 국화농가를 방문했더니 로제트로 피해를 입고 있어, 이에 대한 조언으로 옳지 않은 것은?

① 가을에 15℃ 이하의 저온을 받으면 일어난다.

② 근군의 생육이 불량하여 일어난다.

③ 정식 전에 삽수를 냉장하여 예방한다.

④ 동지아에 지베렐린 처리를 하여 예방한다.

**38** 가로등이 밤에 켜져 있어 주변 화훼작물의 개화가 늦어졌다. 이에 해당하지 않는 작물은?

① 국화        ② 장미

③ 칼랑코에        ④ 포인세티아

**39** 절화류에서 블라인드 현상의 원인이 아닌 것은?

① 엽수 부족

② 높은 C/N율

③ 일조량 부족

④ 낮은 야간온도

**40** 장미 재배 시 벤치를 높이고 줄기를 휘거나 꺾어 재배하는 방법은?

① 매트재배

② 암면재배

③ 아칭재배

④ 사경재배

**41** 다음 ( ) 안에 들어갈 과실은?

( ㉠ ) : 씨방 하위로 씨방과 더불어 꽃받기가 유합하여 과실로 발달한 위과

( ㉡ ) : 씨방 상위로 씨방이 과실로 발달한 진과

|  | ㉠ | ㉡ |  | ㉠ | ㉡ |
|---|---|---|---|---|---|
| ① | 사과 | 배 | ② | 사과 | 복숭아 |
| ③ | 복숭아 | 포도 | ④ | 배 | 포도 |

**42** 국내 육성 과수 품종이 아닌 것은?

① 황금배

② 홍로

③ 거봉

④ 유명

**43** 과수의 일소 현상에 관한 설명으로 옳지 않은 것은?

① 강한 햇빛에 의한 데임 현상이다.

② 토양 수분이 부족하면 발생이 많다.

③ 남서향의 과원에서 발생이 많다.

④ 모래토양보다 점질토양 과원에서 발생이 많다.

**44** 다음이 설명하는 것은?

> • 꽃눈보다 잎눈의 요구도가 높다.
> • 자연상태에서 낙엽과수 눈의 자발휴면타파에 필요하다.

① 질소 요구도

② 이산화탄소 요구도

③ 고온 요구도

④ 저온요구도

**45** 자웅이주(암수 딴그루)인 과수는?

① 밤

② 호두

③ 참다래

④ 블루베

**46** 상업적 재배를 위해 수분수가 필요 없는 과수 품종은?

① 신고배

② 후지사과

③ 캠벨얼리포도

④ 미백도복숭아

**47** 다음이 설명하는 생리장해는?

> • 과심부와 유관속 주변의 과육에 꿀과 같은 액체가 함유된 수침상의 조직이 생긴다.
> • 사과나 배 과실에서 나타나는데 질소 시비량이 많을수록 많이 발생한다.

① 고두병

② 축과병

③ 밀증상

④ 바람들이

**48** 곰팡이에 의한 병이 아닌 것은?

① 감귤 역병

② 사과 화상병

③ 포도 노균병

④ 복숭아 탄저병

**49** 다음의 효과를 볼 수 있는 비료는?

> • 산성 토양의 중화
> • 토양의 입단화
> • 유용 미생물 활성화

① 요소

② 황산암모늄

③ 염화칼륨

④ 소석회

**50** 과수의 병해충 종합관리체계는?

① IFP

② INM

③ IPM

④ IAA

**51** 적색 방울토마토 과실에서 숙성과정 중 일어나는 현상이 아닌 것은?

① 세포벽 분해

② 정단조직 분열

③ 라이코펜 합성

④ 환원당 축적

**52** 사과 세포막에 있는 에틸렌 수용체와 결합하여 에틸렌 발생을 억제하는 물질은?

① 1 – MCP

② 과망간산칼륨

③ 활성탄

④ AVG

**53** 원예산물의 호흡에 관한 설명으로 옳지 않은 것은?

① 당과 유기산은 호흡기질로 이용된다.

② 딸기와 포도는 호흡 비급등형에 속한다.

③ 산소가 없거나 부족하면 무기호흡이 일어난다.

④ 당의 호흡계수는 1.33이고, 유기산의 호흡계수는 1이다.

**54** 원예산물의 종류와 주요 항산화 물질의 연결이 옳지 않은 것은?

① 사과 – 에톡시퀸(Ethoxyquin)

② 포도 – 폴리페놀(Polyphenol)

③ 양파 – 케르세틴(Quercetin)

④ 마늘 – 알리신(Allicin)

**55** 과수작물의 성숙기 판단 지표를 모두 고른 것은?

| ㉠ 만개 후 일수 | ㉡ 포장열 |
|---|---|
| ㉢ 대기조성비 | ㉣ 성분의 변화 |

① ㉠㉡　　　　　　　　　　　② ㉠㉣

③ ㉡㉢　　　　　　　　　　　④ ㉢㉣


**56** 이산화탄소 1%는 몇 ppm인가?

① 10　　　　　　　　　　　② 100

③ 1,000　　　　　　　　　　④ 10,000


**57** 상온에서 호흡열이 가장 높은 원예산물은?

① 사과　　　　　　　　　　② 마늘

③ 시금치　　　　　　　　　④ 당근


**58** 포도와 딸기의 주요 유기산을 순서대로 옳게 나열한 것은?

① 구연산, 주석산

② 옥살산, 사과산

③ 주석산, 구연산

④ 사과산, 옥살산

**59** 사과 저장 중 과피에 위조현상이 나타나는 주된 원인은?

① 저농도 산소

② 과도한 증산

③ 고농도 이산화탄소

④ 고농도 질소

**60** 오존수 세척에 관한 설명으로 옳은 것은?

① 오존은 상온에서 무색, 무취의 기체이다.

② 오존은 강력한 환원력을 가져 살균효과가 있다.

③ 오존수는 오존가스를 물에 혼입하여 제조한다.

④ 오존은 친환경물질로 작업자에게 위해하지 않다.

**61** 진공식 예냉의 효율성이 떨어지는 원예산물은?

① 사과                          ② 시금치

③ 양상추                        ④ 미나리

**62** 수확 후 예건이 필요한 품목을 모두 고른 것은?

| | |
|---|---|
| ㉠ 마늘 | ㉡ 복숭아 |
| ㉢ 당근 | ㉣ 양배추 |

① ㉠㉡                          ② ㉠㉣

③ ㉡㉢                          ④ ㉢㉣

**63** 신선편이에 관한 설명으로 옳지 않은 것은?

① 절단, 세척, 포장 처리된다.

② 첨가물을 사용할 수 없다.

③ 가공전 예냉처리가 권장된다.

④ 취급장비는 오염되지 않아야 한다.


**64** 배의 장기저장을 위한 저장고 관리로 옳지 않은 것은?

① 공기통로가 확보되도록 적재한다.

② 배의 품온을 고려하여 관리한다.

③ 온도 편차를 최소화되게 관리한다.

④ 냉각기에서 나오는 송풍 온도는 배의 동결점보다 낮게 유지한다.


**65** 다음의 저장 방법은?

> • 인위적 공기조성 효과를 낼 수 있다.
> • 필름이나 피막제를 이용하여 원예산물을 외부공기와 차단한다.

① 저온저장

② CA저장

③ MA저장

④ 상온저장


**66** 4℃ 저장 시 저온장해가 발생하지 않는 품목은?(단, 온도 조건만 고려함)

① 양파

② 고구마

③ 생강

④ 애호박

**67** A 농산물품질관리사가 아래 품종의 배를 상온에서 동일 조건하에 저장하였다. 상대적으로 저장기간이 가장 짧은 품종은?

① 신고

② 감천

③ 장십랑

④ 만삼길


**68** 원예산물의 수확 후 손실을 줄이기 위한 방법으로 옳지 않은 것은?

① 마늘 장기저장 시 90 ~ 95% 습도로 유지한다.

② 복숭아 유통 시 에틸렌 흡착제를 사용한다.

③ 단감은 PE필름으로 밀봉하여 저장한다.

④ 고구마는 수확직후 30℃, 85% 습도로 큐어링한다.


**69** 다음 (    ) 안에 들어갈 내용은?

절화는 수확 후 바로 ( ㉠ )을 실시해야 하는데, 이때 8 – HQS를 사용하여 물을 ( ㉡ )시켜 미생물 오염을 억제할 수 있다.

|  | ㉠ | ㉡ |  |  | ㉠ | ㉡ |
|---|---|---|---|---|---|---|
| ① | 물세척 | 염기성화 |  | ② | 물올림 | 산성화 |
| ③ | 물세척 | 산성화 |  | ④ | 물올림 | 염기성화 |


**70** 원예산물의 원거리 운송 시 겉포장재에 관한 설명으로 옳지 않은 것은?

① 방습, 방수성을 갖추어야 한다.

② 원예산물과 반응하여 유해물질이 생기지 않아야 한다.

③ 원예산물을 물리적 충격으로부터 보호해야 한다.

④ 오염확산을 막기 위해 완벽한 밀폐를 실시한다.

**71** 원예산물에 있어서 PLS(Positive List System)는?

① 식물호르몬 사용품목 관리제도

② 능동적 MA포장필름목록 관리제도

③ 농약 허용물질목록 관리제도

④ 식품 위해요소 중점관리제도

**72** 5℃로 냉각된 원예산물이 25℃ 외기에 노출된 직후 나타나는 현상은?

① 동해                     ② 결로

③ 부패                     ④ 숙성

**73** 원예산물의 GAP관리 시 생물학적 위해 요인을 모두 고른 것은?

| | |
|---|---|
| ㉠ 곰팡이 독소 | ㉡ 기생충 |
| ㉢ 병원성 대장균 | ㉣ 바이러스 |

① ㉠㉡                     ② ㉡㉢

③ ㉠㉢㉣                   ④ ㉡㉢㉣

**74** 원예산물별 저장 중 발생하는 부패를 방지하는 방법으로 옳지 않은 것은?

① 딸기 – 열수세척           ② 양파 – 큐어링

③ 포도 – 아황산가스 훈증     ④ 복숭아 – 고농도 이산화탄소 처리

**75** 절화수명 연장을 위해 자당을 사용하는 주된 이유는?

① 미생물 억제              ② 에틸렌 작용 억제

③ pH 조절                 ④ 영양분 공급

## Ⅳ  농산물유통론

**76** 농산물 유통구조의 특성으로 옳지 않은 것은?

① 계절적 편재성 존재

② 표준화 · 등급화 제약

③ 탄력적인 수요와 공급

④ 가치대비 큰 부피와 중량

**77** 농산업에 관한 설명으로 옳은 것을 모두 고른 것은?

> ㉠ 농산물 생산은 1차 산업이다.
> ㉡ 농산물 가공은 2차 산업이다.
> ㉢ 농촌체험 및 관광은 3차 산업이다.
> ㉣ 6차 산업은 1 · 2 · 3차의 융-복합산업이다.

① ㉠㉡

② ㉢㉣

③ ㉠㉡㉢

④ ㉠㉡㉢㉣

**78** A 농업인은 배추 산지수집상 B에게 1,000포기를 100만 원에 판매하였다. B는 유통 과정 중 20%가 부패하여 폐기하고 800포기를 포기당 2,500원씩 200만 원에 판매하였다. B의 유통마진율(%)은?

① 40

② 50

③ 60

④ 65

**79** 농업협동조합의 역할로 옳지 않은 것은?

① 거래 교섭력 강화

② 규모의 경제 실현

③ 대형유통업체 견제

④ 농가별 개별출하 유도

**80** 공동계산제의 장점으로 옳지 않은 것은?

① 체계적 품질관리

② 농가의 위험 분산

③ 대량거래의 유리성

④ 농가의 차별성 확대

**81** 유닛로드시스템(Unit Load System)에 관한 설명으로 옳지 않은 것은?

① 규격품 출하를 유도한다.

② 초기 투자비용이 많이 소요된다.

③ 하역과 수송의 다양화를 가져온다.

④ 일정한 중량과 부피로 단위화 할 수 있다.

**82** 농산물 소매상에 관한 내용으로 옳은 것은?

① 중개기능 담당

② 소비자 정보 제공

③ 생산물 수급조절

④ 유통경로상 중간단계

**83** 유통마진에 관한 설명으로 옳지 않은 것은?

① 수집, 도매, 소매단계로 구분된다.

② 유통경로가 길수록 유통마진은 낮다.

③ 유통마진이 클수록 농가수취 가격이 낮다.

④ 소비자 지불가격에서 농가수취 가격을 뺀 것이다.

**84** 농산물 종합유통센터에 관한 내용으로 옳은 것은?

① 소포장, 가공 기능 수행

② 출하물량 사후발주 원칙

③ 전자식 경매를 통한 도매 거래

④ 수지식 경매를 통한 소매 거래

**85** 경매에 참여하는 가공업체, 대형유통업체 등의 대량수요자에 해당되는 유통주체는?

① 직판상

② 중도매인

③ 매매참가인

④ 도매시장법인

**86** 농산물 산지 유통의 기능으로 옳은 것을 모두 고른 것은?

| ㉠ 중개 및 분산 | ㉡ 생산공급량 조절 |
| ㉢ 1차 교환 | ㉣ 상품구색 제공 |

① ㉠㉡

② ㉡㉢

③ ㉠㉢㉣

④ ㉠㉡㉢㉣

**87** 농산물 포전거래가 발생하는 이유로 옳지 않은 것은?

① 농가의 위험선호적 성향

② 개별농가의 가격 예측 어려움

③ 노동력 부족으로 적기수확의 어려움

④ 영농자금 마련과 거래의 편의성 증대

**88** 농산물 수송비를 결정하는 요인으로 옳은 것을 모두 고른 것은?

> ㉠ 중량과 부피 　　　　㉡ 수송거리
> ㉢ 수송수단 　　　　　 ㉣ 수송량

① ㉠㉡ 　　　　　　　　② ㉠㉢㉣
③ ㉡㉢㉣ 　　　　　　　④ ㉠㉡㉢㉣


**89** 농산물의 제도권 유통금융에 해당되는 것은?

① 선대자금
② 밭떼기자금
③ 도 · 소매상의 사채
④ 저온창고시설 자금 융자


**90** 농산물 유통에서 위험부담기능에 관한 설명으로 옳지 않은 것은?

① 가격변동은 경제적 위험에 해당된다.
② 소비자 선호의 변화는 경제적 위험에 해당된다.
③ 수송 중 발생하는 파손은 물리적 위험에 해당된다.
④ 간접유통경로상의 모든 피해는 생산자가 부담한다.


**91** 농산물 소매유통에 관한 설명으로 옳은 것은?

① 비대면거래가 불가하다.
② 카테고리킬러는 소매유통업태에 해당된다.
③ 수집기능을 주로 담당한다.
④ 전통시장은 소매유통업태로 볼 수 없다.

**92** 정부의 농산물 수급 안정정책으로 옳은 것을 모두 고른 것은?

> ㉠ 채소 수급 안정사업  ㉡ 자조금 지원
> ㉢ 정부비축사업  ㉣ 농산물우수관리제도(GAP)

① ㉠㉡  ② ㉠㉣
③ ㉠㉡㉢  ④ ㉡㉢㉣

**93** 배추 가격의 상승에 따른 무의 수요량 변화를 나타내는 것은?

① 수요의 교차탄력성
② 수요의 가격변동률
③ 수요의 가격 탄력성
④ 수요의 소득탄력성

**94** 채소류 가격이 10% 인상되었을 경우 매출액의 변화를 조사하는 방법으로 옳은 것은?

① 사례조사  ② 델파이법
③ 심층면접법  ④ 인과관계조사

**95** 농산물에 대한 소비자의 구매 후 행동이 아닌 것은?

① 대안평가  ② 반복구매
③ 부정적 구전  ④ 경쟁농산물 구매

**96** 시장세분화의 장점으로 옳지 않은 것은?

① 무차별적 마케팅  ② 틈새시장 포착
③ 효율적 자원배분  ④ 라이프스타일 반영

**97** 농산물 브랜드에 관한 설명으로 옳지 않은 것은?

① 차별화를 통한 브랜드 충성도를 형성한다.

② 규모화·조직화로 브랜드 효과가 높아진다.

③ 내셔널 브랜드(NB)는 유통업자 브랜드이다.

④ 브랜드명, 등록상표, 트레이드마크 등이 해당된다.


**98** 유통 비용 중 직접비용에 해당되는 항목의 총 금액은?

- 수송비 20,000원
- 통신비 2,000원
- 제세공과금 1,000원
- 하역비 5,000원
- 포장비 3,000원

① 27,000원      ② 28,000원

③ 30,000원      ④ 31,000원


**99** 농산물의 가격을 높게 설정하여 상품의 차별화와 고품질의 이미지를 유도하는 가격 전략은?

① 명성가격 전략      ② 탄력가격 전략

③ 침투가격 전략      ④ 단수가격 전략


**100** 경품 및 할인쿠폰 등을 통한 촉진활동의 효과로 옳지 않은 것은?

① 상품정보 전달

② 장기적 상품 홍보

③ 상품에 대한 기억상기

④ 가시적, 단기적 성과창출

# 2021년도 제18회 농산물품질관리사 1차 국가자격시험

| 교시 | 문제형별 | 시험시간 | 시험과목 |
|---|---|---|---|
| 1교시 | S | 120분 | 관계 법령<br>원예작물학<br>수확후품질관리론<br>농산물 유통론 |
| 수험번호 | | 성명 | |

## 수험자 유의사항

1. 시험문제지 표지와 시험문제지 내 문제형별의 동일여부 및 시험문제지의 총면수, 문제번호 일련순서, 인쇄 상태 등을 확인하시고, 문제지 표지에 수험번호와 성명을 기재하시기 바랍니다.

2. 답은 각 문제마다 요구하는 가장 적합하거나 가까운 답 1개만 선택하고, 답안카드 작성 시 시험문제지 형 별누락, 마킹착오로 인한 불이익은 전적으로 수험자에게 책임이 있음을 알려 드립니다.

3. 답안카드는 국가전문자격 공통 표순형으로 문제번호가 1번부터 125번까지 인쇄되어 있습니다. 답안 마킹 시에는 반드시 시험문제지의 문제번호와 동일한 번호에 마킹하여야 합니다.

4. 감독위원의 지시에 불응하거나 시험시간 종료 후 답안카드를 제출하지 않을 경우 불이익이 발생할 수 있음 을 알려 드립니다.

5. 시험문제지는 시험 종료 후 가져가시기 바랍니다.

## 안내사항

1. 답안카드에 기재된 '수험자 유의사항 및 답안카드 작성 시 유의사항' 준수

2. 수험자 교육시간에 감독위원 안내 또는 방송(유의사항)에 따라 답안카드에 수험번호를 기재·마킹하고, 배부된 시험지의 인쇄 상태 확인 후 답안카드에 형별 마킹

3. 답안카드는 국가전문자격 공통 표준형으로 문제번호가 1번부터 125번까지 인쇄되어 있으며, 답안 마킹 시에는 반드시 시 험문제지의 문제번호와 동일한 번호에 마킹

4. 답안카드 기재·마킹 시에는 반드시 검정색 사인펜 사용

5. 채점은 전산 자동 판독 결과에 따르므로 유의사항을 지키지 않거나(검정색 사인펜 미사용) 수험자의 부주의(답안카드 기 재·마킹 착오, 불완전한 마킹·수정, 예비마킹, 형별 마킹 착오 등)로 판독불능, 중복판독 등 불이익이 발생할 경우 수험 자 책임으로 이의제기를 하더라도 받아들여지지 않음

※ 답안을 잘못 작성했을 경우, 답안카드 교체 및 수정테이프 사용가능(단, 답안 이외 수험번호 등 인적사항은 수정불가)하며 재작성에 따른 시험시간은 별도 로 부여하지 않음
※ 수정테이프 이외 수정액 및 스티커 등은 사용불가
※ 자세한 사항은 큐넷 홈페이지(http://www.Q-Net.or.kr/site/nongsanmul)문의

### － 수험자 여러분의 합격을 기원합니다. －

# 제18회 농산물품질관리사 | 2021년 4월 10일 시행

## I  농수산물 품질관리 관계법령

**1**  농수산물 품질관리법상 용어의 정의로 옳지 않은 것은?

① "생산자단체"란 「농수산물 품질관리법」의 생산자단체와 그 밖에 농림축산식품부령으로 정하는 단체를 말한다.

② "유전자변형농산물"이란 인공적으로 유전자를 분리하거나 재조합하여 의도한 특성을 갖도록 한 농산물을 말한다.

③ "물류표준화"란 농산물의 운송·보관 등 물류의 각 단계에서 사용되는 기기·용기 등을 규격화하여 호환성과 연계성을 원활히 하는 것을 말한다.

④ "유해물질"이란 농약, 중금속 등 식품에 잔류하거나 오염되어 사람의 건강에 해를 끼칠 수 있는 물질로서 총리령으로 정하는 것을 말한다.

**2**  농수산물의 원산지 표시에 관한 법령상 농산물과 수입 농산물(가공품 포함)의 원산지 표시기준으로 옳지 않은 것은?

① 수입 농산물과 그 가공품은 「식품위생법」에 따른 원산지를 표시한다.

② 국산 농산물로서 그 생산 등을 한 지역이 각각 다른 동일 품목의 농산물을 혼합한 경우에는 혼합비율이 높은 순서로 3개 지역까지의 시·도명 또는 시·군·구명과 그혼합 비율을 표시한다.

③ 국산 농산물은 "국산"이나 "국내산" 또는 그 농산물을 생산·채취·사육한 지역의 시·도명이나 시·군·구명을 표시한다.

④ 동일 품목의 국산 농산물과 국산 외의 농산물을 혼합한 경우에는 혼합비율이 높은 순서로 3개 국가(지역 등)까지의 원산지와 그 혼합비율을 표시한다.

**3**  농수산물의 원산지 표시에 관한 법령상 과징금의 최고 금액은?

① 1억원          ② 2억원
③ 3억원          ④ 4억원

**4** 농수산물 품질관리법령상 정부가 수출·수입하는 농산물로 농림축산식품부장관의검사를 받지 않아도 되는 것은?

① 콩

② 사과

③ 참깨

④ 쌀

**5** 농수산물 품질관리법상 농산물품질관리사가 수행하는 직무에 해당하지 않는 것은?

① 농산물의 등급 판정

② 농산물의 생산 및 수확 후 품질관리기술 지도

③ 농산물의 출하 시기 조절, 품질관리기술에 관한 조언

④ 안전성 위반 농산물에 대한 조치

**6** 농수산물 품질관리법령상 우수관리인증의 취소 및 표시정지에 해당하는 위반사항이다. 최근 1년간 같은 행위로 3차 위반 시 '인증취소' 행정처분을 받는 경우를 모두 고른 것은?(단, 경감 및 가중사유는 고려하지 않음)

⎯⎯⎯⎯⎯⎯⎯⎯⎯⎯⎯⎯⎯⎯⎯⎯⎯⎯⎯⎯⎯⎯⎯⎯⎯⎯⎯⎯⎯⎯⎯⎯
⊙ 우수관리 기준을 지키지 않은 경우

ⓒ 정당한 사유 없이 조사·점검 요청에 응하지 않은 경우

ⓒ 우수관리인증의 표시방법을 위반한 경우

ⓔ 변경승인을 받지 않고 중요 사항을 변경한 경우
⎯⎯⎯⎯⎯⎯⎯⎯⎯⎯⎯⎯⎯⎯⎯⎯⎯⎯⎯⎯⎯⎯⎯⎯⎯⎯⎯⎯⎯⎯⎯⎯

① ㉠㉢                    ② ㉡㉣

③ ㉠㉡㉣                 ④ ㉡㉢㉣

**7** 농수산물 품질관리법령상 우수관리인증농산물의 표시방법에 관한 설명으로 옳지 않은 것은?

① 포장재의 크기에 따라 표지의 크기를 키우거나 줄일 수 있다.

② 포장재 주 표시면의 옆면에 표시하며 위치를 변경할 수 없다.

③ 표지 및 표시사항은 소비자가 쉽게 알아볼 수 있도록 인쇄하거나 스티커로 포장재에서 떨어지지 않도록 부착하여야 한다.

④ 수출용의 경우에는 해당 국가의 요구에 따라 표시할 수 있다.


**8** 농수산물 품질관리법령상 농산물 명예감시원에 관한 설명으로 옳지 않은 것은?

① 농촌진흥청장, 농수산식품유통공사는 명예감시원을 위촉한다.

② 명예감시원의 주요 임무는 농산물의 표준규격화, 농산물우수관리 등에 관한 지도·홍보이다.

③ 시·도지사는 명예감시원에게 예산의 범위에서 감시활동에 필요한 경비를 지급할 수 있다.

④ 시·도지사는 소비자단체의 회원 등을 명예감시원으로 위촉하여 농산물의 유통질서에 대한 감시·지도를 하게 할 수 있다.


**9** 농수산물 품질관리법령상 과태료 부과기준이다. (    )에 들어갈 내용으로 옳은 것은?

> 위반행위의 횟수에 따른 과태료의 가중된 부과기준은 최근 1년간 같은 위반행위로 과태료 부과처분을 받은 경우에 적용한다. 이 경우 기간의 계산은 위반행위에 대하여 ( ㉠ )과 그 처분 후 다시 같은 위반행위를 하여 ( ㉡ )을 기준으로 한다.
> ※ A : 적발된 날, B : 과태료 부과처분을 받은 날

|  | ㉠ | ㉡ |  |  | ㉠ | ㉡ |
|---|---|---|---|---|---|---|
| ① | A | A |  | ② | A | B |
| ③ | B | A |  | ④ | B | B |

**10** 농수산물 품질관리법령상 표준규격품임을 표시하기 위하여 해당 물품의 포장 겉면에 "표준규격품"이라는 문구와 함께 의무적으로 표시하여야 하는 사항을 모두 고른 것은?

> ㉠ 품목          ㉡ 등급
> ㉢ 선별 상태      ㉣ 산지

① ㉠㉡
② ㉢㉣
③ ㉠㉡㉢
④ ㉠㉡㉣

**11** 농수산물 품질관리법령상 3년 이하의 징역 또는 3천만 원 이하의 벌금에 해당하지 않는 경우는?

① 우수표시품이 아닌 농산물에 우수표시품의 표시를 한 자
② 유전자변형농산물의 표시를 거짓으로 한 유전자변형농산물 표시의무자
③ 지리적표시품이 아닌 농산물의 포장·용기·선전물 및 관련 서류에 지리적표시를 한 자
④ 표준규격품의 표시를 한 농산물에 표준규격품이 아닌 농산물을 혼합하여 판매하는 행위를 한 자

**12** 농수산물 품질관리법령상 이력추적관리의 등록사항이 아닌 것은?

① 생산자 재배지의 주소
② 유통자의 성명, 주소 및 전화번호
③ 유통자의 유통업체명, 수확 후 관리시설명
④ 판매자의 포장·가공시설 주소 및 브랜드명

**13** 농수산물 품질관리법령상 지리적표시 등록 신청서에 첨부·표시해야 하는 것으로 옳지 않은 것은?

① 해당 특산품의 유명성과 시·도지사의 추천서

② 자체품질기준

③ 품질관리계획서

④ 생산계획서(법인의 경우 각 구성원별 생산계획을 포함한다)


**14** 농수산물 품질관리법상 농산물의 안전성조사에 관한 설명으로 옳은 것은?

① 농림축산식품부장관은 농산물의 안전관리계획을 5년마다 수립·시행하여야 한다.

② 식품의약품안전처장은 농산물의 안전성을 확보하기 위한 세부추진계획을 5년마다 수립·시행하여야 한다.

③ 식품의약품안전처장은 시료 수거를 무상으로 하게 할 수 있다.

④ 안전성조사의 대상 품목 선정, 대상 지역 및 절차 등에 필요한 세부적인 사항은 농촌진흥청장이 정한다.


**15** 농수산물 품질관리법상 유전자변형농산물의 표시 위반에 대한 처분에 해당하지 않는 것은?

① 표시의 변경 시정명령

② 표시의 삭제 시정명령

③ 표시 위반 농산물의 판매 금지

④ 표시 위반 농산물의 몰수


**16** 농수산물 품질관리법령상 농산물 지정검사기관이 1회 위반행위를 하였을 때 가장 가벼운 행정처분을 받는 것은?

① 업무정지 기간 중에 검사 업무를 한 경우

② 정당한 사유 없이 지정된 검사를 하지 않은 경우

③ 검사를 거짓으로 한 경우

④ 시설·장비·인력, 조직이나 검사업무에 관한 규정 중 어느 하나가 지정기준에 맞지 않는 경우

**17** 농수산물 유통 및 가격안정에 관한 법률상 매매방법에 대한 규정이다. (   )에 들어갈 내용으로 옳은 것은?

> 도매시장법인은 도매시장에서 농산물을 경매 · 입찰 · (   )매매 또는 수의매매의 방법으로 매매하여야
> 한다.

① 선취                     ② 선도
③ 창고                     ④ 정가

**18** 농수산물 유통 및 가격안정에 관한 법령상 도매시장 개설자가 거래관계자의 편익과 소비자 보호를 위하여 이행하여야 하는 사항으로 옳지 않은 것은?

① 도매시장 시설의 정비 · 개선
② 농산물 상품성 향상을 위한 규격화
③ 농산물 품위 검사
④ 농산물 포장 개선 및 선도 유지의 촉진

**19** 농수산물 유통 및 가격안정에 관한 법령상 농산물 과잉생산 시 농림축산식품부장관이 생산자 보호를 위해 하는 업무에 관한 설명으로 옳지 않은 것은?

① 수매 및 처분에 관한 업무를 한국식품연구원에 위탁할 수 있다.
② 수매한 농산물에 대해서는 해당 농산물의 생산지에서 폐기하는 등 필요한 처분을 할 수 있다.
③ 채소류 등 저장성이 없는 농산물의 가격안정을 위하여 필요하다고 인정할 때에는 그 생산자 또는 생산자단체로부터 해당 농산물을 수매할 수 있다.
④ 수매한 농산물은 판매 또는 수출하거나 사회복지단체에 기증할 수 있다.

**20** 농수산물 유통 및 가격안정에 관한 법령상 경매사의 임면과 업무에 관한 설명으로 옳지 않은 것은?

① 도매시장법인이 확보하여야 하는 경매사의 수는 2명 이상으로 한다.

② 도매시장법인은 경매사를 임면한 경우 임면한 날부터 10일 이내에 도매시장 개설자에게 신고하여야 한다.

③ 도매시장법인은 해당 도매시장의 시장도매인, 중도매인을 경매사로 임명할 수 없다.

④ 경매사는 상장 농산물에 대한 가격평가 업무를 수행한다

**21** 농수산물 유통 및 가격안정에 관한 법령상 도매시장 개설자가 도매시장법인으로 하여금 우선적으로 판매하게 할 수 있는 대상을 모두 고른 것은?

┌─────────────────────────────────────────────┐
│ ㉠ 대량 입하품                                  │
│ ㉡ 도매시장 개설자가 선정하는 우수출하주의 출하품   │
│ ㉢ 예약 출하품                                  │
│ ㉣ 「농수산물 품질관리법」에 따른 우수관리인증농산물 │
└─────────────────────────────────────────────┘

① ㉠㉡　　　　　　　　　　　② ㉠㉢

③ ㉡㉢㉣　　　　　　　　　　④ ㉠㉡㉢㉣

**22** 농수산물 유통 및 가격안정에 관한 법률상 공판장에 관한 설명으로 옳지 않은 것은?

① 농협은 공판장을 개설할 수 있다.

② 공판장의 시장도매인은 공판장의 개설자가 지정한다.

③ 공판장에는 중도매인을 둘 수 있다.

④ 공판장에는 경매사를 둘 수 있다.

**23** 농수산물 유통 및 가격안정에 관한 법령상 유통조절명령에 포함되어야 하는 사항이 아닌 것은?

① 유통조절명령의 이유

② 대상 품목

③ 시 · 도지사가 유통조절에 관하여 필요하다고 인정하는 사항

④ 생산조정 또는 출하조절의 방안


**24** 농수산물 유통 및 가격안정에 관한 법령상 중도매인이 도매시장 개설자의 허가를 받아 도매시장법인이 상장하지 아니한 농산물을 거래할 수 있는 품목에 관한 내용으로 옳지 않은 것은?

① 온라인거래소를 통하여 공매하는 비축품목

② 부류를 기준으로 연간 반입물량 누적비율이 하위 3퍼센트 미만에 해당하는 소량 품목

③ 품목의 특성으로 인하여 해당 품목을 취급하는 중도매인이 소수인 품목

④ 그 밖에 상장거래에 의하여 중도매인이 해당 농산물을 매입하는 것이 현저히 곤란하다고 개설자가 인정하는 품목


**25** 농수산물 유통 및 가격안정에 관한 법률상 민영도매시장의 개설 및 운영 등에 관한 내용으로 옳지 않은 것은?

① 민영도매시장을 개설하려면 시 · 도지사의 허가를 받아야 한다.

② 농산물을 수집하여 민영도매시장에 출하하려는 자는 민영도매시장의 개설자에게 산지유통인으로 등록하여야 한다.

③ 민간인 등이 민영도매시장의 개설허가를 받으려면 시 · 도지사가 정하는 바에 따라 민영도매시장 개설허가 신청서를 시 · 도지사에게 제출하여야 한다.

④ 민영도매시장의 경매사는 민영도매시장의 개설자가 임면한다.

## II 원예작물학

**26** 원예작물의 주요 기능성 물질의 연결이 옳은 것은?

① 상추 – 엘라그산(Elagic Acid)
② 마늘 – 알리인(Alin)
③ 토마토 – 시니그린(Sinigrin)
④ 포도 – 아미그달린(Amygdalin)

**27** 밭에서 재배하는 원예작물이 과습조건에 놓였을 때 뿌리조직에서 일어나는 현상으로 옳지 않은 것은?

① 무기호흡이 증가한다.
② 에탄올 축적으로 생육장해를 받는다.
③ 세포벽의 목질화가 촉진된다.
④ 철과 망간의 흡수가 억제된다.

**28** 마늘의 무병주 생산에 적합한 조직배양법은?

① 줄기배양
② 화분배양
③ 엽병배양
④ 생장점배양

**29** 결핍 시 잎에서 황화 현상을 일으키는 원소가 아닌 것은?

① 질소
② 인
③ 철
④ 마그네슘

**30** 원예작물에 피해를 주는 흡즙성 곤충이 아닌 것은?

① 진딧물
② 온실가루이
③ 점박이응애
④ 콩풍뎅이

**31** 원예작물의 증산속도를 높이는 환경조건은?

① 미세 풍속의 증가
② 낮은 광량
③ 높은 상대습도
④ 낮은 지상부 온도

**32** 딸기의 고설재배에 관한 설명으로 옳지 않은 것은?

① 토경재배에 비해 관리작업의 편리성이 높다.
② 토경재배에 비해 설치비가 저렴하다.
③ 점적 또는 NFT 방식의 관수법을 적용한다.
④ 재배 베드를 허리높이까지 높여 재배하는 방식을 사용한다.

**33** 배추과에 속하지 않는 원예작물은?

① 케일
② 배추
③ 무
④ 비트

**34** 일년초 화훼류는?

① 칼랑코에, 매발톱꽃
② 제라늄, 맨드라미
③ 맨드라미, 봉선화
④ 포인세티아, 칼랑코에

**35** A 농산물품질관리사의 출하 시기 조절에 관한 조언으로 옳은 것을 모두 고른 것은?

> ㉠ 거베라는 4/5 정도 대부분 개화된 상태일 때 수확한다.
> ㉡ 스탠다드형 장미는 봉오리가 1/5 정도 개화 시 수확한다.
> ㉢ 안개꽃은 전체 소화 중 1/10 정도 개화 시 수확한다.

① ㉠
② ㉠㉡
③ ㉡㉢
④ ㉠㉡㉢

**36** 화훼류를 시설 내에서 장기간 재배한 토양에 관한 설명으로 옳지 않은 것은?

① 공극량이 적어진다.

② 특정 성분의 양분이 결핍된다.

③ 염류집적 발생이 어렵다.

④ 병원성 미생물의 밀도가 높아진다.


**37** 절화류 보존제는?

① 에틸렌

② AVG

③ ACC

④ 에테폰


**38** 줄기신장을 억제하여 콤팩트한 고품질 분화 생산을 위한 생장 조절제는?

① B − 9

② NAA

③ IAA

④ GA


**39** 원예작물의 저온 춘화에 관한 설명으로 옳지 않은 것은?

① 저온에 의해 개화가 촉진되는 현상을 말한다.

② 녹색 식물체 춘화형은 일정 기간 동안 생육한 후부터 저온에 감응한다.

③ 춘화에 필요한 온도는 − 15 ~ − 10℃ 사이이다.

④ 생육중인 식물의 저온에 감응하는 부위는 생장점이다.


**40** 양액재배에서 고형배지 없이 양액을 일정 수위에 맞춰 흘려보내는 재배법은?

① 매트재배

② 박막수경

③ 분무경

④ 저면관수

**41** 다음 농산물품질관리사(A ~ C)의 조언으로 옳은 것만을 모두 고른 것은?

> A : '디펜바키아'는 음지식물이니 광이 많지 않은 곳에 재배하는 것이 좋아요.
> B : 그렇군요. 그럼 '고무나무'도 음지식물이니 동일 조건에서 관리되어야겠군요.
> C : 양지식물인 '드라세나'는 광이 많이 들어오는 곳이 적정 재배지가 되겠네요.

① B
② A, B
③ A, C
④ A, B, C

**42** 과수의 꽃눈분화 촉진을 위한 재배방법으로 옳지 않은 것은?

① 질소시비량을 늘린다.
② 환상박피를 실시한다.
③ 가지를 수평으로 유인한다.
④ 열매솎기로 착과량을 줄인다.

**43** 수확기 후지 사과의 착색 증진에 효과적인 방법만을 모두 고른 것은?

> ㉠ 과실 주변의 잎을 따준다.
> ㉡ 수관 하부에 반사필름을 깔아 준다.
> ㉢ 주야간 온도차를 줄인다.
> ㉣ 지베렐린을 처리해준다.

① ㉠㉡
② ㉠㉣
③ ㉡㉢
④ ㉢㉣

**44** ( )에 들어갈 내용으로 옳은 것은?

사과나무에서 접목 시 주간의 목질부에 홈이 생기는 증상이 나타나는 ( ㉠ )의 원인은 ( ㉡ )이다.

    ㉠        ㉡
① 고무병    바이러스
② 고무병    박테리아
③ 고접병    바이러스
④ 고접병    박테리아


**45** ( )에 들어갈 내용으로 옳은 것은?

배는 씨방 하위로 씨방과 더불어 ( ㉠ )이/가 유합하여 과실로 발달하는데 이러한 과실을 ( ㉡ )라고 한다.

    ㉠        ㉡
① 꽃받침    진과
② 꽃받기    진과
③ 꽃받기    위과
④ 꽃받침    위과


**46** 과수에서 삽목 시 삽수에 처리하면 발근 촉진 효과가 있는 생장 조절물질은?

① IBA

② GA

③ ABA

④ AOA

**47** 월동하는 동안 저온요구도가 70시간인 지역에서 배와 참다래를 재배할 경우 봄에 꽃눈의 맹아 상태는? (단, 저온요구도는 저온요구를 충족시키는 데 필요한 7℃ 이하의 시간을 기준으로 함)

① 배 – 양호, 참다래 – 양호

② 배 – 양호, 참다래 – 불량

③ 배 – 불량, 참다래 – 양호

④ 배 – 불량, 참다래 – 불량

**48** 사과 고두병과 코르크스폿(Cork Spot)의 원인은?

① 칼륨 과다

② 망간 과다

③ 칼슘 부족

④ 마그네슘 부족

**49** 식물학적 분류에서 같은 과(科)의 원예작물로 짝지어지지 않은 것은?

① 상추 – 국화

② 고추 – 감자

③ 자두 – 딸기

④ 마늘 – 생강

**50** 유충이 과실을 파고들어가 피해를 주는 해충은?

① 복숭아명나방

② 깍지벌레

③ 귤응애

④ 뿌리혹선충

# Ⅲ 수확 후의 품질관리론

**51** 수확 후 품질관리에 관한 내용이다. (   )에 들어갈 내용으로 옳은 것은?

> 원예산물의 품온을 단시간 내 낮추는 ( ㉠ )처리는 생산물과 냉매와의 접촉 면적이 넓을수록 효율이 ( ㉡ ), 냉매는 액체보다 기체에서 효율이 ( ㉢ ).

| | ㉠ | ㉡ | ㉢ | | ㉠ | ㉡ | ㉢ |
|---|---|---|---|---|---|---|---|
| ① | 예냉 | 낮고 | 높다 | ② | 예냉 | 높고 | 낮다 |
| ③ | 예건 | 낮고 | 높다 | ④ | 예건 | 높고 | 낮다 |

**52** 복숭아 수확 시 고려사항이 아닌 것은?

① 경도
② 만개 후 일수
③ 적산온도
④ 전분지수

**53** A 농가에서 다음 품목을 수확한 후 동일 조건의 저장고에 저장 중 품목별 5% 수분 손실이 발생하였다. 이때 시들음이 상품성 저하에 가장 큰 영향을 미치는 품목은?

① 감
② 양파
③ 당근
④ 시금치

**54** 원예산물별 수확시기를 결정하는 지표로 옳지 않은 것은?

① 배추 – 만개 후 일수
② 신고배 – 만개 후 일수
③ 멜론 – 네트 발달 정도
④ 온주밀감 – 과피의 착색 정도

**55** 수확 전 칼슘결핍으로 발생 가능한 저장 생리장해는?

① 양배추의 흑심병

② 토마토의 꼭지썩음병

③ 배의 화상병

④ 복숭아의 균핵병

**56** 필름으로 원예산물을 외부공기와 차단하여 인위적 공기조성 효과를 내는 저장기술은?

① 저온저장

② CA저장

③ MA저장

④ 저산소저장

**57** 호흡양상이 다른 원예산물은?

① 토마토                ② 바나나

③ 살구                  ④ 포도

**58** 토마토의 성숙중 색소변화로 옳은 것은?

① 클로로필 합성

② 리코핀 합성

③ 안토시아닌 분해

④ 카로티노이드 분해

**59** 산지유통센터에서 사용되는 과실류 선별기가 아닌 것은?

① 중량식 선별기
② 형상식 선별기
③ 비파괴 선별기
④ 풍력식 선별기

**60** 신선편이 농산물 세척용 소독물질이 아닌 것은?

① 중탄산나트륨
② 과산화수소
③ 메틸브로마이드
④ 차아염소산나트륨

**61** 원예산물의 조직감을 측정할 수 있는 품질인자는?

① 색도
② 산도
③ 수분 함량
④ 당도

**62** 원예산물의 풍미 결정요인을 모두 고른 것은?

| ㉠ 향기 | ㉡ 산도 | ㉢ 당도 |
| --- | --- | --- |

① ㉠
② ㉠㉡
③ ㉡㉢
④ ㉠㉡㉢

**63** 굴절당도계에 관한 설명으로 옳지 않은 것은?

① 증류수로 영점을 보정한다.

② 과즙의 온도는 측정값에 영향을 준다.

③ 당도는 °Brix로 표시한다.

④ 과즙에 함유된 포도당 성분만을 측정한다.


**64** 원예산물 저장 중 저온장해에 관한 내용이다. (   )에 들어갈 내용으로 옳은 것은?

> ( ㉠ )가 원산지인 품목에서 많이 발생하며 어는점 이상의 저온에 노출 시 나타나는 ( ㉡ ) 생리장해이다.

|   | ㉠ | ㉡ |   | ㉠ | ㉡ |
|---|---|---|---|---|---|
| ① | 온대 | 영구적인 | ② | 아열대 | 영구적인 |
| ③ | 온대 | 일시적인 | ④ | 아열대 | 일시적인 |


**65** 5℃에서 측정 시 호흡 속도가 가장 높은 원예산물은?

① 아스파라거스　　　　　　② 상추

③ 콜리플라워　　　　　　　④ 브로콜리


**66** CA저장에 필요한 장치를 모두 고른 것은?

> ㉠ 가스 분석기　　　　　㉡ 질소 공급기
> ㉢ 압력 조절기　　　　　㉣ 산소 공급기

① ㉠㉡　　　　　　　　　② ㉢㉣

③ ㉠㉡㉢　　　　　　　　④ ㉡㉢㉣

**67** 딸기의 수확 후 손실을 줄이기 위한 방법이 아닌 것은?

① 착색촉진을 위해 에틸렌을 처리한다.

② 수확 직후 품온을 낮춘다.

③ 이산화염소로 전처리한다.

④ 수확 직후 선별·포장을 한다.

**68** 원예산물 저장 시 에틸렌 합성에 필요한 물질은?

① $CO_2$

② $O_2$

③ AVG

④ STS

**69** 저온저장 중 다음 현상을 일으키는 원인은?

> • 떫은 감의 탈삽    • 브로콜리의 황화    • 토마토의 착색 및 연화

① 높은 상대습도

② 고농도 에틸렌

③ 저농도 산소

④ 저농도 이산화탄소

**70** 수확 후 예건이 필요한 품목을 모두 고른 것은?

> ㉠ 마늘          ㉡ 신고배
> ㉢ 복숭아        ㉣ 양배추

① ㉠㉡

② ㉢㉣

③ ㉠㉡㉣

④ ㉠㉢㉣

**71** 원예산물의 저온저장고 관리에 관한 내용이다. (    )에 들어갈 내용은?

> 저장고 입고 시 송풍량을 ( ㉠ ), 저장 초기 품온이 적정 저장온도에 도달하도록 조치하면 호흡량이 ( ㉡ ), 숙성이 지연되는 장점이 있다.

|     | ㉠ | ㉡ |     |     | ㉠ | ㉡ |
| --- | --- | --- | --- | --- | --- | --- |
| ① | 높여 | 늘고 |     | ② | 높여 | 줄고 |
| ③ | 낮춰 | 늘고 |     | ④ | 낮춰 | 줄고 |

**72** 저온저장 중인 원예산물의 상온 선별 시 A 농산물품질관리사의 결로 방지책으로 옳은 것은?

① 선별장내 공기유동을 최소화한다.
② 선별장과 저장고의 온도차를 높여 관리한다.
③ 수분흡수율이 높은 포장상자를 사용한다.
④ MA필름으로 포장하여 외부 공기가 산물에 접촉되지 않게 한다.

**73** 다음이 예방할 수 있는 원예산물의 손상이 아닌 것은?

> 팔레타이징으로 단위적재하는 저온유통시스템에서 적재장소 출구와 운송트럭냉장 적재함 사이에 틈이 없도록 설비하는 것은 외부공기의 유입을 차단하여 작업장이나 컨테이너 내부의 온도 균일화 효과를 얻기 위함이다.

① 생물학적 손상
② 기계적 손상
③ 화학적 손상
④ 생리적 손상

**74** 원예산물의 생물학적 위해 요인이 아닌 것은?

① 곰팡이 독소

② 병원성 대장균

③ 기생충

④ 바이러스

**75** HACCP 실시과정에 관한 내용이다. (    )에 들어갈 내용으로 옳은 것은?

( ㉠ ) : 위해요소와 이를 유발할 수 있는 조건이 존재하는 여부를 파악하기 위하여 필요한 정보를 수집하고 평가하는 과정
( ㉡ ) : 위해요소를 예방, 저해하거나 허용수준 이하로 감소시켜 안전성을 확보하는 중요한 단계, 과정 또는 공정

|  | ㉠ | ㉡ |
|---|---|---|
| ① | 위해요소분석 | 한계기준 |
| ② | 위해요소분석 | 중요관리점 |
| ③ | 한계기준 | 중요관리점 |
| ④ | 중요관리점 | 위해요소분석 |

**76** 농산물 유통이 부가가치를 창출하는 일련의 생산적 활동임을 의미하는 것은?

① 가치사슬(Value Chain)

② 푸드시스템(Food System)

③ 공급망(Supply Chain)

④ 마케팅빌(Marketing Bil)


**77** 농식품 소비구조 변화에 관한 내용으로 옳지 않은 것은?

① 신선편이농산물 소비 증가

② PB상품 소비 감소

③ 가정간편식(HMR) 소비 증가

④ 쌀 소비 감소


**78** 농산물 유통마진에 관한 설명으로 옳지 않은 것은?

① 유통경로, 시기별, 연도별로 다르다.

② 유통비용 중 직접비는 고정비 성격을 갖는다.

③ 유통효율성을 평가하는 핵심지표로 사용된다.

④ 최종소비재에 포함된 유통서비스의 크기에 따라 달라진다.


**79** 농산물 공동선별·공동계산제에 관한 설명으로 옳지 않은 것은?

① 여러 농가의 농산물을 혼합하여 등급별로 판매한다.

② 농가가 산지유통조직에 출하권을 위임하는 경우가 많다.

③ 출하시기에 따라 농가의 가격변동 위험이 커진다.

④ 물량의 규모화로 시장교섭력이 향상된다.

**80** 농산물의 단위가격을 100원보다 90원으로 책정하는 심리적 가격 전략은?

① 준거가격 전략

② 개수가격 전략

③ 단수가격 전략

④ 단계가격 전략


**81** 대형유통업체의 농산물 산지 직거래에 관한 설명으로 옳지 않은 것은?

① 경쟁업체와 차별화된 상품을 발굴하기 위한 노력의 일환이다.

② 산지 수집을 대행하는 업체(Vendor)를 가급적 배제한다.

③ 매출규모가 큰 업체일수록 산지 직구입 비중이 높은 경향을 보인다.

④ 본사에서 일괄 구매한 후 물류센터를 통해 개별 점포로 배송하는 것이 일반적이다.


**82** 생산자가 지역의 제철 농산물을 소비자에게 정기적으로 배송하는 직거래 방식은?

① 로컬푸드 직매장

② 직거래 장터

③ 꾸러미사업

④ 농민시장(Farmers Market)


**83** 농산물도매시장 경매제에 관한 내용으로 옳지 않은 것은?

① 거래의 투명성 및 공정성 확보

② 중도매인 간 경쟁을 통한 최고가격 유도

③ 상품 진열을 위한 넓은 공간 필요

④ 수급 상황의 급변에도 불구하고 낮은 가격변동성

**84** 우리나라 농산물 종합유통센터의 대표적인 도매 거래방식은?

① 경매
② 예약상대거래
③ 매취상장
④ 선도거래


**85** 산지의 밭떼기(포전매매)에 관한 설명으로 옳지 않은 것은?

① 선물거래의 한 종류이다.
② 계약가격에 판매가격을 고정시킨다.
③ 농가가 계약금을 수취한다.
④ 계약불이행 위험이 존재한다.


**86** 농산물 산지유통의 거래유형에 해당하는 것을 모두 고른 것은?

| | |
|---|---|
| ㉠ 계약재배 | ㉡ 포전거래 |
| ㉢ 정전거래 | ㉣ 산지공판 |

① ㉠㉡
② ㉠㉢
③ ㉡㉢㉣
④ ㉠㉡㉢㉣


**87** 농산물 유통의 기능과 창출 효용을 옳게 연결한 것은?

① 거래 - 장소효용
② 가공 - 형태효용
③ 저장 - 소유효용
④ 수송 - 시간효용

**88** 농산물 유통의 조성기능에 해당하는 것을 모두 고른 것은?

> ㉠ 포장  ㉡ 표준화 · 등급화
>
> ㉢ 손해보험  ㉣ 상 · 하역

① ㉠  ② ㉡㉢

③ ㉢㉣  ④ ㉠㉢㉣

**89** A 영농조합법인이 초등학교 간식용 조각과일을 공급하고자 수행한 SWOT분석에서 'T' 요인이 아닌 것은?

① 코로나19 재확산

② 사내 생산설비 노후화

③ 과일 작황 부진

④ 학생 수 감소

**90** 시장세분화에 관한 설명으로 옳지 않은 것은?

① 유사한 욕구와 선호를 가진 소비자 집단으로 세분화가 가능하다.

② 시장규모, 구매력의 크기 등을 측정할 수 있어야 한다.

③ 국적, 소득, 종교 등 지리적 특성에 따라 세분화가 가능하다.

④ 세분시장의 반응에 따라 차별화된 마케팅이 가능하다.

**91** 6 ～ 8명 정도의 소그룹을 대상으로 2시간 내외의 집중면접을 실시하는 마케팅조사 방법은?

① FGI

② 전수조사

③ 관찰조사

④ 서베이조사

**92** 고가 가격 전략을 실행할 수 있는 경우는?

① 높은 제품기술력을 가지고 있을 경우

② 시장점유율을 극대화하고자 할 경우

③ 원가우위로 시장을 지배하려고 할 경우

④ 경쟁사의 모방 가능성이 높을 경우


**93** 광고에 관한 설명으로 옳지 않은 것은?

① 비용을 지불해야 한다.

② 불특정 다수를 대상으로 한다.

③ 표적시장별로 광고매체를 선택할 수 있다.

④ 상표광고가 기업광고보다 기업이미지 개선에 효과적이다.


**94** 소비자의 구매심리과정(AIDMA)을 순서대로 옳게 나열한 것은?

① 욕구 → 주의 → 흥미 → 기억 → 행동

② 흥미 → 주의 → 기억 → 욕구 → 행동

③ 주의 → 흥미 → 욕구 → 기억 → 행동

④ 기억 → 흥미 → 주의 → 욕구 → 행동


**95** 농산물 물류비에 포함되지 않는 것은?

① 포장비      ② 수송비

③ 재선별비      ④ 점포임대료

**96** 국내산 감귤 가격 상승에 따라 수입산 오렌지 수요가 늘어났을 경우 감귤과 오렌지 간의 관계는?

① 대체재　　　　　　　　　　　② 보완재

③ 정상재　　　　　　　　　　　④ 기펜재


**97** 생산자단체가 자율적으로 농산물 소비촉진, 수급조절 등을 시행하는 사업은?

① 유통조절명령　　　　　　　　② 유통협약

③ 농업관측사업　　　　　　　　④ 자조금사업


**98** 농산물 유통 정보의 직접적인 기능이 아닌 것은?

① 시장참여자 간 공정경쟁 촉진

② 정보 독과점 완화

③ 출하시기, 판매량 등의 의사결정에 기여

④ 생산기술 개선 및 생산량 증대


**99** 농산물 포장의 본원적 기능이 아닌 것은?

① 제품의 보호　　　　　　　　② 취급의 편의

③ 판매의 촉진　　　　　　　　④ 재질의 차별


**100** 소비자의 농산물 구매의사결정과정 중 구매 후 행동을 모두 고른 것은?

| ㉠ 상표 대체 | ㉡ 재구매 |
|---|---|
| ㉢ 정보 탐색 | ㉣ 대안 평가 |

① ㉠㉡　　　　　　　　　　　② ㉡㉢

③ ㉠㉢㉣　　　　　　　　　　④ ㉠㉡㉢㉣

PART

◊ 모의고사 정답 수 확인 ◊

| 구 분 | 관계법령 | 원예작물학 | 수확후의 품질관리론 | 농산물유통론 |
|---|---|---|---|---|
| 제9회 모의고사 | / 25 | / 25 | / 25 | / 25 |
| 제10회 모의고사 | / 25 | / 25 | / 25 | / 25 |
| 제11회 모의고사 | / 25 | / 25 | / 25 | / 25 |
| 제12회 모의고사 | / 25 | / 25 | / 25 | / 25 |
| 제13회 모의고사 | / 25 | / 25 | / 25 | / 25 |
| 제14회 모의고사 | / 25 | / 25 | / 25 | / 25 |
| 제15회 모의고사 | / 25 | / 25 | / 25 | / 25 |
| 제16회 모의고사 | / 25 | / 25 | / 25 | / 25 |
| 제17회 모의고사 | / 25 | / 25 | / 25 | / 25 |
| 제18회 모의고사 | / 25 | / 25 | / 25 | / 25 |
| 제19회 모의고사 | / 25 | / 25 | / 25 | / 25 |

# 정답 및 해설

## 정답 한 눈에 보기

| 2012년도 | 필기시험<br>제9회<br>2012.05.27 | 1 | ④ | 2 | ③ | 3 | ③ | 4 | ① | 5 | ④ | 6 | ④ | 7 | ③ | 8 | ④ | 9 | ② | 10 | ② |
|---|---|---|---|---|---|---|---|---|---|---|---|---|---|---|---|---|---|---|---|---|---|
| | | 11 | ④ | 12 | ① | 13 | ④ | 14 | ① | 15 | ② | 16 | ③ | 17 | ② | 18 | ② | 19 | ① | 20 | ① |
| | | 21 | ② | 22 | ③ | 23 | ① | 24 | ③ | 25 | ② | 26 | ③ | 27 | ④ | 28 | ④ | 29 | ④ | 30 | ② |
| | | 31 | ④ | 32 | ③ | 33 | ③ | 34 | ① | 35 | ④ | 36 | ③ | 37 | ④ | 38 | ② | 39 | ② | 40 | ④ |
| | | 41 | ① | 42 | ② | 43 | ② | 44 | ② | 45 | ② | 46 | ① | 47 | ① | 48 | ③ | 49 | ④ | 50 | ③ |
| | | 51 | ③ | 52 | ③ | 53 | ④ | 54 | ④ | 55 | ② | 56 | ④ | 57 | ① | 58 | ② | 59 | ③ | 60 | ② |
| | | 61 | ① | 62 | ③ | 63 | ① | 64 | ② | 65 | ② | 66 | ① | 67 | ② | 68 | ② | 69 | ④ | 70 | ② |
| | | 71 | ③ | 72 | ① | 73 | ③ | 74 | ① | 75 | ② | 76 | ② | 77 | ② | 78 | ② | 79 | ① | 80 | ④ |
| | | 81 | ③ | 82 | ③ | 83 | ① | 84 | ② | 85 | ② | 86 | ④ | 87 | ② | 88 | ② | 89 | ④ | 90 | ④ |
| | | 91 | ① | 92 | ④ | 93 | ② | 94 | ③ | 95 | ① | 96 | ① | 97 | ③ | 98 | ④ | 99 | ② | 100 | ④ |

**1** ① 해당 품목이 농수산물인 경우에는 지리적표시 대상 지역에서만 생산된 것이 아닌 경우, 해당 품목이 농수산가공품인 경우에는 지리적표시 대상 지역에서만 생산된 농수산물을 주원료로 하여 해당 지리적표시 대상 지역에서 가공된 것이 아닌 경우 등록 거절사유가 된다〈농수산물 품질관리법 시행령 제15조(지리적표시의 등록 거절 사유의 세부기준) 제1호, 제1의2호〉.

② 지리적표시 또는 동음이의어 지리적표시의 정의에 맞지 아니하는 경우 등록 거절사유가 된다〈농수산물 품질관리법 제32조(지리적표시의 등록) 제9항 제5호〉.

③ 해당 품목의 우수성이 국내 및 국외에서 모두 널리 알려지지 아니한 경우 등록 거절 사유가 된다〈농수산물 품질관리법 시행령 제15조(지리적표시의 등록 거절 사유의 세부기준) 제2호〉.

**2** 위반행위 횟수에 따른 행정처분의 기준은 최근 1년간 같은 위반행위로 행정처분을 받는 경우에 적용한다. 이 경우 행정처분 기준의 적용은 같은 위반행위에 대하여 최초로 행정처분을 한 날과 다시 같은 위반행위로 적발한 날을 기준으로 한다〈농수산물 품질관리법 시행령 별표 1〉.

**3** 표지도형의 크기는 포장재의 크기에 따라 조정한다〈농수산물 품질관리법 시행규칙 별표 1〉.

**4** 유전자변형농수산물을 생산하여 출하하는 자, 판매하는 자, 또는 판매할 목적으로 보관·진열하는 자는 해당 농수산물에 유전자변형농수산물임을 표시하여야 한다〈농수산물 품질관리법 제56조(유전자변형농수산물의 표시) 제1항〉.

**5** 재검사 등〈농수산물 품질관리법 제85조〉

㉠ 농산물의 검사 결과에 대하여 이의가 있는 자는 검사 현장에서 검사를 실시한 농산물 검사관에게 재검사를 요구할 수 있다. 이 경우 농산물 검사관은 즉시 재검사를 하고 그 결과를 알려주어야 한다.

㉡ 재검사의 결과에 이의가 있는 자는 재검사일로부터 7일 이내에 농산물 검사관이 소속된 농산물 검사기관의 장에게 이의신청을 할 수 있으며, 이의신청을 받은 기관의 장은 그 신청을 받은 날부터 5일 이내에 다시 검사하여 그 결과를 이의신청자에게 알려야 한다.

㉢ 재검사 결과가 검사 결과와 다른 경우에는 해당 검사 결과의 표시를 교체하거나 검사증명서를 새로 발급하여야 한다.

**6** 농산물품질관리사의 업무〈농수산물 품질관리법 시행규칙 제134조〉

㉠ 농산물의 생산 및 수확 후의 품질관리기술지도

㉡ 농산물의 선별·저장 및 포장 시설 등의 운용·관리

㉢ 농산물의 선별·포장 및 브랜드 개발 등 상품성 향상 지도

㉣ 포장농산물의 표시사항 준수에 관한 지도

㉤ 농산물의 규격출하 지도

**7** 국립농산물품질관리원장, 국립수산물품질관리원장 또는 산림청장은 표준규격을 제정, 개정 또는 폐지하는 경우에는 그 사실을 고시하여야 한다〈농수산물 품질관리법 시행규칙 제6조(표준규격의 고시)〉.

**8** 이력추적관리의 대상 품목 및 등록사항〈농수산물 품질관리법 시행규칙 제46조 제2항 제3호〉

㉠ 판매업체의 명칭

㉡ 판매자의 성명, 주소 및 전화번호

**9** 벌칙 … 다음의 어느 하나에 해당하는 자는 3년 이하의 징역 또는 3천만 원 이하의 벌금에 처한다〈농수산물 품질관리법 제119조〉.

㉠ 표준규격품, 우수관리인증농산물, 품질인증품, 이력추적관리농산물(이하 "우수표시품")이 아닌 농수산물(우수관리인증농산물이 아닌 농산물의 경우에는 우수관리인증의 유효기간 등에 따른 승인을 받지 아니한 농산물을 포함한다) 또는 농수산가공품에 우수표시품의 표시를 하거나 이와 비슷한 표시를 하는 행위

㉡ 우수표시품이 아닌 농수산물(우수관리인증농산물이 아닌 농산물의 경우에는 우수관리인증의 유효기간 등에 따른 승인을 받지 아니한 농산물을 포함한다) 또는 농수산가공품을 우수표시품으로 광고하거나 우수표시품으로 잘못 인식할 수 있도록 광고하는 행위

㉢ 거짓표시 등의 금지를 위반하여 다음의 어느 하나에 해당하는 행위를 한 자

• 표준규격품의 표시를 한 농수산물에 표준규격품이 아닌 농수산물 또는 농수산가공품을 혼합하여 판매하거나 혼합하여 판매할 목적으로 보관하거나 진열하는 행위

• 우수관리인증의 표시를 한 농산물에 우수관리인증농산물이 아닌 농산물(우수관리인증의 유효기간 등에 따른 승인을 받지 아니한 농산물을 포함한다) 또는 농산가공품을 혼합하여 판매하거나 혼합하여 판매할 목적으로 보관하거나 진열하는 행위

• 품질인증품의 표시를 한 수산물에 품질인증품이 아닌 수산물을 혼합하여 판매하거나 혼합하여 판매할 목적으로 보관 또는 진열하는 행위

• 이력추적관리의 표시를 한 농산물에 이력추적관리의 등록을 하지 아니한 농산물 또는 농산가공품을 혼합하여 판매하거나 혼합하여 판매할 목적으로 보관하거나 진열하는 행위

㉣ 거짓표시 등의 금지를 위반하여 지리적표시품이 아닌 농수산물 또는 농수산가공품의 포장·용기·선전물 및 관련 서류에 지리적표시나 이와 비슷한 표시를 한 자

㉤ 거짓표시 등의 금지를 위반하여 지리적표시품에 지리적표시품이 아닌 농수산물 또는 농수산가공품을 혼합하여 판매하거나 혼합하여 판매할 목적으로 보관 또는 진열한 자

㉥ 「해양환경관리법」에 따른 폐기물, 유해액체물질 또는 포장유해물질을 배출한 자

㉦ 거짓이나 그 밖의 부정한 방법으로 농산물의 검사, 농산물의 재검사, 수산물 및 수산가공품의 검사, 수산물 및 수산가공품의 재검사 및 검정을 받은 자

㉧ 검사를 받아야 하는 수산물 및 수산가공품에 대하여 검사를 받지 아니한 자

㉨ 검사 및 검정 결과의 표시, 검사증명서 및 검정증명서를 위조하거나 변조한 자

㉩ 검정 결과에 대하여 거짓광고나 과대광고를 한 자

**10** 식품의약품안전처장은 농수산물의 품질 향상과 안전한 농수산물의 생산·공급을 위한 안전관리계획을 매년 수립·시행하여야 한다〈농수산물 품질관리법 제60조(안전관리계획) 제1항〉.

**11** "유해물질"이란 농약, 중금속, 항생물질, 잔류성 유기오염물질, 병원성 미생물, 곰팡이 독소, 방사성물질, 유독성물질 등 식품에 잔류하거나 오염되어 사람의 건강에 해를 끼칠 수 있는 물질로서 총리령으로 정하는 것을 말한다〈농수산물 품질관리법 제2조(정의) 제1항 제12호〉.

**12** 검사과정에서 시료를 바꾸어 검사하고 검사성적서를 발급한 경우 위반횟수에 따라 검사업무 정지 1개월, 3개월, 6개월의 처분이 주어진다〈유전자변형농수산물의 표시 및 농수산물의 안전성조사 등에 관한 규칙 별표 3〉.
   ※ **안전성 검사기관의 지정 취소 등** … 식품의약품안전처장은 안전성 검사기관이 다음의 어느 하나에 해당하면 지정을 취소하거나 6개월 이내의 기간을 정하여 업무의 정지를 명할 수 있다. 다만, ㉠ 또는 ㉡에 해당하면 지정을 취소하여야 한다〈농수산물 품질관리법 제65조〉.
   ㉠ 거짓이나 그 밖의 부정한 방법으로 지정을 받은 경우
   ㉡ 업무의 정지 명령을 위반하여 계속 안전성조사 및 시험분석 업무를 한 경우
   ㉢ 검사성적서를 거짓으로 내준 경우
   ㉣ 그 밖에 총리령으로 정하는 안전성 검사에 관한 규정을 위반한 경우

**13** "지방도매시장"이란 중앙도매시장 외의 농수산물도매시장을 말한다〈농수산물 유통 및 가격안정에 관한 법률 제2조(정의) 제4호〉.

**14** 청문 등〈농수산물 품질관리법 제114조〉
   ㉠ 우수관리인증기관의 지정 취소
   ㉡ 우수관리시설의 지정 취소
   ㉢ 품질인증의 취소
   ㉣ 품질인증기관의 지정 취소 또는 품질인증 업무의 정지
   ㉤ 이력추적관리 등록의 취소
   ㉥ 표준규격품 또는 품질인증품의 판매 금지나 표시정지, 우수관리인증농산물의 판매 금지 또는 우수관리인증의 취소나 표시정지
   ㉦ 지리적표시품에 대한 판매의 금지, 표시의 정지 또는 등록의 취소
   ㉧ 안전성 검사기관의 지정 취소
   ㉨ 생산·가공시설 등이나 생산·가공업자등에 대한 생산·가공·출하·운반의 시정·제한·중지 명령, 생산·가공시설 등의 개선·보수 명령 또는 등록의 취소
   ㉩ 농산물 검사기관의 지정 취소
   ㉪ 검사판정의 취소
   ㉫ 수산물검사기관의 지정 취소 또는 검사업무의 정지
   ㉬ 검정기관의 지정 취소
   ㉭ 농산물품질관리사 또는 수산물품질관리사 자격의 취소

**15** 공표명령의 기준 · 방법 등 … 공표명령의 대상자는 처분을 받은 자 중 다음의 어느 하나의 경우에 해당하는 자로 한다〈농수산물 품질관리법 시행령 제22조 제1항〉.

ㄱ 표시위반물량이 농산물의 경우에는 100톤 이상, 수산물의 경우에는 10톤 이상인 경우

ㄴ 표시위반물량의 판매 가격 환산금액이 농산물의 경우에는 10억 원 이상, 수산물인 경우에는 5억 원 이상인 경우

ㄷ 적발일을 기준으로 최근 1년 동안 처분을 받은 횟수가 2회 이상인 경우

**16** 농림축산식품부장관은 수매 및 처분에 관한 업무를 농업협동조합중앙회 · 산림조합중앙회(이하 "농림협중앙회") 또는 「한국농수산식품유통공사법」에 따른 한국농수산식품유통공사(이하 "한국농수산식품유통공사"라 한다)에 위탁할 수 있다〈농수산물 유통 및 가격안정에 관한 법률 제9조(과잉생산 시의 생산자보호) 제3항〉.

※ 제5조 제3항 중 "농림축산식품부장관" 또는 "해양수산부장관"을 "농림축산식품부장관"으로, "농림업 관측 · 수산업관측"을 각각 "농림업 관측"으로, "산림조합, 수산업협동조합"을 "산림조합"으로, "농림축산식품부령" 또는 "해양수산부령"을 "농림축산식품부령"으로 한다〈농수산물 유통 및 가격안정에 관한 법률 부칙 제9조 (다른 법률의 개정)〉.

**17** 벌칙 … 다음의 어느 하나에 해당하는 자는 3년 이하의 징역 또는 3천만 원 이하의 벌금에 처한다〈농수산물 품질 관리법 제119조〉.

ㄱ 표준규격품, 우수관리인증농산물, 품질인증품, 이력추적관리농산물(이하 "우수표시품")이 아닌 농수산물(우수 관리인증농산물이 아닌 농산물의 경우에는 우수관리인증의 유효기간 등에 따른 승인을 받지 아니한 농산물 을 포함한다) 또는 농수산가공품에 우수표시품의 표시를 하거나 이와 비슷한 표시를 하는 행위

ㄴ 우수표시품이 아닌 농수산물(우수관리인증농산물이 아닌 농산물의 경우에는 우수관리인증의 유효기간 등에 따른 승인을 받지 아니한 농산물을 포함한다) 또는 농수산가공품을 우수표시품으로 광고하거나 우수표시품 으로 잘못 인식할 수 있도록 광고하는 행위

ㄷ 거짓표시 등의 금지를 위반하여 다음의 어느 하나에 해당하는 행위를 한 자

• 표준규격품의 표시를 한 농수산물에 표준규격품이 아닌 농수산물 또는 농수산가공품을 혼합하여 판매하거나 혼합하여 판매할 목적으로 보관하거나 진열하는 행위

• 우수관리인증의 표시를 한 농산물에 우수관리인증농산물이 아닌 농산물(우수관리인증의 유효기간 등에 따른 승인을 받지 아니한 농산물을 포함한다) 또는 농산가공품을 혼합하여 판매하거나 혼합하여 판매할 목적으 로 보관하거나 진열하는 행위

• 품질인증품의 표시를 한 수산물에 품질인증품이 아닌 수산물을 혼합하여 판매하거나 혼합하여 판매할 목적 으로 보관 또는 진열하는 행위

• 이력추적관리의 표시를 한 농산물에 이력추적관리의 등록을 하지 아니한 농산물 또는 농산가공품을 혼합하 여 판매하거나 혼합하여 판매할 목적으로 보관하거나 진열하는 행위

ㄹ 거짓표시 등의 금지를 위반하여 지리적표시품이 아닌 농수산물 또는 농수산가공품의 포장 · 용기 · 선전물 및 관련 서류에 지리적표시나 이와 비슷한 표시를 한 자

ㅁ 거짓표시 등의 금지를 위반하여 지리적표시품에 지리적표시품이 아닌 농수산물 또는 농수산가공품을 혼합하 여 판매하거나 혼합하여 판매할 목적으로 보관 또는 진열한 자

ㅂ 「해양환경관리법」에 따른 폐기물, 유해액체물질 또는 포장유해물질을 배출한 자

ㅅ 거짓이나 그 밖의 부정한 방법으로 농산물의 검사, 농산물의 재검사, 수산물 및 수산가공품의 검사, 수산물 및 수산가공품의 재검사 및 검정을 받은 자

ⓞ 검사를 받아야 하는 수산물 및 수산가공품에 대하여 검사를 받지 아니한 자

ⓩ 검사 및 검정 결과의 표시, 검사증명서 및 검정증명서를 위조하거나 변조한 자

ⓩ 검정 결과에 대하여 거짓광고나 과대광고를 한 자

※ **벌칙** … 다음의 어느 하나에 해당하는 자는 1년 이하의 징역 또는 1천만 원 이하의 벌금에 처한다〈농수산물 품질관리법 제120조〉.

　ㄱ 이력추적관리의 등록을 하지 아니한 자

　ㄴ 시정명령(우수표시품에 대한 시정조치, 지리적표시품의 표시 시정 등 표시방법에 대한 시정명령은 제외한다), 판매 금지 또는 표시정지 처분에 따르지 아니한 자

　ㄷ 판매 금지 조치에 따르지 아니한 자

　ㄹ 처분을 이행하지 아니한 자

　ㅁ 공표명령을 이행하지 아니한 자

　ㅂ 안전성조사 결과에 따른 조치를 이행하지 아니한 자

　ㅅ 동물용 의약품을 사용하는 행위를 제한하거나 금지하는 조치에 따르지 아니한 자

　ㅇ 지정해역에서 수산물의 생산제한 조치에 따르지 아니한 자

　ㅈ 생산·가공·출하 및 운반의 시정·제한·중지 명령을 위반하거나 생산·가공시설 등의 개선·보수 명령을 이행하지 아니한 자

　ㅊ 검정 결과에 따른 조치를 이행하지 아니한 자

　ㅋ 검사를 받아야 하는 농산물에 대하여 검사를 받지 아니한 자

　ㅌ 검사를 받지 아니하고 해당 농수산물이나 수산가공품을 판매·수출하거나 판매·수출을 목적으로 보관 또는 진열한 자

　ㅍ 다른 사람에게 농산물 검사관, 농산물품질관리사 또는 수산물품질관리사의 명의를 사용하게 하거나 그 자격증을 빌려준 자

　ㅎ 농산물 검사관, 농산물품질관리사 또는 수산물품질관리사의 명의를 사용하거나 그 자격증을 대여받은 자 또는 명의의 사용이나 자격증의 대여를 알선한 자

**18** **권한의 위임** … 농림축산식품부장관은 다음의 권한을 국립농산물품질관리원장에게 위임한다〈농수산물 품질관리법 시행령 제42조〉.

　ㄱ 지리적표시 분과위원회의 개최, 심의, 그 결과의 통보 등 운영에 관한 사항(수산물에 관한 사항은 제외한다)

　ㄴ 농산물(임산물은 제외한다)의 표준규격의 제정·개정 또는 폐지

　ㄷ 농산물우수관리인증기관의 지정, 지정 취소 및 업무 정지 등의 처분

　ㄹ 소비자 등에 대한 교육·홍보, 컨설팅 지원 등의 사업 수행

　ㅁ 농산물우수관리 관련 보고·자료제출 명령, 점검 및 조사 등과 우수관리시설 점검·조사 등의 결과에 따른 조치 등

　ㅂ 농산물 이력추적관리 등록, 등록 취소 등의 처분

　ㅅ 지위승계 신고(우수관리인증기관의 지위승계 신고로 한정한다)의 수리

　ㅇ 표준규격품, 우수관리인증농산물, 이력추적관리농산물 및 지리적표시품의 사후관리(수산물 또는 임산물과 그 가공품의 표준규격품 및 지리적표시품의 사후관리는 제외한다)

　ㅈ 표준규격품, 우수관리인증농산물 및 지리적표시품의 표시 시정 등의 처분(수산물 또는 임산물과 그 가공품의 표준규격품 및 지리적표시품의 표시 시정 등의 처분은 제외한다)

ⓩ 농산물(임산물은 제외한다) 및 그 가공품의 지리적표시의 등록

㋘ 농산물(임산물은 제외한다) 및 그 가공품의 지리적표시 원부의 등록 및 관리

㋖ 농산물(임산물은 제외한다) 및 그 가공품의 지리적표시권의 이전 및 승계에 대한 사전 승인

㋚ 농산물의 검사(지정받은 검사기관이 검사하는 농산물과 누에씨·누에고치 검사는 제외한다)

㋛ 농산물 검사기관의 지정, 지정 취소 및 업무 정지 등의 처분

ⓐ 검사증명서 발급

ⓑ 농산물의 재검사

ⓒ 검사판정의 취소

ⓓ 농산물 및 그 가공품의 검정

ⓔ 농산물 및 그 가공품에 대한 폐기 또는 판매 금지 등의 명령, 검정 결과의 공개

ⓕ 검정기관의 지정, 지정 취소 및 업무 정지 등의 처분

ⓖ 확인·조사·점검 등(수산물 및 그 가공품과 임산물 및 그 가공품은 제외한다)

ⓗ 농수산물(수산물 및 그 가공품과 임산물 및 그 가공품은 제외한다) 명예감시원의 위촉 및 운영

ⓘ 농산물품질관리사 제도의 운영

ⓙ 농산물품질관리사의 교육에 관한 사항

ⓚ 농산물품질관리사의 자격 취소

ⓛ 품질 향상, 표준규격화 촉진 및 농산물품질관리사 운용 등을 위한 자금 지원. 다만, 수산물 및 그 가공품과 임산물 및 그 가공품에 대한 지원은 제외한다.

ⓜ 수수료 감면 및 징수

ⓝ 청문

ⓞ 과태료의 부과 및 징수(위반행위 중 임산물 및 그 가공품에 관한 위반행위에 대한 것은 제외한다)

ⓟ 농산물품질관리사 자격시험 실시 계획의 수립

ⓠ 농산물품질관리사 자격증의 발급 및 재발급, 자격증 발급대장 기록

**19** 시·도지사는 농수산물의 경쟁력 제고 또는 수급(需給)을 조절하기 위하여 생산 및 출하를 촉진 또는 조절할 필요가 있다고 인정할 때에는 주요 농수산물의 생산지역이나 생산수면(이하 "주산지")을 지정하고 그 주산지에서 주요 농수산물을 생산하는 자에 대하여 생산자금의 융자 및 기술지도 등 필요한 지원을 할 수 있다〈농수산물 유통 및 가격안정에 관한 법률 제4조(주산지의 지정 및 해제 등) 제1항〉.

※ 주산지를 지정하였을 때에는 이를 고시하고 농림축산식품부장관 또는 해양수산부장관에게 통지하여야 한다〈농수산물 유통 및 가격안정에 관한 법률 시행령 제4조(주산지의 지정 및 해제 등) 제2항〉.

**20** 도매시장법인은 도매시장에서 농수산물을 경매·입찰·정가매매 또는 수의매매(隨意賣買)의 방법으로 매매하여야 한다〈농수산물 유통 및 가격안정에 관한 법률 제32조(매매방법)〉, 도매시장 개설자는 입하량이 현저히 많아 정상적인 거래가 어려운 경우 등 농림축산식품부령 또는 해양수산부령으로 정하는 특별한 사유가 있는 경우에는 그 사유가 발생한 날에 한정하여 도매시장법인의 경우에는 중도매인·매매참가인 외의 자에게, 시장도매인의 경우에는 도매시장법인·중도매인에게 판매할 수 있도록 할 수 있다〈농수산물 유통 및 가격안정에 관한 법률 제34조(거래의 특례)〉.

※ **거래의 특례** … 도매시장법인이 중도매인·매매참가인 외의 자에게, 시장도매인이 도매시장법인·중도매인에게 농수산물을 판매할 수 있는 경우는 다음과 같다〈농수산물 유통 및 가격안정에 관한 법률 시행규칙 제33조 제1항〉.

　　㉠ **도매시장법인의 경우**
　　　• 해당 도매시장의 중도매인 또는 매매참가인에게 판매한 후 남는 농수산물이 있는 경우
　　　• 도매시장 개설자가 도매시장에 입하된 물품의 원활한 분산을 위하여 특히 필요하다고 인정하는 경우
　　　• 도매시장법인이 겸영사업으로 수출을 하는 경우

　　㉡ **시장도매인의 경우** : 도매시장 개설자가 도매시장에 입하된 물품의 원활한 분산을 위하여 특히 필요하다고 인정하는 경우

**21** 산지유통인은 등록된 도매시장에서 농수산물의 출하업무 외의 판매·매수 또는 중개업무를 하여서는 아니 된다〈농수산물 유통 및 가격안정에 관한 법률 제29조(산지유통인의 등록) 제4항〉.
　※ "산지유통인"이란 농수산물도매시장·농수산물공판장 또는 민영농수산물도매시장의 개설자에게 등록하고, 농수산물을 수집하여 농수산물도매시장·농수산물공판장 또는 민영농수산물도매시장에 출하하는 영업을 하는 자를 말한다〈농수산물 유통 및 가격안정에 관한 법률 제2조(정의) 제11호〉.

**22** 도매시장의 명칭에는 그 도매시장을 개설한 지방자치단체의 명칭이 포함되어야 한다〈농수산물 유통 및 가격안정에 관한 법률 시행령 제16조(도매시장의 명칭)〉.

**23** 농림축산식품부장관 또는 해양수산부장관은 예시가격을 결정할 때에는 해당 농산물의 농림업 관측, 주요 곡물의 국제곡물관측 또는 수산업관측 결과, 예상 경영비, 지역별 예상 생산량 및 예상 수급 상황 등을 고려하여야 한다〈농수산물 유통 및 가격안정에 관한 법률 제8조(가격예시) 제2항〉.

**24** 포전매매의 계약은 특약이 없으면 매수인이 그 농산물을 계약서에 적힌 반출 약정일부터 10일 이내에 반출하지 아니한 경우에는 그 기간이 지난 날에 계약이 해제된 것으로 본다. 다만, 매수인이 반출 약정일이 지나기 전에 반출 지연 사유와 반출 예정일을 서면으로 통지한 경우에는 그러하지 아니한다〈농수산물 유통 및 가격안정에 관한 법률 제53조(포전매매의 계약) 제2항〉.

**25** 시장도매인의 영업 … 도매시장 개설자가 시장도매인이 농수산물을 위탁받아 도매하는 것을 제한하거나 금지할 수 있는 경우는 다음과 같다〈농수산물 유통 및 가격안정에 관한 법률 시행규칙 제35조 제3항〉.
　㉠ 대금결제 능력을 상실하여 출하자에게 피해를 입힐 우려가 있는 경우
　㉡ 표준정산서에 거래량·거래 방법을 거짓으로 적는 등 불공정행위를 한 경우
　㉢ 그 밖에 도매시장 개설자가 도매시장의 거래질서 유지를 위하여 필요하다고 인정하는 경우

**26** 오이재배 시 암꽃 착생률을 높이기 위해 저온단일처리를 하여야 암꽃이 많이 달리고 착과가 증대된다.

**27** 고구마는 근채류 중 괴근류에 해당한다. 근채류 중 직근류에는 무, 열무, 당근, 우엉, 수삼, 더덕, 도라지, 황기 등이 있다.

**28** **종자춘화형 채소** … 종자의 시기에 저온에 감응하는 작물로 완두, 잠두, 무, 배추 등이 해당한다.

**29** **마늘** … 중앙아시아와 유럽이 원산지로 밭에 재배하는 여러해살이 식물이다. 맛은 자극적이지만 구울 경우 매운 맛이 줄어들고 달콤한 맛이 난다. 마늘에 들어있는 알라인은 그 자체로는 냄새가 나지 않지만 마늘을 씹거나 다지면 알라인이 파괴되고 아리신과 디알라 디설파이드 성분이 생성되는데, 이러한 것들이 마늘의 강한 향을 만들어낸다.

**30** **탄저병** … 진균제의 자낭균문에 속하는 Glomerella Cingulata가 병원체이며, 자낭포자와 분생포자를 형성한다. 식물체 의 병든 부위에서 자낭각과 균사의 형태로 월동 후 분생포자를 형성하여 1차 전염원이 되고 시설재배 포장이나 노지포 장에서 온도와 습도가 높을 때 주로 발생한다. 관부, 잎자루, 포복경에 발생하며, 감염된 식물체의 관부는 적갈색 내지 암갈색으로 변하여 썩고, 진전되면 관부의 내부까지 썩어 들어간다.

**31** 연작을 하면 토양 병해충이 발생하여 품질 저해 및 수량 감소의 원인이 되므로 토양 환토, 심토, 객토를 하거나 콩과, 십자화과, 백합과 작물 등과 윤작을 실시하여 연작장해를 방지한다.

**32** **도장** … 질소나 수분의 과다, 일조량의 부족 따위로 작물의 줄기나 가지가 보통 이상으로 길고 연하게 자라는 일을 말한다. 때문에 도장을 억제하기 위해 광량을 증가시키고 질소 시비량은 적당해야 하며 지베렐린을 과다 하게 처리할 경우 도장할 가능성이 높다.

**33** **접목육묘 특징**
ㄱ 의의 : 토양전염병인 덩굴쪼갬병을 예방하고, 양수분의 흡수력을 증대시키며, 저온신장성을 강화시키고 이식 성을 향상시키기 위해 실시하며 오이, 토마토, 수박, 멜론 등에 쓰인다.
ㄴ 대목의 조건 : 내병성, 내서성, 저온신장성, 내습성과 친화력이 있어야 한다.
ㄷ 접목방법 : 쪼개접, 꽂이접, 맞접 등
ㄹ 오이와 수박은 호박의 종류로 대목에 접목육묘하며 오이는 맞접, 수박은 꽂이접, 가지는 쪼개접을 한다.
ㅁ 맞접은 접수의 종자를 먼저 파종하여 발아 후 떡잎이 전개될 무렵에 대목종자를 파종하며 접붙이기 작업 후 15 ~ 16일에 접수의 뿌리를 절단한다.
ㅂ 꽂이접은 대목 종자를 먼저 파종한 다음 접수의 종자를 파종하는 것으로 맞접보다 작업이 간단하고 능률적이 지만 접수의 뿌리가 없어 활착될 때까지 세심한 관리가 필요하다.

**34** 마늘의 경우 단맛이 없지만 일반 과일보다 훨씬 강하게 측정된다. 당은 많이 있으나 그 당의 당도가 떨어지기 때 문이다.

**35** 시클라멘은 지하의 줄기 일부가 비대 생장하여 양분을 저장하는 괴경으로 번식한다.

**36** 절화 보존제는 자당(Sucrose), 8 – HQS(8 – Hydroxyquinoline Sulfate), STS(Silver Thiosulfate), 구연산, 비타 민C, MCP(1 – Methylcyclopropene) 등 대부분 에틸렌 억제제와 항산화제, 그리고 영양성분 등으로 구성되어 있다.

**37** 아칭(Arching)재배 … 영양생산 부분과 절화생산 부분의 역할 구분이 가장 큰 것이 특징으로 50 ~ 70cm 높이의 벤치 위에 정식한 후 줄기가 자라면 통로 측에 밑으로 경사지게 신초를 꺾어 휘어두는 방법이다. 이 부분에서 영양분을 생산을 하고 뿌리 윗부분으로부터 새로 자란 신초를 절화적기에 기부 채화한다. 주원부에서 줄기를 수평면 이하로 굽힘으로써 주원부에 정아우세 현상이 작용되어 맹아를 촉진하고 맹아된 새싹이 왕성하게 자라기 때문에 절화품질이 좋아지는 수형이다. 줄기발생 위차 즉 채화할 꽃대 기부에서 자르기 때문에 채화작업이 용이하다. 연작피해 및 토양재배에서 벗어나고 정식, 개식이 간단하고 그 후 수확까지의 기간이 짧아진다. 삽목묘의 이용이 가능하고 관리작업이 단순화되어 일용인부 도입에 의한 규모의 확대가 가능하다는 장점이 있다.

**38** 음생식물의 종류 … 필로덴드론, 몬스테라, 크로톤, 아나나스, 마란타, 칼라데아, 고무나무, 스킨답서스, 드라세나, 아스파라거스, 디펜바키아, 헤데라, 쉐플레라, 산세베리아, 페페로미아 등이 있다.

**39** 적심은 곁가지의 왕성한 생육을 유도하고 수량 증대를 위하여 실시한다. 적심을 하게 되면 뿌리가 굵어지고 잔뿌리의 발생 증가로 인하여 도복을 방지할 수 있고 개화를 시키거나 초장을 조절할 수 있다.

**40** 전조재배 … 일장이 짧은 가을과 겨울철에 단일식물의 개화를 억제하거나 장일식물의 개화를 촉진시키는 재배법이다. 낮 시간의 길이가 짧을 때 인공조명을 켜서 꽃눈이 생기지 않게 개화를 억제시키는 방법이다.

**41** 온실가루이 … 약충과 선충이 모두 진딧물과 같이 식물체의 즙액을 빨아먹는다. 주로 잎의 뒷면에서 가해하며, 피해를 받은 식물은 잎과 새순의 생장이 저해되거나 퇴색, 위조, 낙엽, 생장저해, 고사 등 직접적인 피해를 받을 뿐만 아니라 황화병과 같은 여러 가지 바이러스병을 옮기는 간접적인 피해도 받는다. 온실가루이가 발생하면 약충 및 성충이 잎 뒷면에서 집단적으로 흡즙하면서 감로를 분비하여 그을음병을 유발함으로써 광합성을 저해하며 잎이 퇴색되고 위축되어 생육에 심한 장해를 초래한다. 작물생육에 피해를 주는 것뿐만 아니라 온실가루이 성충이 날아다니면 순치기, 과실 수확 등 농작업에도 성가시게 하기 때문에 밀도가 높아지기 전에 조기방제가 필요하다.

**42** 점적관수는 토양과 비료의 유실을 방지한다.

**43** 위과는 꽃받기 등 자방 이외의 부분이 자방과 같이 발육하여 과실이 되는 것으로 배, 사과 등이 대표적인 위과 과실에 해당한다.

**44** ① 수정불가능한 종속 간의 교잡에 의하여 이루어진다.
③④ 암술머리에 자극을 주지 않아도 자동적으로 과실이 발육하는 것을 말한다.

**45** 하기전정의 효과
ⓐ 과실의 품질을 좋게 한다.
ⓑ 발육지를 충실하게 한다.
ⓒ 꽃눈의 분화를 촉진한다.
ⓓ 좋은 결과지와 측지의 육성이 용이하다.
ⓔ 수체의 투광 및 통기성을 향상시킨다.

**46** 이중 S자 생장곡선을 갖는 과실 … 복숭아, 매실, 포도, 무화과 등이 있다.

**47** 초생관리법의 장점

 ㉠ 토양유기물 증가
 ㉡ 풀뿌리의 발달과 근권토양의 단립화
 ㉢ 토양침식 방지 등 땅심 증진
 ㉣ 급격한 땅의 온도 상승 억제

**48** 육보는 일본 육성 품종에 해당한다.

**49** 장미과 원예작물 ⋯ 장미, 사과, 복숭아, 나무딸기 등이 있다.

**50** 착색 관여 물질 ⋯ 에테폰, 아브시스산 등이 있다.

**51** 포장용 필름 제작 시 염화수소, 다이옥신 등의 유해물질이 방출되어 환경오염을 유발할 위험이 있다.

**52** 농산물의 품질 구성 요소 ⋯ 안전성, 조직감, 풍미, 색택, 숙도, 영양가치 등이 있다.

**53** MA저장 시 발생하는 장해

 ㉠ 과피의 변색
 ㉡ 과육의 갈변
 ㉢ 조직의 수침
 ㉣ 조직의 붕괴
 ㉤ 이취의 발생

**54** ① 농약 잔류량 – ppm, ② 경도 – kgf, ③ 산도 – %

**55** ① 속의 종자까지 완전히 익는 시기가 생리적인 성숙 완료 시기이므로 이는 늙은 오이나 호박에 해당한다.
 ③ 성숙도를 판단하는 데에는 색, 경도, 당과 산도, 크기와 모양, 호흡정도 등을 고려한다.
 ④ 수확 시기 판단 시 만개 후 일수, 착색, 전분지수 등으로 판단한다.

**56** 호흡급등형 원예산물 ⋯ 사과, 복숭아, 자두, 토마토, 배, 바나나, 참다래 등이 있다.

**57** 살균소독방법으로는 염소, 전해수, 오존수 또는 다른 첨가물 등이 사용되며 가장 널리 사용하는 방법은 염소수 세척이다.

**58** 토마토는 카로티노이드 함량이 증가한다.

**59** 저온장해특징

 ㉠ 5℃ 이하가 되면 화분이 장해를 받아 낙화의 원인이 된다.
 ㉡ 7℃ 이하의 온도가 장기간 계속될 경우 기형과가 발생하며, 저온은 물의 흡수를 억제시켜 수분 부족의 장해를 일으키며 인산과 칼리의 흡수도 억제시켜 생육이 저하된다.
 ㉢ 광합성 작용이 저하되어 생육이 늦어짐과 동시에 화분이나 씨방 등의 화기의 발달이 나쁘다.
 ㉣ 저온에 민감한 작물이 한계 온도 이하의 저온에 노출될 때 생리적 장해를 일으키는 것을 말한다.

**60** Class 100은 무균조작을 요하는 제제의 원료칭량으로 최대 생균수 낙하균 1개, 부유균 1개를 말하며, $0.5\mu m$ 이상의 입자가 면적당 100개 이하라는 것을 의미한다.

**61** **농산물표준규격** … 국내에서 생산되어 유통되는 80가지 품목에 적용되는 것으로 산지 및 소비자 유통환경의 변화, 소비자의 농산물 구매방식과 품질에 대한 선호도 다양화에 따라 농산물 표준규격제도가 시행되고 있다. 이는 농산물의 공정한 유통질서 확립, 농산물의 규격화를 위해 실시하고 있다.

**62** 감자는 잎의 마름 정도를 살펴본 후 잎이 말랐을 때 수확한다.

**63** 미숙한 바나나는 대부분 전분의 형태로 들어 있기에 단맛이 적고 성숙되는 동안 전분이 당화과정을 거쳐 포도당 → 과당 → 자당의 형태로 변화하여 단맛이 증가하게 된다.

**64** 반감기는 화학반응에 있어 반응물질의 농도가 처음의 농도의 반으로 감소되기까지의 시간을 의미하므로 반감기의 개념으로 볼 때 예냉이 진행될수록 온도 저하의 폭은 작아진다.

**65** ② 0 ~ 2℃
① 13 ~ 18℃
③ 0 ~ 2℃
④ 0 ~ 2℃

**66** **증산작용을 억제하는 방법**
㉠ 저장고 내의 온도를 낮춘다.
㉡ 저장고 내의 습도를 높인다.
㉢ 저장고 내 송풍기의 풍속을 낮춘다.
㉣ 저장고 내 차광을 한다.

**67** Bt 옥수수 품종은 해충에 대한 저항성이 강하다.

**68** 에틸렌 제거방법으로는 흡착식, 자외선파괴식, 촉매분해식(목탄, 활성탄, 과망간산칼륨, Zeolite)이 있다.

**69** 비파괴 선별법으로는 당도를 비파괴적으로 측정하며 동시에 중량도 측정하고 등급별로 선별하여 배출할 수 있는 기능을 한다. 당도의 측정은 근적외선 분광법을 사용하며, 전자저울을 이용하여 중량도 동시에 측정이 가능하다.

**70** 수확 전 낙과의 발생 원인은 품종, 재배환경, 영양조건이 영향을 미친다. 수확 전 낙과가 심한 품종으로는 조생종 계통이 많고 재배환경 조건으로는 비교적 따뜻한 지방일수록, 수확 전에 고온이 계속되는 해일수록, 밤의 기온이 높은 지방일수록 낙과가 많은 경향이 있다. 또한 질소 함량이 많은 나무일수록 낙과가 현저하며 토양이 지나치게 건조한 경우도 낙과가 많다. 수세가 약한 나무에서는 낙과가 빨리 시작되며 낙과의 양도 많다. 수확 전 낙과를 방지하기 위해서는 비배관리와 결실관리를 충실히 하고 수확을 수 회로 나누어 실시할 필요가 있다.

**71** 생강은 수확 당시 발생한 외피의 상처나 손상 등을 인위적인 환경 조건을 조성해 줌으로써 치유하는 작업, 즉 큐어링처리에 의해 생강 외피 표면에 큐티클 층이라는 얇은 피막이 형성되어 곰팡이 등 외부요인에 의한 부패를 억제할 수 있다.

**72** 냉장용량 결정 시 고려사항
  ㉠ 저장고의 크기
  ㉡ 저장작물에 따른 호흡량
  ㉢ 저장 시 일일 입고량
  ㉣ 예냉되지 않은 생산물의 포장열 제거에 소요되는 시간
  ㉤ 저장고의 단열정도

**73** CA저장에서 내부갈변은 저장고 내의 이산화탄소가 5% 이상 축적되어 일어나게 된다.

**74** 에틸렌은 과실 숙성현상에 가장 강력한 영향을 나타내지만 이와 화학구조가 비슷한 프로필렌, 아세틸렌 또한 과실의 호흡 증가에 영향을 미친다.

**75** 락스 1L에 4%(0.04)의 유효염소가 포함되어 있고 100ppm은 0.0001이고 1L는 1,000g이다. $1 : 0.04 = x :$ 200에서 $x = 5,000$ 여기에 0.0001을 곱하여 계산하면 0.5L가 된다.

**76** 물적 위험 ⋯ 농산물의 물적유통 기능 수행과정에 파손, 부패, 감모, 화재, 동해, 풍수해, 열해, 지진 등의 요인으로 농산물이 직접적으로 받는 물리적 손해를 말한다.

**77** TV홈쇼핑 ⋯ 가정에서 텔레비전으로 백화점이나 슈퍼마켓, 사이버쇼핑몰 등의 상품정보를 보고 물건을 구매하는 것이다. 초기에는 무점포 판매에 의한 통신판매가 주종을 이루었으나 유선방송과 인터넷의 활성화로 인하여 발전하게 되었다. 소비자의 접근성 및 편의성이 높으며, 소비·판매자의 연결로 가격이 저렴하다.

**78** 유통의 전문화를 통해 생산된 고품질의 농산물의 가격 변화에 따른 위험은 줄어들 수 있다.

**79** 가격 탄력성이 1인 경우 가격의 변동률과 수요의 변동률이 완전 동일하다는 것을 의미하므로 단위탄력적이라 하며, 수요의 가격 탄력성이 1보다 큰 경우 수요의 가격 탄력성이 0보다 크고 1보다 작으므로 비탄력적이 된다.

**80** 농산물을 가공하면 형태가 변화되고 소비하기에 편리하게 된다. 따라서 원료 농산물에서 소비가 가능한 최종상품으로 접근될수록 소비자들이 느끼는 효용은 증대된다. 또한 농산물 부가가치가 증대되어 농민의 소득이 향상된다.

**81** 침투가격 전략 ⋯ 신제품의 출시 초기에 판매량을 늘리기 위해 상대적으로 제품의 가격을 낮게 설정하는 전략이다. 빠르게 시장에 깊숙이 침투하기 위해 최초의 가격을 고가로 정하기보다는 낮게 설정하여 많은 수의 고객을 빨리 확보하고 시장점유율을 확대하려는 가격정책이다.

**82** ③ 농가에서 수확한 농산물을 창고에 보관한 후 방문한 수집상에게 판매하는 거래방식으로 문전판매 또는 창고판매라고도 한다.

① 농산물 성출하기에 산지에서 중매인을 대상으로 주로 경매를 통해 공동판매가 이루어지는 것을 말한다.

② 상품 소유권 이전 계약으로 파종 전 또는 파종 이후부터 수확 이전에 판로, 품질, 가격 등의 조건을 붙여 구두나 서면으로 계약하는 것을 말한다.

④ 밭떼기 또는 입도선매를 말한다.

**83** **농산물 중계기구** … 수집 및 분산의 양 기구를 연결시키는 조직으로 이를 통해 소규모의 부패하기 쉬운 농산물이 신속하게 수집·분산된다. 주요 기관으로는 법정도매시장, 공판장, 유사도매시장 등이 있다.

**84** 백화점은 슈퍼마켓 및 할인업체와의 경쟁에 고급화 등으로 차별화를 꾀하고 있으며 할인점의 확산으로 인하여 식품의 품목수를 줄이고 고급 식품으로만 특화하는 전략을 세우고 있다. 이는 할인점 및 전자상거래의 발달로 인한 소비자 구매형태의 변화로 인하여 성장의 어려움을 알고 있고 할인점의 성장으로 인하여 백화점의 농산물 유통은 쇠퇴기에 접어들 것이다.

**85** **B2B** … 기업이 기업을 대상으로 각종 물품을 판매하는 전자상거래를 말한다.

**86** **촉진(Promotion)** … 소비자에게 신제품이 시장에 출시되었음을 알리며, 가격과 구매 장소, 제품의 편익 등을 강조할 수 있어 잠재고객으로 하여금 제품에 대해 바람직한 태도를 가지게 한다. 소비자가 올바른 제품을 선택할 수 있도록 도와주는 기능을 하며, 광고 선전비나 판매촉진비와 같은 촉진비용이 제품의 가격을 높이는 원인이 되기도 하나 이 촉진활동을 통하여 판매량의 증가를 가셔오기도 한다.

**87** 유통 정보는 적합성, 신뢰성, 신속성, 접근성이 중요시 된다.

**88** **차별적 마케팅** … 전체 시장을 여러 개의 세분시장으로 나누고 이들 모두를 목표시장으로 삼아 각기 다른 세분시장의 상이한 욕구에 부응할 수 있는 마케팅 믹스를 개발하여 적용함으로써 기업의 마케팅 목표를 달성하고자 하는 고객 지향적 전략을 말한다.

**89** **슈퍼슈퍼마켓(SSM)** … 매장 면적 500 ~ 800평 규모의 슈퍼마켓을 말한다. 대규모 할인점과 동네 슈퍼마켓의 중간 크기의 식료품 중심 유통 매장으로 할인점이 수요를 충족하지 못하는 소규모 틈새시장을 공략 대상으로 삼는다. 할인점에 비해 부지 소요 면적이 작고 출점 비용이 적게 들며 소규모 상권에도 입지가 가능해 차세대 유통업체로 각광받고 있다.

**90** **성숙기** … 제품의 판매가 증가하여 가장 높은 판매량을 실현하나 다수의 경쟁제품이나 신제품의 출현으로 판매 성장률이 둔화되는 시기이다.

**91** 도매시장의 유통 기능

㉠ 수급조절 기능

㉡ 가격형성기능

㉢ 수집과 집하기능

㉣ 분배기능

㉤ 유통경비의 절약

㉥ 유통 정보의 수집 및 전달기능

**92** ① 유통마진은 연도 및 유통경로에 따라 증가한다.

② 엽근채류의 유통마진율이 평균적으로 다른 류에 비하여 제일 높다.

③ 마크업은 1단위에 대한 판매 가격과 구입가격의 차이를 의미하며 유통마진율은 유통 과정에서 발생하는 모든 유통 비용을 말한다.

※ **유통마진** … 농가 판매 가격과 소매 가격과의 차이를 말한다. 수송비용, 저장비용, 가공 비용 등의 유통 비용은 유통되는 물량이 증가하면 유통 물량 단위당 평균 비용은 체감하는 현상을 보이며, 유통 물량이 지나치게 많이 증가되면 단위당 평균비용은 증가하게 된다. 유통마진을 줄이기 위해서는 유통 비용을 줄이고 이윤을 적정 수준에 유지하도록 해야 한다.

**93** **공동계산제** … 개별농가에서 생산한 농산물을 농가별이 아닌 등급별로 구분하여 공동관리, 판매한 후 판매대금과 비용을 평균하여 정산해 주는 제도를 말한다. 예를 들어 농가에서 과일을 생산하면 선별, 포장, 판매는 농협에서 담당하는 유통방식을 들 수 있다.

**94** 수요가 가격에 탄력적인 재화의 경우 가격을 인하하면 매출이 증가한다.

**95** **포전거래** … 밭떼기 거래로 전근대적 거래 방법이다.

※ **포전거래가 성행하는 이유**

ㄱ 생산량과 가격에 대한 예측이 어렵다.

ㄴ 저장 시설과 노동력이 부족하다.

ㄷ 판매의 위험부담을 줄일 수 있다.

ㄹ 일시에 판매대금을 회수할 수 있다.

ㅁ 무, 배추, 당근, 대파, 양파 등 채소류에 많이 이용된다.

**96** **거미집모형** … 수요의 반응에 비해 공급의 반응이 지체되어 일어나는 현상이다. 가격변동에 대응하여 수요량은 즉각적인 반응을 보이지만 공급량은 반응에 일정한 시간이 필요하므로 실제 균형가격은 이러한 시간차로 인하여 시행착오를 거친 후 가능하게 된다. 이러한 현상을 수요공급곡선 상에 나타내면 가격이 마치 거미집과 같은 모양으로 균형가격에 수렴된다.

**97** 선물가격이 미래 현물가격에 대해 가격예시 기능을 수행함으로 현재 시점에서 각 투자자들이 의사결정이 중요한 영향을 미치고, 미래의 가격변동 불확실성(가격변동위험에 노출)도 어느 정도 제거한다. 또한 선물시장에서 독점력이 감소되어 시장의 자원배분기능이 효과적으로 수행된다.

**98** **킹(King)의 법칙** … 곡물 수요가 공급을 초과하면 곡물 가격은 산술급수적이 아니라 기하급수적으로 오르는 것을 말한다. 곡물 수확량이 일정 수준 이하로 감소하게 되면 곡물 가격이 정상수준 이상으로 오르게 된다.

**99** **표적집단면접법(FGI)** … 표적시장으로 예상되는 소비자를 일정한 자격기준에 따라 소수를 선발하여 한 장소에 모이게 한 후 면접자의 진행 아래 조사목적과 관련된 토론을 함으로써 자료를 수집하는 마케팅조사 기법이다.

**100** **수직통합** … 서로 관련이 있는 산업 내에서 생산관계가 서로 다른 기업 간의 결합을 말한다. 통합을 이루는 기업이 생산단계를 기준으로 해서 어떤 기업이 원료나 중간투입재의 생산에 진출한다면 후방통합이 일어난다고 말하고, 최종생산이나 유통부문으로 진출한다면 전방통합이 일어난다고 한다.

**1** 정의 … 농수산물이란 다음의 농산물과 수산물을 말한다〈농수산물 품질관리법 제2조〉.
　㉠ **농산물** : 농업활동으로 생산되는 산물로서 대통령령으로 정하는 것을 말한다.
　㉡ **수산물** : 어업활동으로부터 생산되는 산물로서 대통령령으로 정하는 것(「소금산업 진흥법」에 따른 소금은 제외한다)을 말한다.

**2** 우수관리인증기관의 지정기준 및 지정절차 등 … 국립농산물품질관리원장은 농산물우수관리인증기관 지정서를 발급한 경우에는 다음의 사항을 관보에 고시하거나 국립농산물품질관리원의 인터넷 홈페이지에 게시하여야 한다〈농수산물 품질관리법 시행규칙 제19조 제7항〉.
　㉠ 우수관리인증기관의 명칭 및 대표자
　㉡ 주사무소 및 지사의 소재지 · 전화번호
　㉢ 우수관리인증기관 지정번호 및 지정일
　㉣ 인증지역
　㉤ 유효기간

**3** 부정행위의 금지 등〈농수산물 품질관리법 제101조〉
　㉠ 거짓이나 그 밖의 부정한 방법으로 검사 · 재검사 또는 검정을 받는 행위
　㉡ 검사를 받아야 하는 농수산물 및 수산가공품에 대하여 검사를 받지 아니하는 행위
　㉢ 검사 및 검정 결과의 표시, 검사증명서 및 검정증명서를 위조하거나 변조하는 행위
　㉣ 법을 위반하여 검사를 받지 아니하고 포장 · 용기나 내용물을 바꾸어 해당 농수산물이나 수산가공품을 판매 · 수출하거나 판매 · 수출을 목적으로 보관 또는 진열하는 행위
　㉤ 검정 결과에 대하여 거짓광고나 과대광고를 하는 행위

**4** 원산지의 표시 대상 … "대통령령으로 정하는 농수산물이나 그 가공품을 조리하여 판매 · 제공하는 경우"란 다음의 것을 조리하여 판매 · 제공하는 경우를 말한다. 이 경우 조리에는 날 것의 상태로 조리하는 것을 포함하며, 판매 · 제공에는 배달을 통한 판매 · 제공을 포함한다〈농수산물의 원산지 표시에 관한 법률 시행령 제3조 제5항〉.

ⓐ 쇠고기(식육 · 포장육 · 식육가공품을 포함한다)

ⓑ 돼지고기(식육 · 포장육 · 식육가공품을 포함한다)

ⓒ 닭고기(식육 · 포장육 · 식육가공품을 포함한다)

ⓓ 오리고기(식육 · 포장육 · 식육가공품을 포함한다)

ⓔ 양고기(식육 · 포장육 · 식육가공품을 포함한다)

ⓕ 염소(유산양을 포함한다)고기(식육 · 포장육 · 식육가공품을 포함한다)

ⓖ 밥, 죽, 누룽지에 사용하는 쌀(쌀 가공품을 포함하며, 쌀에는 찹쌀, 현미 및 찐쌀을 포함한다)

ⓗ 배추김치(배추김치가공품을 포함한다)의 원료인 배추(얼갈이배추와 봄동 배추를 포함한다)와 고춧가루

ⓘ 두부류(가공두부, 유바는 제외한다), 콩비지, 콩국수에 사용하는 콩(콩 가공품을 포함한다)

ⓙ 넙치, 조피볼락, 참돔, 미꾸라지, 뱀장어, 낙지, 명태(황태, 북어 등 건조한 것은 제외한다), 고등어, 갈치, 오징어, 꽃게, 참조기, 다랑어, 아귀 및 주꾸미(해당 수산물가공품을 포함한다)

ⓚ 조리하여 판매 · 제공하기 위하여 수족관 등에 보관 · 진열하는 살아있는 수산물

**5** 농산물 검사기관의 지정기준〈농수산물 품질관리법 시행규칙 별표 19〉

㉠ 국립농산물품질관리원장은 농산물 지정검사기관을 국내 · 수입 농산물의 구분, 종류, 종목(곡류만 해당한다)별로 지정할 수 있다.

㉡ 조직 및 인력

| 구분 | 종류 및 종목 | | | 검사인력 최소 확보기준 |
|---|---|---|---|---|
| 국산농산물<br>(수출용 농산물을<br>포함한다) | 곡류 | 조곡(粗穀) | 포장물 | 검사 장소 5개소당 1명 |
| | | | 산물(産物) | 검사 장소 1개소당 1명 |
| | | 정곡(精穀) | | 검사 장소 2개소당 1명 |
| | 서류(薯類), 특용작물류(特作), 과실류, 채소류 | | | 검사 장소 5개소당 1명 |
| 수입농산물 | 공통 | | | 항구지 1개소당 3명 |

㉢ 검사견본의 계측 및 분석, 감정기술 수련, 검사용 기자재관리, 검사표준품 안전관리 등을 위하여 검사 현장을 관할하는 사무소별로 10㎡ 이상의 검정실이 설치되어야 한다.

㉣ 검사에 필요한 기본 검사장비와 종류별 검사장비 중 검사대행 품목에 해당하는 장비를 갖추어야 한다. 다만, 동일한 규격의 장비는 종류 또는 품목에 관계없이 공용할 수 있다.

**6** 농수산물 품질관리법상 지리적표시품 표시방법 위반으로 시정명령을 받고 판매 금지 또는 표시정지 처분에 따르지 아니한 자에 대해서는 1년 이하의 징역 또는 1천만 원 이하의 벌금에 처한다〈농수산물 품질관리법 제120조(벌칙) 제2호〉.

**7** 농산물품질관리사 또는 수산물품질관리사의 시험 · 자격부여 등 ⋯ 다음의 어느 하나에 해당하는 사람은 그 처분이 있은 날부터 2년 동안 농산물품질관리사 또는 수산물품질관리사 자격시험에 응시하지 못한다〈농수산물 품질관리법 제107조 제3항〉.

㉠ 시험의 정지 · 무효 또는 합격취소 처분을 받은 사람

㉡ 농산물품질관리사 또는 수산물품질관리사의 자격이 취소된 사람

**8** 과태료 부과기준〈농수산물 품질관리법 시행령 별표4〉

㉠ 위반행위의 횟수에 따른 과태료의 가중된 부과기준은 최근 1년간 같은 위반행위로 과태료 부과처분을 받은 경우에 적용한다. 이 경우 기간의 계산은 위반행위에 대하여 과태료 부과처분을 받은 날과 그 처분 후 다시 같은 위반행위를 하여 적발된 날을 기준으로 한다.

㉡ 가중처분의 적용 차수는 그 위반행위 전 부과처분 차수(기간 내에 과태료 부과 처분이 둘 이상 있었던 경우에는 높은 차수를 말한다)의 다음 차수로 한다.

㉢ 위반행위가 둘 이상인 경우로서 그에 해당하는 각각의 처분 기준이 다른 경우에는 그 중 무거운 처분 기준에 따른다.

㉣ 부과권자는 다음의 어느 하나에 해당하는 경우에 개별기준에 따른 과태료 금액을 2분의 1의 범위에서 감경할 수 있다. 다만, 과태료를 체납하고 있는 위반행위자의 경우에는 그러하지 아니하다.
- 위반행위자가 「질서위반행위규제법 시행령」의 어느 하나에 해당하는 경우
- 위반행위자가 자연재해 · 화재 등으로 재산에 현저한 손실이 발생했거나 사업여건의 악화로 중대한 위기에 처하는 등의 사정이 있는 경우
- 위반행위가 고의나 중대한 과실이 아닌 사소한 부주의나 오류로 인한 것으로 인정되는 경우
- 그 밖에 위반행위의 정도, 위반행위의 동기와 그 결과 등을 고려하여 감경할 필요가 있다고 인정되는 경우

**9** 농수산물 명예감시원의 자격 및 위촉방법 등 … 명예감시원의 임무는 다음과 같다〈농수산물 품질관리법 시행규칙 제133조 제2항〉.

㉠ 농수산물의 표준규격화, 농산물우수관리, 품질인증, 친환경수산물인증, 농수산물 이력추적관리, 지리적표시, 원산지 표시에 관한 지도 · 홍보 및 위반사항의 감시 · 신고

㉡ 그 밖에 농수산물의 유통질서 확립과 관련하여 국립농산물품질관리원장, 국립수산물품질관리원장, 산림청장 또는 시 · 도지사가 부여하는 임무

**10** 표준규격품의 출하 및 표시방법 등 … 표준규격품을 출하하는 자가 표준규격품임을 표시하려면 해당 물품의 포장 겉면에 "표준규격품"이라는 문구와 함께 다음의 사항을 표시하여야 한다〈농수산물 품질관리법 시행규칙 제7조 제2항〉.

㉠ 품목

㉡ 산지

㉢ 품종. 다만, 품종을 표시하기 어려운 품목은 국립농산물품질관리원장, 국립수산물품질관리원장 또는 산림청장이 정하여 고시하는 바에 따라 품종의 표시를 생략할 수 있다.

㉣ 생산연도(곡류만 해당한다)

㉤ 등급

㉥ 무게(실중량). 다만, 품목 특성상 무게를 표시하기 어려운 품목은 국립농산물품질관리원장, 국립수산물품질관리원장 또는 산림청장이 정하여 고시하는 바에 따라 개수(마릿수) 등의 표시를 단일하게 할 수 있다.

㉦ 생산자 또는 생산자단체의 명칭 및 전화번호

**11** 우수관리시설의 지정 취소 및 업무 정지 등에 관한 처분 기준〈농수산물 품질관리법 시행규칙 별표 6〉

| 위반행위 | 근거 법조문 | 위반횟수별 처분 기준 | | |
|---|---|---|---|---|
| | | 1회 | 2회 | 3회 이상 |
| 가. 거짓이나 그 밖의 부정한 방법으로 지정을 받은 경우 | 법 제12조 제1항 제1호 | 지정 취소 | − | − |
| 나. 업무 정지기간 중에 농산물우수관리 업무를 한 경우 | 법 제12조 제1항 제2호 | 지정 취소 | − | − |
| 다. 우수관리시설을 운영하는 자가 해산·부도로 인하여 농산물우수관리 업무를 할 수 없는 경우 | 법 제12조 제1항 제3호 | 지정 취소 | − | − |
| 라. 지정기준을 갖추지 못하게 된 경우 | 법 제12조 제1항 제4호 | 업무 정지 1개월 | 업무 정지 3개월 | 업무 정지 6개월 |
| 마. 중요 사항에 대한 변경신고를 하지 않고 우수관리 인증 대상 농산물을 취급(세척 등 단순가공·포장·저장·거래·판매를 포함한다)한 경우 | 법 제12조 제1항 제5호 | 경고 | 업무 정지 1개월 | 업무 정지 3개월 |
| 바. 농산물우수관리 업무와 관련하여 시설의 대표자 등 임원·직원에 대하여 벌금 이상의 형이 확정된 경우 | 법 제12조 제1항 제6호 | 지정 취소 | − | − |
| 사. 우수관리시설의 지정을 받은 자가 정당한 사유 없이 따른 조사·점검 또는 자료제출 요청에 응하지 않은 경우 | 법 제12조 제1항 제7호 | 업무 정지 1개월 | 업무 정지 3개월 | 지정 취소 |
| 아. 법을 위반하여 우수관리인증 대상 농산물 또는 우수관리인증농산물을 우수관리 기준에 따라 관리하지 않은 경우 | 법 제12조 제1항 제8호 | 업무 정지 1개월 | 업무 정지 3개월 | 지정 취소 |
| 　1) 우수관리시설이 고의 또는 중대한 과실로 우수관리 기준을 위반한 경우 | | 업무 정지 1개월 | 업무 정지 3개월 | 지정 취소 |
| 　2) 우수관리시설이 경미한 과실로 우수관리 기준을 위반한 경우 | | 경고 | 업무 정지 1개월 | 업무 정지 3개월 |

**12** 원산지의 표시기준 ··· 원료의 수급 사정으로 인하여 원료의 원산지 또는 혼합 비율이 자주 변경되는 경우로서 다음의 어느 하나에 해당하는 경우에는 농림축산식품부장관과 해양수산부장관이 공동으로 정하여 고시하는 바에 따라 원료의 원산지와 혼합 비율을 표시할 수 있다〈농수산물의 원산지 표시에 관한 법률 시행령 별표 1〉.
　㉠ 특정 원료의 원산지나 혼합 비율이 최근 3년 이내에 연평균 3개국(회) 이상 변경되거나 최근 1년 동안에 3개국(회) 이상 변경된 경우와 최초 생산일부터 1년 이내에 3개국 이상 원산지 변경이 예상되는 신제품인 경우
　㉡ 원산지가 다른 동일 원료를 사용하는 경우
　㉢ 정부가 농수산물 가공품의 원료로 공급하는 수입쌀을 사용하는 경우
　㉣ 그 밖에 농림축산식품부장관과 해양수산부장관이 공동으로 필요하다고 인정하여 고시하는 경우

**13** 등급규격은 품목 또는 품종별로 그 특성에 따라 고르기, 크기, 형태, 색깔, 신선도, 건조도, 결점, 숙도(熟度) 및 선별 상태 등에 따라 정한다〈농수산물 품질관리법 시행규칙 제5조(표준규격의 제정) 제3항〉.

**14** 인쇄매체 이용(신문, 잡지 등) 표시 방법〈농수산물의 원산지 표시에 관한 법률 시행규칙 별표 3〉

ⓐ 표시 위치 : 제품명 또는 가격 표시 주위에 표시하거나, 제품명 또는 가격 표시 주위에 원산지 표시 위치를 명시하고 그 장소에 표시할 수 있다.

ⓑ 글자 크기 : 제품명 또는 가격 표시 글자 크기의 1/2 이상으로 표시하거나, 광고 면적을 기준으로 별표 1 제 2호 가목3을 준용하여 표시할 수 있다.

ⓒ 글자색 : 제품명 또는 가격 표시와 같은 색으로 한다.

**15** 농산물품질관리사 또는 수산물품질관리사 자격시험의 실시 계획, 응시자격, 시험과목, 시험방법, 합격기준 및 자 격증 발급 등에 필요한 사항은 대통령령으로 정한다〈농산물품질관리법 제107조(농산물품질관리사 또는 수산물품 질관리사의 시험·자격부여 등) 제4항〉.

**16** 우수관리인증의 유효기간은 우수관리인증을 받은 날부터 2년으로 한다. 다만, 품목의 특성에 따라 달리 적용 할 필요가 있는 경우에는 10년의 범위에서 농림축산식품부령으로 유효기간을 달리 정할 수 있다〈농수산물 품 질관리법 제7조(우수관리인증의 유효기간 등) 제1항〉.

**17** 농수산물공판장의 개설자〈농수산물 유통 및 가격안정에 관한 법률 시행령 제3조〉

ⓐ "대통령령으로 정하는 생산자 관련 단체"란 다음의 단체를 말한다.

- 「농어업경영체 육성 및 지원에 관한 법률」에 따른 영농조합법인 및 영어조합법인과 같은 법 제19조에 따른 농업회사법인 및 어업회사법인
- 「농업협동조합법」에 따른 농협경제지주회사의 자회사

ⓑ "대통령령으로 정하는 법인"이란 「한국농수산식품유통공사법」에 따른 한국농수산식품유통공사를 말한다.

**18** 가격 예시〈농수산물 유통 및 가격안정에 관한 법률 제8조〉

ⓐ 농림축산식품부장관 또는 해양수산부장관은 농림축산식품부령 또는 해양수산부령으로 정하는 주요 농수산물 의 수급조절과 가격안정을 위하여 필요하다고 인정할 때에는 해당 농산물의 파종기 또는 수산물의 종자입식 시기 이전에 생산자를 보호하기 위한 하한가격(이하 "예시가격")을 예시할 수 있다.

ⓑ 농림축산식품부장관 또는 해양수산부장관은 예시가격을 결정할 때에는 해당 농산물의 농림업 관측, 주요 곡 물의 국제곡물관측 또는 「수산물 유통의 관리 및 지원에 관한 법률」수산업관측(이하 "수산업관측") 결과, 예 상 경영비, 지역별 예상 생산량 및 예상 수급 상황 등을 고려하여야 한다.

ⓒ 농림축산식품부장관 또는 해양수산부장관은 예시가격을 결정할 때에는 미리 기획재정부장관과 협의하여야 한다.

ⓓ 농림축산식품부장관 또는 해양수산부장관은 가격을 예시한 경우에는 예시가격을 지지(支持)하기 위하여 다음 의 사항 등을 연계하여 적절한 시책을 추진하여야 한다.

- 농림업 관측·국제곡물관측 또는 수산업관측의 지속적 실시
- 「수산물 유통의 관리 및 지원에 관한 법률」에 따른 계약생산 또는 계약출하의 장려
- 「수산물 유통의 관리 및 지원에 관한 법률」에 따른 수매 및 처분
- 유통협약 및 유통조절명령
- 「수산물 유통의 관리 및 지원에 관한 법률」에 따른 비축사업

**19** 농림축산식품부장관은 농산물의 수급 안정을 위하여 가격의 등락폭이 큰 주요 농산물에 대하여 매년 기상정 보, 생산면적, 작황, 재고물량, 소비동향, 해외시장정보 등을 조사하여 이를 분석하는 농림업관측을 실시하고 그 결과를 공표하여야 한다〈농수산물 유통 및 가격안정에 관한 법률 제5조(농림업관측) 제1항〉.

**20** 특별시·광역시·특별자치시 또는 특별자치도가 도매시장을 개설하려면 미리 업무규정과 운영관리계획서를 작성하여야 하며, 중앙도매시장의 업무규정은 농림축산식품부장관 또는 해양수산부장관의 승인을 받아야 한다〈농수산물 유통 및 가격안정에 관한 법률 제17조(도매시장의 개설 등) 제4항〉.

**21** 사용료 및 수수료 등 … 위탁수수료의 최고한도는 다음과 같다. 이 경우 도매시장의 개설자는 그 한도에서 업무 규정으로 위탁수수료를 정할 수 있다〈농수산물 유통 및 가격안정에 관한 법률 시행규칙 제39조 제4항〉.
　　㉠ 양곡부류 : 거래금액의 1천분의 20
　　㉡ 청과부류 : 거래금액의 1천분의 70
　　㉢ 수산부류 : 거래금액의 1천분의 60
　　㉣ 축산부류 : 거래금액의 1천분의 20(도매시장 또는 공판장 안에 도축장이 설치된 경우 「축산물위생관리법」에 따라 징수할 수 있는 도살·해체수수료는 이에 포함되지 아니한다)
　　㉤ 화훼부류 : 거래금액의 1천분의 70
　　㉥ 약용작물부류 : 거래금액의 1천분의 50

**22** 표준정산서 … 도매시장법인·시장도매인 또는 공판장 개설자가 사용하는 표준정산서에는 다음의 사항이 포함되어 야 한다〈농수산물 유통 및 가격안정에 관한 법률 시행규칙 제38조〉.
　　㉠ 표준정산서의 발행일 및 발행자명
　　㉡ 출하자명
　　㉢ 출하자 주소
　　㉣ 거래형태(매수·위탁·중개) 및 매매방법(경매·입찰, 정가·수의매매)
　　㉤ 판매 명세(품목·품종·등급별 수량·단가 및 거래단위당 수량 또는 무게), 판매대금총액 및 매수인
　　㉥ 공제 명세(위탁수수료, 운송료 선급금, 하역비, 선별비 등 비용) 및 공제금액 총액
　　㉦ 정산금액
　　㉧ 송금 명세(은행명·계좌번호·예금주)

**23** 도매시장 개설자가 업무규정으로 정하는 출하대금결제용 보증금을 납부하고 운전자금을 확보한 도매시장법인은 출하자에게 출하대금을 직접 결제할 수 있다〈농수산물 유통 및 가격안정에 관한 법률 시행규칙 제37조〉.

**24** 주산지의 지정 및 해제 등〈농수산물 유통 및 가격안정에 관한 법률 제4조〉
　　㉠ 시·도지사는 농수산물의 경쟁력 제고 또는 수급(需給)을 조절하기 위하여 생산 및 출하를 촉진 또는 조절할 필요가 있다고 인정할 때에는 주요 농수산물의 생산지역이나 생산수면(이하 "주산지")을 지정하고 그 주산지에 서 주요 농수산물을 생산하는 자에 대하여 생산자금의 융자 및 기술지도 등 필요한 지원을 할 수 있다.
　　㉡ 주요 농수산물은 국내 농수산물의 생산에서 차지하는 비중이 크거나 생산·출하의 조절이 필요한 것으로서 농림축산식품부장관 또는 해양수산부장관이 지정하는 품목으로 한다.
　　㉢ 주산지는 다음의 요건을 갖춘 지역 또는 수면(水面) 중에서 구역을 정하여 지정한다.
　　　• 주요 농수산물의 재배면적 또는 양식면적이 농림축산식품부장관 또는 해양수산부장관이 고시하는 면적 이 상일 것
　　　• 주요 농수산물의 출하량이 농림축산식품부장관 또는 해양수산부장관이 고시하는 수량 이상일 것
　　㉣ 시·도지사는 지정된 주산지가 지정요건에 적합하지 아니하게 되었을 때에는 그 지정을 변경하거나 해제할 수 있다.
　　㉤ 주산지의 지정, 주요 농수산물 품목의 지정 및 주산지의 변경·해제에 필요한 사항은 대통령령으로 정한다.

**25** 지역농업협동조합, 지역축산업협동조합, 품목별·업종별협동조합, 조합공동사업법인, 품목조합연합회, 농협경제지주회사, 산림조합 및 수산업협동조합과 그 중앙회 또는 한국농수산식품유통공사가 창고경매나 포전경매(圃田競賣)를 하려는 경우에는 생산농가로부터 위임을 받아 창고 또는 포전상태로 상장하되, 품목의 작황·품질·생산량 및 시중가격 등을 고려하여 미리 예정가격을 정할 수 있다〈농수산물 유통 및 가격안정에 관한 법률 시행규칙 제42조(창고경매 및 포전경매)〉.

**26** 지피포트는 상토의 조건 중 가장 중요한 보비력과 보수력, 배수력 그리고 통기성을 고루 갖춘 피트모스를 주원료로 한다.

※ **지피포트의 특징**
　　㉠ 육묘에 알맞도록 산도와 비료를 조절한다.
　　㉡ 지온상승률이 높고 작업이 용이하다.
　　㉢ 파종, 이식, 묘의 순화, 정식 등에 필요한 인력비 면에서 그 투자비가 절감된다.

**27** **지하경** … 지하에 줄기가 발달되어 있는 경우를 말한다. 감자는 포복줄기의 선단이 비대해져 저장기관으로 변형되는 식물이다. 고구마는 덩이뿌리 식물로, 식물의 뿌리가 양분을 저장하기 위해 크고 뚱뚱해진 식물이다.

[감자]

[고구마]

**28** **인경채류(鱗莖菜類)** … 마늘, 양파, 염교 등은 잎의 일부 또는 전체가 저장잎으로 된 것을 이용하는 것이므로 잎채소라고도 할 수 있으며 이들 채소는 비늘 줄기가 최대한으로 비대, 발달해야 상품성이 좋아진다. 한편 파, 쪽파, 부추, 달래 등은 비늘 줄기뿐만 아니라 정상적으로 발달한 잎 몸이 크게 생장하도록 재배해야 된다.

**29** 알칼로이드 계통의 쿠쿠르비타신(Cucurbitacin)이라는 물질의 영향으로 너무 건조하거나 재배조건이 불량한 환경에서 자란 오이일 경우 쓴맛이 난다. 오이는 비옥하고 보수성이 있는 토양에서 잘 자라는데, 너무 과습하면 발육 상태가 나쁘고 병해충의 피해도 받기 쉬우며, 너무 건조하게 관리하면 맛이 쓰게 된다.

**30** 새싹채소는 재배기간이 7 ~ 10일로 짧다.

**31** 고추의 역병은 균류에 속하는 곰팡이가 토양전염을 하고 물을 따라 전파되기 때문에 연작지와 장마기에 발생하기 쉽다. 역병은 육묘에서 수확기에 이르는 전 생육기간에 걸쳐 발생하고, 뿌리, 줄기, 잎, 과실 등에 모두 병을 일으킨다. 이 병원균의 생육적온은 25 ~ 28℃이다. 줄기와 잎은 처음 약간 누르스름해지면서 시들어 말라 죽는다. 줄기와 잎에 암갈색의 병반을 형성하고 급속히 고사한다. 다습하면 병반부에 흰색 곰팡이가 생긴다. 과실도 갈색으로 변하여 말라버린다.

※ 고추의 차먼지응애 피해 증상 … 차먼지응애는 대부분의 기주 작물에서 주로 생장점 부근의 눈과 전개 직후의 잎 그리고 꽃과 과실을 주로 가해하는데, 차먼지응애가 고추에서 가해하기 시작하면 초기에는 먼저 피해를 입은 잎이 건전한 잎보다 진한 녹색을 띠면서 반들거리며, 생장점 부근의 어린잎에 주름이 생기고 잎의 가장자리가 안쪽으로 오그라들며 기형이 된다. 유묘기에 차먼지응애가 높은 밀도로 가해하면 생장점이 고사하여 새로운 잎이 전개되지 못하고 생육이 크게 위축된다. 이때 피해를 심하게 받은 잎은 주로 가장자리를 따라 뒤로 말리면서 뻣뻣해지는데, 농민들은 흔히 프라스틱병이라고도 부른다. 이러한 피해증상은 바이러스병에 의한 피해 증상과 혼동하기 쉬운데 바이러스 피해와 다른 점은 피해를 받은 생장점 부위가 시간이 지남에 다라 전체적으로 혹덩어리로 변하게 되어 완전히 생육이 정지되는 점이다. 고추의 생육 중기나 후기에 차먼지응애가 발생할 경우에는 비교적 피해정도가 낮으나 방제를 하지 않고 방치할 경우 고추 과실이 기형이 되거나 고추 표면이 코르크 증상을 나타내어 상품성이 매우 저하된다.

**32** 양파는 하루의 일조시간이 일정 시간(12 ~ 14시간) 이상 되지 않으면 꽃눈을 형성하지 않는 장일성 식물이다. 양파는 8월 중순 ~ 9월 중순에 파종하여 밭에는 10월 상순 ~ 11월 상순에 정식(아주심기)한다. 고온장일에 의해 추대개화하는 2년생 식물이나 조건에 따라 1년에 조기추대하는 경우도 있다.

**33** 배토(培土, 북주기, Hilling) 작업 … 비나 바람에 두둑의 흙이 시간이 가면서 유실되기 때문에 호미로 작물쪽으로 주변 흙을 긁어 올리는 작업이다. 감자, 대파, 양파, 콩 등은 배토 작업을 한다.

　※ 배토의 장점
　　㉠ 양분 있는 흙을 작물에 보태준다.
　　㉡ 바람이 잘 통하게 해준다.
　　㉢ 작물이 바람이나 비에 쓰러지지 않는 효과가 있다.

**34** 구근류(球根類, Bulbs and Tubers) … 땅속에 구형의 저장기간을 형성하는 마늘, 양파, 튤립, 글라디올러스 등의 작물이다.

**35** ㉠ 적색광(Red Light) : 식물의 색깔을 더욱 선명하게 한다.
　㉡ 근적외광(Far Red Light) : 일장반응, 종자발아, 휴면유발, 줄기신장과 관계있다.
　㉢ 청색광(Blue Light) : 마디 사이를 짧게 하여 줄기를 견고하게 생장하게 하며, 잎이 짙은 녹색을 띠게 한다.

**36** 국화 흰녹병은 주로 4 ~ 7월, 9 ~ 10월 중 상대습도가 90% 이상일 때 발병되며 피해 증상으로는 잎 뒷면에 융기한 작은 반점이 담갈색으로 변하면서 병무늬 주위가 담황색을 띤 점무늬로 오래되면 잎이 고사하여 상품성이 떨어지는 것이 특징이다.

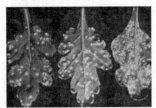

[흰녹병]

**37** 습도가 높아지면 증산속도가 증가한다.

※ 증산작용에 영향을 주는 요인

ㄱ **빛** : 빛의 세기가 강해지면 공변세포에서 광합성이 왕성하게 일어나 공변세포의 팽압이 높아져 기공이 열리고, 빛이 약하면 이와 반대로 기공이 닫히게 된다.

ㄴ **온도** : 온도가 높을수록 기공이 많이 열려 증산작용이 활발해진다.

ㄷ **바람** : 적당한 바람이 불면 기공 주변의 수증기나 기체를 날려 버려 증산작용이 활발하게 일어난다.

ㄹ **습도** : 공기 중의 습도가 높아지면 기공은 닫혀 증산작용은 약해지고 공기가 건조해질수록 기공이 열려 증산작용이 활발해진다.

**38** ② 달리아는 알뿌리 화초이다.

[달리아 꽃]          [달리아 뿌리]

※ **다육식물** … 선인장과 · 국화과 · 초롱꽃과 · 석류풀과 · 돌나물과 · 닭의장풀과 · 백합과 · 수선화과 등의 식물이 이에 속한다. 줄기나 잎이 다육이라도 그것이 지하에서 구상 · 괴상으로 된 것은 알뿌리라 하여 다육식물과 구별하며, 높은 산의 다육식물도 고산식물로 다루는 일이 많다.

**39** 배유나 자엽에 저장된 녹말은 산화효소에 의해 분해되어 맥아당이 되고, 맥아당은 말테이스에 의해 가용성인 포도당이 되어 배나 생장점으로 이동하여 호흡기질이 되거나 셀룰로스, 비환원당, 전분 등으로 재합성된다.

**40** ① 절화의 수분 함량은 아침에 더 높다.

② 절화의 탄수화물 함량은 아침보다 저녁에 수확할 때 더 높다.

④ 장기저장용 절화는 단기저장용보다 어린 단계에서 수확한다.

**41** 단일성 화훼의 개화 촉진이나 장일성 화훼의 개화 억제를 위한 방법으로 국화, 포인세티아, 칼랑코에, 에크메아 등은 차광재배를 한다. 차광은 해지기 전부터 해가 뜰 때까지 암막을 덮어 암기의 길이를 길게 하며, 0.1mm 흑색 또는 은색 플라스틱 필름을 사용한다.

**42** HQS(8 – Hydroxyquinoline Sulfate) … 세균의 발육을 저지하여 유관속이 막히는 것을 방지하며, 용액의 Ph를 저하시켜 미생물 증식을 억제(100 ~ 200ppm)한다. 그러나 고농도 처리 시 잎의 피해, 줄기갈변, 흰 꽃잎의 황화를 초래할 수 있다.

**43** 식물은 빛이 없는 암흑 상태에서는 광합성을 할 수 없고, 생활 에너지를 얻기 위하여 호흡에 의한 소모만을 계속한다. 빛을 쪼이기 시작하면 광합성도 시작된다. 빛의 세기가 차차 세지면 광합성량과 호흡에 의한 소모량이 같아져 겉보기로는 물질의 생산이 없는 것 같은 상태에 이르는데, 이때의 빛의 세기를 광보상점이라 한다. 일반적으로 온대과수보다는 열대과수의 광보상점이 높은 편이다.

**44** 환상박피 … 식물체, 특히 수목과 같은 다년생 식물의 형성층 부위 바깥부분의 껍질을 벗겨내어 체관부를 제거함에 따라 식물의 탄소동화산물이 아래로 이동하지 못하도록 하여 껍질을 벗겨낸 부분의 위쪽이 두툼하게 되는 현상을 말한다. 도관부는 손상을 주지 않아 식물체의 생육에는 여전히 큰 문제가 없는 상태이다.

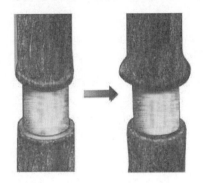

**45** 알카리성의 석회시비는 산성 토양을 중성토양으로 개량하여 토양의 입단화(粒團化)를 촉진한다.

※ 입단구조와 단립구조

입단구조(입단구조 = 떼알구조 : Aggregated Structure)는 단립구조(單粒構造 = 홑알구조 : Single Grained Structure)와 대비되는 토양의 특성을 가리키는 표현이다. 홑알구조는 작은 흙알갱이들이 서로 흩어져 있는 모습이며, 떼알구조는 작은 흙알갱이들이 서로 모여 보다 큰 하나의 흙알갱이를 형성한다.

**46** 인과류(仁果類, Pomes) … 사과, 배 등과 같이 자방과 더불어 꽃받기가 비대 발달하여 과실이 된 위과(僞果)를 말한다.

※ 과일의 종류

   ㉠ 인과류 : 꽃받침 부분이 과육으로 발달하였다. ㉞ 사과, 배 등

   ㉡ 준인과류 : 씨방이 과육으로 발달하였다. ㉞ 감, 귤 등

   ㉢ 핵과류 : 씨방이 발달한 과육의 중심부에 핵이 있는 것이다. ㉞ 복숭아, 자두, 살구, 앵두 등

   ㉣ 장과류 : 꽃받침이 주머니 모양으로 발달하고 씨방이 과육으로 발달한 것이다. ㉞ 포도, 딸기, 무화과 등

   ㉤ 견과류 : 씨앗 부분을 이용한다. ㉞ 밤, 호두 등

**47** 마그네슘은 녹색식물의 엽록소 구성 성분으로 탄소동화 작용에 관여한다. 결핍증상은 엽맥사이에 황화 현상이 나타나고 심하면 백화현상도 나타난다. 강한 햇빛을 쪼이면 쉽게 시들고 잎이 뻣뻣해지며, 생육이 억제되고 잎은 담록색이나 황록색을 띤다.

**48** 접목이 안 된 실생묘의 수명이 더 길다.

※ 왜성대목 … 유전적으로 키가 작은 성질을 지닌 대목이다. 교목성으로 키가 큰 과수를 왜화시키고자 할 때 왜성대목에 접목을 한다. 사과나무에 이용되고 있으며 왜성대목의 종류는 30여 종 이상이 된다.

**49** 일정 기간의 저온요구도가 충족되어야 자발휴면이 타파된다. 낙엽과수의 자발휴면이 자연상태에서 타파되려면 겨울철 일정 기간 기온(7℃ 이하)이 지속되어야 한다. 과종에 따라 저온 요구시간이 다르다. 휴면기간 중에는 -20℃ 정도에서도 동해피해를 입지 않으며, 때로는 0℃에서도 상해를 입는다.

※ 과수휴면의 종류
- ㉠ 내생휴면(자발휴면) : 기준 온도보다 낮은 온도에서 일정 기간 경과해야, 즉 저온요구도를 만족시켜야 깨어난다. 내생휴면에서 깨어나도 바로 발아하지 않고 환경휴면(타발휴면)에 들어간다.
- ㉡ 환경휴면(타발휴면) : 내생휴면에서 깨어난 다음 기준 온도에서 일정 시간 경과해야, 즉 고온요구도를 만족시켜야 환경휴면에서 깨어 발아를 시작한다.

**50** ④ 화학적인 방법에 해당한다.

**51** 성숙도 판정기준
- ㉠ 과실의 색깔이 품종 고유의 특색을 나타낸다.
- ㉡ 잘 익은 과실은 수확하기에 힘들지 않도록 꼭지가 잘 떨어진다.
- ㉢ 익어가는 과실은 살이 연하여 물러지고, 단맛이 많아지고 신맛이 적어진다.
- ㉣ 특수한 향기가 나고, 씨가 굳고 착색이 된다.
- ㉤ 꽃이 핀 다음 성숙기까지 거의 일정한 기일이 걸린다.

**52** ③ 산도는 산도계를 이용하고, %로 표시한다.

**53** 원예산물의 맛의 성분
- ㉠ 단맛 : 포도당(Glucose), 과당(Fructose), 자당(Sucrose)
- ㉡ 신맛 : 사과산(Malic Acid), 구연산(Citric Acid), 주석산(Tartaric Acid)
- ㉢ 쓴맛 : 헤스페리딘(Hesperidin), 리모넨(Limonene), 나린진(Naringin)
- ㉣ 떫은맛 : 탄닌(Tannin)

**54** ④ 작물 전체 부피에 비해 외부에 노출된 표면적이 크면 증산할 수 있는 면적도 커서 손실이 심하게 일어나며, 증산속도는 전체 부피에 대한 표면적의 비와 그 표면적의 노출 정도에 따라 좌우된다.

**55** 비파괴 측정 선별법 … 농산물 특히 과수의 당도를 측정할 때 제품을 파괴하지 않고 기계를 이용해 검사하는 방법을 일컫는 말로 표본조사가 아닌 전수조사가 가능하다.

**56** 신선편이 채소는 박피와 절단 등의 가공과정을 거치면서 호흡과 같은 생리대사 활성이 높아질 뿐만 아니라, 에틸렌이나 2차 대사산물이 생성되면서 신선 채소에 비하여 갈변과 품질 변화가 빠르고, 미생물 증식으로 인하여 유통기간이 짧다는 단점이 있다.

**57** ④ 분무세척법이 침지세척법에 비해 이물질 제거 효과가 더 높다.

※ **침지세척법과 분무세척법**

   ⊙ **침지세척법** : 탱크와 같은 용기에 물을 넣고 식품을 일정 시간 담근 후 건져내는 방식으로 딸기, 아스파라거스, 시금치, 감자 등 채소류의 세척에 널리 사용된다. 용기는 철제, 비닐, 콘크리트제가 사용되며 목제통과 같이 흡수성인 것은 사용하지 않는 것이 좋다. 탱크에는 교반기를 설치하여 세척수를 교반하면 세척효과를 높일 수 있다. 세척 효과를 높이기 위하여 온수를 사용할 수 있으나, 식품의 변질을 촉진하는 단점이 있다. 농약, 비료 또는 광물성 기름으로 오염된 식품은 중성세제 등의 세척 세제를 쓰기도 하나 식품의 색채, 조직 등에 나쁜 영향을 줄 수 있으므로 세척제의 선택에 유의하여야 한다.

   ⊙ **분무세척법** : 식품의 표면에 물을 살포하여 씻는 방법으로 식품공업에서 가장 많이 이용되는 세척방법이다. 분무세척기는 식품을 움직이도록 하고 그 위를 여러 개의 노즐을 통하여 물을 분무시켜 세척하도록 되어 있다. 이때 분사되는 물의 압력, 양, 온도 등에 따라 세척효율이 결정된다. 감자, 토마토, 감귤, 사과 등의 세척에 사용되고 있으며 상처부위 등에 끼인 흙, 균체 등을 효과적으로 제거할 수 있다.

**58** ① 작물의 에틸렌 수용체에 결합하여 수용체의 작용을 저해하며, 에틸렌 작용 억제제 역할과 더불어 내생 에틸렌 생성도 억제하는 것으로 알려져 있다.

**59** 과실의 발육과정에서 에틸렌의 생성량 변화는 호흡의 변화와 일치한다. 호흡량이 낮은 비급등형(호흡이 갑자기 심해지지 않는 형) 과실은 에틸렌 생성이 적으며, 급등형(호흡이 갑자기 심해지는 형) 과실에서 호흡이 급격히 늘어나고 에틸렌 생성도 늘어나게 된다.

**60** 사과 수확기의 빠르고 늦음은 맛과 저장력에 밀접한 관계를 갖고 있기 때문에 수확 후 바로 판매하려면 품종 고유의 특성을 나타낼 수 있도록 나무에서 완숙한 것을 수확하고, 저장용으로 사과를 수확할 때에는 완숙 전에 수확해서 저장하는 것이 저장력이 높다.

**61** 과일은 성숙하면서 엽록소가 분해되고, 안토시아닌계 색소가 합성되고, 엽록소가 사라짐에 따라 카로티노이드가 부각되어 성숙한 과일의 특유한 색을 준다.

**62** 호흡에 영향을 미치는 인자

   ⊙ **온도** : 수확 후 저장수명에 가장 크게 영향을 주는 요인은 온도이다. 온도는 대사과정이나 호흡 등 생물학적 반응에 크게 영향을 주기 때문이다. 대부분의 작물의 생리적인 반응을 근거로 온도 상승은 호흡반응의 기하급수적인 상승을 유도한다.

   ⊙ **저온스트레스와 고온스트레스** : 수확 후 식물이 받은 스트레스에 따라 호흡률이 크게 영향을 받는다. 일반적으로 식물은 수확 후 0℃ 이상의 온도 범위에서는 저장온도가 낮을수록 호흡률은 떨어진다. 그러나 열대나 아열대 원산인 식물은 빙점온도(0℃) 이상에서 10 ～ 12℃ 이하의 온도에서도 저온에 의하여 저온스트레스를 받게 된다.

   ⊙ **대기조성** : 산소 농도가 21%에서 2 ～ 3%까지 떨어질 때 호흡률과 대사과정은 감소한다. 저장산물 주변의 이산화탄소 농도가 증가하게 되면 호흡을 감소시키고 노화를 지연시킨다.

   ⊙ **물리적 스트레스** : 약간의 물리적 스트레스에도 호흡반응은 흐트러지고 심할 경우에는 에틸렌 발생 증가와 더불어 급격한 호흡증가를 유발한다. 물리적 스트레스에 의해 발생된 피해표시는 장해조직으로부터 발생하기 시작하여 나중에는 인접한 피해를 받지 않은 조직에까지 생리적 변화를 유발한다.

**63** 과실은 성숙함에 따라 과육의 세포벽의 두께나 강도, 세포끼리의 접착능력이 떨어져 과육이 연화하게 된다. 세포벽을 구성하는 물질은 셀룰로오스, 헤미셀룰로오스, 펙틴 등이 있는데 과육의 연화는 이러한 물질을 분해하는 효소의 작용에 의해서이다.

**64** PP(Polypropylene) 필름의 특징

ㄱ 비중이 0.90 ~ 0.91로 가벼움

ㄴ 무미, 무취, 무독

ㄷ 가공이 용이, 우수한 방습성, 투명도, 광택도, 내열성 좋음

ㄹ 산소 투과도 높음, 알루미늄 증착이나 PVDC코팅으로 차단성 높임

**65** ① 진공냉각방식은 엽채류에 주로 이용된다. 과채류는 수냉식 예냉방식을 주로 사용한다.

③ 냉수냉각방식은 매우 효율이 좋은 냉각법이지만, 실용화를 위해서는 미생물 오염 등과 같은 여러 가지 문제를 해결하여야 한다.

④ 차압통풍냉각방식은 예냉고 내에 공기 통로가 필요하므로 적재효율이 나쁘다.

**66** ③ 저산소, 고이산화탄소 환경이 농산물을 이취를 발생시킨다.

**67** ② 아열대산의 작물이 온대산 작물에 비해 저온에 매우 민감하다.

**68** 호흡률에 따라 분류된 원예작물

| 분류 | 5℃ 측정 $(mgCO_2/kg \cdot hr^{-1})$ | 원예작물 |
|---|---|---|
| 매우 낮음 | < 5 | 사과, 감귤류, 마늘, 포도, 감로멜론, 양다래, 양파 등 |
| 낮음 | 5 ~ 10 | 파파야, 감, 파인애플, 석류, 고구마, 수박, 호박 등 |
| 중간 | 10 ~ 20 | 살구, 바나나, 블루베리, 양배추, 칸탈루프, 당근, 앵두, 오이, 무화과, 상추(결구), 망고, 복숭아, 서양배, 자두, 감자(미숙), 페포호박, 토마토 등 |
| 높음 | 20 ~ 40 | 아보카도, 부추, 무, 딸기 등 |
| 매우 높음 | 40 ~ 60 | 콩나물, 브로콜리, 양배추, 절화, 실파, 케일 등 |
| 지극히 높음 | > 60 | 아스파라거스, 버섯, 파슬리, 완두콩, 시금치 등 |

**69** ② 상대습도가 높을수록 곰팡이 증식이 쉽다.

**70** ① 고추의 착색 촉진제

※ 에테폰 … 식물의 노화를 촉진하는 식물호르몬의 일종인 에틸렌(Ethylene)을 생성함으로써 과채류 및 과실류의 착생을 촉진하고 숙기를 촉진하는 작용을 하므로 토마토 · 고추 · 담배 · 사과 · 배 · 포도 등에 널리 사용되고 있다.

**71** 마이코톡신(Mycotoxin) … 곰팡이 독이라고 불리우며 대개가 발암성이다. 곰팡이 독소는 농산물의 생육기간 및 저장, 유통 중에 곰팡이에 의해 생성되는 독소로서 열에 안정하여 조리가공 후에도 분해되지 않으며, 이에 오염된 식품이나 사료를 섭취한 사람이나 동물에게 여러 가지 장애를 유발할 수 있다. 곰팡이 독소는 식중독 증세처럼 나타나고 곰팡이 독소에 의한 병변이라는 것을 밝혀내기 어려워 사람들이 곰팡이 독소에 무감각한 상태이다. 특히, 간암이나 식도암 등의 발암성과 관련이 있기 때문에 세계 각국에서 관심이 집중되고 있으며 식품안전성에 있어서 식품첨가물이나 잔류농약보다 곰팡이 독소의 위험이 더 큰 것으로 논의되고 있다.

**72**

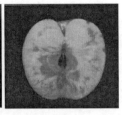

[사과의 밀(Water Core) 증상]

밀(Water Core)증상은 보통 사과에 '꿀'이 들어있다는 표현으로 알려진 증상으로 솔비톨이라는 당류가 과육의 특정부위에 비정상적으로 축적되어 나타나는데, 이 솔비톨은 물과 강하게 결합하려는 성질을 가지고 있기 때문에 밀병 부위가 물이 들어있는 것처럼 투명하게 보인다. 밀증상이 심한 과육조직은 정상조직에 비하여 생리적 대사능력이 원활하지 못하므로 저장기간이 길어지고 노화가 진행되면서 갈변으로 진행된다. 과실이 크거나 햇빛을 잘 받는 과실일수록, 수확 시기가 늦을수록, 성숙기가 고온일수록, 온도차가 클수록 심해진다. 밀 증상 자체를 장해로 보기는 어려우나 심하면 저장 중 장해현상으로 발전하므로 넓은 의미에서 저장 중장해로 분류한다.

**73** 딸기의 연화를 억제하기 위해서는 예냉처리를 해야 한다. 예냉이란 수확 후 품온을 낮추어 호흡, 증산, 효소작용을 억제시키는 방법을 말한다. 주요 예냉처리 작목으로는 결구상추, 시금치, 양배추, 배추, 당근, 무, 상추, 파, 브로콜리, 피망, 토마토, 오이, 딸기 등이 있다.

※ 예건 … 저온고 입고 전에 표피를 약간 말려주는 작업을 말한다. 예건처리 작목으로는 마늘, 양파, 배, 감귤 등이 있다.

**74** 세포막의 지질 유동성 증가로 구조적 변화가 일어나 무기이온의 유출이 커지는 것은 열해로 인한 피해이다.

**75** ①② 콜드체인 시스템은 농산물을 생산한 후 고품질 및 신선도 유지를 위해 예냉처리를 하여 저온저장한 다음 저온으로 수송하고 판매 장소에서도 낮은 온도를 유지하는 선진 농산물 유통기법을 말한다. 예냉, 저장, 수송, 판매에 이르기까지 전 과정을 저온으로 유통 시켜 신선한 농산물을 소비자에게 제공한다.

④ 방습도가 높은 포장상자를 구비해야 한다. 가스치환포장, 진공포장, 무균충전포장 등을 주로 이용한다.

**76** ① 농산물의 다품목 소량 생산은 유통 경쟁력 확보를 위한 규모화와 농가 조직화를 어렵게 한다.

**77**

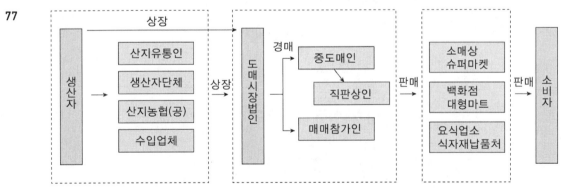

[농수산물 유통구조(공영 도매시장, 상장품목의 경우)]

**78** ③ 수평적 통합에 해당한다. 수평적 통합이란 새로운 마케팅 기회를 위하여 동일한 경로단계에 있는 두 개 이상의 개별적인 기업이 자원과 프로그램을 결합하는 것을 말한다.

**79** 종래의 상거래는 소비자의 의사와는 관계없는 일방적인 마케팅이었다면, 전자상거래에서의 마케팅은 소비자의 쌍방통신을 통한 상호적 마케팅 활동이라는 점에서 구별된다.

**80** 공동계산제의 장점
  ㉠ 개별농가의 위험 분산
  ㉡ 협동조합의 마케팅 혜택
  ㉢ 공동출하를 통해 거래 교섭력 제고
  ㉣ 대량거래의 유리성
  ㉤ 판매와 수송에서의 규모의 경제
  ㉥ 품질 향상

  ※ **공동계산제** … 다수의 농가가 공동출하 함에 있어서 생산한 농산물을 출하자별로 구분하는 것이 아니라 각 농가들의 상품을 혼합하여 등급별로 구분하고, 관리·판매하여 그 등급에 따라 비용과 대금을 평균하여 농가에 정산하는 방법을 말한다. 농산물은 가격변동이 심하여 판매 장소와 시기에 따라 많은 가격차이가 있다. 그러나 공동계산을 하면 판매 장소와 시기에 관계없이 일정한 기간에 같은 농산물을 판매한 생산자는 판매 가격을 평균하여 같은 가격을 받게 된다. 판매처에 따라 판매비용에 차이가 있지만 판매비용도 평균하여 공제한다. 다만 판매 가격은 등급에 따라 차이가 있으므로 등급별로 다른 가격을 받게 된다. 따라서 같은 물량을 판매하더라도 높은 등급의 농산물을 많이 판매한 생산자는 높은 가격을 받고, 낮은 등급의 농산물을 많이 생산한 생산자는 낮은 가격을 받게 된다. 공동계산제의 단점은 사후정산으로 농가들의 자금수요에 부응하지 않을 수 있으며, 판매능력이 있고 고품질의 생산농가가 단기적으로 불리할 수 있다는 것이다.

**81** **농산물종합유통센터** … 농수산물의 출하 경로를 다원화하고 물류비용을 절감하기 위하여 농수산물의 수집·포장·가공·보관·수송·판매 및 그 정보처리 등 농수산물의 물류활동에 필요한 시설과 이와 관련된 업무시설을 갖춘 사업장을 말한다.

**82** 도매상의 유형

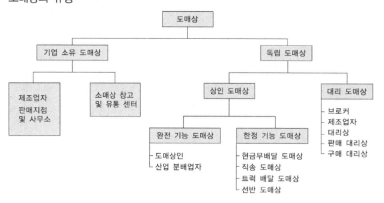

**83** **정가매매** … 출하 농산물에 미리 판매 가격을 정해 정찰제로 판매하는 방식이며, 한편 수의매매는 경매사가 출하자 및 구매자와 협의해 가격과 수량, 기타 거래조건을 결정하는 것이다.

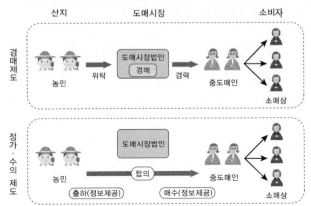

**84** ① 보관·수송이 용이하고 부패성이 적은 농산물은 유통마진이 낮고, 부피가 크고 저장·수송이 어려운 농산물은 유통마진이 높다.
② 경제발전에 따라 저장, 가공, 포장 등 유통서비스가 증대하고 그에 따른 비용·이윤이 증대된다.
④ 최종 소비자의 농수산물구입 지출금액에서 생산농가가 수취한 금액을 공제한 것이다.
※ 유통마진의 구성

**85** 농산물 산지 유통 과정에서 창출되는 효용
㉠ **시간효용** : 소비자가 원하는 시기에 언제든지 제품을 구매할 수 있는 편의를 제공해 주는 것을 말한다.
㉡ **장소효용** : 소비자가 어디에서나 제품을 구매할 수 있는 편의를 제공해 주는 것을 말한다.
㉢ **소유효용** : 생산자나 중간상으로부터 제품이나 서비스의 소유권이 이전되는 편의를 제공해 주는 것을 말한다.
㉣ **형태효용** : 제품과 서비스를 고객에게 좀 더 매력적으로 보이기 위하여 그 형태나 모양을 변경시키는 모든 활동을 말한다.

**86** **공동판매** … 판매조합을 공동으로 하는 판매로서 대형유통업체와 직거래로 전환하여 공동판매장을 통해 판매하게 된다. 그러나 총거래수 최소화 원칙은 유통경로에서 중간상이 개입함으로서 거래수와 결과적으로는 단순화·통합화되어 실질적으로는 거래비용이 감소하게 된다는 원칙으로 공동판매와는 관련이 없다.

**87** **공급탄력성** … 가격 변화에 대한 공급의 민감도를 측정하는 척도로 어떤 상품의 가격이 변할 경우 그 상품의 공급량이 얼마나 변화하였는지를 나타낸다.
※ **공급함수** … 가격과 공급량과의 대응관계를 나타내는 것으로 $Q$는 공급량, $P$는 가격을 나타낸다.
• $\dfrac{\text{공급량의 변동률(\%)}}{\text{가격 변동률(\%)}} = \dfrac{2 \times 500}{4{,}000} = 0.25$

**88** 농산물의 등급화는 합리적인 수송과 저장 활동을 가능케 함으로써 비용절감과 등급 간 공정가격 형성으로 가격형성 효율성 제고, 시장정보의 세분화와 정확성, 소비자의 선호도 충족과 수요를 창출한다. 동일 등급 내의 상품은 구입자가 가능한 가격 차이를 인정할 수 있도록 이질적이며, 등급 구간이 작을수록 좋다.

※ **농산물 등급화** … 유통시장에서 거래되는 농산물의 약 70%가 모두 '특' 등급으로 출하되는 상황을 개선, 명품·프리미엄·특품·상품·보통 등 품위에 따라 5개 등급으로 세분화해 소비자의 선택의 폭을 넓히는 것을 말한다. 또한 품위 간 가격 차이를 확대해 농가의 우수 농산물 생산의욕을 독려한다는 의미도 담겨 있다.

**89** 농산물 생산성이 증가할 경우 가격 경쟁력이 하락하기 때문에 시세변동에 대비하기 위한 방법이라고 할 수 없다.

**90** 농산물 공급이 가격에 대해 비탄력적이기 때문에 공급곡선이 소폭변동하면 가격변동이 크다.

**91** ① 국가번호는 '880'이다.
② 상품코드는 8번째부터 5자리이다.
③ 유통업체 코드는 존재하지 않는다.

※ 바코드 구성

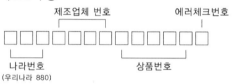

**92** 현재의 직불금 산정기준은 가격에만 초점이 맞춰져 있기 때문에 목표가격 산정방식에 물가상승률과 생산비를 반영하는 방안을 모색해야 한다.

**93** 광고는 농산물의 판매를 촉진시키기 위한 전략이다. 상품화가 종료되고 소비자의 구매욕구를 자극하는 것으로 정보 전달 및 설득과정에 해당한다.

**94** ① POS는 금전등록기와 컴퓨터 단말기의 기능을 결합한 시스템으로 매상금액을 정산해 줄 뿐만 아니라 동시에 소매경영에 필요한 각종정보와 자료를 수집·처리해 주는 시스템으로 판매시점 관리시스템이라고 한다.
② 공급망관리는 물건과 정보가 생산자로부터 도매업자, 소매상인, 소비자에게 이동하는 전 과정을 실시간으로 한눈에 볼 수 있다. 이를 통해 제조업체는 고객이 원하는 제품을 적기에 공급하고 재고를 줄일 수 있다.
④ 고객은 일정 기대치를 가지고 제품이나 서비스를 이용한다. 이때 고객이 가진 기대치 이상으로 고객의 만족을 충족시켜 고객에게 감동을 줌으로써 다시 고객이 이용한 제품이나 서비스를 찾도록 하는 것을 고객만족경영이라고 한다.

**95** 협동조합에서 유기농산물 같은 맞춤형 물품을 저렴하고 안정적으로 구매할 수 있으며, 산지 직거래로 유기농 재배 농산물을 일반 매장보다 30% 저렴하게 구매할 수 있다.

**96** 제품에 대한 수요가 점점 증가함에 따라 시장 규모가 확대되고 제조 원가가 하락하여 기업의 이윤율이 증가하는 성장기에 접어들면 기업의 위험이 현격하게 줄어든다.

※ **제품수명주기(PLC)** … 일반적으로 PLC는 도입기, 성장기, 성숙기, 쇠퇴기로 나눈다. 제품의 각 주기에 따라 기업 내의 수익성, 경쟁력, 위험도 등이 다르게 영향을 받기 때문에 기업이 생산하고 있는 제품이 수명주기의 어느 단계인가를 알아야 한다.

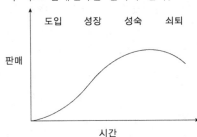

| | 도입기 | 성장기 | 성숙기 | 쇠퇴기 |
|---|---|---|---|---|
| 판매 | 낮음 | 고성장 | 저성장 | 쇠퇴 |
| 원가 | 높음 | 평균 | 낮음 | 낮음 |
| 이익 | 손해 | 점점 높아짐 | 고 | 감소 |
| 고객 | 혁신층 | 조기수용자 | 조기다수 + 후기다수 | 최후수용자 |
| 경쟁자 | 소수 | 증가 | 다수(감소시작) | 감소 |

**97** 브랜드 충성도의 유형

㉠ **상표인식(Brand Recognition)** : 소비자가 구매하고자 하는 제품에 대해 약간의 지식은 알고 있지만 어느 특정 상표를 고집하거나 선택하려는 의도가 없는 경우를 말한다.

㉡ **상표선호(Brand Preference)** : 특정 상표의 상품을 구매할 수 없을 때 서슴지 않고 다른 상표를 선택하는 경우를 말한다.

㉢ **상표고집(Brand Insistence)** : 희망하는 상표의 상품 이외에는 구매하지 않는 경우를 말한다.

**98** ③ 개수가격 전략은 고급품질의 가격이미지를 형성하여 구매를 자극하기 위하여 우수리가 없는 개수의 가격을 구사하는 정책이다.

① 가장 일반적으로 쓰이는 방법으로 제품의 원가에 일정률의 이익을 가산하여 가격을 설정하는 것을 말한다.

② 시장이 소수의 기업으로 이루어진 과정 상태에 있을 경우 설립되는 가격을 말한다.

④ 기업이 제품을 생산하는 데 들어간 원가가 아니라 소비자가 인식하는 제품의 가치에 따라 가격을 설정하는 것을 말한다.

**99** ② 경품이나 할인쿠폰 제공은 경쟁기업이 모방하기 쉬운 촉진활동에 해당한다.

**100** 유통금융기능 … 농산물을 유통 시키는 데 필요로 하는 자금을 융통하는 기능이다. 보험가입은 위험부담기능이다. 유통 과정에서 받는 물리적 위험에 대처하는 방안이다.

| | | 정답 한 눈에 보기 | | | | | | | | | | | | | | | | | |
|---|---|---|---|---|---|---|---|---|---|---|---|---|---|---|---|---|---|---|---|
| **1** | ② | **2** | ③ | **3** | ④ | **4** | ④ | **5** | ③ | **6** | ③ | **7** | ② | **8** | ④ | **9** | ④ | **10** | ④ |
| **11** | ④ | **12** | ③ | **13** | ① | **14** | ③ | **15** | ① | **16** | ② | **17** | ② | **18** | ② | **19** | ② | **20** | ② |
| **21** | ④ | **22** | ③ | **23** | ① | **24** | ① | **25** | ① | **26** | ③ | **27** | ④ | **28** | ③ | **29** | ① | **30** | ① |
| **31** | ④ | **32** | ② | **33** | ① | **34** | ④ | **35** | ④ | **36** | ③ | **37** | ① | **38** | ③ | **39** | ③ | **40** | ④ |
| **41** | ① | **42** | ④ | **43** | ② | **44** | ② | **45** | ④ | **46** | ③ | **47** | ② | **48** | ② | **49** | ① | **50** | ② |
| **51** | ② | **52** | ③ | **53** | ② | **54** | ① | **55** | ⑤ | **56** | ④ | **57** | ⑦ | **58** | ③ | **59** | ③ | **60** | ① |
| **61** | ② | **62** | ② | **63** | ④ | **64** | ③ | **65** | ① | **66** | ② | **67** | ⑤ | **68** | ② | **69** | ③ | **70** | ④ |
| **71** | ① | **72** | ④ | **73** | ② | **74** | ③ | **75** | ② | **76** | ③ | **47** | ④ | **78** | ④ | **79** | ② | **80** | ③ |
| **81** | ② | **82** | ③ | **83** | ① | **84** | ④ | **85** | ③ | **86** | ④ | **87** | ⑤ | **88** | ③ | **89** | ④ | **90** | ① |
| **91** | ③ | **92** | ② | **93** | ④ | **94** | ① | **95** | ④ | **96** | ③ | **97** | ② | **98** | ① | **99** | ③ | **100** | ② |

2014년도 필기시험 제11회 2014.05.27

**1** "이력추적관리"란 농수산물(축산물은 제외한다)의 안전성 등에 문제가 발생할 경우 해당 농수산물을 추적하여 원인을 규명하고 필요한 조치를 할 수 있도록 농수산물의 생산단계부터 판매단계까지 각 단계별로 정보를 기록·관리하는 것을 말한다〈농수산물 품질관리법 제2조 제1항 제7호〉.

**2** 국내산의 경우 "국산"이나 "국내산"으로 표시한다. 다만, 수입한 돼지 또는 양을 국내에서 2개월 이상 사육한 후 국내산으로 유통하거나, 수입한 닭 또는 오리를 국내에서 1개월 이상 사육한 후 국내산으로 유통하는 경우에는 "국산"이나 "국내산"으로 표시하되, 괄호 안에 출생 국가명을 함께 표시한다〈농수산물의 원산지 표시에 관한 법률 시행규칙 별표4〉.
※ 문제에서는 양을 2개월 이상 국내에서 사육하지 않았기 때문에 출생국가명만 표기한다.

**3** 농수산물의 원산지 표시에 관한 법률 시행령 별표 2

| 위반행위 | 근거 법조문 | 과태료 금액 | | |
|---|---|---|---|---|
| | | 1차 위반 | 2차 위반 | 3차 위반 |
| 쇠고기의 원산지 및 식육의 종류 모두를 표시하지 않은 경우 | 법 제18조 제1항 제1호 | 150만 원 | 300만 원 | 500만 원 |
| 배추 또는 고춧가루의 원산지를 표시하지 않은 경우 | | 30만 원 | 60만 원 | 100만 원 |

※ 관련 법 개정으로 현 시행법령에 따른 해설은 다음과 같다.

| 위반행위 | 근거 법조문 | 과태료 금액 | | |
|---|---|---|---|---|
| | | 1차 위반 | 2차 위반 | 3차 위반 |
| 쇠고기의 원산지를 표시하지 않은 경우 | 법 제18조 제1항 제1호 | 100만 원 | 200만 원 | 300만 원 |
| 쇠고기 식육의 종류만 표시하지 않은 경우 | | 30만 원 | 60만 원 | 100만 원 |
| 배추 또는 고춧가루의 원산지를 표시하지 않은 경우 | | 30만 원 | 60만 원 | 100만 원 |

**4** 원산지를 표시하여야 하는 자는 「축산물 위생관리법」나 「가축 및 축산물 이력관리에 관한 법률」 등 다른 법률에 따라 발급받은 원산지 등이 기재된 영수증이나 거래명세서 등을 매입일부터 6개월간 비치·보관하여야 한다〈농수산물의 원산지 표시에 관한 법률 제8조(영수증 등의 비치)〉.

**5** 농산물품질관리사 또는 수산물품질관리사의 시험·자격부여 등〈농수산물품질관리법 제107조 제2항, 제3항〉

　㉠ 농림축산식품부장관 또는 해양수산부장관은 농산물품질관리사 또는 수산물품질관리사 자격시험에서 다음의 어느 하나에 해당하는 사람에 대해서는 해당 시험을 정지 또는 무효로 하거나 합격 결정을 취소하여야 한다.

　　• 부정한 방법으로 시험에 응시한 사람

　　• 시험에서 부정한 행위를 한 사람

　㉡ 다음의 어느 하나에 해당하는 사람은 그 처분이 있은 날부터 2년 동안 농산물품질관리사 또는 수산물품질관리사 자격시험에 응시하지 못한다.

　　• ㉠에 따라 시험의 정지·무효 또는 합격취소 처분을 받은 사람

　　• 농산물품질관리사 또는 수산물품질관리사의 자격이 취소된 사람

　※ **농산물품질관리사 자격시험의 실시 계획 등**〈농수산물품질관리법 시행령 제36조〉

　　　㉠ 농산물품질관리사 자격시험은 매년 1회 실시한다. 다만, 농림축산식품부장관이 농산물품질관리사의 수급(需給)상 필요하다고 인정하는 경우에는 2년마다 실시할 수 있다.

　　　㉡ 농림축산식품부장관은 ㉠에 따른 농산물품질관리사 자격시험의 시행일 6개월 전까지 농산물품질관리사 자격시험의 실시 계획을 세워야 한다.

**6** 우수관리인증의 기준·대상 품목·절차 및 표시방법 등 우수관리인증에 필요한 세부사항은 농림축산식품부령으로 정한다〈농수산물 품질관리법 제6조(농산물우수관리의 인증) 제7항〉.

**7** ① 농산물 검사기관의 지정기준에는 자격증 소지자 관련 내용이 포함되어 있지 않다.

　※ **농산물 검정기관의 지정기준** … 농산물품질관리사, 종자기사, 농산물 검사관, 생물공학기사 등의 농학, 식품과학과 관련이 있는 자격을 소지한 사람 또는 이와 같은 수준 이상의 자격을 갖춘 사람〈농산물 품질관리법 시행규칙 별표 31〉

**8** 우수관리인증을 받은 자가 우수관리인증의 유효기간 등에 따라 우수관리인증을 갱신하려는 경우에는 농산물우수관리인증(신규·갱신)신청서에 변경사항이 있는 서류를 첨부하여 그 유효기간이 끝나기 1개월 전까지 우수관리인증기관에 제출하여야 한다〈농수산물 품질관리법 시행규칙 제15조(우수관리인증의 갱신) 제1항〉.

**9** 교육에 필요한 경비(교재비, 강사 수당 등을 포함한다)는 교육을 받는 사람이 부담한다〈농수산물 품질관리법 시행규칙 제136조의5(농산물품질관리사 또는 수산물품질관리사의 교육 방법 및 실시기관 등) 제5항〉.

**10** 우수관리인증기관 지정의 유효기간은 지정을 받은 날부터 5년으로 하고, 계속 우수관리인증 또는 우수관리시설의 지정 업무를 수행하려면 유효기간이 끝나기 전에 그 지정을 갱신하여야 한다〈농수산물 품질관리법 제9조(우수관리인증기관의 지정 등) 제5항〉.

**11** 벌칙 … 다음의 어느 하나에 해당하는 자는 1년 이하의 징역 또는 1천만 원 이하의 벌금에 처한다〈농수산물 품질 관리법 제120조〉.

㉠ 이력추적관리의 등록을 하지 아니한 자

㉡ 시정명령(우수표시품에 대한 시정조치, 지리적표시품의 표시 시정 등 표시방법에 대한 시정명령은 제외한다), 판매 금지 또는 표시정지 처분에 따르지 아니한 자

㉢ 판매 금지 조치에 따르지 아니한 자

㉣ 처분을 이행하지 아니한 자

㉤ 공표명령을 이행하지 아니한 자

㉥ 안전성조사 결과에 따른 조치를 이행하지 아니한 자

㉦ 동물용 의약품을 사용하는 행위를 제한하거나 금지하는 조치에 따르지 아니한 자

㉧ 지정해역에서 수산물의 생산제한 조치에 따르지 아니한 자

㉨ 생산 · 가공 · 출하 및 운반의 시정 · 제한 · 중지 명령을 위반하거나 생산 · 가공시설 등의 개선 · 보수 명령을 이행하지 아니한 자

㉩ 검정 결과에 따른 조치를 이행하지 아니한 자

㉪ 검사를 받아야 하는 농산물에 대하여 검사를 받지 아니한 자

㉫ 검사를 받지 아니하고 해당 농수산물이나 수산가공품을 판매 · 수출하거나 판매 · 수출을 목적으로 보관 또는 진열한 자

㉬ 다른 사람에게 농산물 검사관, 농산물품질관리사 또는 수산물품질관리사의 명의를 사용하게 하거나 그 자격 증을 빌려준 자

㉭ 농산물 검사관, 농산물품질관리사 또는 수산물품질관리사의 명의를 사용하거나 그 자격증을 대여받은 자 또 는 명의의 사용이나 자격증의 대여를 알선한 자

※ 벌칙 … 다음의 어느 하나에 해당하는 자는 3년 이하의 징역 또는 3천만 원 이하의 벌금에 처한다〈농수산물 품질관리법 제119조〉.

㉠ 표준규격품, 우수관리인증농산물, 품질인증품, 이력추적관리농산물(이하 "우수표시품")이 아닌 농수산물(우수 관리인증농산물이 아닌 농산물의 경우에는 우수관리인증의 유효기간 등에 따른 승인을 받지 아니한 농산물을 포함한다) 또는 농수산가공품에 우수표시품의 표시를 하거나 이와 비슷한 표시를 하는 행위

㉡ 우수표시품이 아닌 농수산물(우수관리인증농산물이 아닌 농산물의 경우에는 우수관리인증의 유효기간 등에 따른 승인을 받지 아니한 농산물을 포함한다) 또는 농수산가공품을 우수표시품으로 광고하거나 우수표시품 으로 잘못 인식할 수 있도록 광고하는 행위

㉢ 거짓표시 등의 금지를 위반하여 다음의 어느 하나에 해당하는 행위를 한 자

• 표준규격품의 표시를 한 농수산물에 표준규격품이 아닌 농수산물 또는 농수산가공품을 혼합하여 판매하거나 혼합하여 판매할 목적으로 보관하거나 진열하는 행위

• 우수관리인증의 표시를 한 농산물에 우수관리인증농산물이 아닌 농산물(우수관리인증의 유효기간 등에 따른 승인을 받지 아니한 농산물을 포함한다) 또는 농산가공품을 혼합하여 판매하거나 혼합하여 판매할 목적으 로 보관하거나 진열하는 행위

• 품질인증품의 표시를 한 수산물에 품질인증품이 아닌 수산물을 혼합하여 판매하거나 혼합하여 판매할 목적으 로 보관 또는 진열하는 행위

• 이력추적관리의 표시를 한 농산물에 이력추적관리의 등록을 하지 아니한 농산물 또는 농산가공품을 혼합하여 판매하거나 혼합하여 판매할 목적으로 보관하거나 진열하는 행위

ⓔ 거짓표시 등의 금지를 위반하여 지리적표시품이 아닌 농수산물 또는 농수산가공품의 포장·용기·선전물 및 관련 서류에 지리적표시나 이와 비슷한 표시를 한 자

ⓜ 거짓표시 등의 금지를 위반하여 지리적표시품에 지리적표시품이 아닌 농수산물 또는 농수산가공품을 혼합하여 판매하거나 혼합하여 판매할 목적으로 보관 또는 진열한 자

ⓗ 「해양환경관리법」에 따른 폐기물, 유해액체물질 또는 포장유해물질을 배출한 자

ⓢ 거짓이나 그 밖의 부정한 방법으로 농산물의 검사, 농산물의 재검사, 수산물 및 수산가공품의 검사, 수산물 및 수산가공품의 재검사 및 검정을 받은 자

ⓞ 검사를 받아야 하는 수산물 및 수산가공품에 대하여 검사를 받지 아니한 자

ⓩ 검사 및 검정 결과의 표시, 검사증명서 및 검정증명서를 위조하거나 변조한 자

ⓒ 검정 결과에 대하여 거짓광고나 과대광고를 한 자

**12** **표준규격품의 출하 및 표시방법 등** ··· 표준규격품을 출하하는 자가 표준규격품임을 표시하려면 해당 물품의 포장 겉면에 "표준규격품"이라는 문구와 함께 다음의 사항을 표시하여야 한다〈농수산물 품질관리법 시행규칙 제7조 제2항〉.

㉠ 품목

㉡ 산지

㉢ 품종. 다만, 품종을 표시하기 어려운 품목은 국립농산물품질관리원장, 국립수산물품질관리원장 또는 산림청장이 정하여 고시하는 바에 따라 품종의 표시를 생략할 수 있다.

㉣ 생산연도(곡류만 해당한다)

㉤ 등급

㉥ 무게(실중량). 다만, 품목 특성상 무게를 표시하기 어려운 품목은 국립농산물품질관리원장, 국립수산물품질관리원장 또는 산림청장이 정하여 고시하는 바에 따라 개수(마릿수) 등의 표시를 단일하게 할 수 있다.

㉦ 생산자 또는 생산자단체의 명칭 및 전화번호

**13** 등록기관의 장은 유효기간이 끝나기 2개월 전까지 신청인에게 갱신 절차와 갱신 신청 기간을 미리 알려야 한다. 이 경우 통지는 휴대전화 문자메시지, 전자우편, 팩스, 전화 또는 문서 등으로 할 수 있다〈농수산물 품질관리법 시행규칙 제51조(이력추적관리 등록의 갱신) 제3항〉.

**14** 지리적표시의 등록은 특정지역에서 지리적 특성을 가진 농수산물 또는 농수산가공품을 생산하거나 제조·가공하는 자로 구성된 법인만 신청할 수 있다. 다만, 지리적 특성을 가진 농수산물 또는 농수산가공품의 생산자 또는 가공업자가 1인인 경우에는 법인이 아니라도 등록 신청을 할 수 있다〈농수산물 품질관리법 제32조(지리적표시의 등록) 제2항〉.

※ **지리적표시의 등록 거절 사유의 세부기준**〈농수산물 품질관리법 시행령 제15조〉

㉠ 해당 품목이 농수산물인 경우에는 지리적표시 대상 지역에서만 생산된 것이 아닌 경우

㉡ 해당 품목이 농수산가공품인 경우에는 지리적표시 대상 지역에서만 생산된 농수산물을 주원료로 하여 해당 지리적표시 대상 지역에서 가공된 것이 아닌 경우

㉢ 해당 품목의 우수성이 국내 및 국외에서 모두 널리 알려지지 아니한 경우

㉣ 해당 품목이 지리적표시 대상 지역에서 생산된 역사가 깊지 않은 경우

㉤ 해당 품목의 명성·품질 또는 그 밖의 특성이 본질적으로 특정지역의 생산환경적 요인과 인적 요인 모두에 기인하지 아니한 경우

㉥ 그 밖에 농림축산식품부장관 또는 해양수산부장관이 지리적표시 등록에 필요하다고 인정하여 고시하는 기준에 적합하지 않은 경우

**15** 농림축산식품부장관 또는 해양수산부장관은 지리적표시의 등록 또는 중요 사항의 변경등록 신청을 받으면 그 신청을 받은 날부터 30일 이내에 지리적표시 분과위원회에 심의를 요청하여야 한다〈농수산물 품질관리법 시행령 제14조(지리적표시의 심의·공고·열람 및 이의신청 절차) 제1항〉.

**16** ① 농림축산식품부장관 또는 해양수산부장관은 지리적 특성을 가진 농수산물 또는 농수산가공품의 품질 향상과 지역특화 산업 육성 및 소비자 보호를 위하여 지리적표시의 등록 제도를 실시한다〈농수산물 품질관리법 제32조(지리적표시의 등록) 제1항〉.
② 지리적표시의 등록은 특정지역에서 지리적 특성을 가진 농수산물 또는 농수산가공품을 생산하거나 제조·가공 하는 자로 구성된 법인만 신청할 수 있다. 다만, 지리적 특성을 가진 농수산물 또는 농수산가공품의 생산자 또 는 가공업자가 1인인 경우에는 법인이 아니라도 등록 신청을 할 수 있다〈농수산물 품질관리법 제32조(지리적 표시의 등록) 제2항〉.
④ 법인은 지리적표시의 등록 대상 품목의 생산자 또는 가공업자의 가입이나 탈퇴를 정당한 사유 없이 거부하여서 는 아니 된다〈농수산물 품질관리법 시행령 제13조(지리적표시의 등록법인 구성원의 가입·탈퇴)〉.

**17** 도매시장 개설자는 도매시장에 그 시설규모·거래액 등을 고려하여 적정 수의 도매시장법인·시장도매인 또는 중도매인을 두어 이를 운영하게 하여야 한다. 다만, 중앙도매시장의 개설자는 농림축산식품부령 또는 해양수산 부령으로 정하는 부류에 대하여는 도매시장법인을 두어야 한다〈농수산물 유통 및 가격안정에 관한 법률 제22 조(도매시장의 운영 등)〉.

**18** 농수산불선자거래의 거래 품목 및 거래수수료 등〈농수산물 유통 및 가격안정에 관한 법률 시행규칙 제49조 제2항, 제3항〉
　㉠ 거래수수료는 농수산물 전자거래소를 이용하는 판매자와 구매자로부터 다음의 구분에 따라 징수하는 금전으 로 한다.
　　• 판매자의 경우 : 사용료 및 판매수수료
　　• 구매자의 경우 : 사용료
　㉡ ㉠에 따른 거래수수료는 거래액의 1천분의 30을 초과할 수 없다.

**19** 기금의 조성 … 기금은 다음의 재원으로 조성한다〈농수산물 유통 및 가격안정에 관한 법률 제55조 제1항〉.
　㉠ 정부의 출연금
　㉡ 기금 운용에 따른 수익금
　㉢ 몰수농산물 등의 이관, 수입이익금의 징수 등 및 다른 법률의 규정에 따라 납입되는 금액
　㉣ 다른 기금으로부터의 출연금

**20** 수탁판매의 예외 … 도매시장법인이 농수산물을 매수하여 도매할 수 있는 경우는 다음과 같다〈농수산물 유통 및 가격안정에 관한 법률 시행규칙 제26조 제1항〉.
　㉠ 판매의 원칙 또는 비축사업 등에 따라 농림축산식품부장관 또는 해양수산부장관의 수매에 응하기 위하여 필 요한 경우
　㉡ 거래의 특례에 따라 다른 도매시장법인 또는 시장도매인으로부터 매수하여 도매하는 경우
　㉢ 해당 도매시장에서 주로 취급하지 아니하는 농수산물의 품목을 갖추기 위하여 대상 품목과 기간을 정하여 도매시장 개설자의 승인을 받아 다른 도매시장으로부터 이를 매수하는 경우
　㉣ 물품의 특성상 외형을 변형하는 등 가공하여 도매하여야 하는 경우로서 도매시장 개설자가 업무규정으로 정 하는 경우

ⓜ 도매시장법인이 겸영사업에 필요한 농수산물을 매수하는 경우

ⓗ 수탁판매의 방법으로는 적정한 거래 물량의 확보가 어려운 경우로서 농림축산식품부장관 또는 해양수산부장관이 고시하는 범위에서 중도매인 또는 매매참가인의 요청으로 그 중도매인 또는 매매참가인에게 정가·수의매매로 도매하기 위하여 필요한 물량을 매수하는 경우

**21** 계약생산의 생산자 관련 단체 ··· "대통령령으로 정하는 생산자 관련 단체"란 다음의 자를 말한다〈농수산물 유통 및 가격안정에 관한 법률 시행령 제7조〉.

ⓞ 농산물을 공동으로 생산하거나 농산물을 생산하여 이를 공동으로 판매·가공·홍보 또는 수출하기 위하여 지역농업협동조합, 지역축산업협동조합, 품목별·업종별협동조합, 조합공동사업법인, 품목조합연합회 및 산림조합과 그 중앙회(농협경제지주회사를 포함한다) 중 둘 이상이 모여 결성한 조직으로서 농림축산식품부장관이 정하여 고시하는 요건을 갖춘 단체

ⓛ 농수산물공판장의 개설자에 해당하는 자

ⓒ 농산물을 공동으로 생산하거나 농산물을 생산하여 이를 공동으로 판매·가공·홍보 또는 수출하기 위하여 농업인 5인 이상이 모여 결성한 법인격이 있는 조직으로서 농림축산식품부장관이 정하여 고시하는 요건을 갖춘 단체

ⓡ ⓛ 또는 ⓒ의 단체 중 둘 이상이 모여 결성한 조직으로서 농림축산식품부장관이 정하여 고시하는 요건을 갖춘 단체

**22** 유통명령의 발령기준 등 ··· 유통명령을 발하기 위한 기준은 다음의 사항을 감안하여 농림축산식품부장관 또는 해양수산부장관이 정하여 고시한다〈농수산물 유통 및 가격안정에 관한 법률 시행규칙 제11조의2〉.

ⓞ 품목별 특성

ⓛ 관측 결과 등을 반영하여 산정한 예상 가격과 예상 공급량

**23** 도매시장 개설자의 의무 ··· 도매시장 개설자는 거래관계자의 편익과 소비자 보호를 위하여 다음의 사항을 이행하여야 한다〈농수산물 유통 및 가격안정에 관한 법률 제20조 제1항〉.

ⓞ 도매시장 시설의 정비·개선과 합리적인 관리

ⓛ 경쟁 촉진과 공정한 거래질서의 확립 및 환경 개선

ⓒ 상품성 향상을 위한 규격화, 포장 개선 및 선도(鮮度) 유지의 촉진

**24** 농수산물 종합유통센터의 시설기준〈농수산물 유통 및 가격안정에 관한 법률 시행규칙 별표 3〉

ⓞ 필수시설
- 농수산물 처리를 위한 집하·배송시설
- 포장·가공시설
- 저온저장고
- 사무실·전산실
- 농산물품질관리실
- 거래처주재원실 및 출하주대기실
- 오수·폐수시설
- 주차시설

ⓒ 편의시설
- 직판장
- 수출지원실
- 휴게실
- 식당
- 금융회사 등의 점포
- 그 밖에 이용자의 편의를 위하여 필요한 시설

**25** 미곡 · 맥류 · 두류 · 조 · 좁쌀 · 수수 · 수수쌀 · 옥수수 · 메밀 · 참깨 및 땅콩이 양곡부류에 해당한다〈농수산물 유통 및 가격안정에 관한 법률 시행령 제2조〉.

**26** 상추는 고온에 의하여 꽃눈이 분화되고 뒤이어 추대개화가 된다. 배추, 무, 당근 등은 물을 흡수한 종자 또는 일정한 크기로 자란 식물체가 일정 기간 저온을 거치면 꽃눈이 분화되고 뒤이어 추대개화한다.

**27** 이소플라본(Isoflavo) … 콩과 식물에 함유되어 있는 물질이다.

**28** 거봉포도는 캠벨과 센테니얼의 교배종으로 일본 큐슈 지방에서 기원하였다.

**29** 배추는 십자화과, 결구상추는 국화과에 속한다.
② 십자화과
③ 박과
④ 가지과

**30** 공정육묘(플러그 육묘) 장 · 단점

| 장점 | 단점 |
| --- | --- |
| • 육묘면적 감소 | • 고가의 시설 필요 |
| • 육묘기간 단축 | • 첨단 장비 및 장치 필요 |
| • 파종, 관리 등의 기계화 가능 | • 시설의 주년이용이 어려움 |
| • 대량육묘 용이 | • 관리가 까다로움 |
| • 기계정식 용이 | • 건묘 지속기간이 짧음 |
| • 취급 및 수송 용이 | • 농민의 대묘선호도에 불리 |
| • 정식 후의 활착 및 생장이 빠름 | • 상대적으로 낮은 수익성 |

**31** 무, 배추, 양배추 등의 조기추대는 수량을 감소시키고 상품성을 떨어뜨린다. 그러나 브로콜리는 추대한 꽃봉오리(화뢰)를 이용하는 채소이므로 생장점이 분화를 일으켜 화뢰를 형성하도록 할 필요가 있다.

**32** 스킨답서스 고무나무, 스파티필름, 행운목 등은 음지식물로 저광도에서도 잘 자란다. 반면 국화, 백일홍, 선인장 등은 양지식물로 햇빛이 부족한 실내에서 기르기 어렵다.

**33** '결구'는 채소 잎이 여러 겹으로 둥글게 속이 드는 일로 배추의 경우 저온에서 촉진되며 '비대'는 굵기가 커지는 현상으로 양파의 구는 고온 · 장일조건에서 촉진된다.

**34** 과채류의 경우 질소가 과다 될 경우 세포분열에 혼란을 가져와 낙화 · 낙과를 초래하여 품질을 나쁘게 하고 칼슘 흡수가 억제되어 칼슘 결핍증상이 나타난다.

**35** 배꼽썩음병 … 꽃이 달려있었던 부위에서 썩기 시작하는 병해의 일종이다. 특히 토마토 과실에서 발생이 심하다.

※ 배꼽썩음병 발생 원인
- ㉠ 토양 내 칼슘 부족
- ㉡ 관수방법
- ㉢ 토양 조건의 불량
- ㉣ 품종의 감수성이 높은 경우

**36** 삽목의 장 · 단점

| 구분 | | 내용 |
|------|------|------|
| 장 · 단점 | 장점 | • 모수의 성질을 그대로 계승한다.<br>• 묘목의 양성기간을 단축할 수 있다.<br>• 병충해에 대한 저항성이 강하다.<br>• 돌연변이된 가지증식에 용이하다. |
| | 단점 | • 삽목이 가능한 종류가 제한적이다.<br>• 희귀품종일수록 꺾꽂이가 쉽지 않다. |

**37** 옥신(Auxin) … 식물의 생장 조절 물질의 하나이다. 성장 · 발근을 촉진하고 낙과를 방지하며, 착과를 촉진시킨다.

**38** ③ 야간온도를 낮게 유지해주어야 개화에 지장이 없고 고품질의 분화를 얻을 수 있다.

**39** ① 부케 : 신부가 드는 꽃다발로 프랑스어로 '다발 또는 묶음'이라는 뜻이다.
② 리스 : '화환'의 영어식 표기로 애도를 표하거나 문의 장식, 머리 장식 등으로 활용한다.
③ 포푸라 : 미루나무

**40** ① 도둑나방 : 도둑나방 유충은 배추, 양배추 등 채소 작물은 물론, 장미, 백합 등과 같은 화훼작물을 가해하기도 한다. 봄, 가을에 피해가 심하고 결구채소의 속으로 들어가며 식해하기도 한다.
② 깍지벌레 : 매미목(同翅目)의 벌레로, 숙주는 매화나무 · 살구나무 · 자두나무 · 벚나무 · 얼룩사철나무 · 밤나무 등이다. 가끔 좁은 부위에 발생하여 피해를 주는 경우가 있으며, 주로 가지나 줄기에 기생하면서 수세를 약하게 하고 나무를 말라죽게 한다.
③ 온실가루이 : 곤충강, 매미목, 가루이과의 곤충으로 원예작물에 피해를 주는 곤충으로 외국에서 관엽식물에 묻어 유입된 외래해충이다. 단기간에 급속히 증식되므로 방제가 까다롭다.

**41** 아황산가스 … 연소과정을 통해 산화되어 황산화물로 대기에 방출되는 것중 대표적인 오염물질이다. 표백력이 강하고 주로 식물의 호흡생리에 장애를 유발한다.

**42** 절화의 흡수 촉진 방법
    ㉠ 수중절단
    ㉡ 열탕처리 혹은 온수 침지
    ㉢ 탄화처리
    ㉣ 줄기 두드림
    ㉤ 약품처리
    ㉥ 경사지게 절단

**43** ① **점적관수** : 가는 구멍이 뚫린 관을 땅속에 설치하여 물이 천천히 조금씩 흘러나오게 하는 관수방법이다.
    ② **저면관수** : 아랫부분에 물을 저장해 뿌리가 물을 빨아들이도록 하는 방법이다.
    ④ **지중관수** : 지하 20 ~ 30cm 깊이에 관수 호스를 묻어 물을 주는 방법으로 지상(표토)에서 물을 주는 것보다 적은 양이 사용된다.
    ※ **절화작물** … 화훼의 이용상 꽃자루, 꽃대 또는 가지를 잘라서 꽃꽂이나 꽃바구니에 이용하기 때문에 노즐로 분사시켜 빗방울이나 안개모양으로 만들어 관개하는 방법은 옳지 않다.

**44** 8 ~ 9월에 개화하는 국화를 7 ~ 8월에 개화시키려면 암막을 이용하여 낮의 길이를 한계일장보다 짧게 해야 한다.

**45** **장과류** … 한 개 이상의 먹을 수 있는 씨앗이 들어 있는 작은 액과이다. 여기에는 포도, 석류, 블루베리, 무화과 등이 있다. 핵과류에는 자두, 대추, 매실, 복숭아 등이 있으며, 인과류에는 배, 사과, 모과 등이 있다.

**46** 초생법의 장·단점

| 장점 | 단점 |
| --- | --- |
| • 토양유기물의 증가 | • 유목기에 양분 부족 |
| • 풀뿌리 발달과 근권 토양의 단립화 | • 병해충의 잠복장소 제공 |
| • 토양침식 방지 및 땅심 증진 | • 저온기의 지온상승 불리 |
| • 급격한 땅의 온도 상승 억제 | • 비용 증가 |

**47** 지베렐린은 생장 조절제이므로 착색증진과는 관련이 없다.
    ※ 사과 착색증진 방법
        ㉠ 안토시아닌 생성을 위한 당의 축적
        ㉡ 웃자란 가지제거
        ㉢ 봉지 벗기기
        ㉣ 반사필름 피복
        ㉤ 잎 따주기, 과실 돌려주기

**48** 단위결과는 종자의 생성과정 자체가 없이 열매를 맺는 경우를 말한다.

**49** 쌈추는 배추와 양배추의 중간교잡종이다.
    ※ **종간교잡** … 종이 다른 생물의 암수를 교배하는 것을 말한다. 분류학상 속이 다른 생물 사이에서 교잡되는 것을 속간교잡이라고 한다.

**50** 연작을 하게 되면 토양구조의 파괴, 유해물질의 집적 등으로 오히려 병해충 발생이 증가하게 된다

**51** ① 예건 : 수확 후 그늘지고 통풍이 잘 되는 곳에서 과실 표면의 작은 상처 등이 아물도록 과실 표면을 건조시키는 것을 말한다.
③ 큐어링 : 수확 후 상처를 입은 작물을 건조시켜 아물게 하거나 코르크층을 형성시켜 수분을 증발시킨다.
④ 훈증 : 기체상의 농약유효성분을 확산시켜 살충 · 살균 등을 하는 것을 말한다.

**52** 붉은색을 띄는 순무와 딸기에는 안토시아닌이, 초록색을 띄는 오이에는 클로로필이 함유되어 있다.

**53** 일반적으로 호흡 속도가 높을수록 호흡열도 많이 발생한다.

**54** MA포장 시 고려사항
㉠ 보관 및 유통 온도
㉡ 생리활성도(호흡 속도)
㉢ 포장물량
㉣ 필름의 종류와 두께

**55** 과실의 착생을 방지한다.

**56** 참다래를 에틸렌 처리할 경우 후숙이 나타난다.

**57** 포장 후 수송 시 공기 순환을 위해 상자 내 통기구가 필요하다.

**58** 식품의 원재료 생산에서부터 소비자 섭취 전까지를 대상으로 한다.
※ HACCP 7원칙
㉠ 위해 요소 분석
㉡ 중요관리점 결정
㉢ 한계기준 설정
㉣ 모니터링 체계 확립
㉤ 개선 조치 방법수립
㉥ 검증 절차 및 방법수립
㉦ 문서화 및 기록 유지

**59** ① 전분 분해요소 : 전분을 완전히 분해하는 효소. 대표적으로 아밀라아제가 있다.
② 단백질 분해효소 : 단백질과 펩타이드 결합을 가수 분해하는 효소
④ ACC 산화효소 : 에틸렌을 생성하는 산화효소
※ 폴리페놀 산화효소 … 페놀을 산화하여 퀴논(Quinone)을 생성하는 반응을 촉매하여 효소적 갈변의 원인이 되는 효소이다.

**60** 어린잎채소가 성숙채소보다 호흡률이 높다.

**61** 저온장해가 아닌 동결장해에 대한 설명이다.

　※ **저온장해** … 저온에 민감한 과실이 0℃ 이상의 얼지 않는 온도에서도 한계 온도 이하의 저온에 노출될 때 조직이 물러지거나 표피 색깔이 변하는 증상이다. 한편, 과실이 빙점 이하의 온도에서 조직의 결빙에 의해 나타나는 장해를 동결장해라고 한다.

**62** 농산물 포장재 중에서 재료의 밀도가 높을수록 산소 및 수분을 차단하는 효과가 크다.

　① **폴리비닐클로라이드(PCV)** : 80 ~ 320

　② **폴리에스터(PET)** : 95 ~ 130

　③ **폴리프로필렌(PP)** : 2,500(연신) ~ 3,800(미연신)

　④ **저밀도 폴리에틸렌(LDPE)** : 7,900

**63** **예건** … 수확 후 그늘지고 통풍이 잘되는 곳에서 과실 표면의 작은 상처 등이 아물도록 과실 표면을 건조시키는 것을 말한다. 배, 단감, 마늘, 양배추 등에서 실시한다.

**64** CA저장은 저장고 내의 공기조성을 인위적으로 조절하여 저장된 산물의 호흡을 최소한으로 억제해야 한다.

　※ **CA저장 효과**

　　㉠ 호흡작용을 감소시킨다.

　　㉡ 에틸렌 작용에 대한 작물의 민감도를 감소시킨다.

　　㉢ 저장기간(품질 유지기간)을 증대시킨다.

　　㉣ 미생물의 번식을 억제시킨다.

　　㉤ 과육의 연화가 억제된다.

　　㉥ 엽록소의 제한적 분해로 색소의 안정성을 갖는다.

　　㉦ 산도, 당도와 비타민 C의 손실이 적다.

**65** ① **저온장해** : 저온에 민감한 과실이 0℃ 이상의 얼지 않는 온도에서도 한계 온도 이하의 저온에 노출될 때 조직이 물러지거나 표피 색깔이 변하는 증상이다.

　② **병리장해** : 일반적으로 원예산물은 양수분의 함량이 높아서 미생물의 생장 및 번식에 유리한 조건을 갖추고 있으나 수확 전후로 병원성 세균이나 미생물의 침해를 받는 것을 말한다.

　③ **고온장해** : 생육적온보다 높은 고온의 조건에서 받는 피해로 과실의 표면이 갈라지는 증상 등이 나타난다.

　④ **이산화탄소장해** : 작물에 따라 고농도의 $CO_2$에 민감하여 나타나는 생리적 장해를 말한다.

**66** 당도와 경도는 내적 구성 요소이다.

　※ **품질 구성 요소**

　　㉠ **외적요소**

　　　• 양적요인 : 크기, 무게, 둘레, 직경 등

　　　• 모양 및 형태

　　　• 색상

　　　• 풍미

　　　• 조직감

　　　• 결점

ⓛ 내적요소
　　　• 영양적 가치
　　　• 안전성
　　　• 미생물 오염
　　　• 잔류농약

**67** 신선편이(Fresh Cut) 농산물의 특징
　　ⓐ 요리시간을 절약할 수 있다.
　　ⓑ 균질의 산물을 얻을 수 있다.
　　ⓒ 건강식품의 섭취를 용이하게 한다.
　　ⓓ 저장 공간과 낭비요소를 절감할 수 있다.
　　ⓔ 포장이 용이하다.

**68** 복숭아에는 타타르산 · 사과산 · 시트르산 등의 유기산이 들어있다.

**69** 성숙될수록 불용성펙틴이 가용성으로 분해되어 조직의 경도가 감소한다.

**70** 결로현상에 의한 품질 저하를 방지하기 위해 작물의 전 과정을 일관성 있게 적정저온을 유지하는 저온유통이 필요하다.

**71** 요오드반응 검사를 통해 전분 함량 변화를 조사하여 수확 시기를 결정한다. 산도를 측정할 때는 수산화나트륨(NaOH)을 이용한다.

**72** ① 블루베리 – 사이클로스포라(Cyclospora)
　　② 감자 – 솔라닌(Solanine)

**73** 작물의 대사생리나 에틸렌 감수성에 대한 고려 없이 혼합저장 할 경우, 에틸렌에 약한 작물은 심각한 피해를 입을 우려가 있다. 따라서 작물의 특성이 불명확할 경우 혼합저장을 피해야 하며 부득이한 경우 저장적온과 에틸렌 감수성을 고려하여 단기간에 혼합저장을 실시한다.

**74** ① 맹아신장 억제를 위한 저장온도는 $1 \sim 5$℃이다
　　② 방사선 조사는 휴면기에 실시한다.
　　④ 천연 생장억제제로는 ABA 및 에틸렌이 있다.

**75** 호흡급등이 일어나는 시기는 수확지점이며 호흡량의 최고점에 이르는 시기는 저장 또는 유통 시기에 해당한다.

**76** 농산물 유통의 조성기능
　　ⓐ 표준 ; 등급화
　　ⓑ 위험부담
　　ⓒ 유통금융
　　ⓓ 시장정보

**77** 생산자 입장에서는 대량거래의 이점을 실현하고, 개별농가의 위험을 분산하여 부담한다는 장점이 있다.

**78** ① 소매단계에서의 유통마진이 가장 높다.
② 엽근채류는 가치에 비해 부피가 크고 감모가 심하기 때문에 유통마진이 높다.
③ 유통마진 = 소비자지불액 − 농가수취액 = 유통 비용 + 상인이윤

**79** 비교적 구매가 편리한 소포장 농산물과 짧은 시간에 조기가 가능한 대체상품의 소비가 증가하고 있다.

**80** 상류와 물류가 분리된 채로 거래가 가능하다. 거래소에서 거래가 이루어지면 별도 조직인 청산소가 거래의 결제 및 이행을 진행한다.

**81** ① EDLP(Every Day Low Price) : 모든 상품을 언제나 싸게 파는 전략이다.
③ 단수가격 전략 : 제품의 가격을 1,000원이 아닌 990원으로 조금 낮추어 소비자가 지각하는 가격이 큰 차이가 있다는 느낌을 주는 방법이다.
④ 개수가격 전략 : 개수를 한정하여 구하기 힘든 물건이라고 생각하여 구매욕구를 자극한다.

**82** ① 수퍼센터(Supercenter) : 할인점에 수퍼마켓을 결합한 형태로 저가격의 폭넓은 상품구색을 갖추고 있다.
② 호울세일클럽(Wholesale Club) : 창고형 매장으로 할인점보다 20 ~ 30% 더 저렴하게 판매한다.
④ 슈퍼수퍼마켓(Super Supermarket) : 'SSM', '기업형 슈퍼마켓'으로 불린다. 대형마트보다 작고 일반 동네 수퍼마켓보다 큰 유통매장을 지칭한다.

**83** ② 중도매인 : 상장된 농수산물을 매수하여 도매거나 매매를 중개하는 자를 말한다.
③ 도매시장법인 : 농수산물을 위탁받아 상장하여 도매하거나 이를 매수하여 도매하는 법인을 말한다.
④ 매매참가인 : 상장된 농수산물을 직접 매수하는 자로서 중도매인이 아닌 가공업자 · 소매업자 · 수출업자 및 소비단체 등 농수산물의 수요자를 말한다.

**84** 산지유통센터는 원료 농산물, 축산물, 수산물 등을 대량으로 수집,선별,등급화 하는 과정을 거쳐 표준규격으로 포장된 신제품을 만든다.

**85** 운송수단별 특징

| 운송수단 | 특징 |
|---|---|
| 철도 | • 안정성 · 신속성 · 정확성이 있다<br>• 융통성이 적어 제한된 경로로만 운송이 가능하다.<br>• 중장거리 운송에 이용하는 것이 경제적이다. |
| 자동차 | • 기동성이 좋고 도로망이 발달해 융통성이 있다.<br>• 소량운송이 가능하며, 농산물 수송수단으로 큰 비중을 차지한다.<br>• 단거리 수송에 이용하는 것이 경제적이다. |
| 선박 | • 운송비가 저렴하며 대량 수송이 가능하다.<br>• 융통성이 작으며 제한된 통로로만 수송이 가능하다.<br>• 장거리 수송에 이용하는 것이 경제적이다. |
| 비행기 | • 신속 · 정확하며 일부 수출농산물 수송에 이용되고 있다.<br>• 비용이 많이 들고 항로와 공항의 제한성에 구애받는다. |

**86** 산지브랜드의 기능

　　㉠ 수급조절 기능 : 농산물의 가격변동에 대응해 생산품목 및 생산량을 조절한다.

　　㉡ 상품화 기능 : 농산물 생산 후 품질·지역·이미지를 차별화함으로써 농산물의 상품성을 높인다.

　　㉢ 시간적 효용창출 기능 : 농산물을 일반저장 또는 저온저장하여 성수기에는 출하를 억제하고 비수기에는 분산·출하함으로써 시간효용을 창출한다.

**87** 농산물 종합유통센터는 기존의 대경매의 도매과정 유통을 개선하고자 농수산물 종합유통센터를 건립하였다.

**88** 농산물유통 정보의 요건

　　㉠ 정확성 : 사실은 변경 없이 그대로 반영해야 한다.

　　㉡ 신속성·적시성 : 최근의 가장 빠른 정보를 적절한 시기에 이용해야 한다.

　　㉢ 유용성·간편성 : 정보는 이용자가 손쉽게 이용할 수 있어야 한다.

　　㉣ 계속성 : 정보의 조사는 일관성을 가지고 지속적으로 해야 한다.

　　㉤ 비교가능성 : 정보는 다른 시기와 장소의 상호 비교가 가능해야 한다.

　　㉥ 객관성 : 조사·분석 시 주관이 개입되지 않은 객관적인 정보여야 한다.

**89** 전국적으로 통일된 기준에 따라 관리되기 때문에 부가업무가 줄어든다.

**90** 팔레트(Pallet) … 지게차 따위로 물건을 실어 나를 때 물건을 안정적으로 옮기기 위해 사용하는 구조물이다. 초기 투자비용이 많이 든다는 단점이 있다.

**91** 탄력성계수가 0인 경우는 완전 비탄력적이라고 한다. 탄력성계수가 1인 경우를 단위탄력적이라고 한다.

　　㉡ 분자는 수요량의 변화율, 분모는 가격의 변화율을 사용한다.

**92** 가격 급락 시 정부가 일부 수매하고, 가격 상승 시 정부 비축물을 방출하여 가격안정화를 도모한다.

**93** 개별 기업은 시장 가격이 한계수익과 비용이 일치하는 수준에서 공급량을 결정할 때 이윤이 극대화되기 때문에 완전경쟁시장의 가격이 개별 기업보다 높다고 할 수 없다.

　　※ 완전경쟁시장의 성립요건

　　　㉠ 다수의 생산자와 수요자가 존재하고 있다.

　　　㉡ 시장에서 거래되는 상품은 동질적이어서 완전대체가 가능해야 한다.

　　　㉢ 산업에 대한 진입과 이탈의 자유가 보장되어야 한다.

　　　㉣ 모든 생산자원이 제한 없이 자유롭게 이용될 수 있어야 한다.

　　　㉤ 정부는 어떠한 간섭도 하지 말아야 한다.

　　　㉥ 시장에 참여하고 있는 개별공급자·수요자는 시장의 현재조건과 미래조건에 대한 완전한 정보를 가지고 있어야 한다.

**94** 시장세분화는 소비자들의 기호, 구매행위 등의 개별적 특징을 파악해야 한다.

**95** ④ 델파이법 : 전문가 집단의 의견과 판단을 추출하고 종합하기 위하여 동일한 전문가 집단에게 설문조사를 실시하여 집단의 의견을 종합하고 정리하는 연구 기법이다.
　① 서베이조사법 : 다수의 응답자들에게 직접 물어보거나 설문지, 컴퓨터 등을 통해 자료를 조사하는 방법이다.
　② 패널조사법 : 반복적으로 면접하는 여론 조사 방법의 하나로 동일한 대상자에게 동일한 질문을 반복하여 그간의 의견이 어떻게 변하였는지를 연구한다.
　③ 관찰법 : 조사 대상의 행동이나 상황을 관찰, 기록하여 자료를 수집하는 방법이다.

**96** 상표 충성도(Brand Loyalty) … 브랜드의 품질을 인정하여 제품을 구매하게 되는 것이다. 특정의 상표를 애용하고 선호하며 이를 반복하여 구매하게 되는 소비자의 심리를 말한다. 때문에 소비자는 제품의 질을 비교하지 않고 특정 상표 브랜드라는 이유만으로 상품을 구매하는 등의 비합리적인 구매 행동을 나타낼 수도 있다.

**97** 농산물 광고는 특정 브랜드와 직·간접적으로 비교하는 광고의 형태를 띠기도 하며, 신상품 등 불특정 브랜드에 대한 광고도 진행한다.

**98** 농산물 가격은 일정한 주기를 가지고 등락을 되풀이하며, 수요나 공급의 작은 변동에 의해서도 큰 폭으로 변화한다.

**99** 명성가격 전략 … 가격이 소비자 자신의 명성에 비례한다고 여기거나 품질이 높을수록 가격이 높다고 여길 경우 적용되는 전략이다.
　※ 심리적 가격 전략
　　㉠ 단수가격 전략 : 제품의 가격을 1,000원이 아닌 990원으로 조금 낮추어 소비자가 지각하는 가격이 실제 가격보다 큰 차이가 있다는 느낌을 주는 방법
　　㉡ 관습가격 전략 : 소비자들이 오랜 기간 특정 금액으로 구매를 해 온 관습에 따라 실제 제품의 원가가 상승했음에도 동일한 가격을 유지하는 전략
　　㉢ 유인 가격 전략 : 소비자에게 잘 알려진 제품의 가격을 매우 저렴하게 책정하여 고객을 유인하고 다른 제품에서 이윤을 얻는 전략

**100** 상품의 수명주기(PLC)는 하나의 상품이 시장에 나온 후 성장과 성숙 과정을 거쳐 결국은 쇠퇴하여 시장에서 사라지는 과정을 말한다.
　※ PLC 단계
　　㉠ 도입기 : 일반 소비자에게 매출이 시작되어 특별한 촉진 능력이 끝나기 전까지의 기간이다.
　　㉡ 성장기 : 도입기에서부터 어느 정도의 매출성장률이 계속되는 기간이다.
　　㉢ 성숙기 : 성장기에 이어 연 매출액이 최대 연간 매출액보다 어느 정도 이상 떨어지지 않는 기간이다.
　　㉣ 쇠퇴기 : 성숙기에 이어 제품이 시장에서 철수하기까지의 기간이다.

| 정답 한 눈에 보기 | | | | | | | | | | | | | | | | | | |
|---|---|---|---|---|---|---|---|---|---|---|---|---|---|---|---|---|---|---|---|
| 1 | ① | 2 | ② | 3 | ③ | 4 | ③ | 5 | ① | 6 | ③ | 7 | ② | 8 | ④ | 9 | ④ | 10 | ② |
| 11 | ④ | 12 | ① | 13 | ③ | 14 | ③ | 15 | ④ | 16 | ② | 17 | ① | 18 | ④ | 19 | ① | 20 | ① |
| 21 | ② | 22 | ④ | 23 | ③ | 24 | ③ | 25 | ② | 26 | ② | 27 | ④ | 28 | ① | 29 | ② | 30 | ① |
| 31 | ② | 32 | ③ | 33 | ③ | 34 | ① | 35 | ④ | 36 | ② | 37 | ③ | 38 | ① | 39 | ③ | 40 | ④ |
| 41 | ③ | 42 | ③ | 43 | ④ | 44 | ③ | 45 | ① | 46 | ③ | 47 | ② | 48 | ① | 49 | ③ | 50 | ② |
| 51 | ② | 52 | ① | 53 | ② | 54 | ① | 55 | ① | 56 | ① | 57 | ③ | 58 | ③ | 59 | ② | 60 | ④ |
| 61 | ① | 62 | ④ | 63 | ② | 64 | ④ | 65 | ① | 66 | ④ | 67 | ④ | 68 | ② | 69 | ② | 70 | ① |
| 71 | ③ | 72 | ③ | 73 | ③ | 74 | ② | 75 | ④ | 76 | ① | 77 | ④ | 78 | ③ | 79 | ③ | 80 | ③ |
| 81 | ③ | 82 | ② | 83 | ① | 84 | ② | 85 | ① | 86 | ④ | 87 | ② | 88 | ② | 89 | ④ | 90 | ② |
| 91 | ② | 92 | ④ | 93 | ③ | 94 | ② | 95 | ① | 96 | ③ | 97 | ② | 98 | ④ | 99 | ① | 100 | ② |

**2015년도 필기시험 제12회 2015.05.27**

**1** 이력추적관리의 대상 품목 및 등록사항 … 이력추적관리의 등록사항은 다음과 같다〈농수산물 품질관리법 시행규칙 제46조 제2항 제1호〉.
㉠ 생산자의 성명, 주소 및 전화번호
㉡ 이력추적관리 대상 품목명
㉢ 재배면적
㉣ 생산계획량
㉤ 재배지의 주소

**2** 등급규격은 품목 또는 품종별로 그 특성에 따라 고르기, 크기, 형태, 색깔, 신선도, 건조도, 결점, 숙도(熟度) 및 선별 상태 등에 따라 정한다〈농수산물 품질관리법 시행규칙 제5조(표준규격의 제정) 제3항〉.

**3** 우수관리인증농산물의 표시〈농수산물 품질관리법 시행규칙 별표 1〉
㉠ 크기 : 포장재의 크기에 따라 표지의 크기를 키우거나 줄일 수 있다.
㉡ 위치 : 포장재 주 표시면의 옆면에 표시하되, 포장재 구조상 옆면에 표시하기 어려울 경우에는 표시 위치를 변경할 수 있다.
㉢ 표지 및 표시사항은 소비자가 쉽게 알아볼 수 있도록 인쇄하거나 스티커로 포장재에서 떨어지지 않도록 부착하여야 한다.
㉣ 포장하지 않고 낱개로 판매하는 경우나 소포장 등으로 우수관리인증농산물의 표지와 표시사항을 인쇄하거나 부착하기에 부적합한 경우에는 농산물우수관리의 표지만 표시할 수 있다.
㉤ 수출용의 경우에는 해당 국가의 요구에 따라 표시할 수 있다.
㉥ 산지(시·도, 시·군·구), 품목(품종), 중량·개수, 생산연도, 생산자(생산자집단명) 또는 우수관리시설명의 표시항목 중 표준규격, 지리적표시 등 다른 규정에 따라 표시하고 있는 사항은 그 표시를 생략할 수 있다.

**4** ① 이력추적관리 등록의 유효기간은 등록한 날부터 3년으로 한다. 다만, 품목의 특성상 달리 적용할 필요가 있는 경우에는 10년의 범위에서 농림축산식품부령으로 유효기간을 달리 정할 수 있다〈농수산물 품질관리법 제25조(이력추적관리 등록의 유효기간 등) 제1항〉.

**5** 농림축산식품부장관, 해양수산부장관, 특별시장·광역시장·도지사·특별자치도지사는 농수산물을 생산, 출하, 유통 또는 판매하는 자에게 표준규격에 따라 생산, 출하, 유통 또는 판매하도록 권장할 수 있다〈농수산물 품질관리법 시행규칙 제7조 제1항(표준규격품의 출하 및 표시방법 등)〉.

**6** 검사판정의 취소 … 농림축산식품부장관은 농산물의 검사나 재검사를 받은 농산물이 다음의 어느 하나에 해당하면 검사판정을 취소할 수 있다. 다만, 거짓이나 그 밖의 부정한 방법으로 검사를 받은 사실이 확인된 경우에 해당하면 검사판정을 취소하여야 한다〈농수산물 품질관리법 제87조(검사판정의 취소)〉.
ㄱ 거짓이나 그 밖의 부정한 방법으로 검사를 받은 사실이 확인된 경우
ㄴ 검사 또는 재검사 결과의 표시 또는 검사증명서를 위조하거나 변조한 사실이 확인된 경우
ㄷ 검사 또는 재검사를 받은 농산물의 포장이나 내용물을 바꾼 사실이 확인된 경우

**7** ① 식품의약품안전처장이 지방식품의약품안전청장에게 위임하는 사항이다〈농수산물 품질관리법 시행령 제42조 (권한의 위임) 제2항〉.
③④ 국립농산물품질관리원장에게 위임하는 사항이다〈농수산물 품질관리법 시행령 제42조(권한의 위임) 제1항〉.

**8** 검사 대상 농산물의 종류별 품목〈농수산물 품질관리법 시행령 별표 3〉
ㄱ 정부가 수매하거나 생산자단체 등이 정부를 대행하여 수매하는 농산물
  • **곡류** : 벼·겉보리·쌀보리·콩
  • **특용작물류** : 참깨·땅콩
  • **과실류** : 사과·배·단감·감귤
  • **채소류** : 마늘·고추·양파
  • **잠사류** : 누에씨·누에고치
ㄴ 정부가 수출·수입하거나 생산자단체 등이 정부를 대행하여 수출·수입하는 농산물
  • **곡류**
  − 조곡(粗穀) : 콩·팥·녹두
  − 정곡(精穀) : 현미·쌀
  • **특용작물류** : 참깨·땅콩
  • **채소류** : 마늘·고추·양파
ㄷ 정부가 수매 또는 수입하여 가공한 농산물 : 현미·쌀·보리쌀(곡류)

**9** 농산물품질관리사 또는 수산물품질관리사의 교육 방법 및 실시기관 등 … 교육 실시기관이 실시하는 농산물품질관리사 또는 수산물품질관리사 교육에는 다음의 내용을 포함하여야 한다〈농수산물 품질관리법 시행규칙 제2항〉.
ㄱ 농산물 또는 수산물의 품질관리와 유통 관련 법령 및 제도
ㄴ 농산물 또는 수산물의 등급 판정과 생산 및 수확 후 품질관리기술
ㄷ 그 밖에 농산물 또는 수산물의 품질관리 및 유통과 관련된 교육

**10** 벌칙 … 다음의 어느 하나에 해당하는 자는 1년 이하의 징역 또는 1천만 원 이하의 벌금에 처한다〈농수산물 품질관리법 제120조〉.

　㉠ 이력추적관리의 등록을 하지 아니한 자

　㉡ 시정명령(우수표시품에 대한 시정조치, 지리적표시품의 표시 시정 등 표시방법에 대한 시정명령은 제외한다), 판매 금지 또는 표시정지 처분에 따르지 아니한 자

　㉢ 판매 금지 조치에 따르지 아니한 자

　㉣ 처분을 이행하지 아니한 자

　㉤ 공표명령을 이행하지 아니한 자

　㉥ 안전성조사 결과에 따른 조치를 이행하지 아니한 자

　㉦ 동물용 의약품을 사용하는 행위를 제한하거나 금지하는 조치에 따르지 아니한 자

　㉧ 지정해역에서 수산물의 생산제한 조치에 따르지 아니한 자

　㉨ 생산·가공·출하 및 운반의 시정·제한·중지 명령을 위반하거나 생산·가공시설 등의 개선·보수 명령을 이행하지 아니한 자

　㉩ 검정 결과에 따른 조치를 이행하지 아니한 자

　㉪ 검사를 받아야 하는 농산물에 대하여 검사를 받지 아니한 자

　㉫ 검사를 받지 아니하고 해당 농수산물이나 수산가공품을 판매·수출하거나 판매·수출을 목적으로 보관 또는 진열한 자

　㉬ 다른 사람에게 농산물 검사관, 농산물품질관리사 또는 수산물품질관리사의 명의를 사용하게 하거나 그 자격증을 빌려준 자

　㉭ 농산물 검사관, 농산물품질관리사 또는 수산물품질관리사의 명의를 사용하거나 그 자격증을 대여받은 자 또는 명의의 사용이나 자격증의 대여를 알선한 자

**11** 원산지 표시 등의 위반에 대한 처분 및 공표 … "대통령령으로 정하는 사항"이란 다음의 사항을 말한다〈농수산물의 원산지 표시에 관한 법률 시행령 제7조 제3항〉.

　㉠ "「농수산물의 원산지 표시에 관한 법률」 위반 사실의 공표"라는 내용의 표제

　㉡ 영업의 종류

　㉢ 영업소의 주소(「유통산업발전법」에 따른 대규모점포에 입점·판매한 경우 그 대규모점포의 명칭 및 주소를 포함한다)

　㉣ 농수산물 가공품의 명칭

　㉤ 위반 내용

　㉥ 처분권자 및 처분일

　㉦ 처분을 받은 자가 입점하여 판매한 「방송법」에 따른 방송채널사용사업자의 채널명 또는 「전자상거래 등에서의 소비자 보호에 관한 법률」에 따른 통신판매중개업자의 홈페이지 주소

**12** 지리적표시의 등록〈농수산물 품질관리법 제32조 제5항, 제6항〉

　㉠ 농림축산식품부장관 또는 해양수산부장관은 공고결정을 할 때에는 그 결정 내용을 관보와 인터넷 홈페이지에 공고하고, 공고일부터 2개월간 지리적표시 등록 신청서류 및 그 부속서류를 일반인이 열람할 수 있도록 하여야 한다.

　㉡ 누구든지 ㉠에 따른 공고일부터 2개월 이내에 이의 사유를 적은 서류와 증거를 첨부하여 농림축산식품부장관 또는 해양수산부장관에게 이의신청을 할 수 있다.

**13** 지리적표시권의 이전 및 승계 … 지리적표시권은 타인에게 이전하거나 승계할 수 없다. 다만, 다음의 어느 하나에 해당하면 농림축산식품부장관 또는 해양수산부장관의 사전 승인을 받아 이전하거나 승계할 수 있다〈농수산물 품질관리법 제35조〉.

㉠ 법인 자격으로 등록한 지리적표시권자가 법인명을 개정하거나 합병하는 경우

㉡ 개인 자격으로 등록한 지리적표시권자가 사망한 경우

**14** 원산지 표시기준〈농수산물의 원산지 표시에 관한 법률 시행령 별표 1〉

㉠ 국산 농수산물로서 그 생산 등을 한 지역이 각각 다른 동일 품목의 농수산물을 혼합한 경우에는 혼합 비율이 높은 순서로 3개 지역까지의 시·도명 또는 시·군·구명과 그 혼합 비율을 표시하거나 "국산", "국내산" 또는 "연근해산"으로 표시한다.

㉡ 동일 품목의 국산 농수산물과 국산 외의 농수산물을 혼합한 경우에는 혼합 비율이 높은 순서로 3개 국가(지역, 해역 등)까지의 원산지와 그 혼합 비율을 표시한다.

**15** 시정명령 등의 처분 기준〈농수산물 품질관리법 시행령 별표 1〉

| 위반행위 | 근거 법조문 | 행정처분 기준 | | |
|---|---|---|---|---|
| | | 1차 위반 | 2차 위반 | 3차 위반 |
| 가. 표준규격품 의무표시사항이 누락된 경우 | 법 제31조 제1항 제3호 | 시정명령 | 표시정지 1개월 | 표시정지 3개월 |
| 나. 표준규격이 아닌 포장재에 표준규격품의 표시를 한 경우 | 법 제31조 제1항 제1호 | 시정명령 | 표시정지 1개월 | 표시정지 3개월 |
| 다. 표준규격품의 생산이 곤란한 사유가 발생한 경우 | 법 제31조 제1항 제2호 | 표시정지 6개월 | | |
| 라. 내용물과 다르게 거짓표시나 과장된 표시를 한 경우 | 법 제31조 제1항 제3호 | 표시정지 1개월 | 표시정지 3개월 | 표시정지 6개월 |

**16** ② 닭고기의 식육·포장육·식육가공품은 구이용, 탕용, 찜용 또는 튀김용으로 조리하여 판매·제공하는 것(배달을 통하여 판매·제공하는 것을 포함)이다〈농수산물의 원산지 표시에 관한 법률 시행령 제3조(원산지의 표시 대상) 제5항 제3호〉.

※ 시정명령 등의 처분 기준〈농수산물 품질관리법 시행령 별표 1〉

| 위반행위 | 근거 법조문 | 행정처분 기준 | | |
|---|---|---|---|---|
| | | 1차 위반 | 2차 위반 | 3차 위반 |
| 가. 표준규격품 의무표시사항이 누락된 경우 | 법 제31조 제1항 제3호 | 시정명령 | 표시정지 1개월 | 표시정지 3개월 |
| 나. 표준규격이 아닌 포장재에 표준규격품의 표시를 한 경우 | 법 제31조 제1항 제1호 | 시정명령 | 표시정지 1개월 | 표시정지 3개월 |
| 다. 표준규격품의 생산이 곤란한 사유가 발생한 경우 | 법 제31조 제1항 제2호 | 표시정지 6개월 | | |
| 라. 내용물과 다르게 거짓표시나 과장된 표시를 한 경우 | 법 제31조 제1항 제3호 | 표시정지 1개월 | 표시정지 3개월 | 표시정지 6개월 |

**17** 수탁의 거부금지 등 ··· 도매시장법인 또는 시장도매인은 그 업무를 수행할 때에 다음의 어느 하나에 해당하는 경우를 제외하고는 입하된 농수산물의 수탁을 거부·기피하거나 위탁받은 농수산물의 판매를 거부·기피하거나, 거래관계인에게 부당한 차별대우를 하여서는 아니 된다〈농수산물 유통 및 가격안정에 관한 법률 제38조〉.
　　㉠ 유통명령을 위반하여 출하하는 경우
　　㉡ 출하자 신고를 하지 아니하고 출하하는 경우
　　㉢ 안전성 검사 결과 그 기준에 미달되는 경우
　　㉣ 도매시장 개설자가 업무규정으로 정하는 최소출하량의 기준에 미달되는 경우
　　㉤ 그 밖에 환경 개선 및 규격출하 촉진 등을 위하여 대통령령으로 정하는 경우

**18** 중앙도매시장 ··· "농수산물도매시장으로서 농림축산식품부령 또는 해양수산부령으로 정하는 것"이란 다음의 농수산물도매시장을 말한다〈농수산물 유통 및 가격안정에 관한 법률 시행규칙 제3조〉.
　　㉠ 서울특별시 가락동 농수산물도매시장
　　㉡ 서울특별시 노량진 수산물도매시장
　　㉢ 부산광역시 엄궁동 농산물도매시장
　　㉣ 부산광역시 국제 수산물도매시장
　　㉤ 대구광역시 북부 농수산물도매시장
　　㉥ 인천광역시 구월동 농산물도매시장
　　㉦ 인천광역시 삼산 농산물도매시장
　　㉧ 광주광역시 각화동 농산물도매시장
　　㉨ 대전광역시 오정 농수산물도매시장
　　㉩ 대전광역시 노은 농산물도매시장
　　㉪ 울산광역시 농수산물도매시장

**19** 농산물의 수입 추천 등 ··· 농림축산식품부장관이 비축용 농산물로 수입하거나 생산자단체를 지정하여 수입·판매하게 할 수 있는 품목은 다음과 같다〈농수산물 유통 및 가격안정에 관한 법률 시행규칙 제13조 제2항〉.
　　㉠ 비축용 농산물로 수입·판매하게 할 수 있는 품목 : 고추·마늘·양파·생강·참깨
　　㉡ 생산자단체를 지정하여 수입·판매하게 할 수 있는 품목 : 오렌지·감귤류

**20** 농림업 관측에도 불구하고 농림축산식품부장관은 주요 곡물의 수급 안정을 위하여 농림축산식품부장관이 정하는 주요 곡물에 대한 상시 관측체계의 구축과 국제 곡물수급모형의 개발을 통하여 매년 주요 곡물 생산 및 수출 국가들의 작황 및 수급 상황 등을 조사·분석하는 국제곡물관측을 별도로 실시하고 그 결과를 공표하여야 한다〈농수산물 유통 및 가격안정에 관한 법률 제5조(농림업 관측) 제2항〉.

**21** "시장도매인"이란 농수산물도매시장 또는 민영농수산물도매시장의 개설자로부터 지정을 받고 농수산물을 매수 또는 위탁받아 도매하거나 매매를 중개하는 영업을 하는 법인을 말한다〈농수산물 유통 및 가격안정에 관한 법률 제2조(정의) 제8호〉.

**22** 경매 또는 입찰의 방법〈농수산물 유통 및 가격안정에 관한 법률 제33조〉

　㉠ 도매시장법인은 도매시장에 상장한 농수산물을 수탁된 순위에 따라 경매 또는 입찰의 방법으로 판매하는 경우에는 최고가격 제시자에게 판매하여야 한다. 다만, 출하자가 서면으로 거래 성립 최저가격을 제시한 경우에는 그 가격 미만으로 판매하여서는 아니 된다.

　㉡ 도매시장 개설자는 효율적인 유통을 위하여 필요한 경우에는 농림축산식품부령 또는 해양수산부령으로 정하는 바에 따라 대량 입하품, 표준규격품, 예약 출하품 등을 우선적으로 판매하게 할 수 있다.

　㉢ 경매 또는 입찰의 방법은 전자식(電子式)을 원칙으로 하되 필요한 경우 농림축산식품부령 또는 해양수산부령으로 정하는 바에 따라 거수수지식(擧手手指式), 기록식, 서면입찰식 등의 방법으로 할 수 있다. 이 경우 공개경매를 실현하기 위하여 필요한 경우 농림축산식품부장관, 해양수산부장관 또는 도매시장 개설자는 품목별·도매시장별로 경매방식을 제한할 수 있다.

**23** 도매시장법인이 표준하역비를 부담하지 않았을 경우 1차 위반행위에 대한 행정처분 기준은 경고이며 2차 위반행위 시 처분은 업무 정지 15일, 3차 위반 시 업무 정지 1개월이다〈농수산물 유통 및 가격안정에 관한 법률 시행규칙 별표 4〉.

**24** 도매시장 개설자는 도매시장에 그 시설규모·거래액 등을 고려하여 적정 수의 도매시장법인·시장도매인 또는 중도매인을 두어 이를 운영하게 하여야 한다. 다만, 중앙도매시장의 개설자는 농림축산식품부령 또는 해양수산부령으로 정하는 부류에 대하여는 도매시장법인을 두어야 한다〈농수산물 유통 및 가격안정에 관한 법률 제22조(도매시장의 운영 등)〉.

**25** 농림축산식품부장관 또는 해양수산부장관은 부패하거나 변질되기 쉬운 농수산물로서 농림축산식품부령 또는 해양수산부령으로 정하는 농수산물에 대하여 현저한 수급 불안정을 해소하기 위하여 특히 필요하다고 인정되고 농림축산식품부령 또는 해양수산부령으로 정하는 생산자 등 또는 생산자단체가 요청할 때에는 공정거래위원회와 협의를 거쳐 일정 기간 동안 일정 지역의 해당 농수산물의 생산자 등에게 생산조정 또는 출하조절을 하도록 하는 유통조절명령을 할 수 있다〈농수산물 유통 및 가격안정에 관한 법률 제10조(유통협약 및 유통조절명령) 제2항〉.

**26** 원예의 가치

　㉠ 영양적(식품적) 가치

　㉡ 경제적 가치

　㉢ 정서적(관상적) 가치

**27** 영양번식

　㉠ 장점

　　• 교잡을 하지 않기 때문에 유전적 성질이 그대로 보존되므로 어버이와 똑같은 품종을 짧은 기간에 대량 생산할 수 있다.

　　• 종자번식이 불가능 한 경우에 유일한 번식 수단이 되며, 초기 생장이 빠르고, 개화와 과일이 맺는 기간을 단축시킬 수 있는 이점이 있다.

　㉡ 단점

　　• 바이러스에 감염되면 생장점 배양을 하지 않고는 바이러스 감염 정도가 심해져서 생산성이나 상품가치가 떨어진다.

　　• 우수품종 육성을 위해 적극적인 품종 개량을 하는 데에 한계가 있다.

**28** 종자의 발아를 촉진하는 방법

    ㉠ **침수법** : 물에 종자를 담근 후 씨뿌리는 방법으로 파종 전 1 ~ 2 또는 3 ~ 4일간 물에 담가두었다가 씨뿌리기 하는 방법이다.

    ㉡ **침임법** : 파종 수일전 종자에 흙을 혼합해 15cm 가량 높이로 쌓고 거적을 덮어 관수, 종자가 충분히 물을 흡수한 후 파종하는 방법이다.

    ㉢ **열탕처리법** : 종피가 밀납으로 덮여있는 종자는 침수가 안되므로 60%의 농황산에 30분 ~ 1시간 담가두었다가 꺼내어 물에 씻은 다음 파종하는 방법이다.

**29** 인공광을 이용한 완전제어형 식물공장은 원가가 높기 때문에 비현실적이라는 단점이 있다.

**30** **염류의 집적** ⋯ 강우가 적고 증발량이 많은 건조 · 반건조 지대에서는 토양 상층에서 하층으로의 세탈작용이 적고, 증발에 의한 염류의 상승량이 많아 표층에 염류가 집적하는 현상이다. 염류농도가 높아지면 각종 생리장해를 일으키는데, 이에 대한 대책으로는 객토, 심경, 합리적인 시비, 담수처리, 피복물 제거 등이 있다.

**31** 가지와 토마토는 가지과의 과채류이다.

**32** **아브시스산(ABA)** ⋯ 식물의 생장 조절 물질 중 하나로 종자의 발아를 억제하거나 휴면 상태의 유지, 생장 억제, 노화 및 낙엽 촉진 등의 작용을 한다.

**33** 이산화탄소 농도가 상승하면 어느 수준까지는 광합성도 같이 상승하지만 이산화탄소가 0.1%에 도달하면 더이상 증가하지 않는다.

**34** 무배유 종자와 유배유 종자

    ㉠ **무배유 종자** : 배추과, 박과, 국화과, 콩과 채소

    ㉡ **유배유 종자** : 가지과, 백합과, 미나리과, 명아주과

**35** **케르세틴** ⋯ 양파의 주성분이며, 몸속의 콜레스테롤 등 지방 성분을 분해해 체내 지방 축적을 예방하고 항산화작용을 하여 활성산소를 잡아주는 역할을 한다.

**36** 온도가 낮고 해가 짧은 조건(저온단일)에서는 암꽃의 착생비율이 높아지고, 온도가 높고 해가 긴 조건(고온장일)에서는 수꽃 맺히는 비율이 높아진다.

**37** ④ 대표적인 해충이다.

**38** 칼라의 구근기관은 괴경이다.

**39** 피트모스(이끼류)는 유기질 재료이다.

**40** **파클로부트라졸(Paclobutrazol)** ⋯ 생장억제제로 채소의 웃자람을 방지한다.

**41** ① 박과채소와 가지과 채소류 등에 피해를 주며 식물의 뿌리에 혹을 만들고 그 속에서 생활을 한다. 때문에 양분과 수분의 흡수가 저해되어 생장이 부진하고 시들거나 일찍 고사한다.

② 통풍이 부족하고 건조한 환경에서 잘 발생하며 피해과실은 흡즙부위가 움푹움푹 들어간 기형과로 되고, 배설물로 그을음병이 유발되어 과실의 상품가치를 저하시킨다.

④ 토마토, 가지, 고추, 담배, 무, 콩류 등 기주범위가 대단히 넓다. 유충이 줄기와 잎을 폭식하는 피해를 가한다.

**42** 화색이 분홍색을 띠는 경우 pH는 6.0 ~ 6.5, 화색이 청색을 띠는 경우 pH는 5.0 ~ 5.5 이다.

**43** 항굴지성 ··· 중력에 반대하는 성질로 시간이 흐를수록 중력의 반대 방향으로 꽃이 휘는 것을 말한다. 금어초, 델피늄, 트리토마, 글라디올러스, 스토크, 루피너스 등이 대표적인 화훼이다. 항굴지성에 민감한 식물은 똑바로 세운 상태에서 보관·운송해야 구부러지는 현상을 막을 수 있으며 수송하기 전날에는 꽃을 수직상태로 유지한 채 약간 건조하게 저장한다.

**44** 열대성 식물은 5 ~ 7℃ 정도가 되면 잎이 마르거나 낙엽이 지는 등의 현상이 나타나고 저온의 상태에서 오래 있게 되면 말라죽게 된다. 안스리움은 남미 콜롬비아가 원산지인 열대성 식물로 생육적온은 16 ~ 24℃ 정도이다.

**45** ② 인과류, ③④ 핵과류

**46** 진과 ··· 꽃의 발육부분에 따른 과수의 분류로서 씨방이 독자적으로 자라서 열매가 된 것을 말한다. 한편, 씨방이 주변의 조직과 함께 자란 것을 위과라 한다.

**47** 꽃떨이 현상 ··· 개화는 되었지만 결실이 제대로 되지 않아 포도알이 드문드문 달리거나 무핵 포도알이 많이 달려 수량과 품질이 크게 떨어지는 착립불량현상을 말한다. 일반적으로 개화기 때 잿빛곰팡이병이 발생하였거나 신초의 세력이 아주 강하거나 약할 때 그리고 야간의 온도가 15℃ 이하로 지속될 때 발생하는 것으로 알려져 있으며 주로 세력이 강하고 큰 꽃송이가 달리는 거봉, 머스캣베일리에이, 네오머스캣 등의 품종에서 많이 발생한다.

**48** 초생재배 ··· 토양침식을 방지하는데, 특히 각종 풀로 멀칭이 되어 있는 상태이기 때문에 경사지 과수원의 토양침식을 방지해주는데 효과가 크다.

**49** 과실이 결실되면, 과실의 발육에 많은 양분이 소모되어 수세가 약해지므로, 개화결실할 꽃눈형성이 불량해지고, 다음해 꽃이 적게 달리게 된다.

**50** 고두병 ··· 칼슘이 부족한 사과 열매 표면에 반점이 생기는 병해로 과실, 엽, 가지간에 서로 석회를 흡수하려는 경쟁현상이 일어나서 발생하는 것이므로 수세를 떨어뜨려 안정시켜서 과실에 충분한 칼슘을 공급함이 중요하다.

**51** 원예생산물의 저장기술은 크게 일반 저온저장과 CA저장으로 나눌 수 있는데, 저온저장이 저장고 내 온도를 낮게 유지하는 데 그치는 반면, CA저장은 온도 뿐 아니라 저장고 내 산소와 이산화탄소 농도를 조절하여 저장 중 상품품질의 변화를 최소화하는 기술이다. CA저장은 가스 조성 방법에 따라 급속 CA(Rapid CA) 초저산소 CA(ULO – CA), 저에틸렌 CA(Low Ethylene CA) 등의 방식이 적용된다.

※ 에틸렌 ··· 원예생산물은 종류에 따라 에틸렌에 대한 반응성이 다르지만 대체로 모든 과실은 에틸렌이 있을 경우 급격하게 익어가기 시작하여 과실의 맛과 향을 좋게 하면서 과육을 무르게 한다.

**52** ① 열풍건조 시 영양성분의 손실이 일어나기 쉽다.

**53** ① 구근류 채소 등의 흙이나 먼지를 제거
③ 작물의 내부결함을 선별
④ 작물의 당도를 선별

**54** ⓒⓜ 저온에 대한 내한성이 강한 작물이다.
※ **저온장해(Chilling Injury)** … 저온에 민감한 과실이 0℃ 이상의 얼지 않는 온도에서도 한계 온도 이하의 저온에
노출될 때 조직이 물러지거나 표피 색깔이 변하는 증상을 말한다. 한계 온도는 작물에 다라 다르며 저장기간
과 상관없이 장해가 나타나기 시작하는 온도이다. 주로 10 ~ 15℃ 내의 범위나 경우에 따라 3℃까지 낮아
질 수 있으며 바나나는 12℃ 이하에서 저온장해를 받을 수 있다. 저온장해는 실제 작물의 저장 중 크게 문제
시될 수 있는 저장 장해 중의 하나로, 열대 또는 아열대 원산의 과실이 특히 저온장해에 매우 민감하다. 그러
나 사과나 배 등 온대산 과실은 저온장해현상이 나타나는 경우가 드물다. 원예작물 중 저온에 민감한 작물로
는 고추, 오이, 호박, 토마토, 아보카도, 바나나, 메론, 파인애플, 고구마, 가지, 옥수수 등이 있다.

**55** 냉동사이클
ⓖ **압축기** : 증발된 냉매가스를 고압으로 압축하여 응축기로 보낸다.
ⓛ **응축기** : 압축된 냉매가스를 냉각시켜서 다시 액화한다.
ⓒ **팽창밸브** : 고압의 냉매액은 팽창밸브를 지나며 증발이 용이한 저온저압의 액체가 되어 증발기로 유입된다.
ⓔ **증발기** : 저온 저압의 냉매가 주위열을 흡수하며 증발하여 냉동효과를 얻는다.

**56** ① 신선편이 채소를 진공포장으로 하거나 포장할 때 처음부터 낮은 산소 농도를 갖는 가스충전포장을 하다보니
이취가 발생하기 쉽다.

**57** ③ 진공냉각방식에 의한 예냉은 예냉 시간이 20 ~ 30분으로 짧아 예냉 방법 중에서 가장 신속하게 품온을 낮출
수 있어 한정된 시간에 많은 양을 처리할 수 있다.

**58** 소독제의 종류
ⓖ **염소 계열** : 차아염소산나트륨, 차아염소산칼슘 등
ⓛ 전해수(차아염소산)
ⓒ 이산화염소수
ⓔ 오존수
ⓜ 알코올(미량분무)
ⓗ 산(Acidic)

**59** **부유세척법** … 식품에 묻은 이물질을 제거하기 위하여 원료를 물 속에 담그면 밀도와 부력의 차이로 밀도가 높
은 협잡물은 가라앉고 밀도가 낮은 협잡물은 떠올라 각각 분리해 낼 수 있다.

**60** ④ 유기염소계 농약은 잔류성이 크고 지용성이어서 동물 지방조직 먹이사슬을 통한 생물농축작용이 있다.

**61** ① HACCP는 사전예방시스템이다.

**62** ④ 안전성 심사를 거쳐 승인된 유전자변형농산물(콩, 옥수수, 면화, 유채사탕무)과 이를 싹틔워 기른 콩나물, 새싹채소 등 포함한다.

**63** 저온저장고 적재용적률은 70 ~ 75% 정도가 가장 적당하다.

**64** ① 감자의 독소성분
② 목화씨의 독소성분
③ 버섯의 독소성분

**65** 시트르산(Citric Acid) … 귤 속 과일에서 주로 발견되는 약한 유기산이다. 자연적인 보존제이며 음식이나 음료수에 산성 또는 신 맛을 첨가하기 위해 사용한다.

**66** ④ 채소류는 영양학적으로 특수한 비타민과 무기질을 많이 함유하고 있으며 수분이 70 ~ 80% 정도 있는 반면 칼로리, 단백질 함량이 적어 체중을 줄이는 식이요법에 많이 이용되고 있다.

**67** 밀증상 … 솔비톨이라는 당분이 과육의 특정부위에 비정상적으로 축적되어 투명하게 보이는 것이다. 사과가 잘 익을수록 밀증상이 많이 나타나고 맛이 좋아 맛있는 사과 조건 중 하나로 꼽히고 있다. 밀증상의 발생은 기온의 영향을 많이 받으며 일반적으로 기온이 높을 경우에 발생이 빠르고 그 정도도 현저하다. 밀증상은 과실의 수확기가 늦을수록, 과실이 클수록, 1과당 잎수가 많을수록 발생이 증가한다.

**68** 후숙 과일은 멜론, 망고, 키위, 바나나 등이 있으며 포도는 감귤, 체리, 수박, 파인애플 등과 더불어 후숙 과일이 아니기 때문에 적절한 시기에 수확한 것을 선택해야만 맛이 좋다.

**69** 숙성기간 중 호흡 특성에 따라 호흡이 급격하게 증가하는 급등형 과실(사과, 블루베리, 배, 감, 복숭아, 수박, 멜론, 무화과, 토마토 등)은 성숙단계에서 수확하고 수확 후 숙성이 진행되어 풍미가 더욱 좋아지는 반면 비급등형 과실(포도, 오렌지, 레몬, 파인애플, 올리브, 고추, 가지 등)은 숙성이 진행되지 않으므로 풍미가 제대로 발현될 때 수확하여 저장하여야 과실 특유의 풍미를 즐길 수 있다.

**70** 토마토는 성숙함에 따라 산 함량이 적어지고 전분도 감소하며 환원당이 증가한다.

**71** 증산작용
① 의미 : 식물체에서 수분이 빠져나가는 현상을 말하며 식물의 생장에는 필수적인 대사작용이지만, 수확 후 농산물에는 악영향을 미친다.
② 증산작용 영향
• 증산에 의한 중량 감소는 호흡으로 발생하며 중량 감소의 10배 정도이다.
• 채소의 수분 함량이 채소 중량의 90% 이상으로 증산작용 시 5 ~ 10%까지 줄어 악영향을 준다.
• 상품성 저하의 구체적 내용 중 생산물의 모양, 질감 등에서 등급의 저하를 가져온다.

**72** 멜론의 수확적기 판정은 수분 후 일수가 가장 많이 이용된다.

**73** 원예산물 주변의 에틸렌을 제거하는 방법으로는 오존처리나 UV 조사, 그리고 과망간산칼륨($KMnO_4$)을 처리하여 에틸렌의 이중결합을 깨뜨려 저장 공간 내의 에틸렌을 제거하는 방법, 활성탄, 제올라이트 등 표면적이 높은 흡착제를 저장 상자나 유통용 상자에 넣어서 이용하는 방법이 있는데, 제올라이트나 규조토 등 다공성 운반체에 활성탄이나 $KMnO_4$를 혼합한 에틸렌 흡착제가 여러 형태로 이용되고 있다.

**74** ② 에틸렌 발생을 감소시키는 효과가 있다.
　※ MA저장
　　㉠ 살아있는 원예생산물을 내포장하여 선도를 유지하는 기술이다.
　　㉡ 원예산물의 자연적 호흡 또는 인위적인 기체 조성을 통해서 산소 소비와 이산화탄소를 방출시켜 포장내에 적절한 대기가 조성되도록 하는 저장법이다.
　　㉢ 포장필름의 가스차단성, 생산물의 호흡에 의해 포장내부의 산소 농도 저하 및 이산화탄소 농도가 상승됨에 따라 품질 변화가 억제된다.

**75** 호흡 속도
　㉠ 형태적 구조나 숙도에 따라 결정
　　• 미숙상태에서 가장 높다가 지속적으로 감소한다.
　　• 표면적이 큰 엽채류가 빠르다.
　　• 감자, 양파 등의 저장기관, 성숙식물은 느리다.
　㉡ 호흡 속도가 낮은 작물 : 중량 변화가 적음 → 저장력이 높음
　㉢ 호흡 속도가 높은 작물 : 내부 성분 소모가 큼 → 품질 저하가 심함, 저장력이 낮음

**76** 농산물 유통의 효용
　㉠ **형태효용**(Form Utility) : 소비자가 원하는 최종 농산물의 생산을 위해 종묘 선택, 영농자재 구매 등의 교환이나 연결로서 소비자에게 어떤 이점을 제공한다.
　㉡ **시간효용**(Time Utility) : 편리한 시간, 언제든지 구매가 가능하게 함으로써 얻을 수 있는 효용이다. 시간효용은 농산물을 필요로 하는 시기까지 보관하였다가 필요한 시기에 맞추어 출하함으로써 시간효용을 창출한다.
　㉢ **장소효용**(Place Utility) : 소비자가 원하는 장소에 농산물을 공급해 줌으로써 효용을 높인다. 장소효용은 유통경로 선택을 통하여 필요한 지역에 적시에 농산물을 소비자에게 공급함으로써 얻게 되는 효용이다.
　㉣ **소유효용**(Possession Utity) : 소비자가 그 농산물을 소유하거나, 소비하거나, 또는 그 농산물을 통해서 즐거움을 얻을 수 있도록 만드는 효용이다. 예를 들면 농협은 농업인들에게 자본 및 운영자금을 저금리로 대출해 주거나 장기융자 등을 가능하게 하여 농산물을 생산하는데 도움을 주는 경우가 이에 해당한다.

**77** 농산물 유통마진
　㉠ 유통마진은 유통 과정에서 발생하는 모든 유통 비용을 말한다.
　㉡ **유통마진율** = (총판매액 − 총구입액)/총판매액 → 상인이윤, 수송비용, 저장, 가공 비용 등을 모두 포함
　㉢ 저장성이 높고 산지포장화가 잘된 품목일수록 유통마진이 낮다.
　㉣ 부피가 크고 무겁고 유통단계가 많을수록 유통마진이 높다.
　㉤ 유통마진율이 높다는 것이 유통 효율이 낮음을 의미하지는 않는다.

**78** 농산물 유통금융은 농산물을 유통 시키는 데 필요한 자금을 융통하는 일을 말하므로 유통이 아닌 농지 구입 자금을 조달하는 것은 유통금융에 해당하지 않는다.

**79** 유통조성기관
  ㉠ 정부기관(농림축산식품부, 산업통상자원부, 보건복지부, 농산물품질관리원 등)
  ㉡ 수송업자(자동차운송업자, 철도운송업자, 선박운송업자 등)
  ㉢ 보관업자(저장업자 등)
  ㉣ 하역업자(항운노조, 하역회사 등)
  ㉤ 금융회사(농협, 일반금융기관 등)
  ㉥ 보험회사
  ㉦ 마케팅관련회사광고 디자인 브랜드 시장조사 등

**80** 우리나라 농산물 도매시장은 공정가격과 기준가격을 형성하며 신속한 유통 정보를 제공하고 있다.

**81** 최근 농산물의 소비도 경제발전과 소득증가에 따라 생산 저장이 용이한 곡류, 서류 등 저위보전(低位保全) 식품에서 채소, 과일, 육류 등 신선한 고위보전(高位保全) 식품, 가공식품, 편의식품, 건강식품으로 변화하고 있다. 특히 최근에는 여성의 사회활동 증가 등의 요인으로 가정식과 외식의 구분이 모호해지고 있으며 조리시간을 줄이기 위해 미리 조리된 식품을 소매점에서 사서 집에서 먹는 형태의 소비가 증가하고 있다.

**82** ② W는 약점(Weakness)을 말하는데, 이는 기업 내부의 약점이기 때문에 농산물 수입개방이라는 외부환경 분석은 위협에 해당한다.
  ※ SWOT 분석 … 강점(Strengths), 약점(Weaknesses), 기회(Opportunities), 위협(Threats)를 의미하며 강점(S)과 약점(W)은 내부환경 분석에 해당하며 기회(O)와 위협(T)은 외부환경 분석에 해당한다.

**83** 산지 유통 기능
  ㉠ 물적 조성기능
  ㉡ 상품화 기능
  ㉢ 수급조절 기능
  ㉣ 교환기능

**84** 농산물 공동계산제 … 개별농가에서 생산한 농산물을 농가별이 아닌 등급별로 구분해 공동관리, 판매한 후 판매대금과 비용을 평균해 정산해 주는 제도이다. 개별농가의 위험을 분산하고, 협동조합의 마케팅 혜택을 받을 수 있다. 또한 공동출하를 통해 거래 교섭력이 제고되고, 대량거래의 유리성과 판매와 수송에서 규모의 경제를 얻을 수 있고 품질을 높일 수 있다. 다만, 공동계산제는 사후정산으로 농가들의 자금수요에 부응하지 않을 수 있으며, 판매능력이 있는 고품질의 생산농가는 단기적으로 불리 할 수 있다.

**85** ② 농산물 유통경로 다양화
  ③ 수입농산물 증가로 인한 경쟁 심화
  ④ 산지와 대형유통업체 간 수직적 통합 강화

**86** 카테고리킬러 … 기존의 종합소매점에서 취급하는 상품 가운데 한 계열의 품목군을 선택하여 그 품목군에 있어서는 다른 업체보다 다양하고 풍부한 상품구색을 갖추고 저가격으로 판매하는 전문업체를 말한다.

**87** 도매상의 기능
  ㉠ 생산자를 위한 기능 : 시장을 확대하고 재고를 유지하며 주문 처리를 효율화하고 시장정보를 제공하는 기능을 한다.
  ㉡ 소매상을 위한 기능 : 구색을 제공하고 소단위로 판매하며 신용 및 금융을 제공하고 배달, 수리, 보증 등 다양한 서비스 및 기술을 지원한다.

**88** 시장세분화 변수의 종류

| 세분화 변수 | 구체적 변수 |
|---|---|
| 지리적 변수 | 지역, 인구밀도, 도시의 크기, 기후 |
| 인구통계적 변수 | 나이, 성별, 가족 규모, 가족 수명주기, 소득, 직업, 교육 수준, 종교 |
| 사회심리적 변수 | 사회계층, 생활양식, 개성 |
| 행태적 변수 | 추구하는 편익, 사용량, 제품에 대한 태도, 상표애호도, 상품구매단계, 가격에 대한 민감도 |

**89** ④ 유통업자 간의 경쟁이 심화된다.

**90** 실험조사법
  ㉠ 특징 : 연구자가 실험집단에 일정한 조작을 가하고 그로 인해 나타나는 행동의 변화를 통제집단과 비교하여 자료를 수집한다.
  ㉡ 장점
    • 변수의 인과관계 파악이 용이하다.
    • 효과적인 가설 검증이 가능하다.
  ㉢ 단점
    • 인간을 대상으로 하는 통제된 실험이 어렵다.
    • 법적, 윤리적 문제가 발생할 수 있다.

**91** ① 도입기 : 제품인지도 상승 및 시험구매 유도한다.
  ③ 성숙기 : 시장점유율 방어, 이익 최대화한다.
  ④ 쇠퇴기 : 이익 확보 및 철수 검토한다.

**92** 판매촉진 수단
  ㉠ 가격수단 : 할인쿠폰, 리베이트, 세일, 보너스팩, 보상판매
  ㉡ 비가격수단 : 샘플 및 무료 사용, 사은품, 시연회, 고정고객 우대프로그램, 경품

**93** 협동조합 유통의 효과
  ㉠ 거래비용 절감(유통마진 절감)
  ㉡ 독점화에 의한 시장교섭력 제고 일종의 Cartel화
  ㉢ 민간업체의 독과점적 이윤견제
  ㉣ 농업생산자의 경영다각화

**94** 유통마진율 = {(소비자 구입가격 − 농가 수취 가격) / 소비자 구입가격} × 100

= {(5000 − 2500) / 5000} × 100 = 50%

**95** ① 표준화, 규격화되어 대량으로 유통될 수 있어야 한다.

**96** 농산물은 대체성이 매우 강하다.

**97** ① 현금구입 시나 대금지급을 일찍하는 경우 일부 할인

③ 지불대금이나 이자의 일부 상당액을 지불인에게 되돌려주는 할인

④ 대량 구매하는 경우 할인

**98** 거미집모형 균형의 유형

㉠ 수렴형

- 수요의 가격 탄력성 > 공급의 가격 탄력성
- 수요곡선의 기울기 절댓값 < 공급곡선의 기울기 절댓값(균형이 안정)

㉡ 발산형

- 수요의 가격 탄력성 < 공급의 가격 탄력성
- 수요곡선의 기울기 절댓값 > 공급곡선의 기울기 절댓값(균형이 불안정)

㉢ 진동형

- 수요의 가격 탄력성 = 공급의 가격 탄력성
- 수요곡선의 기울기 절댓값 = 공급곡선의 기울기 절댓값(균형이 중립적)

※ 거미집모형 … 일반적으로 공산품의 경우 가격 변화에 따라 공급량 조절이 손쉬운 반면, 농산물은 작물의 생육에 상당한 시간이 필요하므로 공급량을 변동시키기가 쉽지 않다. 즉, 공산품보다는 농산품이 공급탄력성에 있어 상대적으로 비탄력적이다. 따라서 농산물의 경우 가격 변화에 따라 공급량을 변동시키는 데 상당한 시간이 소요된다. 이렇게 수요·공급의 조절에 시차(Time Lag)가 존재하면서 균형에 도달하는 동태적 과정을 설명한 이론이 거미집이론(Cobweb Theorem)이다.

**99** 라인확장 전략 … 기존 브랜드와 같은 상품라인에 추가된 신상품에 기존 브랜드를 사용하는 것이다.

㉔ 박카스D → 박카스F

**100** ㉡ 계통출하

㉢ 포전출하

| 정답 한 눈에 보기 | | | | | | | | | | | | | | | | | | | |
|---|---|---|---|---|---|---|---|---|---|---|---|---|---|---|---|---|---|---|---|
| 1 | ③ | 2 | ② | 3 | ④ | 4 | ① | 5 | ④ | 6 | ④ | 7 | ① | 8 | ④ | 9 | ③ | 10 | ① |
| 11 | ② | 12 | ③ | 13 | ① | 14 | ② | 15 | ② | 16 | ③ | 17 | ④ | 18 | ② | 19 | ③ | 20 | ③ |
| 21 | ① | 22 | ② | 23 | ④ | 24 | ① | 25 | ③ | 26 | ① | 27 | ④ | 28 | ② | 29 | ④ | 30 | ② |
| 31 | ① | 32 | ③ | 33 | ① | 34 | ① | 35 | ② | 36 | ④ | 37 | ② | 38 | ② | 39 | ③ | 40 | ① |
| 41 | ④ | 42 | ④ | 43 | ② | 44 | ① | 45 | ③ | 46 | ② | 47 | ② | 48 | ③ | 49 | ④ | 50 | ③ |
| 51 | ② | 52 | ④ | 53 | ② | 54 | ① | 55 | ③ | 56 | ② | 57 | ④ | 58 | ② | 59 | ① | 60 | ④ |
| 61 | ③ | 62 | ③ | 63 | ① | 64 | ② | 65 | ① | 66 | ④ | 67 | ② | 68 | ① | 69 | ③ | 70 | ④ |
| 71 | ① | 72 | ① | 73 | ③ | 74 | ④ | 75 | ③ | 76 | ④ | 77 | ① | 78 | ④ | 79 | ③ | 80 | ④ |
| 81 | ② | 82 | ① | 83 | ④ | 84 | ② | 85 | ③ | 86 | ④ | 87 | ① | 88 | ③ | 89 | ④ | 90 | ④ |
| 91 | ② | 92 | ④ | 93 | ③ | 94 | ① | 95 | ① | 96 | ② | 97 | ③ | 98 | ② | 99 | ① | 100 | ② |

2016년도 필기시험 제13회 2016.05.27

**1** 이 법은 농수산물의 적절한 품질관리를 통하여 농수산물의 안전성을 확보하고 상품성을 향상하며 공정하고 투명한 거래를 유도함으로써 농어업인의 소득 증대와 소비자 보호에 이바지하는 것을 목적으로 한다〈농수산물 품질관리법 제1조(목적)〉.

**2** "유해물질"이란 농약, 중금속, 항생물질, 잔류성 유기오염물질, 병원성 미생물, 곰팡이 독소, 방사성물질, 유독성 물질 등 식품에 잔류하거나 오염되어 사람의 건강에 해를 끼칠 수 있는 물질로서 총리령으로 정하는 것을 말한다〈농수산물 품질관리법 제2조(정의) 제1항 제12호〉.

**3** 통신판매의 경우 원산지 표시방법〈농수산물의 원산지 표시에 관한 법률 시행규칙 별표 3〉
　㉠ 글자로 표시할 수 있는 경우(인터넷, PC통신, 케이블TV, IPTV, TV 등)
　　• 표시 위치 : 제품명 또는 가격 표시 주위에 원산지를 표시하거나 제품명 또는 가격 표시 주위에 원산지를 표시한 위치를 표시하고 매체의 특성에 따라 자막 또는 별도의 창을 이용하여 원산지를 표시할 수 있다.
　　• 표시 시기 : 원산지를 표시하여야 할 제품이 화면에 표시되는 시점부터 원산지를 알 수 있도록 표시해야 한다.
　　• 글자 크기 : 제품명 또는 가격 표시와 같거나 그보다 커야 한다. 다만, 별도의 창을 이용하여 표시할 경우에는 「전자상거래 등에서의 소비자 보호에 관한 법률」에 따른 통신판매업자의 재화 또는 용역정보에 관한 사항과 거래조건에 대한 표시·광고 및 고지의 내용과 방법을 따른다.
　　• 글자색 : 제품명 또는 가격 표시와 같은 색으로 한다.
　㉡ 글자로 표시할 수 없는 경우(라디오 등) : 1회당 원산지를 두 번 이상 말로 표시하여야 한다.

**4** 원산지를 혼동하게 할 우려가 있는 표시 및 위장 판매의 범위〈농수산물 원산지 표시에 관한 법률 시행규칙 별표 5〉

ㄱ 원산지 표시를 잘 보이지 않도록 하거나, 표시를 하지 않고 판매하면서 사실과 다르게 원산지를 알리는 행위 등을 말한다.

ㄴ ㄱ에 따른 일반적인 예는 다음과 같으며 이와 유사한 사례 또는 그 밖의 방법으로 기망하여 판매하는 행위를 포함한다.

- 외국산과 국내산을 진열 · 판매하면서 외국 국가명 표시를 잘 보이지 않게 가리거나 대상 농수산물과 떨어진 위치에 표시하는 경우
- 외국산의 원산지를 표시하지 않고 판매하면서 원산지가 어디냐고 물을 때 국내산 또는 원양산이라고 대답하는 경우
- 진열장에는 국내산만 원산지를 표시하여 진열하고, 판매 시에는 냉장고에서 원산지 표시가 안 된 외국산을 꺼내 주는 경우

**5** 포상금은 1천만 원의 범위에서 지급할 수 있다〈농수산물의 원산지 표시에 관한 법률 시행령 제8조(포상금) 제1항〉.

**6** 농산물 검사의 유효기간〈농수산물 품질관리법 시행규칙 별표 23〉

| 종류 | 품목 | 검사 시행 시기 | 유효기간(일) |
|---|---|---|---|
| 곡류 | 벼 · 콩 | 5.1. ~ 9.30. | 90 |
| | | 10.1. ~ 4.30. | 120 |
| | 겉보리 · 쌀보리 · 팥 · 녹두 · 현미 · 보리쌀 | 5.1. ~ 9.30. | 60 |
| | | 10.1. ~ 4.30. | 90 |
| | 쌀 | 5.1. ~ 9.30. | 40 |
| | | 10.1. ~ 4.30. | 60 |
| 특용작물류 | 참깨 · 땅콩 | 1.1. ~ 12.31. | 90 |
| 과실류 | 사과 · 배 | 5.1. ~ 9.30. | 15 |
| | | 10.1. ~ 4.30. | 30 |
| | 단감 | 1.1. ~ 12.31. | 20 |
| | 감귤 | 1.1. ~ 12.31. | 30 |
| 채소류 | 고추 · 마늘 · 양파 | 1.1. ~ 12.31. | 30 |
| 잠사류(蠶絲類) | 누에씨 | 1.1. ~ 12.31. | 365 |
| | 누에고치 | 1.1. ~ 12.31. | 7 |
| 기타 | 농림축산식품부장관이 검사 대상 농산물로 정하여 고시하는 품목의 검사유효기간은 농림축산식품부장관이 정하여 고시한다. | | |

**7** 농산물품질관리사 또는 수산물품질관리사의 직무 … 농산물품질관리사는 다음의 직무를 수행한다〈농수산물 품질관리법 제106조 제1항〉.

ㄱ 농산물의 등급 판정
ㄴ 농산물의 생산 및 수확 후 품질관리기술지도
ㄷ 농산물의 출하 시기 조절, 품질관리기술에 관한 조언
ㄹ 그 밖에 농산물의 품질 향상과 유통 효율화에 필요한 업무로서 농림축산식품부령으로 정하는 업무

**8** 우수관리인증기관의 지정 등 … 농림축산식품부장관은 우수관리인증에 필요한 인력과 시설 등을 갖춘 자를 우수관리인증기관으로 지정하여 다음의 업무의 전부 또는 일부를 하도록 할 수 있다. 다만, 외국에서 수입되는 농산물에 대한 우수관리인증의 경우에는 농림축산식품부장관이 정한 기준을 갖춘 외국의 기관도 우수관리인증기관으로 지정할 수 있다〈농수산물 품질관리법 제9조 제1항〉.
ㄱ 우수관리인증
ㄴ 농산물우수관리시설의 지정

**9** 우수관리인증기관의 지정 취소 등 … 농림축산식품부장관은 우수관리인증기관이 다음의 어느 하나에 해당하면 우수관리인증기관의 지정을 취소하거나 6개월 이내의 기간을 정하여 우수관리인증 및 우수관리시설의 지정 업무의 정지를 명할 수 있다. 다만, ㄱ부터 ㄷ까지의 규정 중 어느 하나에 해당하면 우수관리인증기관의 지정을 취소하여야 한다〈농수산물 품질관리법 제10조 제1항〉.
ㄱ 거짓이나 그 밖의 부정한 방법으로 지정을 받은 경우
ㄴ 업무 정지기간 중에 우수관리인증 또는 우수관리시설의 지정 업무를 한 경우
ㄷ 우수관리인증기관의 해산·부도로 인하여 우수관리인증 또는 우수관리시설의 지정 업무를 할 수 없는 경우
ㄹ 본문에 따른 중요 사항에 대한 변경신고를 하지 아니하고 우수관리인증 또는 우수관리시설의 지정 업무를 계속한 경우
ㅁ 우수관리인증 또는 우수관리시설의 지정 업무와 관련하여 우수관리인증기관의 장 등 임원·직원에 대하여 벌금 이상의 형이 확정된 경우
ㅂ 지정기준을 갖추지 아니한 경우
ㅅ 준수사항을 지키지 아니한 경우
ㅇ 우수관리인증 또는 우수관리시설 지정의 기준을 잘못 적용하는 등 우수관리인증 또는 우수관리시설의 지정 업무를 잘못한 경우
ㅈ 정당한 사유 없이 1년 이상 우수관리인증 및 우수관리시설의 지정 실적이 없는 경우
ㅊ 농림축산식품부장관의 요구를 정당한 이유 없이 따르지 아니한 경우

**10** 안전성 검사기관으로 지정받으려는 자는 안전성조사와 시험분석에 필요한 시설과 인력을 갖추어 식품의약품안전처장에게 신청하여야 한다. 다만, 안전성 검사기관 지정이 취소된 후 2년이 지나지 아니하면 안전성 검사기관 지정을 신청할 수 없다〈농수산물 품질관리법 제64조(안전성 검사기관의 지정 등) 제2항〉.

**11** 표준규격품의 출하 및 표시방법 등 … 표준규격품을 출하하는 자가 표준규격품임을 표시하려면 해당 물품의 포장 겉면에 "표준규격품"이라는 문구와 함께 다음의 사항을 표시하여야 한다〈농수산물 품질관리법 시행규칙 제7조 제2항〉.
ㄱ 산지
ㄴ 품종. 다만, 품종을 표시하기 어려운 품목은 국립농산물품질관리원장, 국립수산물품질관리원장 또는 산림청장이 정하여 고시하는 바에 따라 품종의 표시를 생략할 수 있다.
ㄷ 생산연도(곡류만 해당한다)
ㄹ 등급
ㅁ 무게(실중량). 다만, 품목 특성상 무게를 표시하기 어려운 품목은 국립농산물품질관리원장, 국립수산물품질관리원장 또는 산림청장이 정하여 고시하는 바에 따라 개수(마릿수) 등의 표시를 단일하게 할 수 있다.
ㅂ 생산자 또는 생산자단체의 명칭 및 전화번호

**12** 이력추적관리의 대상 품목 및 등록사항 … 이력추적관리의 등록사항은 다음과 같다〈농수산물 품질관리법 시행규칙 제46조 제2항〉.

ⓐ 생산자(단순가공을 하는 자를 포함한다)
- 생산자의 성명, 주소 및 전화번호
- 이력추적관리 대상 품목명
- 재배면적
- 생산계획량
- 재배지의 주소

ⓑ 유통자
- 유통업체의 명칭 또는 유통자의 성명, 주소 및 전화번호
- 수확 후 관리시설이 있는 경우 관리시설의 소재지

ⓒ 판매자 : 판매업체의 명칭 또는 판매자의 성명, 주소 및 전화번호

**13** 이력추적관리 등록의 유효기간은 등록한 날부터 3년으로 한다. 다만, 품목의 특성상 달리 적용할 필요가 있는 경우에는 10년의 범위에서 농림축산식품부령으로(인삼류 5년 이내, 약용작물류 6년 이내)유효기간을 달리 정할 수 있다〈농수산물 품질관리법 제25조(이력추적관리 등록의 유효기간 등) 제1항〉.

**14** 지리적표시의 등록〈농수산물 품질관리법 제32조〉
ⓐ 등록 신청
ⓑ 등록 신청 공고결정
ⓒ 이의신청
ⓓ 등록증 교부

**15** 다른 사람에게 농산물품질관리사 또는 수산물품질관리사의 명의를 사용하게 하거나 그 자격증을 빌려준 자는 1년 이하의 징역 또는 1천만 원 이하의 벌금에 처한다〈농수산물 품질관리법 제120조(벌칙) 제12호〉.

**16** 지리적표시품의 표시〈농수산물 품질관리법 시행규칙 별표 15〉
ⓐ 도형표시
- 표지도형의 가로의 길이(사각형의 왼쪽 끝과 오른쪽 끝의 폭 : W)를 기준으로 세로의 길이는 $0.95 \times W$의 비율로 한다.
- 표지도형의 흰색모양과 바깥 테두리(좌·우 및 상단부만 해당한다)의 간격은 $0.1 \times W$로 한다.
- 표지도형의 흰색모양 하단부 좌측 태극의 시작점은 상단부에서 $0.55 \times W$ 아래가 되는 지점으로 하고, 우측 태극의 끝점은 상단부에서 $0.75 \times W$ 아래가 되는 지점으로 한다.
ⓑ 표지도형의 한글 및 영문 글자는 고딕체로 하고, 글자 크기는 표지도형의 크기에 따라 조정한다.
ⓒ 표지도형의 색상은 녹색을 기본 색상으로 하고, 포장재의 색깔 등을 고려하여 파란색 또는 빨간색으로 할 수 있다.
ⓓ 표지도형 내부의 "지리적표시", "(PGI)" 및 "PGI"의 글자색상은 표지도형 색상과 동일하게 하고, 하단의 "농림축산식품부"와 "MAFRA KOREA" 또는 "해양수산부"와 "MOF KOREA"의 글자는 흰색으로 한다.
ⓔ 배색 비율은 녹색 C80 + Y100, 파란색 C100 + M70, 빨간색 M100 + Y100 + K10으로 한다.

**17** **사용료 및 수수료 등** … 위탁수수료의 최고한도는 다음과 같다. 이 경우 도매시장의 개설자는 그 한도에서 업무규정으로 위탁수수료를 정할 수 있다〈농수산물 유통 및 가격안정에 관한 법률 시행규칙 제39조 제4항〉.

㉠ **양곡부류** : 거래금액의 1천분의 20
㉡ **청과부류** : 거래금액의 1천분의 70
㉢ **수산부류** : 거래금액의 1천분의 60
㉣ **축산부류** : 거래금액의 1천분의 20(도매시장 또는 공판장 안에 도축장이 설치된 경우 「축산물위생관리법」에 따라 징수할 수 있는 도살·해체수수료는 이에 포함되지 아니한다)
㉤ **화훼부류** : 거래금액의 1천분의 70
㉥ **약용작물부류** : 거래금액의 1천분의 50

**18** 특별시장·광역시장·특별자치시장·도지사 또는 특별자치도지사는 주산지를 지정하였을 때에는 이를 고시하고 농림축산식품부장관 또는 해양수산부장관에게 통지하여야 한다〈농수산물 유통 및 가격안정에 관한 법률 시행령 제4조(주산지의 지정 및 해제) 제1항〉.

**19** **도매시장의 개설 등**〈농수산물 유통 및 가격안정에 관한 법률 제17조 제1항. 제5항〉
㉠ 도매시장은 대통령령으로 정하는 바에 따라 부류별로 또는 둘 이상의 부류를 종합하여 중앙도매시장의 경우에는 특별시·광역시·특별자치시 또는 특별자치도가 개설하고, 지방도매시장의 경우에는 특별시·광역시·특별자치시·특별자치도 또는 시가 개설한다. 다만, 시가 지방도매시장을 개설하려면 도지사의 허가를 받아야 한다.
㉡ 중앙도매시장의 개설자가 업무규정을 변경하는 때에는 농림축산식품부장관 또는 해양수산부장관의 승인을 받아야 하며, 지방도매시장의 개설자(시가 개설자인 경우만 해당한다)가 업무규정을 변경하는 때에는 도지사의 승인을 받아야 한다.

**20** 유통명령에는 유통명령을 하는 이유, 대상 품목, 대상자, 유통조절 방법 등 대통령령으로 정하는 사항이 포함되어야 한다〈농수산물 유통 및 가격안정에 관한 법률 제10조(유통협약 및 유통조절명령) 제3항〉.

**21** **수탁판매의 예외** … 도매시장법인이 농수산물을 매수하여 도매할 수 있는 경우는 다음과 같다.
㉠ 농림축산식품부장관 또는 해양수산부장관의 수매에 응하기 위하여 필요한 경우
㉡ 다른 도매시장법인 또는 시장도매인으로부터 매수하여 도매하는 경우
㉢ 해당 도매시장에서 주로 취급하지 아니하는 농수산물의 품목을 갖추기 위하여 대상 품목과 기간을 정하여 도매시장 개설자의 승인을 받아 다른 도매시장으로부터 이를 매수하는 경우
㉣ 물품의 특성상 외형을 변형하는 등 가공하여 도매하여야 하는 경우로서 도매시장 개설자가 업무규정으로 정하는 경우
㉤ 도매시장법인이 겸영사업에 필요한 농수산물을 매수하는 경우
㉥ 수탁판매의 방법으로는 적정한 거래 물량의 확보가 어려운 경우로서 농림축산식품부장관 또는 해양수산부장관이 고시하는 범위에서 중도매인 또는 매매참가인의 요청으로 그 중도매인 또는 매매참가인에게 정가·수의매매로 도매하기 위하여 필요한 물량을 매수하는 경우

**22** 공판장에는 중도매인, 매매참가인, 산지유통인 및 경매사를 둘 수 있다〈농수산물 유통 및 가격안정에 관한 법률 제44조(공판장의 거래관계자) 제1항〉.

**23** 도매시장거래 분쟁조정위원회의 설치 등 … 조정위원회는 당사자의 한쪽 또는 양쪽의 신청에 의하여 다음의 분쟁을 심의 · 조정한다〈농수산물 유통 및 가격안정에 관한 법률 제78조의2 제2항〉.

ⓐ 낙찰자 결정에 관한 분쟁

ⓑ 낙찰가격에 관한 분쟁

ⓒ 거래대금의 지급에 관한 분쟁

ⓓ 그 밖에 도매시장 개설자가 특히 필요하다고 인정하는 분쟁

**24** 기금의 용도 … 기금은 다음의 사업을 위하여 필요한 경우에 융자 또는 대출할 수 있다〈농수산물 유통 및 가격 안정에 관한 법률 제57조 제1항〉.

ⓐ 농산물의 가격조절과 생산 · 출하의 장려 또는 조절

ⓑ 농산물의 수출 촉진

ⓒ 농산물의 보관 · 관리 및 가공

ⓓ 도매시장, 공판장, 민영도매시장 및 경매식 집하장(농수산물집하장 중 경매 또는 입찰의 방법으로 농수산물 을 판매하는 집하장을 말한다)의 출하촉진 · 거래대금정산 · 운영 및 시설설치

ⓔ 농산물의 상품성 향상

ⓕ 그 밖에 농림축산식품부장관이 농산물의 유통구조 개선, 가격안정 및 종자산업의 진흥을 위하여 필요하다고 인정하는 사업

**25** 벌칙 … 다음의 어느 하나에 해당하는 자는 2년 이하의 징역 또는 2천만 원 이하의 벌금에 처한다〈농수산물 유 통 및 가격안정 제86조〉.

ⓐ 수입 추천신청을 할 때에 정한 용도 외의 용도로 수입농산물을 사용한 자

ⓑ 도매시장의 개설구역이나 공판장 또는 민영도매시장이 개설된 특별시 · 광역시 · 특별자치시 · 특별자치도 또는 시의 관할구역에서 허가를 받지 아니하고 농수산물의 도매를 목적으로 지방도매시장 또는 민영도매시장을 개 설한 자

ⓒ 지정을 받지 아니하거나 지정 유효기간이 지난 후 도매시장법인의 업무를 한 자

ⓓ 허가 또는 갱신허가(준용되는 허가 또는 갱신허가를 포함한다)를 받지 아니하고 중도매인의 업무를 한 자

ⓔ 등록을 하지 아니하고 산지유통인의 업무를 한 자

ⓕ 도매시장 외의 장소에서 농수산물의 판매 업무를 하거나 같은 조 제4항을 위반하여 농수산물 판매업무 외의 사업을 겸 영한 자

ⓖ 지정을 받지 아니하거나 지정 유효기간이 지난 후 도매시장 안에서 시장도매인의 업무를 한 자

ⓗ 따른 승인을 받지 아니하고 공판장을 개설한 자

ⓘ 업무 정지처분을 받고도 그 업(業)을 계속한 자

**26** 아미그달린 … 살구씨와 복숭아씨 속에 들어 있는 성분이다. 체내에 들어가면 암세포에만 다량으로 들어 있는 베타 글루코시다아제에 의해 시안화수소를 유리시켜 암세포를 죽인다. 감귤에는 카로티노이드, 플라보노이드, 베타크 립토산틴, 리모노이드 외에도 비타민B, 비타민C 등이 들어있다.

**27** 토마토 궤양병은 전염성이 강한 세균성 질환이다.

**28** 양배추는 겨자과에 속하며, 상추는 국화과에 속한다.
① 겨자과
③ 가지과
④ 백합과

**29** 딸기의 잎끝마름과 토마토의 배꼽썩음병은 칼슘 결핍이 원인이다.

**30** 안토시아닌 ··· 식물의 꽃, 과일, 채소류에 있으며 빨강색, 자주색, 파랑색의 다양한 색을 띠는 천연색소이다. 알칼리에서 산성 환경으로 될수록 푸른색에서 붉은색으로 바뀐다. 껍질 바깥쪽에 많이 있으며 색이 진할수록 함유량이 높다.
① 토마토 - 리코펜
③ 오이 - 엽록소
④ 호박 - 카로티노이드(베타카로틴)

**31** 파의 배토 작업은 쓰러짐을 방지할 뿐만 아니라 연백부를 길게 하여 파의 품질을 증진시키므로 매우 중요한 작업이다.

**32** 육묘는 종자발아율을 높이고 본밭의 토지이용률 또한 높여준다.

**33** 단성화의 암수 분화는 유전적 요인으로 결정되지만 환경의 영향도 크다. 오이는 저온 조건과 단일조건에서 암꽃의 수가 많아진다.

**34** 호광성 종자 ··· 발아 시 일정량의 광을 주어야 발아하는 종자이다. 종자 발아는 660nm 대의 빛이 주로 관여한다.

**35** ② 단백질의 변성으로 효소 활성을 잃게 된다.

**36** ④ 백합목 수선화과에 속한다.
①②③ 백합목 백합과

**37** ② 담액수경 : 고형 배지 없이 베드 내 배양액에 뿌리를 계속 잠기게 하여 재배하는 방법이다.
① 분무경 : 수경재배에서 발생하기 쉬운 뿌리의 산소부족과 배양액의 변질을 방지하기 위하여 개발된 재배법으로 배양액을 간결적(間缺的)으로 근부에 분무하는 방법이다.
③ 암면재배 : 무균상태의 암면배지를 이용하여 작물을 재배하는 양액재배 시스템으로 장기재배하는 과채류와 화훼류 재배에 적합한 방법이다.
④ 저면담배수식 : 화분 밑 부분에서 공급하는 방식이다.

**38** 춘화 ··· 화훼작물에서 종자 또는 줄기의 생장점이 일정 기간의 저온을 겪음으로써 화아가 형성되는 현상이다.

**39** ③ 지베렐린 : 화훼작물의 선단부 절간이 신장하지 못하고 짧게 되는 로제트(Rosette) 현상을 타파하기 위해 사용하는 생장 조절 물질이다.
① 옥신 : 식물체에서 줄기세포의 신장생장 및 여러 가지 생리작용을 촉진하는 호르몬이다.
② 시토키닌 : 생장을 조절하고 세포분열을 촉진하는 역할을 하는 물질이다.
④ 아브시스산 : 식물의 성장 중에 일어나는 여러 과정을 억제하는 식물호르몬이다.

**40** 가을 국화의 개화 시기를 늦추기 위해서는 전조재배를, 당기기 위해서는 암막재배를 실시한다.

※ **전조재배** … 인공광원을 활용해서 일장 시간을 인위적으로 연장하거나 또는 야간을 중지함으로써 화성의 유기, 휴면타파 등의 효과를 얻는 재배방식이다.

**41** 시비량이 부족하여 영양결핍이 될 경우 블라인드 현상의 원인이 될 수 있지만, 시비량의 과다는 블라인드 현상의 원인으로 볼 수 없다.

**42** 무름병은 세균에 의해 발병한다.

**43** DIF(晝夜溫度較差, Difference Between Day and Night Temperature) … 낮과 밤의 온도 차이를 말한다.

**44** ① 배 : 단과(單果) – 위과(僞果) – 이과(梨果)
② 복숭아 : 단과(單果) – 진과(眞果) – 육질과(肉質果) – 핵과(核果)
③ 감귤 : 단과(單果) – 진과(眞果) – 육질과(肉質果) – 감과(柑果)
④ 무화과 : 복과(複果) – 은화과(隱花果)

**45** **무병묘(무균묘)** … 99.9%가 바이러스가 없는 묘로, 보통 조직배양묘를 일컫는다.

**46** 생육 초기에는 종축생장이, 그 후에는 횡축생장이 왕성하므로 해발 고도가 높은 지역이나 추운 지방에서는 과실이 대체로 원형이나 장원형으로 된다.

**47** 봉지씌우기(Bagging)의 주요 목적
㉠ 병해충으로부터 과실을 보호한다.
㉡ 농약이 과실에 직접 묻지 않도록 한다.
㉢ 외관을 좋게 하여 과실 품질을 향상시킨다.

**48** 적과(열매솎기)는 결실량을 조절하여 과실의 크기를 증대, 착색증진 등으로 일률적인 상품성이 있는 과실을 생산하고 수세에 맞추어 결실시킴으로써 해마다 안정적인 고품질의 과실을 생산하는 데 목적이 있다.

**49** **화상병** … 병원균에 의해 나타나는 병이다. 사과·배나무의 꽃, 잎, 열매 등의 조직이 불에 타서 화상을 입은 모양으로 검게 마르는 피해를 준다.

**50** 고접병은 바이러스에 의해 발병한다.
※ 생물성 병원에 의한 식물병
㉠ **진균** : 무·배추·포도 노균병, 수박 덩굴쪼김병, 오이류 덩굴마름병, 감자·토마토·고추역병, 딸기·사과 흰가루병
㉡ **세균** : 무·배추 세균성 검은썩음병, 감귤 궤양병, 가지·토마토 풋마름병, 과수 근두암종병
㉢ **파이토플라즈마** : 대추나무·오동나무 빗자루병, 복숭아·밤나무 오갈병
㉣ **바이러스** : 배추·무 모자이크병, 사과나무 고접병, 감자·고추·오이·토마토 바이러스병

**51** 호흡 양식에 따른 작물 분류
　　㉠ **호흡급등형** : 토마토, 사과, 배, 감, 복숭아, 살구, 키위 등
　　㉡ **호흡비급등형** : 딸기, 오이, 오렌지, 포도, 밀감, 파인애플 등

**52** ① 저장용 마늘은 추대가 된 후에 수확한다.
　　② 비가 온 후 수확한 포도는 당도가 떨어진다.
　　③ 만생종 사과는 10월 하순 이후가 수확기이다.

**53** 조도계 … 어떤 면이 받는 빛의 밝기를 측정하는 기구로 원예산물의 품질을 측정하는 기기가 아니다.

**54** 과망간산칼륨(KMnO₄), 목탄, 활성탄, Zeolite와 같은 흡착제는 공기 중의 에틸렌을 흡착하여 농도를 낮게 해준다.

**55** ① 흑변은 습도가 높아 발생한다.
　　② 고온 건조 시 마늘이 쪄지거나 발아가 안 될 수 있기 때문에 38℃의 열풍으로 건조시킨다.
　　④ 큐어링이 끝난 고구마는 13℃의 저온상태에 두고 열을 발산시킨 뒤 본 저장에 들어가는 것이 좋다.

**56** 밀증상 … 과육의 일부가 생육기 고온으로 정상적으로 자라지 못하고 투명하게 변하거나 과육조직 내 반투명한 수침상 조직이 발달해 상품성이 떨어지는 것을 말한다.

**57** 포장상자 규격은 품목에 따라 다르다.

**58** ① 과실은 화훼류와 혼합저장하면 수분 손실이 크다.
　　③ 냉기의 대류속도가 빠르면 수분 손실이 크다.
　　④ 부피에 비하여 표면적이 넓은 작물일수록 수분 손실이 크다.
　　※ 원예산물의 수분 손실
　　　　㉠ 표피가 치밀한 작물일수록 적다.
　　　　㉡ 저장상대습도가 높을수록 적다.
　　　　㉢ 저장온도가 낮을수록 적다.

**59** 딸기의 주요 유기산은 구연산이고 포도의 주요 유기산은 주석산이다.

**60** 복숭아의 과육섬유질화는 저온장해이다.

**61** ㉣ 가용성 고형물에 의해 통과하는 빛의 속도가 느려진다.

**62** HPLC(High Performance Liquid Chromatography)는 고성능 액체 크로마토그래피로, 파괴적 품질평가에 해당한다.

**63** 원예산물의 성숙 및 수확기 판단 지표
    ㉠ **감각적 지표** : 크기와 모양, 표면 형태 및 구조, 색깔, 촉감, 조직감·맛 등의 미각
    ㉡ **화학적 지표** : 전분테스트, 당 함량, 산 함량
    ㉢ **물리적 지표** : 경도, 채과 저항력
    ㉣ **생리대사적 지표** : 호흡 속도, 에틸렌
    ㉤ **생장 일수와 기상 자료** : 날짜, 만개 후 일수

**64** 원예산물의 에틸렌 발생 촉진 물질은 ACC(1 - Aminocyclopropane - 1 - Carboxylic Acid)로, 메티오닌에서 생합성되는 에틸렌의 직접적인 전구물질이다.

**65** 수용체는 세포벽이 존재하지 않는다.

**66** ① CA(Controlled Atmosphere Storage)저장은 저장고 내의 공기조성을 인위적으로 조절하여 저장된 산물의 호흡을 최소한으로 억제하고 신선도를 유지하는 저장법으로 선박에 의한 장거리 수송 시 CA저장이 가능하다.
    ② MA(Modified Atmosphere Storage)포장은 각종 플라스틱 필름의 기체 투과성과 원예산물로부터 발생한 기체의 양과 종류에 의하여 포장내부의 대기조성이 달라지는 것을 이용한 저장 방법으로 이산화탄소 투과도는 산소 투과도 보다 높아야 한다.
    ③ 소석회는 이산화탄소를 제거하는 데 이용된다.

**67** 저장고 내 상대습도의 상승은 원예산물의 증산을 억제한다.

**68** 환원당은 빙점을 저하시킨다.

**69** **오존수 세척** … 선진국에서 실용화되고 있는 방법으로 위해한 잔류물이 남지 않고, 강한 살균효과를 나타내며, 처리과정 중에 pH를 조절할 필요가 없다는 점이 장점이다. 그러나 시설이 알맞게 갖추어 있지 않으면 작업자에게 유해할 수 있으며, 시설 설비에 드는 초기의 경제적인 부담이 크다는 단점이 있다.

**70** 예냉의 목적
    ㉠ 수확 직후 산물의 품온을 낮추어 준다.
    ㉡ 작물의 호흡률 및 에틸렌 생성을 낮추어 준다.
    ㉢ 작물에 존재하는 부패 미생물의 생육을 억제한다.
    ㉣ 작물의 수분 손실과 시들음을 방지한다.

**71** 골판지는 안과 밖의 두 장의 판지 사이에 파형의 심지를 넣어 제조된다. 상품의 보호 및 외부 충격을 완화시킬 수 있으며 대량 생산과 수송, 보관이 용이하다. 외부포장용 골판지의 품질기준으로는 압축강도, 발수도, 파열강도 등이 있다.

**72** 진공예냉은 엽채류, 일부 줄기 채소 및 꽃양배추에 적용한다.

**73** 딸기, 단감 등은 생리적 성숙 완료기에 수확하여 이용한다.

**74** ① 전분반응 시약은 증류수 100㎖에 5g의 요오드칼륨을 녹여서 약 5%의 요오드칼륨 용액을 만든 다음 여기에 1g의 요오드를 녹여서 만든다.
②③ 과실 내 전분이 염색되는 성질을 이용한 것으로 과육 내의 전분 소실 정도를 조사하여 성숙정도를 예측한다.

**75** Hunter 색도계의 'a'는 녹색 – 적색지표, 'b'는 파랑 – 노랑 색도지표, 'L'은 명도지표를 나타낸다.
③ 'a' 값이 – 20일 때 측정된 부위는 녹색이다.

**76** 농산물은 단일품목 대량 생산의 특징이 있다.

**77** ㉠ 가을에 수확한 사과를 이듬해 봄에 판매 → 시간효용
㉡ 사과를 사과잼으로 가공 판매 → 형태효용

**78** 제시된 내용은 식품 마케팅빌에 대한 설명이다.

**79** 농업협동조합 유통을 통해 농산물 단위당 거래비용 감소를 기대할 수 있다.

**80** ① 대부분의 선물계약이 미리 결정된 가격으로 미래의 일정시점에 인도·인수할 것을 약정으로 하여 거래된다.
② 매매당사자 간의 직접적인 대면 계약으로 이루어지지 않는다.
③ 해당 품목의 가격변동성이 높을수록 거래가 활성화된다.

**81** ㉠은 소매상이 소비자를 위해 수행하는 기능이다.

**82** ① 도매유통의 기능이다.

**83** 상장경매는 도매시장의 사업방식이다.
※ 농산물 종합유통센터의 기능
    ㉠ 수집·분산
    ㉡ 보관·저장
    ㉢ 정보처리

**84** 정전매매(정전인도) … 상품의 인도조건의 하나로 생산자의 뜰(마당)에서 인도하는 것을 말한다. 농산물의 매매에서 성행하는 것으로 뜰에서 인도 이후의 운임, 위험부담 등은 사는 쪽에서 부담한다.

**85** 대형유통업체의 농산물 직거래 확대에 대응하기 위해서는 도매시장 출하를 확대하기보다는 협동생산과 공동출하를 통해 농가소득 증대를 꾀하는 것이 좋다.

**86** 선박은 장거리 수송에 유리하다.

**87** 농산물유통 기능
㉠ 소유권 이전기능 : 유통경로가 수행하는 가장 본질적인 기능으로 판매와 구매기능을 말한다.
㉡ 물적유통 기능 : 생산과 소비 사이의 장소적·시간적 격리를 조절하는 기능이다.
㉢ 유통조성기능 : 소유권 이전기능과 물적유통 기능이 원활히 수행될 수 있도록 지원해 주는 기능이다.

**88** 농작물 재해 보험 제공은 유통금융의 기능이 아니다.
  ※ **농산물 유통금융기능** … 농산물을 유통 시키는 데 필요로 하는 자금을 융통하는 것을 말한다.
    ㉠ 농산물유통금융은 교환기능과 물적유통 기능을 원활히 수행할 수 있게 한다.
    ㉡ 물적유통시설 자금과 유통업자들의 운영자금을 지원해서 생산자와 소비자 간에 장소 및 시간의 격차를 원만하게 연결시켜야 한다.

**89** 농산물 유통의 물류비용이 감소한다.

**90** 모두 옳은 설명이다.
  ※ **단위화물적재 시스템** … 수송, 보관, 하역 등의 물류활동을 합리적으로 하기 위하여 여러 개의 물품 또는 포장화물을 기계, 기구에 의한 취급에 적합하도록 하나의 단위로 정리한 화물을 말한다. 단위적재를 함으로써 하역을 기계화하고 수송, 보관 등을 일괄해서 합리화하는 체계가 단위화물적재 시스템이다.

**91** 수요의 가격 탄력성이 마이너스이므로 가격 하락에 비해 판매량이 덜 증가하기 때문에 총수익은 줄어든다.

**92** **완전경쟁시장** … 가격이 완전경쟁에 의해 형성되는 시장이다. 시장참가자의 수가 많고 시장 참여가 자유로우며, 각자가 완전한 시장정보와 상품지식을 가진다. 개개의 시장참가자가 시장 전체에 미치는 영향력이 미미한 상태에서 매매되는 재화가 동질일 경우 완전한 경쟁에 의해 가격이 형성되는 완전경쟁시장이 된다.

**93** ㉠ 수매 확대는 농산물 가격이 하락했을 때 시행하는 정책수단이다.

**94** SWOT 분석 … 기업 환경 분석을 통해 강점(Strength)과 약점(Weakness), 기회(Opportunity)와 위협(Threat) 요인을 규정하고 이를 바탕으로 마케팅 전략을 수립하는 기법이다.

**95** 통계자료는 2차 자료에 해당한다.

**96** 마케팅 믹스(4P)는 Product, Price, Place, Promotion이다.

**97** 프라이빗 브랜드 … 소매업자가 독자적으로 기획해서 발주한 오리지널 제품에 붙인 스토어 브랜드를 말한다.

**98** 배추, 계란 등을 미끼상품으로 제공하여 고객의 점포 방문을 유인하는 가격 전략이다. 이러한 가격 전략은 일단 고객을 모으면 다른 상품의 구매 가능성이 크다고 여겨질 때 주로 이용된다.

**99** 기초광고 … 기업별 자기 브랜드가 속한 제품군 전체에 대한 소비자의 니즈를 환기시키고, 해당 상품군을 사용함으로써 많은 혜택을 얻을 수 있다는 것을 강조하는 광고이다.

**100** 밸류체인 … 농산물 유통 과정에서 부가가치 창출에 관련되는 일련의 활동, 기능 및 과정의 연계이다.

| 2017년도 | 필기시험<br>제14회<br>2017.05.27 | | | | | | | | | | | | | | | | | | | |
|---|---|---|---|---|---|---|---|---|---|---|---|---|---|---|---|---|---|---|---|---|
| | | 1 | ③ | 2 | ④ | 3 | ② | 4 | ① | 5 | ① | 6 | ③ | 7 | ② | 8 | ④ | 9 | ① | 10 | ③ |
| | | 11 | ③ | 12 | ④ | 13 | ④ | 14 | ② | 15 | ① | 16 | ② | 17 | ① | 18 | ② | 19 | ③ | 20 | ④ |
| | | 21 | ② | 22 | ① | 23 | ④ | 24 | ③ | 25 | ④ | 26 | ④ | 27 | ② | 28 | ① | 29 | ② | 30 | ① |
| | | 31 | ① | 32 | ④ | 33 | ① | 34 | ④ | 35 | ② | 36 | ③ | 37 | ③ | 38 | ③ | 39 | ④ | 40 | ① |
| | | 41 | ① | 42 | ④ | 43 | ② | 44 | ④ | 45 | ③ | 46 | ④ | 47 | ④ | 48 | ③ | 49 | ① | 50 | ③ |
| | | 51 | ① | 52 | ④ | 53 | ③ | 54 | ② | 55 | ③ | 56 | ③ | 57 | ④ | 58 | ① | 59 | ③ | 60 | ② |
| | | 61 | ① | 62 | ① | 63 | ③ | 64 | ④ | 65 | ③ | 66 | ① | 67 | ④ | 68 | ③ | 69 | ② | 70 | ② |
| | | 71 | ② | 72 | ④ | 73 | ① | 74 | ③ | 75 | ③ | 76 | ④ | 77 | ① | 78 | ④ | 79 | ② | 80 | ① |
| | | 81 | ④ | 82 | ③ | 83 | ② | 84 | ③ | 85 | ④ | 86 | ② | 87 | ① | 88 | ③ | 89 | ① | 90 | ④ |
| | | 91 | ③ | 92 | ② | 93 | ③ | 94 | ④ | 95 | ② | 96 | ① | 97 | ③ | 98 | ② | 99 | ① | 100 | ③ |

**1** **지리적표시의 등록 거절 사유의 세부기준** … 지리적표시 등록 거절 사유의 세부기준은 다음과 같다〈농수산물 품질관리법 시행령 제15조〉.

㉠ 해당 품목이 농수산물인 경우에는 지리적표시 대상 지역에서만 생산된 것이 아닌 경우

㉡ 해당 품목이 농수산가공품인 경우에는 지리적표시 대상 지역에서만 생산된 농수산물을 주원료로 하여 해당 지리적표시 대상 지역에서 가공된 것이 아닌 경우

㉢ 해당 품목의 우수성이 국내 및 국외에서 모두 널리 알려지지 아니한 경우

㉣ 해당 품목이 지리적표시 대상 지역에서 생산된 역사가 깊지 않은 경우

㉤ 해당 품목의 명성·품질 또는 그 밖의 특성이 본질적으로 특정지역의 생산환경적 요인과 인적 요인 모두에 기인하지 아니한 경우

㉥ 그 밖에 농림축산식품부장관 또는 해양수산부장관이 지리적표시 등록에 필요하다고 인정하여 고시하는 기준에 적합하지 않은 경우

**2** **이력추적관리의 등록절차 등** … 이력추적관리 등록을 하려는 자는 농산물이력추적관리 등록(신규·갱신)신청서에 다음의 서류를 첨부하여 국립농산물품질관리원장에게 제출하여야 한다〈농수산물 품질관리법 시행규직 제47조 제1항〉.

㉠ 이력추적관리농산물의 관리계획서

㉡ 이상이 있는 농산물에 대한 회수 조치 등 사후관리계획서

**3** 등급규격은 품목 또는 품종별로 그 특성에 따라 고르기, 크기, 형태, 색깔, 신선도, 건조도, 결점, 숙도(熟度) 및 선별 상태 등에 따라 정한다〈농수산물 품질관리법 시행규칙 제5조(표준규격의 제정) 제3항〉.

**4** **벌칙** … 다음의 어느 하나에 해당하는 자는 3년 이하의 징역 또는 3천만 원 이하의 벌금에 처한다〈농수산물 품질관리법 제119조〉.

㉠ 표준규격품, 우수관리인증농산물, 품질인증품, 이력추적관리농산물(이하 "우수표시품")이 아닌 농수산물(우수관리인증농산물이 아닌 농산물의 경우에는 우수관리인증의 유효기간 등에 따른 승인을 받지 아니한 농산물을 포함한다) 또는 농수산가공품에 우수표시품의 표시를 하거나 이와 비슷한 표시를 하는 행위

ⓒ 우수표시품이 아닌 농수산물(우수관리인증농산물이 아닌 농산물의 경우에는 우수관리인증의 유효기간 등에 따른 승인을 받지 아니한 농산물을 포함한다) 또는 농수산가공품을 우수표시품으로 광고하거나 우수표시품으로 잘못 인식할 수 있도록 광고하는 행위

ⓒ 거짓표시 등의 금지를 위반하여 다음의 어느 하나에 해당하는 행위를 한 자
  • 표준규격품의 표시를 한 농수산물에 표준규격품이 아닌 농수산물 또는 농수산가공품을 혼합하여 판매하거나 혼합하여 판매할 목적으로 보관하거나 진열하는 행위
  • 우수관리인증의 표시를 한 농산물에 우수관리인증농산물이 아닌 농산물(우수관리인증의 유효기간 등에 따른 승인을 받지 아니한 농산물을 포함한다) 또는 농산가공품을 혼합하여 판매하거나 혼합하여 판매할 목적으로 보관하거나 진열하는 행위
  • 품질인증품의 표시를 한 수산물에 품질인증품이 아닌 수산물을 혼합하여 판매하거나 혼합하여 판매할 목적으로 보관 또는 진열하는 행위
  • 이력추적관리의 표시를 한 농산물에 이력추적관리의 등록을 하지 아니한 농산물 또는 농산가공품을 혼합하여 판매하거나 혼합하여 판매할 목적으로 보관하거나 진열하는 행위

ⓒ 거짓표시 등의 금지를 위반하여 지리적표시품이 아닌 농수산물 또는 농수산가공품의 포장·용기·선전물 및 관련 서류에 지리적표시나 이와 비슷한 표시를 한 자

ⓒ 거짓표시 등의 금지를 위반하여 지리적표시품에 지리적표시품이 아닌 농수산물 또는 농수산가공품을 혼합하여 판매하거나 혼합하여 판매할 목적으로 보관 또는 진열한 자

ⓒ 「해양환경관리법」에 따른 폐기물, 유해액체물질 또는 포장유해물질을 배출한 자

ⓒ 거짓이나 그 밖의 부정한 방법으로 농산물의 검사, 농산물의 재검사, 수산물 및 수산가공품의 검사, 수산물 및 수산가공품의 재검사 및 검정을 받은 자

ⓒ 검사를 받아야 하는 수산물 및 수산가공품에 대하여 검사를 받지 아니한 자

ⓒ 검사 및 검정 결과의 표시, 검사증명서 및 검정증명서를 위조하거나 변조한 자

ⓒ 검정 결과에 대하여 거짓광고나 과대광고를 한 자

5  안전성조사 결과에 따른 조치 … 식품의약품안전처장이나 시·도지사는 생산과정에 있는 농수산물 또는 농수산물의 생산을 위하여 이용·사용하는 농지·어장·용수·자재 등에 대하여 안전성조사를 한 결과 생산단계 안전기준을 위반한 경우에는 해당 농수산물을 생산한 자 또는 소유한 자에게 다음의 조치를 하게 할 수 있다〈농수산물 품질관리법 제63조 제1항〉
   ㉠ 해당 농수산물의 폐기, 용도 전환, 출하 연기 등의 처리
   ㉡ 해당 농수산물의 생산에 이용·사용한 농지·어장·용수·자재 등의 개량 또는 이용·사용의 금지
   ㉢ 그 밖에 총리령으로 정하는 조치

6  유전자변형농수산물의 표시 위반에 대한 처분 … 식품의약품안전처장은 유전자변형농수산물의 표시 또는 거짓표시 등의 금지를 위반한 자에 대하여 다음의 어느 하나에 해당하는 처분을 할 수 있다〈농수산물 품질관리법 제59조 제1항〉.
   ㉠ 유전자변형농수산물 표시의 이행·변경·삭제 등 시정명령
   ㉡ 유전자변형 표시를 위반한 농수산물의 판매 등 거래행위의 금지

**7** **지리적표시의 등록공고 등** … 국립농산물품질관리원장, 국립수산물품질관리원장 또는 산림청장은 지리적표시의 등록을 취소하였을 때에는 다음의 사항을 공고하여야 한다〈농수산물 품질관리법 시행규칙 제58조 제3항〉.

ⓖ 취소일 및 등록번호

ⓛ 지리적표시 등록 대상 품목 및 등록 명칭

ⓒ 지리적표시 등록자의 성명, 주소(법인의 경우에는 그 명칭 및 영업소의 소재지를 말한다) 및 전화번호

ⓔ 취소사유

**8** ① 식품의약품안전처장은 농수산물(축산물은 제외한다)의 품질 향상과 안전한 농수산물의 생산·공급을 위한 안전관리계획을 매년 수립·시행하여야 한다〈농수산물 품질관리법 제60조(안전관리계획) 제1항〉.

② **안전성조사** … 식품의약품안전처장이나 시·도지사는 농수산물의 안전관리를 위하여 농수산물 또는 농수산물의 생산에 이용·사용하는 농지·어장·용수(用水)·자재 등에 대하여 다음의 조사(이하 "안전성조사"라한다)를 하여야 한다〈농수산물 품질관리법 제61조 제1항〉.

ⓖ 농산물

- 생산단계 : 총리령으로 정하는 안전기준에의 적합 여부
- 유통·판매 단계 :「식품위생법」등 관계 법령에 따른 유해물질의 잔류허용기준 등의 초과 여부

ⓛ 수산물

- 생산단계 : 총리령으로 정하는 안전기준에의 적합 여부
- 저장단계 및 출하되어 거래되기 이전 단계 :「식품위생법」등 관계 법령에 따른 잔류허용기준 등의 초과 여부

③ 식품의약품안전처장은 생산단계 안전기준을 정할 때에는 관계 중앙행정기관의 장과 협의하여야 한다〈농수산물 품질관리법 제61조(안전성조사) 제2항〉.

※ **시료 수거 등** … 식품의약품안전처장이나 시·도지사는 안전성조사, 위험평가 또는 잔류조사를 위하여 필요하면 관계 공무원에게 다음의 시료 수거 및 조사 등을 하게 할 수 있다. 이 경우 무상으로 시료 수거를 하게할 수 있다〈농수산물 품질관리법 제62조 제1항〉

ⓖ 농수산물과 농수산물의 생산에 이용·사용되는 토양·용수·자재 등의 시료 수거 및 조사

ⓛ 해당 농수산물을 생산, 저장, 운반 또는 판매(농산물만 해당한다)하는 자의 관계 장부나 서류의 열람

**9** ①의 경우는 검사판정의 효력이 상실된다.

※ **검사판정의 취소** … 농림축산식품부장관은 검사나 재검사를 받은 농산물이 다음의 어느 하나에 해당하면 검사판정을 취소할 수 있다. 다만, ⓖ에 해당하면 검사판정을 취소하여야 한다〈농수산물 품질관리법 제87조〉.

ⓖ 거짓이나 그 밖의 부정한 방법으로 검사를 받은 사실이 확인된 경우

ⓛ 검사 또는 재검사 결과의 표시 또는 검사증명서를 위조하거나 변조한 사실이 확인된 경우

ⓒ 검사 또는 재검사를 받은 농산물의 포장이나 내용물을 바꾼 사실이 확인된 경우

**10** 정부가 수매하거나 수출 또는 수입하는 농산물 등 대통령령으로 정하는 농산물(축산물은 제외)은 공정한 유통질서를 확립하고 소비자를 보호하기 위하여 농림축산식품부장관이 정하는 기준에 맞는지 등에 관하여 농림축산식품부장관의 검사를 받아야 한다. 다만, 누에씨 및 누에고치의 경우에는 시·도지사의 검사를 받아야 한다〈농수산물 품질관리법 제79조(농산물의 검사) 제1항〉.

※ 검사 대상 농산물의 종류별 품목〈농수산물 품질관리법 시행령 별표 3〉

  ㉠ 정부가 수매하거나 생산자단체 등이 정부를 대행하여 수매하는 농산물

- **곡류** : 벼 · 겉보리 · 쌀보리 · 콩
- **특용작물류** : 참깨 · 땅콩
- **과실류** : 사과 · 배 · 단감 · 감귤
- **채소류** : 마늘 · 고추 · 양파
- **잠사류** : 누에씨 · 누에고치

  ㉡ 정부가 수출 · 수입하거나 생산자단체 등이 정부를 대행하여 수출 · 수입하는 농산물

- **곡류**
  - 조곡(粗穀) : 콩 · 팥 · 녹두
  - 정곡(精穀) : 현미 · 쌀
- **특용작물류** : 참깨 · 땅콩
- **채소류** : 마늘 · 고추 · 양파

  ㉢ 정부가 수매 또는 수입하여 가공한 농산물

    **곡류** : 현미 · 쌀 · 보리쌀

**11** 농산물품질관리사의 업무 … "농림축산식품부령으로 정하는 업무"란 다음의 업무를 말한다〈농수산물 품질관리법 시행규칙 제134조〉.

  ㉠ 농산물의 생산 및 수확 후의 품질관리기술지도

  ㉡ 농산물의 선별 · 저장 및 포장 시설 등의 운용 · 관리

  ㉢ 농산물의 선별 · 포장 및 브랜드 개발 등 상품성 향상 지도

  ㉣ 포장농산물의 표시사항 준수에 관한 지도

  ㉤ 농산물의 규격출하 지도

**12** 벌칙 … 다음의 어느 하나에 해당하는 자는 7년 이하의 징역 또는 1억 원 이하의 벌금에 처한다. 이 경우 징역과 벌금은 병과(倂科)할 수 있다〈농수산물 품질관리법 제117조〉.

  ㉠ 유전자변형농수산물의 표시를 거짓으로 하거나 이를 혼동하게 할 우려가 있는 표시를 한 유전자변형농수산물 표시의무자

  ㉡ 유전자변형농수산물의 표시를 혼동하게 할 목적으로 그 표시를 손상 · 변경한 유전자변형농수산물 표시의무자

  ㉢ 유전자변형농수산물의 표시를 한 농수산물에 다른 농수산물을 혼합하여 판매하거나 혼합하여 판매할 목적으로 보관 또는 진열한 유전자변형농수산물 표시의무자

※ 농수산물우수관리의 인증 … 우수관리인증을 받으려는 자는 우수관리인증기관에 우수관리인증의 신청을 하여야 한다. 다만, 다음의 어느 하나에 해당하는 자는 우수관리인증을 신청할 수 없다〈농수산물 품질관리법 제6조 제3항〉.

  ㉠ 우수관리인증이 취소된 후 1년이 지나지 아니한 자

  ㉡ 벌금 이상의 형이 확정된 후 1년이 지나지 아니한 자

13  우수관리인증기관의 지정 취소 등 … 농림축산식품부장관은 우수관리인증기관이 다음의 어느 하나에 해당하면 우수관리인증기관의 지정을 취소하거나 6개월 이내의 기간을 정하여 우수관리인증 및 우수관리시설의 지정 업무의 정지를 명할 수 있다. 다만, ㉠부터 ㉢까지의 규정 중 어느 하나에 해당하면 우수관리인증기관의 지정을 취소하여야 한다〈농수산물 품질관리법 제10조 제1항〉.
㉠ 거짓이나 그 밖의 부정한 방법으로 지정을 받은 경우
㉡ 업무 정지기간 중에 우수관리인증 또는 우수관리시설의 지정 업무를 한 경우
㉢ 우수관리인증기관의 해산·부도로 인하여 우수관리인증 또는 우수관리시설의 지정 업무를 할 수 없는 경우
㉣ 본문에 따른 중요 사항에 대한 변경신고를 하지 아니하고 우수관리인증 또는 우수관리시설의 지정 업무를 계속한 경우
㉤ 우수관리인증 또는 우수관리시설의 지정 업무와 관련하여 우수관리인증기관의 장 등 임원·직원에 대하여 벌금 이상의 형이 확정된 경우
㉥ 지정기준을 갖추지 아니한 경우
㉦ 준수사항을 지키지 아니한 경우
㉧ 우수관리인증 또는 우수관리시설 지정의 기준을 잘못 적용하는 등 우수관리인증 또는 우수관리시설의 지정 업무를 잘못한 경우
㉨ 정당한 사유 없이 1년 이상 우수관리인증 및 우수관리시설의 지정 실적이 없는 경우
㉩ 농림축산식품부장관의 요구를 정당한 이유 없이 따르지 아니한 경우

14  우수관리인증의 취소 및 표시정지에 관한 처분 기준〈농수산물 품질관리법 시행규칙 별표 2〉

| 위반행위 | 근거 법조문 | 위반횟수별 처분 기준 | | |
|---|---|---|---|---|
| | | 1차 위반 | 2차 위반 | 3차 위반 |
| 가. 거짓이나 그 밖의 부정한 방법으로 우수관리인증을 받은 경우 | 법 제8조 제1항 제1호 | 인증취소 | – | – |
| 나. 우수관리 기준을 지키지 않은 경우 | 법 제8조 제1항 제2호 | 표시정지 1개월 | 표시정지 3개월 | 인증취소 |
| 다. 전업(轉業)·폐업 등으로 우수관리인증농산물을 생산하기 어렵다고 판단되는 경우 | 법 제8조 제1항 제3호 | 인증취소 | – | – |
| 라. 우수관리인증을 받은 자가 정당한 사유 없이 조사·점검 또는 자료제출 요청에 응하지 않은 경우 | 법 제8조 제1항 제4호 | 표시정지 1개월 | 표시정지 3개월 | 인증취소 |
| 마. 우수관리인증을 받은 자가 우수관리인증의 표시방법을 위반한 경우 | 법 제8조 제1항 제4호의2 | 시정명령 | 표시정지 1개월 | 표시정지 3개월 |
| 바. 우수관리인증의 변경승인을 받지 않고 중요 사항을 변경한 경우 | 법 제8조 제1항 제5호 | 표시정지 1개월 | 표시정지 3개월 | 인증취소 |
| 사. 우수관리인증의 표시정지기간 중에 우수관리인증의 표시를 한 경우 | 법 제8조 제1항 제6호 | 인증취소 | – | – |

**15** 과징금의 부과기준〈농수산물의 원산지 표시에 관한 법률 시행령 별표 1의2〉

| 위반금액 | 과징금의 금액 |
|---|---|
| 100만 원 이하 | 위반금액 × 0.5 |
| 100만 원 초과 500만 원 이하 | 위반금액 × 0.7 |
| 500만 원 초과 1,000만 원 이하 | 위반금액 × 1.0 |
| 1,000만 원 초과 2,000만 원 이하 | 위반금액 × 1.5 |
| 2,000만 원 초과 3,000만 원 이하 | 위반금액 × 2.0 |
| 3,000만 원 초과 4,500만 원 이하 | 위반금액 × 2.5 |
| 4,500만 원 초과 6,000만 원 이하 | 위반금액 × 3.0 |
| 6,000만 원 초과 | 위반금액 × 4.0(최고 3억 원) |

**16** 원산지의 표시 대상 … "대통령령으로 정하는 농수산물이나 그 가공품을 조리하여 판매·제공하는 경우"란 다음의 것을 조리하여 판매·제공하는 경우를 말한다. 이 경우 조리에는 날 것의 상태로 조리하는 것을 포함하며, 판매·제공에는 배달을 통한 판매·제공을 포함한다〈농수산물의 원산지 표시에 관한 법률 시행령 제3조 제5항〉.

㉠ 쇠고기(식육·포장육·식육가공품을 포함한다)

㉡ 돼지고기(식육·포장육·식육가공품을 포함한다)

㉢ 닭고기(식육·포장육·식육가공품을 포함한다)

㉣ 오리고기(식육·포장육·식육가공품을 포함한다)

㉤ 양고기(식육·포장육·식육가공품을 포함한다)

㉥ 염소(유산양을 포함한다)고기(식육·포장육·식육가공품을 포함한다)

㉦ 밥, 죽, 누룽지에 사용하는 쌀(쌀 가공품을 포함하며, 쌀에는 찹쌀, 현미 및 찐쌀을 포함한다)

㉧ 배추김치(배추김치가공품을 포함한다)의 원료인 배추(얼갈이배추와 봄동 배추를 포함한다)와 고춧가루

㉨ 두부류(가공두부, 유바는 제외한다), 콩비지, 콩국수에 사용하는 콩(콩 가공품을 포함한다)

㉩ 넙치, 조피볼락, 참돔, 미꾸라지, 뱀장어, 낙지, 명태(황태, 북어 등 건조한 것은 제외한다), 고등어, 갈치, 오징어, 꽃게, 참조기, 다랑어, 아귀 및 주꾸미(해당 수산물가공품을 포함한다)

㉪ 조리하여 판매·제공하기 위하여 수족관 등에 보관·진열하는 살아있는 수산물

**17** 농수산물 전자거래의 촉진 등 … 농림축산식품부장관 또는 해양수산부장관은 농수산물 전자거래를 촉진하기 위하여 한국농수산식품유통공사 및 농수산물 거래와 관련된 업무경험 및 전문성을 갖춘 기관으로서 대통령령으로 정하는 기관에 다음의 업무를 수행하게 할 수 있다〈농수산물 유통 및 가격안정에 관한 법률 제70조의2 제1항〉.

㉠ 농수산물 전자거래소(농수산물 전자거래장치와 그에 수반되는 물류센터 등의 부대시설을 포함한다)의 설치 및 운영·관리

㉡ 농수산물 전자거래 참여 판매자 및 구매자의 등록·심사 및 관리

㉢ 농수산물 전자거래 분쟁조정위원회에 대한 운영 지원

㉣ 대금결제 지원을 위한 정산소(精算所)의 운영·관리

㉤ 농수산물 전자거래에 관한 유통 정보 서비스 제공

㉥ 그 밖에 농수산물 전자거래에 필요한 업무

**18** 중도매업의 허가 ··· 다음의 어느 하나에 해당하는 자는 중도매업의 허가를 받을 수 없다〈농수산물 유통 및 가격안정에 관한 법률 제25조 제3항〉.

    ㉠ 파산선고를 받고 복권되지 아니한 사람이나 피성년후견인

    ㉡ 이 법을 위반하여 금고 이상의 실형을 선고받고 그 형의 집행이 끝나거나(집행이 끝난 것으로 보는 경우를 포함한다) 면제되지 아니한 사람

    ㉢ 중도매업의 허가가 취소(취소된 경우는 제외한다)된 날부터 2년이 지나지 아니한 자

    ㉣ 도매시장법인의 주주 및 임직원으로서 해당 도매시장법인의 업무와 경합되는 중도매업을 하려는 자

    ㉤ 임원 중에 ㉠부터 ㉣까지의 어느 하나에 해당하는 사람이 있는 법인

    ㉥ 최저거래금액 및 거래대금의 지급보증을 위한 보증금 등 도매시장 개설자가 업무규정으로 정한 허가조건을 갖추지 못한 자

**19** 농림축산식품부장관은 농산물(쌀과 보리는 제외한다)의 수급조절과 가격안정을 위하여 필요하다고 인정할 때에는 기금의 설치에 따른 농산물가격안정기금으로 농산물을 비축하거나 농산물의 출하를 약정하는 생산자에게 그 대금의 일부를 미리 지급하여 출하를 조절할 수 있다〈농수산물 유통 및 가격안정에 관한 법률 제13조(비축사업 등) 제1항〉.

**20** 도매시장거래 분쟁조정위원회의 구성 등 ··· 조정위원회의 위원은 다음의 어느 하나에 해당하는 사람 중에서 도매시장 개설자가 임명하거나 위촉한다. 이 경우 ㉠ 및 ㉡에 해당하는 사람이 1명 이상 포함되어야 한다〈농수산물 유통 및 가격안정에 관한 법률 시행령 제36조의2 제3항〉.

    ㉠ 출하자를 대표하는 사람

    ㉡ 변호사의 자격이 있는 사람

    ㉢ 도매시장 업무에 관한 학식과 경험이 풍부한 사람

    ㉣ 소비자단체에서 3년 이상 근무한 경력이 있는 사람

**21** 비축사업 등의 위탁 ··· 농림축산식품부장관은 농산물의 비축사업등을 위탁할 때에는 다음의 사항을 정하여 위탁하여야 한다〈농수산물 유통 및 가격안정에 관한 법률 시행령 제12조 2항〉.

    ㉠ 대상농산물의 품목 및 수량

    ㉡ 대상농산물의 품질 · 규격 및 가격

    ㉢ 대상농산물의 안전성 확인 방법

    ㉣ 대상농산물의 판매방법 · 수매 또는 수입시기 등 사업실시에 필요한 사항

**22** 수탁판매의 원칙〈농수산물 유통 및 가격안정에 관한 법률 제31조〉

    ㉠ 도매시장에서 도매시장법인이 하는 도매는 출하자로부터 위탁을 받아 하여야 한다. 다만, 농림축산식품부령 또는 해양수산부령으로 정하는 특별한 사유가 있는 경우에는 매수하여 도매할 수 있다.

    ㉡ 중도매인은 도매시장법인이 상장한 농수산물 외의 농수산물은 거래할 수 없다. 다만, 농림축산식품부령 또는 해양수산부령으로 정하는 도매시장법인이 상장하기에 적합하지 아니한 농수산물과 그 밖에 이에 준하는 농수산물로서 그 품목과 기간을 정하여 도매시장 개설자로부터 허가를 받은 농수산물의 경우에는 그러하지 아니하다.

    ㉢ ㉡에 따른 중도매인의 거래에 관하여는 도매시장법인의 영업제한, 수탁의 거부금지 등, 매매 농수산물의 인수 등, 하역업무, 출하자에 대한 대금결제, 수수료 등의 징수제한 · 수수료 등의 징수제한 및 명령을 준용한다.

    ㉣ 중도매인이 해당하는 물품을 농수산물 전자거래소에서 거래하는 경우에는 그 물품을 도매시장으로 반입하지 아니할 수 있다.

ⓜ 중도매인은 도매시장법인이 상장한 농수산물을 농림축산식품부령 또는 해양수산부령으로 정하는 연간 거래액의 범위에서 해당 도매시장의 다른 중도매인과 거래하는 경우를 제외하고는 다른 중도매인과 농수산물을 거래할 수 없다.

ⓑ 중도매인 간 거래액은 최저거래금액 산정 시 포함하지 아니한다.

ⓢ 다른 중도매인과 농수산물을 거래한 중도매인은 농림축산식품부령 또는 해양수산부령으로 정하는 바에 따라 그 거래 내역을 도매시장 개설자에게 통보하여야 한다.

**23** 도매시장 개설자는 산지(産地)출하자와의 업무 경합 또는 과도한 겸영사업으로 인하여 도매시장법인의 도매업무가 약화될 우려가 있는 경우에는 대통령령으로 정하는 바에 따라 겸영사업을 1년 이내의 범위에서 제한할 수 있다〈농수산물 유통 및 가격안정에 관한 법률 제35조(도매시장법인의 영업제한) 제5항〉.

**24** 지방도매시장의 개설허가를 받으려면 농림축산식품부령 또는 해양수산부령으로 정하는 바에 따라 지방도매시장 개설허가 신청서에 업무규정과 운영관리계획서를 첨부하여 도지사에게 제출하여야 한다〈농수산물 유통 및 가격안정에 관한 법률 제17조(도매시장의 개설 등) 제3항〉.

※ 허가기준 등 … 도지사는 허가신청의 내용이 다음의 요건을 갖춘 경우에는 이를 허가한다〈농수산물 유통 및 가격안정에 관한 법률 제19조 제1항〉.

ⓐ 도매시장을 개설하려는 장소가 농수산물 거래의 중심지로서 적절한 위치에 있을 것

ⓑ 기준에 적합한 시설을 갖추고 있을 것

ⓒ 운영관리계획서의 내용이 충실하고 그 실현이 확실하다고 인정되는 것일 것

**25** ④ 시 · 도지사는 지정된 주산지가 지정요건에 적합하지 아니하게 되었을 때에는 그 지정을 변경하거나 해제할 수 있다〈농수산물 유통 및 가격안정에 관한 법률 제4조(주산지의 지정 및 해제 등) 제4항〉.

**26** 알리인 … 마늘의 주요 기능성 물질이다. 생강에는 진저롤(Gingerol), 쇼가올(Shogaols) 등의 기능성 물질이 함유되어 있다.

**27** 조미채소 … 음식에 맛을 내는 데 쓰이는 채소로 파, 마늘, 양파, 고추, 생강 등이 있다.

**28** 고설 재배 … 작업의 편리성을 높이기 위해 양액재배 베드를 땅으로부터 일정 간격 이상 띄워진 상태로 설치하여 NFT 방식 또는 점적관수 방식으로 딸기를 재배하는 방법이다. 고설 재배는 비닐하우스 시설을 갖춘 뒤 골을 타고 비닐로 덮어 딸기를 재배하는 방식인 토경 재배보다 훨씬 일이 수월하고 딸기도 좋다. 고설 재배는 토경 재배에 비해 수확 기간이 길며 열매가 단단하고 깨끗할 뿐만 아니라 큰 열매가 많이 열린다. 또한 토경 재배보다 병해충도 적고 수확량도 많다.

**29** 장명종자 … 종자의 수명이 4 ~ 6년 또는 그 이상 저장하여도 발아핵을 유지하는 것으로 녹두, 오이, 가지, 배추 등이 장명종자에 해당한다.

**30** 상추는 품종에 따라 다소 차이는 있지만 고온과 장일에 의하여 화아분화 및 추대가 촉진된다.

**31** 병충해 방제법

　　㉠ **경종적(재배적) 방제법** : 토지의 선정, 품종의 선택, 재배양식의 변경, 생육시기의 조절, 시비법의 개선 등 재배 방법에 의한 방제법이다.

　　㉡ **물리적(기계적) 방제법** : 가장 전통적인 방식으로 낙엽의 소각, 상토의 소토, 토양의 담수, 유충의 포살 등에 의한 방제법이다.

　　㉢ **생물학적 방제법** : 해충의 천적 또는 미생물과 같이 생태계의 원리를 이용하는 방제법이다. 진딧물의 생물학적 방제에는 무당벌레, 진디홍파리가 이용된다.

　　㉣ **화학적 방제법** : 농약과 같은 화학물질을 살포하는 방제법이다.

　　㉤ **법적 방제법** : 식물 방역법을 제정하여 병균이나 해충의 국내 침입과 전파를 방지하는 방제법이다.

　　㉥ **종합적 방제법** : 여러 가지 방제수단을 유기적으로 조화·유지하면서 사용하는 방제법이다.

　　※ **페로몬 트랩(Pheromonetrap)** … 일반적으로 곤충의 암컷은 페로몬이라는 유인물질을 분비함으로써 수컷을 유인하는데, 이를 유인제로 이용해 대량의 해충을 모아서 죽이거나, 암수 곤충의 교미를 방해하여 해충을 방제하는데 이용한다.

**32** ① 자방이 비대하여 과실이 되는 것은 진과로, 토마토는 진과이다.

　　② 화탁, 꽃잎 등이 발달하여 과실이 되는 것은 위과로, 딸기는 위과이다.

　　④ 단위결과란 수정되지 않아도 과실이 형성·비대하는 현상을 말한다. 오이는 수정 없이 암꽃만으로도 열매가 맺히는 단위결과성 작물이다.

**33** 증산작용 … 식물체 속의 물이 수증기가 되어 기공을 통해 밖으로 나오는 작용으로 잎의 온도를 하강시킨다.

**34** 화목류 … 꽃이 피는 나무, 즉 꽃나무를 말한다.

　　㉡ 작약은 숙근초(여러해살이 화초)이다.

**35** ② 백합은 주로 비늘줄기로 영양번식을 한다.

**36** 스탠다드 국화(Standard Mum) … 하나의 꽃대에 하나의 꽃만 피우게 하여 출하하는 국화로 정단부에 개화하는 하나의 꽃 이외에 나머지 겉봉오리는 모두 제거한다.

　　※ 1경1화 … 꽃대 하나에 한 송이 꽃을 피우는 것이다.

**37** ③ 안수리움 … 냉해에 민감한 식물로, 생육적온은 25℃이고 흙을 건조시키면 13 ~ 15℃에서 월동이 가능하다.

**38** ① 수침현상 : 물이 스며든 것 같이 짓무르는 현상을 말한다.

　　③ 일소 현상 : 여름철에 직사광선에 노출된 주간이나 주지의 수피조직, 과실, 잎에 이상이 생기는 고온장해를 말한다.

　　④ 로제트 현상 : 근생엽이 장미꽃과 비슷하게 방사상에 땅 위에 퍼진 형태로 변하여 붙여진 이름으로 마디 사이가 매우 짧아진 줄기에 잎이 겹쳐져 있는 상태이다.

**39** 중력 반대 방향으로 구부러지는 성질인 항굴지성이 강한 식물로는 금어초, 델피늄, 트리토마, 글라디올러스, 스토크, 루피너스 등이 있다. 수송하기 전에 꽃을 수직상태로 유지한 채 약간 건조하게 저장한다.

**40** 육묘는 파종부터 아주심기 할 때까지의 작업을 말한다. 이 중 가식은 발아 후 아주심기까지 잠정적으로 1 ~ 2회 옮겨 심는 작업을 말한다.

**41** 절화보존용액 구성 성분 중 에틸렌 생성 및 작용을 억제시키는 목적으로 사용되는 물질에는 STS, AOA, AVG 가 있다.
① 황산알루미늄은 유기산과 함께 산도조절제로 쓰인다.

**42** 핵과류 과실에는 복숭아, 자두, 대추, 매실 등이 있다.
①② 인과류
③ 각과류(견과류)

**43** 야파처리 … 일장이 짧은 가을과 겨울철에 단일성 식물의 개화를 억제하거나, 장일성 식물의 개화를 촉진시키기 위해서 사용하는 방법이다.
㉠㉣ 국화와 포인세티아는 단일성 식물이다.

**44** 실생번식 … 나무의 종자를 파종하여 번식시키는 방법이다. 취목에 비해 일시에 많은 묘목을 얻을 수 있다.

**45** ① 근두암종병의 원인이 되는 병원균은 아그로박테리움 투메파키엔스(Agrobacterium Tumefaciens)로, 세균에 의한 병이다.
② 바이러스는 약제를 이용한 화학적 직접방제가 어렵기 때문에 재배적이고 경종적인 방법이나 물리적 방제를 사용해야 한다. 테트라사이클린계의 항생물질로 치료가 가능한 것은 파이토플라스마이다.
④ 긴털이리응애는 포식응애로 과수에 발생하는 점박이응애, 사과응애, 차응애, 차먼지응애, 녹응애 등을 포식하여 밀도를 낮추어 준다.

**46** 초생법 … 과수원 같은 곳에서 목초, 녹비 등을 나무밑에 가꾸는 재배법이다. 과수와 풀 사이에 양·수분 쟁탈이 일어날 수 있다.

**47** 작물 중 가장 산성에 강한 것은 파인애플, 블루베리로 용탈된 열대 토양 4.3 ~ 5.6에서 재배되는 작물이다.

**48** ③ 망간은 과잉시비하면 잎의 황백화와 만곡현상이 나타난다.

**49** 봉지씌우기(Bagging)의 주요 목적
㉠ 병해충으로부터 과실을 보호한다.
㉡ 농약이 과실에 직접 묻지 않도록 한다.
㉢ 외관을 좋게 하여 과실 품질을 향상시킨다.
㉣ 열과를 방지한다.

**50** ③ 무화과는 난지성 과수로 저온요구도가 낮다.

**51** ① 당근의 수확 시기는 파종 후 조생종은 70 ~ 80일, 중생종은 90 ~ 100일, 만생종은 120일 정도에 수확하며 외관상으로 바깥잎이 지면에 닿을 정도로 늘어지는 시기가 수확적기이다.

**52** 속포장재는 심미성보다는 기능성을 우선으로 한 재질을 선택해야 한다.

**53** ③ 작물의 종류, 성숙도에 따른 호흡률, 에틸렌 발생정도와 에틸렌 감응도 및 필름의 두께와 종류별 가스투과성, 피막제의 특성을 고려하여야 한다.

**54** ① 저온수송차량을 사용하여 운송한다.
③ 상온유통에 비하여 압축강도가 높은 포장상자를 사용한다.
④ 품종, 숙도, 재배조건 등에 따라 수송온도를 다르게 적용해야 한다.

**55** **신선편이 농산물** … 신선한 상태로 다듬거나 절단되어 세척과정을 거친 과일, 채소, 나물, 버섯류로 본래의 식품적 특성을 갖고 있으며 위생적으로 포장되어 있어 편리하게 이용할 수 있는 농산물을 말한다.

**56** ① 참외 – 수침현상
③ 사과 – 과육변색
④ 복숭아 – 섬유질화

**57** 기계적 장해를 회피하기 위한 수확 후 관리 방법
㉠ 포장용기의 규격화
㉡ 포장박스 내 적재물량 조절
㉢ 정확한 선별 후 저온수송 컨테이너 이용
㉣ 골판지 격자 또는 스티로폼 그물망 사용

**58** 바나나는 12 ~ 13℃ 이하의 온도에 저장하면 표피의 갈변, 반점, 괴열 등이 일어난다.

**59** ㉠ 인경 : 줄기 기부나 주출경의 앞에 다육화한 여러 개의 저출엽이 절간생장을 하지 않는 짧은 줄기를 싸서 지하저장기관이 된 것으로 백합 · 튤립 · 히야신스 · 크로커스 · 양파가 그 예이다.
㉡ 화채류 : 야채 중에서 꽃봉오리, 꽃잎 등을 식용으로 하는 것으로 콜리플라워, 브로콜리, 꽃양배추 등이 대표적이다.

**60** 아스파라거스 줄기의 연화는 저온장해로 인한 증상이다. 에틸렌은 아스파라거스의 조직 경화를 일으킨다.

**61** 고추는 빨갛게 익어가면 색소 성분인 카로틴이 지방산과 결합해 캡산틴으로 전환된다.
※ **캡사이신** … 고추에서 추출되는 무색의 휘발성 화합물로, 알칼로이드의 일종이며 매운맛을 내는 성분이다.

**62** 감자, 고구마, 양파 등은 큐어링 과정에서 두꺼운 슈베린 조직을 생성하는데 이 조직은 증기 확산에 대한 저항성을 높여주고 표피에 생긴 상처를 치유하는 기능을 한다.

**63** 풍미는 당도와 산도에 의해 결정된다.

**64** ④ 양(+)의 b값은 황색도를 나타낸다.

※ Hunter L, a, b 값

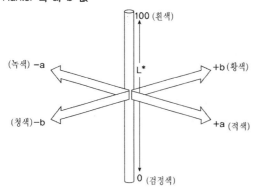

**65** 근적외선 분광법은 당도 선별을 위해 주로 사용된다.

**66** **경도** … 과실의 단단한 정도를 측정하여 수치화한 것으로 과일의 성숙도 또는 수확 시기 판정의 지표로 가장 많이 이용된다. 성숙될수록 불용성펙틴이 가용성으로 분해되어 조직의 경도가 감소한다.

**67** ④ 키위나 복숭아처럼 표피에 털이 많으면 증산이 감소한다.

**68** **보툴리눔 톡신** … 보툴리누스균(Clostridium Botulinum)이 생산하는 신경독소의 일종이다.

**69** ② 성숙될수록 전분은 당으로 분해되고 유기산이 감소하며 당과 산의 균형이 이루어진다.

**70** ② PET는 기계적 강도가 높고 산소 투과도가 낮아 농산물 포장재로 많이 사용된다.

**71** HACCP 7원칙
 ㉠ 위해 요소 분석
 ㉡ 중요관리점 결정
 ㉢ 한계기준 설정
 ㉣ 모니터링 체계 확립
 ㉤ 개선 조치 방법수립
 ㉥ 검증 절차 및 방법수립
 ㉦ 문서화 및 기록 유지

**72** **위조(Shrivelling)증상** … 저장 중 과실의 수분이 과도하게 증산되어 과피가 쭈글쭈글하게 되는 현상이다. 낮은 습도에서 장기간 저장하는 경우, 저장고 내에서 찬 공기가 집적 닿은 부위에서 많이 발생한다.

**73** 복숭아의 섬유질화는 저온장해이다.

**74** ③ 차압통풍식 예냉에 비해 냉각속도가 느리다.

※ 강제통풍식 냉각(Forced Air Cooling) … 예냉고 내의 공기를 송풍기로 강제적으로 교반시키거나 예냉 산물에 직접 냉기를 불어넣어 냉각속도를 빠르게 하는 방법이다.

**75** 폴리우레탄 패널은 단열 효과가 뛰어나 저온저장고 벽면 시공에 사용된다.

**76** 우리나라 농산물 유통의 근본적인 문제점은 생산자가 영세하고 분산돼 효율적인 유통체계 도입이 곤란하다는 점이다. 이에 따라 농협 등을 중심으로 공동출하 체계를 구축함으로써 규모의 경제는 물론 생산자의 교섭력을 확대해야 한다.

**77** ① 도매시장 외 거래가 활성화되고 있다.

**78** 유통단계가 많을수록 전체 유통경로의 길이는 길어진다.

**79** 공동계산제도 … 다수의 개별농가가 생산한 농산물을 출하자별로 구분하는 것이 아니라 각 농가의 상품을 혼합하여 등급별로 구분·판매하여 등급에 따라 비용과 대금을 평균하여 정산하는 방법이다.

**80** 소비자협동조합 … 주로 회원이 사용하거나 혹은 그들에게 재판매하기 위한 재화나 서비스를 구매하기 위하여 조직된 최종 소비자의 협동조합이다. 가격보다 안전하고 믿을 수 있는 품질을 우선시하는 경향이 있어 농가수취 가격 인하를 유도하고 있다고 보기는 어렵다.

**81** 농산물 선물거래를 활성화하기 위한 조건
ⓐ 시장의 규모가 클수록 좋다.
ⓑ 가격변동성이 비교적 커야 한다.
ⓒ 많이 생산되고 품질, 규격 등이 균일해야 한다.
ⓓ 상품가치가 클수록 헤저의 참여를 촉진할 수 있다.

**82** 체인스토어 물류센터는 최종 소비자를 위한 소매단계 유통조직이 아니다.

**83** 자원공급계약 … 계약자가 생산농가에 종자, 비료, 농약 등 자원을 공급하고 생산된 물량을 전량 구매하는 조건의 계약형태이다.

**84** 정가·수의매매 … 거래 당사자 간 가격과 물량, 시기를 협상하여 결정하는 제도이다. 도매시장법인이나 상장예외중도매인, 시장도매인이 생산자와 소비자 사이에서 가격·물량·시기를 중재하여 농산물의 출하와 소비자의 농산물 구매를 하게 만드는 제도이다.
ⓐ 도매시장법인을 통한 정가수의매매 : 출하자와 중도매인 사이에서 가격과 물량의 중재
ⓑ 상장예외중도매인을 통한 정가수의매매 : 출하자와 시장도매인 간 1:1 거래
ⓒ 시장도매인을 통한 정가수의매매 : 출하자와 시장도매인 간 1:1 거래

**85** 농산물종합유통센터는 농산물의 출하 경로를 다원화하고 물류비용을 절감하기 위해 농산물의 수집 · 포장 · 가공 · 보관 · 수송 · 판매 및 그 정보처리 등 농산물의 물류활동에 필요한 시설과 이와 관련된 업무시설을 갖춘 사업장을 말한다.

※ 농산물종합유통센터의 발전 방안
　　㉠ 유통센터 간 통합 · 조정 기능 강화
　　㉡ 실질적 예약상대거래 체계 구축
　　㉢ 첨단 유통 정보시스템 구축

**86** 농산물의 거래 방법
　㉠ **포전거래** : 수확 전 밭떼기로 구입
　㉡ **정전거래** : 농가 수확 후 구입
　㉢ **문전거래** : 중간상인과의 거래
　㉣ **창고거래** : 창고에 저장한 농산물을 구입

**87** ① 지나치게 세분화된 등급은 등급 간 가격차이가 미미하여 의미가 없게 된다. 또한 수송 및 보관의 효율성이 떨어진다.

※ **농산물 등급화** … 합리적인 수송과 저장 활동을 가능하게 하여 비용절감과 등급 간 공정가격형성으로 가격형성 효율성 제고, 시장정보의 세분화와 정확성, 소비자의 선호도 충족과 수요를 창출한다. 등급 간에는 구입자가 가능한 가격 차이를 인정할 수 있도록 이질적이며, 등급 구간이 작을수록 좋다.

**88** ③ 상적(商的) 유통 기능은 소유권 이전기능을 의미한다.

※ **유통조성기능** … 소유권 이전기능과 물적유통 기능이 원활히 수행될 수 있도록 지원해 주는 기능이다.

**89** 가격 신축성 … 수요가 공급을 초과하면 가격은 상승하고 공급이 수요를 초과하면 가격이 하락하는데, 이러한 수요와 공급의 변화가 가격의 변동을 초래하는 정도를 가격 신축성이라 한다.

**90** 공동판매사업 제한은 농산물 가격의 안정 추구에 반하는 방법이다.

**91** 부패변질이 쉬운 주요 농산물 중 관리가 가능한 계약재배 품목이나 생산이 전문화되고 주산지화가 높은 품목 등에 대하여 생산자, 유통인, 소비자 등의 대표가 농산물 수급조절과 품질 향상을 위해 재배면적, 출하규격, 출하량, 출하시기 등을 조절하는 유통협약을 맺는다.

**92** HMR(간편가정식) 구매량은 증가하였다.

**93** 시장세분화 과정에서 광고와 마케팅 비용이 증가한다.

**94** 소비자의 구매의사결정 과정

필요의 인식 → 정보의 탐색 → 대안의 평가 → 구매의사결정 → 구매 후 평가

**95** 서비스의 특성 중 하나는 다양성으로 인하여 정의하기가 쉽지는 않다는 것이다.

**96** 경쟁제품이 출현해서 시장에 정착되는 성숙기에는 매출액은 증가하는 반면 대부분의 잠재소비자가 신제품을 사용하게 됨으로써 매출 증가율(판매성장률)은 둔화되기 시작한다.

※ 제품수명주기(PLC)

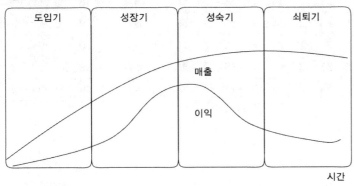

**97** ㉣ 잦은 가격할인 정책은 브랜드 자산 형성에 도움이 되지 않는다.

**98** ② 기업들은 혁신소비자층에 대해 초기 고가전략을 사용한다. 이 전략은 고객층이 넓지 않은 혁신제품이나 프리미엄제품에 바람직하다.

**99** ① B2B(Business to Business) : 기업 간의 거래
② C2C(Consumer to Consumer) : 소비자와 소비자 간 거래
③ B2G(Business to Government) : 기업과 정부 간의 거래
④ B2C(Business to Consumer) : 기업과 개인 간의 거래

**100** 판촉 … 기업의 상표명이 들어간 선물을 소비자에게 제공하는 방식으로, 즉각적이고 단기적인 매출이나 이익 증대를 달성할 수 있다.

| 정답 한 눈에 보기 | | | | | | | | | | | | | | | | | | | |
|---|---|---|---|---|---|---|---|---|---|---|---|---|---|---|---|---|---|---|---|
| 1 | ① | 2 | ④ | 3 | ② | 4 | ④ | 5 | ① | 6 | ② | 7 | ③ | 8 | ④ | 9 | ① | 10 | ④ |
| 11 | ③ | 12 | ② | 13 | ① | 14 | ② | 15 | ② | 16 | ③ | 17 | ① | 18 | ③ | 19 | ② | 20 | ④ |
| 21 | ① | 22 | ① | 23 | ② | 24 | ④ | 25 | ④ | 26 | ③ | 27 | ① | 28 | ② | 29 | ④ | 30 | ③ |
| 31 | ④ | 32 | ③ | 33 | ② | 34 | ② | 35 | ① | 36 | ④ | 37 | ③ | 38 | ② | 39 | ① | 40 | ① |
| 41 | ③ | 42 | ① | 43 | ② | 44 | ① | 45 | ② | 46 | ③ | 47 | ③ | 48 | ④ | 49 | ① | 50 | ④ |
| 51 | ① | 52 | ③ | 53 | ① | 54 | ③ | 55 | ② | 56 | ① | 57 | ① | 58 | ④ | 59 | ① | 60 | ② |
| 61 | ④ | 62 | ① | 63 | ② | 64 | ④ | 65 | ③ | 66 | ② | 67 | ② | 68 | ④ | 69 | ④ | 70 | ① |
| 71 | ② | 72 | ② | 73 | ③ | 74 | ④ | 75 | ③ | 76 | ③ | 77 | ② | 78 | ③ | 79 | ① | 80 | ② |
| 81 | ② | 82 | ④ | 83 | ② | 84 | ② | 85 | ③ | 86 | ④ | 87 | ② | 88 | ④ | 89 | ④ | 90 | ② |
| 91 | ③ | 92 | ① | 93 | ② | 94 | ④ | 95 | ① | 96 | ④ | 97 | ② | 98 | ② | 99 | ④ | 100 | ③ |

2018년도 필기시험 제15회 2018.05.27

**1** "물류 표준화"란 농수산물의 운송·보관·하역·포장 등 물류의 각 단계에서 사용되는 기기·용기·설비·정보 등을 규격화하여 호환성과 연계성을 원활히 하는 것을 말한다〈농수산물 품질관리법 제2조(정의) 제3호〉.

**2** 농수산물품질관리심의회의 설치 … 위원은 다음의 사람으로 한다〈농수산물 품질관리법 제3조 제4항〉.
 ㉠ 교육부, 산업통상자원부, 보건복지부, 환경부, 식품의약품안전처, 농촌진흥청, 산림청, 특허청, 공정거래위원회 소속 공무원 중 소속 기관의 장이 지명한 사람과 농림축산식품부 소속 공무원 중 농림축산식품부장관이 지명한 사람 또는 해양수산부 소속 공무원 중 해양수산부장관이 지명한 사람
 ㉡ 다음의 단체 및 기관의 장이 소속 임원·직원 중에서 지명한 사람
 •「농업협동조합법」에 따른 농업협동조합중앙회
 •「산림조합법」에 따른 산림조합중앙회
 •「수산업협동조합법」에 따른 수산업협동조합중앙회
 •「한국농수산식품유통공사법」에 따른 한국농수산식품유통공사
 •「식품위생법」에 따른 한국식품산업협회
 •「정부출연연구기관 등의 설립·운영 및 육성에 관한 법률」에 따른 한국농촌경제연구원
 •「정부출연연구기관 등의 설립·운영 및 육성에 관한 법률」에 따른 한국해양수산개발원
 •「과학기술분야 정부출연연구기관 등의 설립·운영 및 육성에 관한 법률」에 따른 한국식품연구원
 •「한국보건산업진흥원법」에 따른 한국보건산업진흥원
 •「소비자기본법」에 따른 한국소비자원
 ㉢ 시민단체(「비영리민간단체 지원법」에 따른 비영리민간단체를 말한다)에서 추천한 사람 중에서 농림축산식품부장관 또는 해양수산부장관이 위촉한 사람
 ㉣ 농수산물의 생산·가공·유통 또는 소비 분야에 전문적인 지식이나 경험이 풍부한 사람 중에서 농림축산식품부장관 또는 해양수산부장관이 위촉한 사람

**3** 재검사 등〈농수산물 품질관리법 제85조〉

㉠ 농산물의 검사 결과에 대하여 이의가 있는 자는 검사 현장에서 검사를 실시한 농산물 검사관에게 재검사를 요구할 수 있다. 이 경우 농산물 검사관은 즉시 재검사를 하고 그 결과를 알려주어야 한다.

㉡ ㉠에 따른 재검사의 결과에 이의가 있는 자는 재검사일부터 7일 이내에 농산물 검사관이 소속된 농산물 검사기관의 장에게 이의신청을 할 수 있으며, 이의신청을 받은 기관의 장은 그 신청을 받은 날부터 5일 이내에 다시 검사하여 그 결과를 이의신청자에게 알려야 한다.

㉢ ㉠ 또는 ㉡에 따른 재검사 결과가 농산물의 검사 결과와 다른 경우에는 해당 검사 결과의 표시를 교체하거나 검사증명서를 새로 발급하여야 한다.

**4** 농산물품질관리사 또는 수산물품질관리사의 직무 ⋯ 농산물품질관리사는 다음의 직무를 수행한다〈농수산물 품질관리법 제106조 제1항〉.

㉠ 농산물의 등급 판정

㉡ 농산물의 생산 및 수확 후 품질관리기술 지도

㉢ 농산물의 출하 시기 조절, 품질관리기술에 관한 조언

㉣ 그 밖에 농산물의 품질 향상과 유통 효율화에 필요한 업무로서 농림축산식품부령으로 정하는 업무

**5** ② 표지도형의 한글 및 영문 글자는 고딕체로 하고, 글자 크기는 표지도형의 크기에 따라 조정한다〈농수산물 품질관리법 시행규칙 별표 1〉.

③ 표지도형의 색상은 녹색을 기본 색상으로 하고, 포장재의 색깔 등을 고려하여 파란색 또는 빨간색으로 할 수 있다〈농수산물 품질관리법 시행규칙 별표 1〉.

④ 생산연도 표시는 쌀만 해당한다〈농수산물 품질관리법 시행규칙 별표 1〉.

**6** 이력추적관리의 대상 품목 및 등록사항〈농수산물 품질관리법 시행규칙 제46조 제2항〉

㉠ 생산자(단순가공을 하는 자를 포함한다)

• 생산자의 성명, 주소 및 전화번호

• 이력추적관리 대상 품목명

• 재배면적

• 생산계획량

• 재배지의 주소

㉡ 유통자

• 유통업체의 명칭 또는 유통자의 성명, 주소 및 전화번호

• 수확 후 관리시설이 있는 경우 관리시설의 소재지

㉢ 판매자 : 판매업체의 명칭 또는 판매자의 성명, 주소 및 전화번호

**7** 지리적표시의 등록공고 등 ⋯ 국립농산물품질관리원장, 국립수산물품질관리원장 또는 산림청장은 지리적표시의 등록을 결정한 경우에는 다음의 사항을 공고하여야 한다〈농수산물 품질관리법 시행규칙 제58조 제1항〉.

㉠ 등록일 및 등록번호

㉡ 지리적표시 등록자의 성명, 주소(법인의 경우에는 그 명칭 및 영업소의 소재지를 말한다) 및 전화번호

㉢ 지리적표시 등록 대상 품목 및 등록 명칭

㉣ 지리적표시 대상 지역의 범위

㉤ 품질의 특성과 지리적 요인의 관계

㉥ 등록자의 자체품질기준 및 품질관리계획서

**8** 우수관리인증기관은 우수관리인증 신청을 받은 경우에는 우수관리인증의 기준에 적합한지를 심사하여야 하며, 필요한 경우에는 현지심사를 할 수 있다〈농수산물 품질관리법 시행규칙 제11조(우수관리인증의 심사 등) 제1항〉.

**9** **표준규격의 제정** … 포장규격은 「산업표준화법」에 따른 한국산업표준(이하 "한국산업표준")에 따른다. 다만, 한국산업표준이 제정되어 있지 아니하거나 한국산업표준과 다르게 정할 필요가 있다고 인정되는 경우에는 보관·수송 등 유통과정의 편리성, 폐기물 처리문제를 고려하여 다음의 항목에 대하여 그 규격을 따로 정할 수 있다〈농수산물 품질관리법 시행규칙 제5조 제2항〉.

  ㉠ 거래단위
  ㉡ 포장치수
  ㉢ 포장재료 및 포장재료의 시험방법
  ㉣ 포장방법
  ㉤ 포장설계
  ㉥ 표시사항
  ㉦ 그 밖에 품목의 특성에 따라 필요한 사항

**10** ① 포장재 주 표시면의 옆면에 표시하되, 포장재 구조상 옆면에 표시하기 어려울 경우에는 표시 위치를 변경할 수 있다〈농수산물 품질관리법 시행규칙 별표 15〉.

② 표시사항 중 표준규격, 우수관리인증 등 다른 규정 또는 「양곡관리법」 등 다른 법률에 따라 표시하고 있는 사항은 그 표시를 생략할 수 있다〈농수산물 품질관리법 시행규칙 별표 15〉.

③ 표지도형 내부의 "지리적표시", "(PGI)" 및 "PGI"의 글자색상은 표지도형 색상과 동일하게 하고, 하단의 "농림축산식품부"와 "MAFRA KOREA"의 글자는 흰색으로 한다〈농수산물 품질관리법 시행규칙 별표 15〉.

**11** **원산지 표시** … 식품접객업 및 집단급식소 중 대통령령으로 정하는 영업소나 집단급식소를 설치·운영하는 자는 대통령령으로 정하는 농수산물이나 그 가공품을 조리하여 판매·제공하는 경우(조리하여 판매 또는 제공할 목적으로 보관·진열하는 경우를 포함한다)에 그 농수산물이나 그 가공품의 원료에 대하여 원산지(쇠고기는 식육의 종류를 포함한다)를 표시하여야 한다. 다만, 「식품산업진흥법」 또는 「수산식품산업의 육성 및 지원에 관한 법률」에 따른 원산지인증의 표시를 한 경우에는 원산지를 표시한 것으로 보며, 쇠고기의 경우에는 식육의 종류를 별도로 표시하여야 한다〈농수산물의 원산지 표시에 관한 법률 제5조 제3항〉.

※ 관련 법 개정으로 현 시행법령에 따른 해설은 다음과 같다.

  **원산지 표시** … 식품접객업 및 집단급식소 중 대통령령으로 정하는 영업소나 집단급식소를 설치·운영하는 자는 다음의 어느 하나에 해당하는 경우에 그 농수산물이나 그 가공품의 원료에 대하여 원산지(쇠고기는 식육의 종류를 포함한다)를 표시하여야 한다. 다만, 「식품산업진흥법」 또는 「수산식품산업의 육성 및 지원에 관한 법률」에 따른 원산지인증의 표시를 한 경우에는 원산지를 표시한 것으로 보며, 쇠고기의 경우에는 식육의 종류를 별도로 표시하여야 한다〈워농수산물의 원산지 표시에 관한 법률〉

  ㉠ 대통령령으로 정하는 농수산물이나 그 가공품을 조리하여 판매·제공(배달을 통한 판매·제공을 포함한다)하는 경우
  ㉡ ㉠에 따른 농수산물이나 그 가공품을 조리하여 판매·제공할 목적으로 보관하거나 진열하는 경우

**12** 과태료의 부과기준〈농수산물의 원산지 표시에 관한 법률 시행령 별표 2〉

| 위반행위 | 근거 법조문 | 과태료 금액 | | |
|---|---|---|---|---|
| | | 1차 위반 | 2차 위반 | 3차 위반 |
| 가. 원산지 표시를 하지 않은 경우 | | 5만 원 이상 1,000만 원 이하 | | |
| 나. 원산지 표시를 하지 않은 경우 | | – | | |
| 1) 삭제 〈2017.05.29〉 | | | | |
| 2) 쇠고기의 원산지를 표시하지 않은 경우 | 법 제18조 제1항 제1호 | 100만 원 | 200만 원 | 300만 원 |
| 3) 쇠고기 식육의 종류만 표시하지 않은 경우 | | 30만 원 | 60만 원 | 100만 원 |
| 4) 돼지고기의 원산지를 표시하지 않은 경우 | | 30만 원 | 60만 원 | 100만 원 |
| 5) 닭고기의 원산지를 표시하지 않은 경우 | | 30만 원 | 60만 원 | 100만 원 |
| 6) 오리고기의 원산지를 표시하지 않은 경우 | | 30만 원 | 60만 원 | 100만 원 |
| 7) 양고기 또는 염소고기의 원산지를 표시하지 않은 경우 | | 품목별 30만 원 | 품목별 60만 원 | 품목별 100만 원 |
| 8) 쌀의 원산지를 표시하지 않은 경우 | | 30만 원 | 60만 원 | 100만 원 |
| 9) 배추 또는 고춧가루의 원산지를 표시하지 않은 경우 | | 30만 원 | 60만 원 | 100만 원 |
| 10) 콩의 원산지를 표시하지 않은 경우 | | 30만 원 | 60만 원 | 100만 원 |
| 11) 넙치, 조피볼락, 참돔, 미꾸라지, 뱀장어, 낙지, 명태, 고등어, 갈치, 오징어, 꽃게, 참조기, 다랑어, 아귀 및 주꾸미의 원산지를 표시하지 않은 경우 | | 품목별 30만 원 | 품목별 60만 원 | 품목별 100만 원 |
| 12) 살아있는 수산물의 원산지를 표시하지 않은 경우 | | 5만 원 이상 1,000만 원 이하 | | |
| 다. 원산지의 표시방법을 위반한 경우 | 법 제18조 제1항 제2호 | 5만 원 이상 1,000만 원 이하 | | |
| 라. 임대점포의 임차인 등 운영자가 거짓 표시 등의 금지 어느 하나에 해당하는 행위를 하는 것을 알았거나 알 수 있었음에도 방치한 경우 | 법 제18조 제1항 제3호 | 100만 원 | 200만 원 | 400만 원 |
| 마. 해당 방송채널 등에 물건 판매중개를 의뢰한 자가 거짓표시등의 금지 어느 하나에 해당하는 행위를 하는 것을 알았거나 알 수 있었음에도 방치한 경우 | 법 제18조 제1항 제3호의2 | 100만 원 | 200만 원 | 400만 원 |
| 바. 수거·조사·열람을 거부·방해하거나 기피한 경우 | 법 제18조 제1항 제4호 | 100만 원 | 300만 원 | 500만 원 |

**13** 식품의약품안전처장은 농수산물(축산물은 제외)의 품질 향상과 안전한 농수산물의 생산·공급을 위한 안전관리 계획을 매년 수립·시행하여야 한다〈농수산물 품질관리법 제60조(안전관리계획) 제1항〉.

**14** 안전성 검사기관의 지정 취소 등 … 식품의약품안전처장은 안전성 검사기관이 다음의 어느 하나에 해당하면 지정을 취소하거나 6개월 이내의 기간을 정하여 업무의 정지를 명할 수 있다. 다만, ㉠ 또는 ㉡에 해당하면 지정을 취소하여야 한다〈농수산물 품질관리법 제65조 제1항〉.

㉠ 거짓이나 그 밖의 부정한 방법으로 지정을 받은 경우
㉡ 업무의 정지 명령을 위반하여 계속 안전성조사 및 시험분석 업무를 한 경우
㉢ 검사성적서를 거짓으로 내준 경우
㉣ 그 밖에 총리령으로 정하는 안전성검사에 관한 규정을 위반한 경우

**15** 공표명령의 기준·방법 등 … 식품의약품안전처장은 지체 없이 다음의 사항을 식품의약품안전처의 인터넷 홈페이지에 게시하여야 한다〈농수산품질관리법 시행령 제22조 제3항〉.
　ⓐ "「농수산물 품질관리법」 위반사실의 공표"라는 내용의 표제
　ⓑ 영업의 종류
　ⓒ 영업소의 명칭 및 주소
　ⓓ 농수산물의 명칭
　ⓔ 위반내용
　ⓕ 처분권자, 처분일 및 처분내용

**16** ⓑ 7년 이하의 징역 또는 1억 원 이하의 벌금〈농수산물 품질관리법 제117조(벌칙) 제3호〉
　ⓐⓒ 3년 이하의 징역 또는 3천만 원 이하의 벌금〈농수산물 품질관리법 제119조(벌칙) 제4호, 제2호〉
　ⓓ 1년 이하의 징역 또는 1천만 원 이하의 벌금〈농수산물 품질관리법 제117조(벌칙) 제6호〉

**17** 민영도매시장의 개설 … 〈농수산물 유통 및 가격안정에 관한 법률 제47조 제5항, 제6항〉
　ⓐ 시·도지사는 민영도매시장 개설허가의 신청을 받은 경우 신청서를 받은 날부터 30일 이내(이하 "허가 처리기간")에 허가 여부 또는 허가 처리 지연 사유를 신청인에게 통보하여야 한다. 이 경우 허가 처리기간에 허가 여부 또는 허가 처리 지연 사유를 통보하지 아니하면 허가 처리기간의 마지막 날의 다음 날에 허가를 한 것으로 본다.
　ⓑ 시·도지사는 허가 처리 지연 사유를 통보하는 경우에는 허가 처리기간을 10일 범위에서 한 번만 연장할 수 있다.

**18** 도매시장 개설자의 의무〈농수산물 유통 및 가격안정에 관한 법률 제20조〉
　ⓐ 도매시장 개설자는 거래관계자의 편익과 소비자 보호를 위하여 다음의 사항을 이행하여야 한다.
　• 도매시장 시설의 정비·개선과 합리적인 관리
　• 경쟁 촉진과 공정한 거래질서의 확립 및 환경 개선
　• 상품성 향상을 위한 규격화, 포장 개선 및 선도(鮮度) 유지의 촉진
　ⓑ 도매시장 개설자는 ⓐ의 사항을 효과적으로 이행하기 위하여 이에 대한 투자계획 및 거래제도 개선방안 등을 포함한 대책을 수립·시행하여야 한다.

**19** 가격예시〈농수산물 유통 및 가격안정에 관한 법률 제8조〉
　ⓐ 농림축산식품부장관 또는 해양수산부장관은 농림축산식품부령 또는 해양수산부령으로 정하는 주요 농수산물의 수급조절과 가격안정을 위하여 필요하다고 인정할 때에는 해당 농산물의 파종기 또는 수산물의 종자입식 시기 이전에 생산자를 보호하기 위한 하한가격(이하 "예시가격")을 예시할 수 있다.
　ⓑ 농림축산식품부장관 또는 해양수산부장관은 예시가격을 결정할 때에는 해당 농산물의 농림업 관측, 주요 곡물의 국제곡물관측 또는 「수산물 유통의 관리 및 지원에 관한 법률」 수산업관측(이하 "수산업관측") 결과, 예상 경영비, 지역별 예상 생산량 및 예상 수급 상황 등을 고려하여야 한다.
　ⓒ 농림축산식품부장관 또는 해양수산부장관은 예시가격을 결정할 때에는 미리 기획재정부장관과 협의하여야 한다.
　ⓓ 농림축산식품부장관 또는 해양수산부장관은 가격을 예시한 경우에는 예시가격을 지지(支持)하기 위하여 다음의 사항 등을 연계하여 적절한 시책을 추진하여야 한다.
　• 농림업 관측·국제곡물관측 또는 수산업관측의 지속적 실시

- 「수산물 유통의 관리 및 지원에 관한 법률」 계약생산 또는 계약출하의 장려
- 「수산물 유통의 관리 및 지원에 관한 법률」 수매 및 처분
- 유통협약 및 유통조절명령
- 「수산물 유통의 관리 및 지원에 관한 법률」 비축사업

**20** 시장도매인은 도매시장 개설자가 부류별로 지정한다〈농수산물 유통 및 가격안정에 관한 법률 제36조(시장도매인의 지정) 제1항〉.
※ **공판장의 거래관계자**〈농수산물 유통 및 가격안정에 관한 법률 제44조 제1항, 제2항〉
ㄱ 공판장에는 중도매인, 매매참가인, 산지유통인 및 경매사를 둘 수 있다.
ㄴ 공판장의 중도매인은 공판장의 개설자가 지정한다.

**21** **도매시장법인의 겸영** … 농수산물의 선별·포장·가공·제빙(製氷)·보관·후숙(後熟)·저장·수출입·배송(도매시장법인이나 해당 도매시장 중도매인의 농수산물 판매를 위한 배송으로 한정한다) 등의 사업(이하 "겸영사업")을 겸영하려는 도매시장법인은 다음의 요건을 충족하여야 한다. 이 경우 ㄱ부터 ㄷ까지의 기준은 직전 회계연도의 대차대조표를 통하여 산정한다〈농수산물 유통 및 가격안정에 관한 법률 시행규칙 제34조 제1항〉.
ㄱ 부채비율(부채 / 자기자본 × 100)이 300퍼센트 이하일 것
ㄴ 유동부채비율(유동부채 / 부채총액 × 100)이 100퍼센트 이하일 것
ㄷ 유동비율(유동자산 / 유동부채 × 100)이 100퍼센트 이상일 것
ㄹ 당기순손실이 2개 회계연도 이상 계속하여 발생하지 아니할 것

**22** 산지유통인은 등록된 도매시장에서 농수산물의 출하업무 외의 판매·매수 또는 중개업무를 하여서는 아니 된다〈농수산물 유통 및 가격안정에 관한 법률 제29조(산지유통인의 등록) 제4항〉.

**23** **기금의 용도** … 기금은 다음의 사업을 위하여 지출한다〈농수산물 유통 및 가격안정에 관한 법률 제57조 제2항〉.
ㄱ 「농수산자조금의 조성 및 운용에 관한 법률」 농수산자조금에 대한 출연 및 지원
ㄴ 「종자산업법」에 따른 사업 및 그 사업의 관리
ㄷ 유통명령 이행자에 대한 지원
ㄹ 기금이 관리하는 유통시설의 설치·취득 및 운영
ㅁ 도매시장 시설현대화 사업 지원
ㅂ 그 밖에 대통령령으로 정하는 농산물의 유통구조 개선 및 가격안정과 종자산업의 진흥을 위하여 필요한 사업
※ **기금의 지출 대상사업** … 기금에서 지출할 수 있는 사업은 다음과 같다〈농수산물 유통 및 가격안정에 관한 법률 시행령 제23조〉.
ㄱ 농산물의 가공·포장 및 저장기술의 개발, 브랜드 육성, 저온유통, 유통 정보화 및 물류 표준화의 촉진
ㄴ 농산물의 유통구조 개선 및 가격안정사업과 관련된 조사·연구·홍보·지도·교육훈련 및 해외시장개척
ㄷ 종자산업의 진흥과 관련된 우수 종자의 품종육성·개발, 우수 유전자원의 수집 및 조사·연구
ㄹ 식량작물과 축산물을 제외한 농산물의 유통구조 개선을 위한 생산자의 공동이용시설에 대한 지원
ㅁ 농산물 가격안정을 위한 안전성 강화와 관련된 조사·연구·홍보·지도·교육훈련 및 검사·분석시설 지원

**24** 유통협약 및 유통조절명령〈농수산물 유통 및 가격안정에 관한 법률 제10조〉

    ㉠ 주요 농수산물의 생산자, 산지유통인, 저장업자, 도매업자·소매업자 및 소비자 등의 대표는 해당 농수산물의 자율적인 수급조절과 품질 향상을 위하여 생산조정 또는 출하조절을 위한 협약을 체결할 수 있다.

    ㉡ 농림축산식품부장관 또는 해양수산부장관은 부패하거나 변질되기 쉬운 농수산물로서 농림축산식품부령 또는 해양수산부령으로 정하는 농수산물에 대하여 현저한 수급 불안정을 해소하기 위하여 특히 필요하다고 인정되고 농림축산식품부령 또는 해양수산부령으로 정하는 생산자 등 또는 생산자단체가 요청할 때에는 공정거래위원회와 협의를 거쳐 일정 기간 동안 일정 지역의 해당 농수산물의 생산자 등에게 생산조정 또는 출하조절을 하도록 하는 유통조절명령을 할 수 있다.

    ㉢ 유통명령에는 유통명령을 하는 이유, 대상 품목, 대상자, 유통조절 방법 등 대통령령으로 정하는 사항이 포함되어야 한다.

    ㉣ ㉡에 따라 생산자 등 또는 생산자단체가 유통명령을 요청하려는 경우에는 ㉢에 따른 내용이 포함된 요청서를 작성하여 이해관계인·유통전문가의 의견수렴 절차를 거치고 해당 농수산물의 생산자 등의 대표나 해당 생산자단체의 재적회원 3분의 2 이상의 찬성을 받아야 한다.

    ㉤ ㉡에 따른 유통명령을 하기 위한 기준과 구체적 절차, 유통명령을 요청할 수 있는 생산자 등의 조직과 구성 및 운영방법 등에 관하여 필요한 사항은 농림축산식품부령 또는 해양수산부령으로 정한다.

**25** 주요 농수산물의 생산지역이나 생산수면(이하 "주산지"라 한다)의 지정은 읍·면·동 또는 시·군·구 단위로 한다〈농수산물 유통 및 가격안정에 관한 법률 시행령 제4조(주산지의 지정·변경 및 해제) 제1항〉.

**26** 블루베리는 진달래목 진달래과에 속한다.

**27** 엘라테린은 오이에 들어있는 기능성 물질이다. 토마토에는 리코펜, 베타카로틴 등이 들어 있다.

**28** ② 양지식물을 반음지에서 재배할 경우 잔뿌리와 뿌리털의 발생이 감소한다.

**29** DIF(Difference) … 일반적으로 주간온도가 야간온도보다 높을 경우 정의를 말하며 초장신장이 활발하게 이루어진다. 야간온도가 주간온도보다 높을 경우 부의 DIF라고 하며 초장신장이 잘 되지 않아 초장조절에 효과적이다.

**30** 구근 … 지하에 있는 식물체의 일부인 뿌리나 줄기 또는 잎 따위가 달걀 모양으로 비대하여 양분을 저장한 것으로 알뿌리라고도 한다. 대표적인 구근 화훼류로 튤립, 달리아, 프리지아가 있다.

**31** 포인세티아 … 단일식물로 자연 일장이 짧은 시기에 전조처리를 하면 개화를 억제시킬 수 있다.

**32** ③ 종자번식의 장점이다.

**33** 호접란은 열대성 난으로 적정 생육온도는 21 ~ 25℃이다.

**34** 감자에 함유된 독성 물질인 솔라닌(Solanine)은 햇빛에 노출될 때 감자가 녹색으로 변하면서 생긴다.

**35** ②③④ 흰가루병, 줄기녹별, 잘록병은 곰팡이에 의해 발생하는 병이다.

**36** **증산작용** … 식물 잎의 뒷면에 있는 기공을 통해 물이 기체상태로 식물체 밖으로 빠져나가는 작용을 말한다. 관엽식물을 실내에서 키우면 증산작용으로 인해 실내습도 증가 효과가 나타난다.

**37** **양액재배** … 작물의 생육에 필요한 양분을 수용액으로 만들어 재배하는 방법이다. 용액재배(Solution Culture)라고도 한다. 생육이 빠르고 균일하여 단기간에 많은 양의 작물을 수확할 수 있으나 많은 자본이 필요하고, 일단 병원균이 침투하면 토양에 비해 완충능력이 떨어져 단기간에 전염될 수 있다.

**38** ② 에테폰은 식물의 노화를 촉진하는 식물호르몬의 일종인 에틸렌(Ethylene)을 생성함으로 과채류 및 과실류의 착색을 촉진하고 숙기를 촉진하는 작용을 하므로, 에틸렌 생성을 억제해야 하는 절화보존제에는 사용하지 않는다.

   ※ **절화보존제** … 절화의 수명을 길게하기 위해 이용하는 약제이다. 대부분의 절화보존제에는 탄수화물, 살균제, 에틸렌억제제, 생장 조절 물질, 무기물 등이 주로 들어있다.
   ㉠ **탄수화물** : 절화수명연장의 필수적인 에너지원으로서 주로 자당(Sucrose)이 많이 사용되며 포도당(Glucose)과 과당(Fructose)이 사용되기도 한다.
   ㉡ **살균제** : 당 성분들이 절화 줄기 내 수분통로인 도관을 막는 미생물의 생장도 돕게 되므로 살균제를 함께 사용한다. 주로 사용하는 살균제로는 하이드록시퀴놀린염, 염화은, 질산은, 치오황산은 등이 있다.
   ㉢ **생장 조절 물질** : 식물호르몬과 합성생장 조절 물질이 모두 사용되는데 꽃의 노화과정을 지연하는 등의 역할을 통해 절화수명을 연장한다. 주로 사이토키닌이 에틸렌 생장 억제를 위하여 많이 사용된다.
   ㉣ **무기물** : 구연산, 아스콜빈산, 주석산, 안식향산 등과 같은 유기산과 칼슘, 알루미늄, 붕소, 구리, 니켈, 아연 등의 무기물 등도 미생물의 활성억제, 절화 대사조절에 영향을 미치는 절화보존제의 역할을 한다.

**39** 종자, 겨울눈, 비늘줄기, 덩이줄기, 덩이뿌리 등은 외적 조건이 생물체에 적절하여도 내적원인에 의해서 자발적으로 휴면을 한다. 휴면 시기에는 호흡, 체내 수분 함량, 효소의 활성이 감소하고 생장 억제물질이 증가한다.

**40** **토피어리** … 철사나 나뭇가지 등으로 틀을 만들고 식물을 심어 여러 가지 동물 모양으로 만든 화훼장식이다.
   ② **포푸리** : 실내의 공기를 정화시키기 위한 방향제의 일종으로 주된 재료는 꽃이고 여기에 향이 좋은 식물, 잎, 과일 껍질, 향료 등을 함께 첨가한다.
   ③ **테라리움** : 밀폐된 유리그릇, 또는 입구가 작은 유리병 안에서 작은 식물을 재배하는 것을 말한다.
   ④ **디쉬쉬가든** : 납작한 접시나 쟁반에 작은 식물들을 배치하여 축소된 정원을 만들어 즐기는 것을 말한다.

**41** **육묘의 목적**
   ㉠ 조기 수확과 수량 증대
   ㉡ 집약관리와 효율관리
   ㉢ 토지이용률 확대
   ㉣ 발아율향상 종자절약
   ㉤ 접목 본포적응력향상
   ㉥ 환경조절(추대개화조절)

**42** 마늘은 고온, 장일조건에서 휴면 경과 후 인경비대가 촉진된다.

**43** 제시된 내용은 바이러스에 대한 설명이다. 사과나무 고접병은 접붙이기를 할 때 접수(接穗)가 바이러스에 감염되어 있으면 발병하며, 감염 후 1 ～ 2년 내에 나무가 쇠약해지며 갈변현상 및 목질천공(木質穿孔)현상이 나타난다.

**44** ⓒ 복숭아는 2년생 가지에 착과된다. 즉, 2017년 봄에 생장한 가지가 2018년 봄에 개화하여 복숭아가 결실하게 된다.
　　ⓓ 사과는 3년생 가지에 착과된다. 즉, 2016년 봄에 생장한 가지가 2017년 봄에 꽃눈이 만들어지고 2018년 봄에 개화하여 사과가 결실하게 된다.

**45** 뿌리의 양분 흡수기능이 상실되거나 식물체 생육이 불량하여 빠르게 영양공급을 해야 할 때는 비료를 용액의 상태로 잎에 살포하는 엽면시비를 실시한다.
　① 조구시비 : 이랑을 파고 시비하는 방법이다.
　③ 윤구시비 : 지표로부터 20 ～ 30cm 깊이의 원형 구덩이를 파고 시비하는 방법이다.
　④ 방사구시비 : 나무를 기준으로 방사상으로 도랑을 만들어 시비하는 방법이다.

**46** ③ 나무의 세력이 강하여 새 가지의 영양생장이 계속되면 조기낙과의 원인이 된다.
　※ 감나무에 맺힌 꽃들은 주두에 꽃가루가 묻어 수분과 수정이 이루어져 종자가 되고 과실이 결실하게 된다. 이때 종자가 없거나 적은 과실은 종자가 많은 과실에 비해 훨씬 낙과되기 쉽기 때문에 숫꽃을 맺는 수분수를 반드시 혼식해야 하며 매개곤충을 이용해야 한다. 결실된 과실은 만개 후 10일경부터 낙과가 일어나며 이러한 현상은 나무 자체의 자연스런 생리현상이지만, 낙과가 심하면 수량이 감소되고, 착과가 많으면 품질이 저하될 뿐만 아니라 나무가 쇠약하게 되어 해거리 현상이 나타난다. 해거리 현상을 방지하기 위해서는 꽃솎기, 과실솎기를 철저히 해주어야 하며 수세가 안정될 수 있도록 강전정(줄기를 많이 잘라내어 새 눈이나 새 가지의 발생을 촉진시키는 전정법), 질소 과다시비 등을 피해야 한다.

**47** 과실의 분류
　㉠ 교목성 과수
　　• 낙엽성 : 인과류(사과 · 배 · 모과 · 산사), 핵과류(복숭아 · 자두 · 앵두 · 살구 · 매실), 곡과류(호두 · 밤 · 피칸 · 아몬드 · 개암), 기타(감 · 대추 · 석류 · 무화과)
　　• 상록성 : 감귤류(레몬 · 시트론 · 문단 · 귤 · 하등 · 잡감류 등)
　㉡ 만성 과수 : 포도(유럽종 · 미국종)
　㉢ 관목성 과수 : 나무딸기류. 블루베리, 구스베리, 커런트, 크란베리

**48** 환상박피 … 과수 등에서 원줄기의 수피(樹皮)를 인피(靭皮) 부위에 달하는 깊이까지 너비 6mm 정도의 고리 모양으로 벗겨내는 것이다. 꽃눈분화가 촉진되며 낙과가 적어지고 과실의 크기가 증대되는 동시에 숙기를 빠르게 하는 효과가 있다.

**49** 야광나무는 사과의 실생 대목이다.

**50** 새 가지의 곁눈이 그해에 자라서 된 가지는 덧가지이다. 곁가지는 곁눈이 싹터서 생장한 가지로서 끝눈(頂芽)으로부터 생장하는 원가지에 대응한 말이다.

**51** 열과현상 … 토양이 건조한 상태에서 갑작스런 강우나 관수로 수분공급이 증가할 경우 과립 표피의 팽압이 상승해 포도알이 터지는 생리장애로, 비가 온 후 바로 수확하면 열과가 더 많이 발생하게 된다.

**52** ① 포도는 품종 고유의 색깔로 착색되고 향기가 나며 산 함량은 낮아지고 당도가 높아져 맛이 최상에 이르렀을 때 수확한다.
② 바나나, 키위 등 나무에 달려있는 상태에서는 잘 성숙하지 않고 저장 중의 후숙에 의해서 숙성되는 과실은 미숙단계에서 수확하는 것이 좋다.
④ 감귤류는 수확 후 숙성이 진행되지 않으므로 풍미가 제대로 발현될 때 수확하여 저장하여야 과실 특유의 풍미를 즐길 수 있다. 요오드반응은 과실 내 전분을 측정하기 위한 것으로 전분이 있는 부위는 청색으로 나타난다. 성숙 중 과실 내 전분의 함량이 줄어들면서 당으로 변하여 단맛을 내므로 청색면적이 거의 없을 때 수확한다.

**53** ① 증산작용은 상대습도가 높으면 감소한다.

**54** 숙성 시 호흡양상에 따른 과일의 분류
ㄱ 호흡급등형
• 숙성기간 동안 호흡이 일시적으로 급격하게 증가하는 과일
• 숙성 시 에틸렌에 대한 민감도가 높은 과일
• 바나나, 복숭아, 사과, 토마토, 파파야, 아보카도, 멜론, 배, 참다래 등
ㄴ 호흡비급등형
• 숙성기간 동안 호흡의 변화가 미미하게 발생하는 과일
• 숙성 시 에틸렌에 대한 민감도가 낮거나 없는 과일
• 감귤류, 포도, 파인애플, 딸기, 무화과, 양앵두, 가지 등

**55** ①③ STS(티오황산, Silver Thiosulfate)와 2,5 − NDE(2,5 − Norbornadiene), 1 − MCP(1 − MethylcyclOpropene), 에탄올 등은 에틸렌의 작용을 억제한다.
② 에틸렌을 제거하기 위해서는 과망간산칼륨($KMnO_4$)과 반응시켜 카르복시산과 이산화탄소로 변하도록 한다.
④ AVG, AOA는 에틸렌 생합성을 억제하는 에틸렌 합성저해제이다.

**56** 후숙 과정에서 토마토의 조직 연화가 발생하게 되는 이유는 폴리갈락투로나제(Polygalacturonase)라는 효소가 생성되면서 토마토를 탱탱하게 유지시켜 주는 세포벽 성분인 펙틴(Pectin)을 분해하기 때문이다.

**57** 클로로필, 즉 엽록소는 녹색식물의 잎 속에 들어 있는 화합물로 엽록체의 그라나(Grana) 속에 함유되어 있다.

**58** ④ 차아염소산나트륨은 식품의 부패균이나 병원균을 사멸하기 위하여 음료수, 채소 및 과일, 용기·기구·식기 등에 살균제로서 사용된다.
①② 안식향산, 소르빈산은 식품의 보존료로 쓰인다.
③ 염화나트륨은 조미, 보존제 등으로 쓰인다.

**59** MA(Modified Atmosphere)포장기술 … 농산물이 산소를 소모하고, 이산화탄소를 발생시키는 호흡을 통해 영양분과 수분을 소모하는 것에 착안, 산소와 이산화탄소 농도를 조절해 호흡을 억제하는 신 저장기술이다. MA포장재료로는 PP, PA, LDPE 등이 적합하다.

**60** HACCP 7원칙

    ㉠ 위해 요소 분석

    ㉡ 중요관리점 결정

    ㉢ 한계기준 설정

    ㉣ 모니터링 체계 확립

    ㉤ 개선 조치 방법수립

    ㉥ 검증 절차 및 방법수립

    ㉦ 문서화 및 기록 유지

**61** ④ 저장고 내 산소가 지나치게 낮으면 외기(外氣)를 넣고, 이산화탄소가 너무 높으면 이산화탄소만 제거한다.

**62** ③ 세포 내 결빙이 생기면 원형질 구성에 필요한 수분이 동결하여 원형질구조가 파괴되어 서서히 해동시킨다고 해도 동해 증상이 나타난다.

**63** **풍미** … 맛, 향기, 입안의 촉감 등에 의해 종합된 총체적인 맛을 말한다. 원예산물의 풍미를 결정하는 요인으로는 당도, 산도, 향기 등이 있다.

**64** ④ 비파괴 품질평가 방법은 화학적인 분석법에 비해 정확도가 낮다.

**65** ③ 저장고 내 이산화탄소를 제거하기 위해 소석회를 이용한다.

**66** ㉠ 수확한 생산물이 가지고 있는 열 → 포장열

    ㉡ 생산물의 생리대사에 의해 발생하는 열 → 호흡열

    ㉢ 저장고 문을 여닫을 때 외부에서 유입되는 열 → 대류열

**67** 감자의 큐어링 방법은 수확 후 바람이 통하고 직사광선이 없는 온도 12 ~ 18℃, 습도 80 ~ 85%의 창고나 하우스에서 감자를 10 ~ 14일 정도 보관하면 된다.

**68** 아스파라거스의 수확한 어린순은 다른 원예작물에 비하여 호흡작용이나 호흡에 따른 발열이 커서 선도 유지가 어렵다. 아스파라거스는 온도 0 ~ 2℃, 상대습도 90 ~ 100℃에서 2 ~ 3주간 저장이 가능하다.

**69** 신선 채소류는 수확 후 수분증발이 일어나 골판지 상자의 강도가 달라진다.

**70** ① 트레이는 농산물 등을 담기 위한 납작한 접시 등으로 겉포장재에 해당하지 않는다.

**71** ① 배의 과심갈변은 저장 및 유통 과정에서 온도가 높을수록 발생이 증가한다.

    ③ 오이는 5℃ 이하에서 피팅(과피함몰), 저장 후 상온유통 시 부패가 발생한다.

    ④ 사과의 밀증상은 대부분 생육기 고온으로 인한 생리장애이다.

**72** 주로 수확기가 늦은 배를 저온저장할 경우 발생이 증가하는 과피흑변 현상을 방지하기 위해서는 수확 후 일정 기간(10 ~ 15일) 동안 야적(野積)처리한다.

**73** 적정 저장온습도 및 저장기간

　　㉠ 파프리카 : 저장온도 7 ～ 10℃, 상대습도 95 ～ 98%에서 저장기간은 15일 내외

　　㉡ 배추 : 저장온도 － 0.5 ～ 0℃, 상대습도 90 ～ 95%에서 저장기간은 40 ～ 60일 내외(월동배추), 저장온도 0 ～ 2℃, 상대습도 90 ～ 95%에서 저장기간은 20 ～ 40일 내외(봄 · 여름배추)

　　㉢ 고구마 : 저장온도 13 ～ 15℃, 상대습도 85 ～ 95%에서 저장기간은 30 ～ 60일 내외

　　㉣ 브로콜리 : 저장온도 0℃, 상대습도 95 ～ 100%에서 저장기간은 30 ～ 50일 내외

　　㉤ 호박 : 저장온도 7 ～ 10℃, 상대습도 95%에서 저장기간은 10일 내외

**74** 병원성 대장균은 생물학적 위해 요인에 해당한다.

**75** 국내의 GMO 표시 대상은 콩, 옥수수, 카놀라, 사탕무, 면화, 알팔파, 감자 등 7가지이다.

**76** 제시된 내용은 시간적 효용을 창출하는 저장기능에 대한 설명이다. 농산물 유통의 효용은 장소적 효용을 창출하는 수송기능, 시간적 효용을 창출하는 저장기능, 형태적 효용을 창출하는 가공 기능으로 나누어진다.

**77** 농업협동조합은 농업인의 자주적인 협동조직을 통하여 농업생활력의 증진과 농민의 경제적 · 사회적 지위향상을 도모하기 위해 설립된 협동조합으로 완전경쟁시장에서는 부적합하다.

**78** 선물거래 … 장래 일정 시점에 미리 정한 가격으로 매매할 것을 현재 시점에서 약정하는 거래로, 중개업자를 통하는 간접 거래가 많다.

**79** 농산물의 산지 유통은 생산자와 소비자를 직접 연결하는 직거래 기능이 중요하게 작용한다.

**80** ㉠ 정보의 신뢰성을 높이기 위해서는 주관성이 개입되어서는 안 된다.
　　㉡ 정보수집 대상에 대한 개인 정보는 공개하지 않는다.

**81** 대체재 … 재화 중에서 동일한 효용을 얻을 수 있는 재화로, 두 재화가 대체재 관계에 있을 때 한 재화의 가격 상승(하락)하면 다른 재화의 수요가 증가(감소)하게 된다. 다른 재화의 가격변동에 대한 해당 재화의 수요변동의 민감도를 뜻하는 교차탄력성이 양(+)이면 대체재, 음( － )이면 보완재이다.

**82** 마케팅 믹스(4P)

　　㉠ 상품(Product)전략 － 제품특성

　　㉡ 장소(Place)전략 － 유통경로

　　㉢ 가격(Price)전략 － 판매 가격

　　㉣ 촉진(Promotion)전략 － 판매촉진

**83** 농산물 산지유통센터 등에서 농산물 품목 특성에 맞는 표준화 · 규격화된 농산물을 공동선별 · 출하함으로써 품질을 향상하고, 인건비 · 물류비 절감으로 유통 경쟁력을 강화한다.

**84** 거미집모형 … 농산물과 같이 가격변동에 대해 수요곡선이 공급곡선보다 더 탄력적인 경우, 가격폭등과 폭락을 반복하며 거미집과 같은 모양으로 균형가격으로 수렴한다는 이론이다.

**85** 완전경쟁시장 … 다수의 거래자들이 시장에 참여하고 동질의 상품이 거래되며, 거래자들이 상품의 가격 · 품질

등에 대한 완전한 정보를 가지고 시장에 자유로이 진입하거나 탈퇴할 수 있는 시장을 말한다.

**86** SWOT 분석 ··· 기업의 내부환경을 분석해 강점(Strength)과 약점(Weakness)을 발견하고, 외부환경을 분석해 기회(Opportunity)와 위협(Threat)을 찾아내 이를 토대로 강점은 살리고 약점은 보완, 기회는 활용하고 위협은 억제하는 마케팅 전략을 수립하는 것을 의미한다.

**87** ② 관찰조사, 설문조사, 실험은 1차 자료수집방법이다. 2차 자료는 일반적으로 문헌 연구를 통해 수집한다.

**88** 성별, 소득, 직업 모두 농산물 구매 행동 결정에 영향을 미치는 인구학적 요인이다.

**89** 제품수명주기(PLC)

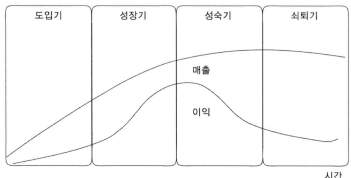

**90** 심리적 가격 전략 ··· 소비자의 심리적 반응과 소비행동에 착안해서 가격을 설정함으로써 상품에 대한 이미지를 바꾸거나 구입의욕을 높이는 것을 말한다.
　　㉠ 명성가격 전략 : 품질과 브랜드 이름, 높은 품격을 호소하는 가격설정법이다.
　　㉡ 단수가격 전략 : 990원과 같이 일부러 단수를 매기는 방법으로 소비자가 가격표를 보는 순간에 싸다는 인상을 받게 하는 효과를 노리는 가격설정법이다.
　　㉢ 단계가격 전략 : 소비자가 예산을 기준으로 구매하는 경우에 대응하는 가격설정법으로 명절 선물세트 가격이 1만 원, 2만 원, 3만 원 등 단계별로 설정되는 것이 그 예이다.
　　㉣ 관습가격 전략 : 오래 전부터 설정된 제품의 가격이 변하지 않은 것이다.

**91** 판매 확대를 위한 촉진기능 ··· 광고, 프로모션 등을 통해 브랜드 인지도를 제고하고, 상품에 대한 정보를 제공하여 소비자 구매 행동의 변화를 유도하는 것 등을 말한다.

**92** ① 농산물의 파손과 분실을 방지한다.
　　※ 유닛로드시스템(Unit Load System) ··· 화물의 유통 활동에 있어서 하역·수송·보관의 전체적인 비용절감을 위하여, 출발지에서 도착지까지 중간 하역작업 없이 일정한 방법으로 수송·보관하는 시스템이다.

**93** **물적유통** … 운송, 보관, 포장, 하역 등 생산자로부터 소비자에게 이르기까지 상품의 이동과정과 관련된 모든 활동을 말한다.

**94** 농산물의 수집은 도매상의 주요 기능이다.

**95** 농산물 도매시장의 시장도매인은 상장수수료를 부담하지 않는다.

※ **수수료 등의 징수제한** … 도매시장 개설자, 도매시장법인, 시장도매인, 중도매인 또는 대금 정산조직은 해당 업무와 관련하여 징수 대상자에게 다음의 금액 외에는 어떠한 명목으로도 금전을 징수하여서는 아니 된다 〈농수산물 유통 및 가격안정에 관한 법률 제42조 제1항〉.

ⓐ 도매시장 개설자가 도매시장법인 또는 시장도매인으로부터 도매시장의 유지 · 관리에 필요한 최소한의 비용으로 징수하는 도매시장의 사용료

ⓑ 도매시장 개설자가 도매시장의 시설 중 농림축산식품부령 또는 해양수산부령으로 정하는 시설에 대하여 사용자로부터 징수하는 시설 사용료

ⓒ 도매시장법인이나 시장도매인이 농수산물의 판매를 위탁한 출하자로부터 징수하는 거래액의 일정 비율 또는 일정액에 해당하는 위탁수수료

ⓓ 시장도매인 또는 중도매인이 농수산물의 매매를 중개한 경우에 이를 매매한 자로부터 징수하는 거래액의 일정 비율에 해당하는 중개수수료

ⓔ 거래대금을 정산하는 경우에 도매시장법인 · 시장도매인 · 중도매인 · 매매참가인 등이 대금 정산조직에 납부하는 정산수수료

**96** 계약재배는 농산물 수급 안정을 위한 방법이다.

**97** 농산물은 계절성이 크다.

**98** 소비자가 6,000원 중에서 농가수취가 3,000원을 제외한 3,000원이 유통마진이므로 유통마진율은 $\dfrac{3,000}{6,000} \times 100 = 50\%$ 이다.

**99** ①②③ 물적유통 기능에 해당한다.

**100** ① 농산물의 등급화는 소비자의 탐색비용을 감소시킨다.
② 농산물은 크기와 모양이 다양하여 등급화하기 어렵다.
④ 농산물 등급의 수가 많을수록 가격의 효율성은 높아진다.

| 정답 한 눈에 보기 | | | | | | | | | | | | | | | | | | | |
|---|---|---|---|---|---|---|---|---|---|---|---|---|---|---|---|---|---|---|---|
| 1 | ④ | 2 | ② | 3 | ④ | 4 | ① | 5 | ③ | 6 | ② | 7 | ③ | 8 | ④ | 9 | ③ | 10 | ② |
| 11 | ③ | 12 | ① | 13 | ④ | 14 | ③ | 15 | ① | 16 | ③ | 17 | ① | 18 | ④ | 19 | ① | 20 | ③ |
| 21 | ② | 22 | ③ | 23 | ④ | 24 | ② | 25 | ① | 26 | ① | 27 | ① | 28 | ③ | 29 | ④ | 30 | ④ |
| 31 | ① | 32 | ① | 33 | ③ | 34 | ④ | 35 | ① | 36 | ① | 37 | ② | 38 | ④ | 39 | ② | 40 | ① |
| 41 | ③ | 42 | ② | 43 | ④ | 44 | ① | 45 | ④ | 46 | ② | 47 | ① | 48 | ③ | 49 | ③ | 50 | ③ |
| 51 | ② | 52 | ① | 53 | ④ | 54 | ② | 55 | ③ | 56 | ① | 57 | ④ | 58 | ② | 59 | ① | 60 | ② |
| 61 | ④ | 62 | ④ | 63 | ① | 64 | ② | 65 | ④ | 66 | ② | 67 | ③ | 68 | ① | 69 | ④ | 70 | ① |
| 71 | ③ | 72 | ④ | 73 | ③ | 74 | ② | 75 | ③ | 76 | ④ | 77 | ① | 78 | ③ | 79 | ④ | 80 | ② |
| 81 | ③ | 82 | ① | 83 | ② | 84 | ③ | 85 | ① | 86 | ③ | 87 | ② | 88 | ① | 89 | ④ | 90 | ④ |
| 91 | ② | 92 | ③ | 93 | ① | 94 | ① | 95 | ③ | 96 | ② | 97 | ③ | 98 | ② | 99 | ④ | 100 | ④ |

2019년도 필기시험 제16회 2019.05.27

**1** "지리적표시"란 농수산물 또는 농수산가공품의 명성·품질, 그 밖의 특징이 본질적으로 특정 지역의 지리적 특성에 기인하는 경우 해당 농수산물 또는 농수산가공품이 그 특정 지역에서 생산·제조 및 가공되었음을 나타내는 표시를 말한다〈농수산물 품질관리법 제2조(정의) 제1항 제8호〉.

**2** 식품의약품안전처장은 유전자변형농수산물인지를 판정하기 위하여 필요한 경우 시료의 검정기관을 지정하여 고시하여야 한다〈농수산물 품질관리법 시행령 제20조(유전자변형농수산물의 표시기준 등) 제4항〉.

**3** 심의회의 직무 … 심의회는 다음의 사항을 심의한다〈농수산물 품질관리법 제4조〉.
　㉠ 표준규격 및 물류표준화에 관한 사항
　㉡ 농산물우수관리·수산물품질인증 및 이력추적관리에 관한 사항
　㉢ 지리적표시에 관한 사항
　㉣ 유전자변형농수산물의 표시에 관한 사항
　㉤ 농수산물(축산물은 제외한다)의 안전성조사 및 그 결과에 대한 조치에 관한 사항
　㉥ 농수산물(축산물은 제외한다) 및 수산가공품의 검사에 관한 사항
　㉦ 농수산물의 안전 및 품질관리에 관한 정보의 제공에 관하여 총리령, 농림축산식품부령 또는 해양수산부령으로 정하는 사항
　㉧ 수산물의 생산·가공시설 및 해역(海域)의 위생관리 기준에 관한 사항
　㉨ 수산물 및 수산가공품의 위해요소중점관리 기준에 관한 사항
　㉩ 지정해역의 지정에 관한 사항
　㉪ 다른 법령에서 심의회의 심의사항으로 정하고 있는 사항
　㉫ 그 밖에 농수산물 및 수산가공품의 품질관리 등에 관하여 위원장이 심의에 부치는 사항

**4** 과태료의 부과기준〈농수산물의 원산지 표시에 관한 법률 시행령 별표 2〉

| 위반행위 | 근거 법조문 | 과태료 금액 | | |
|---|---|---|---|---|
| | | 1차 위반 | 2차 위반 | 3차 위반 |
| 가. 원산지 표시를 하지 않은 경우 | 법 제18조 제1항 제1호 | 5만 원 이상 1,000만 원 이하 | | |
| 나. 원산지 표시를 하지 않은 경우 | 법 제18조 제1항 제1호 | | | |
| 1) 삭제 〈2017. 05. 29.〉 | | | | |
| 2) 쇠고기의 원산지를 표시하지 않은 경우 | | 100만 원 | 200만 원 | 300만 원 |
| 3) 쇠고기 식육의 종류만 표시하지 않은 경우 | | 30만 원 | 60만 원 | 100만 원 |
| 4) 돼지고기의 원산지를 표시하지 않은 경우 | | 30만 원 | 60만 원 | 100만 원 |
| 5) 닭고기의 원산지를 표시하지 않은 경우 | | 30만 원 | 60만 원 | 100만 원 |
| 6) 오리고기의 원산지를 표시하지 않은 경우 | | 30만 원 | 60만 원 | 100만 원 |
| 7) 양고기 또는 염소고기의 원산지를 표시하지 않은 경우 | | 품목별 30만 원 | 품목별 60만 원 | 품목별 100만 원 |
| 8) 쌀의 원산지를 표시하지 않은 경우 | | 30만 원 | 60만 원 | 100만 원 |
| 9) 배추 또는 고춧가루의 원산지를 표시하지 않은 경우 | | 30만 원 | 60만 원 | 100만 원 |
| 10) 콩의 원산지를 표시하지 않은 경우 | | 30만 원 | 60만 원 | 100만 원 |
| 11) 넙치, 조피볼락, 참돔, 미꾸라지, 뱀장어, 낙지, 명태, 고등어, 갈치, 오징어, 꽃게, 참조기, 다랑어, 아귀 및 주꾸미의 원산지를 표시하지 않은 경우 | | 품목별 30만 원 | 품목별 60만 원 | 품목별 100만 원 |
| 12) 살아있는 수산물의 원산지를 표시하지 않은 경우 | | 5만 원 이상 1,000만 원 이하 | | |
| 다. 원산지의 표시방법을 위반한 경우 | 법 제18조 제1항 제2호 | 5만 원 이상 1,000만 원 이하 | | |
| 라. 임대점포의 임차인 등 운영자가 거짓표시 등의 금지 어느 하나에 해당하는 행위를 하는 것을 알았거나 알 수 있었음에도 방치한 경우 | 법 제18조 제1항 제3호 | 100만 원 | 200만 원 | 400만 원 |
| 마. 해당 방송채널 등에 물건 판매중개를 의뢰한 자가 거짓 표시 등의 금지 어느 하나에 해당하는 행위를 하는 것을 알았거나 알 수 있었음에도 방치한 경우 | 법 제18조 제1항 제3호의2 | 100만 원 | 200만 원 | 400만 원 |
| 바. 수거·조사·열람을 거부·방해하거나 기피한 경우 | 법 제18조 제1항 제4호 | 100만 원 | 300만 원 | 500만 원 |

**5** 원산지의 표시대상 … 농수산물 가공품의 원료에 대한 원산지 표시 대상은 다음과 같다. 다만, 물, 식품첨가물, 주정(酒精) 및 당류(당류를 주원료로 하여 가공한 당류가공품을 포함한다)는 배합 비율의 순위와 표시 대상에서 제외한다〈농수산물의 원산지 표시에 관한 법률 시행령 제3조 제2항〉.

㉠ 원료 배합 비율에 따른 표시 대상
• 사용된 원료의 배합 비율에서 한 가지 원료의 배합 비율이 98퍼센트 이상인 경우에는 그 원료
• 사용된 원료의 배합 비율에서 두 가지 원료의 배합 비율의 합이 98퍼센트 이상인 원료가 있는 경우에는 배합 비율이 높은 순서의 2순위까지의 원료
• 배합 비율이 높은 순서의 3순위까지의 원료

- 김치류 및 절임류(소금으로 절이는 절임류에 한정한다)의 경우에는 다음의 구분에 따른 원료
 - 김치류 중 고춧가루(고춧가루가 포함된 가공품을 사용하는 경우에는 그 가공품에 사용된 고춧가루를 포함한다)를 사용하는 품목은 고춧가루 및 소금을 제외한 원료 중 배합 비율이 가장 높은 순서의 2순위까지의 원료와 고춧가루 및 소금
 - 김치류 중 고춧가루를 사용하지 아니하는 품목은 소금을 제외한 원료 중 배합 비율이 가장 높은 순서의 2순위까지의 원료와 소금
 - 절임류는 소금을 제외한 원료 중 배합 비율이 가장 높은 순서의 2순위까지의 원료와 소금. 다만, 소금을 제외한 원료 중 한 가지 원료의 배합 비율이 98퍼센트 이상인 경우에는 그 원료와 소금으로 한다.
 ⓒ 표시 대상 원료로서 「식품 등의 표시 · 광고에 관한 법률」에 따른 식품 등의 표시기준에서 정한 복합원재료를 사용한 경우에는 농림축산식품부장관과 해양수산부장관이 공동으로 정하여 고시하는 기준에 따른 원료

6  우수관리인증을 받은 자가 우수관리인증을 갱신하려는 경우에는 농산물우수관리인증(신규 · 갱신)신청서에 변경사항이 있는 서류를 첨부하여 그 유효기간이 끝나기 1개월 전까지 우수관리인증기관에 제출하여야 한다〈농수산물 품질관리법 시행규칙 제15조(우수관리인증의 갱신) 제1항〉.

7  **이력추적관리의 대상 품목 및 등록사항** … 이력추적관리의 등록사항은 다음과 같다〈농수산물 품질관리법 시행규칙 제46조 제2항 제1호〉.
 ㉠ 생산자의 성명, 주소 및 전화번호
 ㉡ 이력추적관리 대상 품목명
 ㉢ 재배면적
 ㉣ 생산계획량
 ㉤ 재배지의 주소

8  사무소장은 유효기간이 끝나기 2개월 전까지 신청인에게 갱신 절차와 해당 기간까지 갱신하지 아니하면 갱신을 받을 수 없다는 사실을 알려야 한다〈농산물이력추적관리제도 세부실시요령 제5조(등록갱신) 제2항〉.

9  농림축산식품부장관, 해양수산부장관, 관세청장, 시 · 도지사 또는 시장 · 군수 · 구청장은 주무관청이나 수사기관에 신고하거나 고발한 자에 대하여 1천만 원의 범위에서 지급할 수 있다〈농수산물의 원산지 표시에 관한 법률 시행령 제8조(포상금) 제1항〉.

10  정부가 수매하거나 수출 또는 수입하는 농산물 등 대통령령으로 정하는 농산물(축산물은 제외한다)은 공정한 유통질서를 확립하고 소비자를 보호하기 위하여 농림축산식품부장관이 정하는 기준에 맞는지 등에 관하여 농림축산식품부장관의 검사를 받아야 한다. 다만, 누에씨 및 누에고치의 경우에는 시 · 도지사의 검사를 받아야 한다〈농수산물 품질관리법 제79조(농산물의 검사) 제1항〉.

11  권장품질표시의 기준 및 방법 등에 필요한 사항은 농림축산식품부령으로 정한다〈농수산물 품질관리법 제5조의2(권장품질표시) 제3항〉

12  농림축산식품부장관 또는 해양수산부장관은 지리적표시 분과위원회에서 지리적표시의 등록 또는 중요 사항의 변경등록을 하기에 부적합한 것으로 의결되면 지체 없이 그 사유를 구체적으로 밝혀 신청인에게 알려야 한다. 다만, 부적합한 사항이 30일 이내에 보완될 수 있다고 인정되면 일정 기간을 정하여 신청인에게 보완하도록 할 수 있다〈농수산물 품질관리법 시행령 제14조(지리적표시의 심의 · 공고 · 열람 및 이의신청 절차) 제3항〉.

**13** 우수관리인증기관의 지정 취소 등 … 농림축산식품부장관은 우수관리인증기관이 다음의 어느 하나에 해당하면 우수관리인증기관의 지정을 취소하거나 6개월 이내의 기간을 정하여 우수관리인증 및 우수관리시설의 지정 업무의 정지를 명할 수 있다. 다만, ㉠부터 ㉢까지의 규정 중 어느 하나에 해당하면 우수관리인증기관의 지정을 취소하여야 한다〈농수산물 품질관리법 제10조 제1항〉.

㉠ 거짓이나 그 밖의 부정한 방법으로 지정을 받은 경우
㉡ 업무 정지기간 중에 우수관리인증 또는 우수관리시설의 지정 업무를 한 경우
㉢ 우수관리인증기관의 해산·부도로 인하여 우수관리인증 또는 우수관리시설의 지정 업무를 할 수 없는 경우
㉣ 본문에 따른 중요 사항에 대한 변경신고를 하지 아니하고 우수관리인증 또는 우수관리시설의 지정 업무를 계속한 경우
㉤ 우수관리인증 또는 우수관리시설의 지정 업무와 관련하여 우수관리인증기관의 장 등 임원·직원에 대하여 벌금 이상의 형이 확정된 경우
㉥ 지정기준을 갖추지 아니한 경우
㉦ 준수사항을 지키지 아니한 경우
㉧ 우수관리인증 또는 우수관리시설 지정의 기준을 잘못 적용하는 등 우수관리인증 또는 우수관리시설의 지정 업무를 잘못한 경우
㉨ 정당한 사유 없이 1년 이상 우수관리인증 및 우수관리시설의 지정 실적이 없는 경우
㉩ 농림축산식품부장관의 요구를 정당한 이유 없이 따르지 아니한 경우

**14** 표지도형의 색상은 녹색을 기본 색상으로 하고, 포장재의 색깔 등을 고려하여 파란색 또는 빨간색으로 할 수 있다〈농수산물 품질관리법 시행규칙 별표 1〉.

**15** 안전관리계획〈농수산물 품질관리법 제60조〉
㉠ 식품의약품안전처장은 농수산물(축산물은 제외한다)의 품질 향상과 안전한 농수산물의 생산·공급을 위한 안전관리계획을 매년 수립·시행하여야 한다.
㉡ 시·도지사 및 시장·군수·구청장은 관할 지역에서 생산·유통되는 농수산물의 안전성을 확보하기 위한 세부추진계획을 수립·시행하여야 한다.
㉢ 안전관리계획 및 세부추진계획에는 안전성조사, 위험평가 및 잔류조사, 농어업인에 대한 교육, 그 밖에 총리령으로 정하는 사항을 포함하여야 한다.
㉣ 식품의약품안전처장은 시·도지사 및 시장·군수·구청장에게 세부추진계획 및 그 시행 결과를 보고하게 할 수 있다.
※ 안전성조사〈농수산물 품질관리법 제61조〉
  ㉠ 식품의약품안전처장이나 시·도지사는 농수산물의 안전관리를 위하여 농수산물 또는 농수산물의 생산에 이용·사용하는 농지·어장·용수(用水)·자재 등에 대하여 다음의 조사(이하 "안전성조사"라 한다)를 하여야 한다.
    • 농산물
    – 생산단계 : 총리령으로 정하는 안전기준에의 적합 여부
    – 유통·판매단계 : 「식품위생법」 등 관계법령에 따른 유해물질의 잔류허용기준 등의 초과 여부
    • 수산물
    – 생산단계 : 총리령으로 정하는 안전기준에의 적합 여부
    – 저장단계 및 출하되어 거래되기 이전 단계 : 「식품위생법」 등 관계법령에 따른 잔류허용기준 등의 초과 여부
  ㉡ 식품의약품안전처장은 생산단계 안전기준을 정할 때에는 관계 중앙행정기관의 장과 협의하여야 한다.
  ㉢ 안전성조사의 대상 품목 선정, 대상 지역 및 절차 등에 필요한 세부적인 사항은 총리령으로 정한다.

**16** **농산물품질관리사의 업무** … "농림축산식품부령으로 정하는 업무"란 다음의 업무를 말한다〈농수산물 품질관리법 시행규칙 제134조〉.

　㉠ 농산물의 생산 및 수확 후의 품질관리기술 지도

　㉡ 농산물의 선별·저장 및 포장 시설 등의 운용·관리

　㉢ 농산물의 선별·포장 및 브랜드 개발 등 상품성 향상 지도

　㉣ 포장농산물의 표시사항 준수에 관한 지도

　㉤ 농산물의 규격출하 지도

**17** **산지유통인의 등록** … 농수산물을 수집하여 도매시장에 출하하려는 자는 농림축산식품부령 또는 해양수산부령으로 정하는 바에 따라 부류별로 도매시장 개설자에게 등록하여야 한다. 다만, 다음의 어느 하나에 해당하는 경우에는 그러하지 아니하다〈농수산물 유통 및 가격안정에 관한 법률 제29조 제1항〉.

　㉠ 생산자단체가 구성원의 생산물을 출하하는 경우

　㉡ 도매시장법인이 매수한 농수산물을 상장하는 경우

　㉢ 중도매인이 비상장 농수산물을 매매하는 경우

　㉣ 시장도매인이 매매하는 경우

　㉤ 그 밖에 농림축산식품부령 또는 해양수산부령으로 정하는 경우

**18** **표준정산서** … 도매시장법인·시장도매인 또는 공판장 개설자가 사용하는 표준 정산서에는 다음의 사항이 포함되어야 한다〈농수산물 유통 및 가격안정에 관한 법률 시행규칙 제38조〉.

　㉠ 표준정산서의 발행일 및 발행자명

　㉡ 출하자명

　㉢ 출하자 주소

　㉣ 거래형태(매수·위탁·중개) 및 매매방법(경매·입찰, 정가·수의매매)

　㉤ 판매 명세(품목·품종·등급별 수량·단가 및 거래단위당 수량 또는 무게), 판매대금 총액 및 매수인

　㉥ 공제 명세(위탁수수료, 운송료 선급금, 하역비, 선별비 등 비용) 및 공제금액 총액

　㉦ 정산금액

　㉧ 송금 명세(은행명·계좌번호·예금주)

**19** **농수산물 전자거래의 촉진 등** … 농림축산식품부장관 또는 해양수산부장관은 농수산물 전자거래를 촉진하기 위하여 한국농수산식품유통공사 및 농수산물 거래와 관련된 업무경험 및 전문성을 갖춘 기관으로서 대통령령으로 정하는 기관에 다음의 업무를 수행하게 할 수 있다〈농수산물 유통 및 가격안정에 관한 법률 제70조의2 제1항〉.

　㉠ 농수산물 전자거래소(농수산물 전자거래장치와 그에 수반되는 물류센터 등의 부대시설을 포함한다)의 설치 및 운영·관리

　㉡ 농수산물 전자거래 참여 판매자 및 구매자의 등록·심사 및 관리

　㉢ 농수산물 전자거래 분쟁조정위원회에 대한 운영 지원

　㉣ 대금결제 지원을 위한 정산소(精算所)의 운영·관리

　㉤ 농수산물 전자거래에 관한 유통 정보 서비스 제공

　㉥ 그 밖에 농수산물 전자거래에 필요한 업무

**20** 시·도지사는 농수산물의 경쟁력 제고 또는 수급(需給)을 조절하기 위하여 생산 및 출하를 촉진 또는 조절할 필요가 있다고 인정할 때에는 주요 농수산물의 생산지역이나 생산수면(이하 "주산지"라 한다)을 지정하고 그 주산지에서 주요 농수산물을 생산하는 자에 대하여 생산자금의 융자 및 기술지도 등 필요한 지원을 할 수 있다〈농수산물 유통 및 가격안정에 관한 법률 제4조(주산지의 지정 및 해제 등) 제1항〉.

※ 주산지를 지정하였을 때에는 이를 고시하고 농림축산식품부장관 또는 해양수산부장관에게 통지하여야 한다〈농수산물 유통 및 가격안정에 관한 법률 시행령 제4조(주산지의 지정 및 해제 등) 제2항〉.

**21** 대량 입하품 등의 우대 … 도매시장 개설자는 다음의 품목에 대하여 도매시장법인 또는 시장도매인으로 하여금 우선적으로 판매하게 할 수 있다〈농수산물 유통 및 가격안정에 관한 법률 시행규칙 제30조〉.

ⓐ 대량 입하품

ⓑ 도매시장 개설자가 선정하는 우수출하주의 출하품

ⓒ 예약 출하품

ⓓ 「농수산물 품질관리법」 표준규격품 및 우수관리인증농산물

ⓔ 그 밖에 도매시장 개설자가 도매시장의 효율적인 운영을 위하여 특히 필요하다고 업무규정으로 정하는 품목

**22** 민간인 등이 특별시·광역시·특별자치시·특별자치도 또는 시 지역에 민영도매시장을 개설하려면 시·도지사의 허가를 받아야 한다〈농수산물 유통 및 가격안정에 관한 법률 제47조(민영도매시장의 개설) 제1항〉.

**23** 시장관리운영위원회의 설치 … 위원회는 다음의 사항을 심의한다〈농수산물 유통 및 가격안정에 관한 법률 제78조 제3항〉.

ⓐ 도매시장의 거래제도 및 거래 방법의 선택에 관한 사항

ⓑ 수수료, 시장 사용료, 하역비 등 각종 비용의 결정에 관한 사항

ⓒ 도매시장 출하품의 안전성 향상 및 규격화의 촉진에 관한 사항

ⓓ 도매시장의 거래질서 확립에 관한 사항

ⓔ 정가매매·수의매매 등 거래 농수산물의 매매방법 운용기준에 관한 사항

ⓕ 최소출하량 기준의 결정에 관한 사항

ⓖ 그 밖에 도매시장 개설자가 특히 필요하다고 인정하는 사항

**24** 중앙도매시장 … "농수산물도매시장으로서 농림축산식품부령 또는 해양수산부령으로 정하는 것"이란 다음의 농수산물도매시장을 말한다〈농수산물 유통 및 가격안정에 관한 법률 시행규칙 제3조〉.

ⓐ 서울특별시 가락동 농수산물도매시장

ⓑ 서울특별시 노량진 수산물도매시장

ⓒ 부산광역시 엄궁동 농산물도매시장

ⓓ 부산광역시 국제 수산물도매시장

ⓔ 대구광역시 북부 농수산물도매시장

ⓕ 인천광역시 구월동 농산물도매시장

ⓖ 인천광역시 삼산 농산물도매시장

ⓗ 광주광역시 각화동 농산물도매시장

ⓘ 대전광역시 오정 농수산물도매시장

ⓙ 대전광역시 노은 농산물도매시장

ⓚ 울산광역시 농수산물도매시장

**25** 도매시장 개설자는 도매시장에 그 시설규모·거래액 등을 고려하여 적정 수의 도매시장법인·시장도매인 또는 중도매인을 두어 이를 운영하게 하여야 한다. 다만, 중앙도매시장의 개설자는 농림축산식품부령 또는 해양수산부령으로 정하는 부류에 대하여는 도매시장법인을 두어야 한다〈농수산물 유통 및 가격안정에 관한 법률 제22조(도매시장의 운영 등)〉.

**26** 조미채소류 : 93,390 → 엽채류 : 50,404 → 근채류 : 25,964 → 양채류 : 3,961

**27** 대부분의 채소는 나트륨, 칼륨, 칼슘 등을 많이 함유하는 알칼리식품으로 체액을 중화하는 보건적 효능이 크다.

**28** 연백재배 … 작물의 전체 또는 필요한 부분에 광을 차단시켜 줄기나 잎 등이 희고 연하게 되도록 재배하는 방법이다. 주로 채소 작물에서 많이 이용되는데 파, 아스파라거스, 땅두릅, 셀러리, 부추 등에서 많이 볼 수 있다.

**29** 바람들이 현상 … 무, 우엉, 당근 등의 비대근 및 내부 유조직 세포가 충분히 발달한 뒤 어느 시기에 이르면 내용물을 잃고 기포가 나타나며 이러한 기포가 증가하여 세포막이 잘리기도 하고 변형하기도 하여 모양과 크기가 불규칙적인 공극이 생긴다.

**30** ① 우엉, 상추, 쑥갓 : 국화과
② 가지, 감자, 고추 : 가지과
③ 무, 양배추, 브로콜리 : 십자화과
④ 당근, 셀러리 : 미나리과, 근대 : 명아주과

**31** 생물적 방제법 … 생물들 사이의 천적 관계를 이용하여 해충의 증식을 억제하는 방법이다.

**32** 마늘의 인경비대는 고온 및 장일조건하에서 구비대가 시작되며 수확 후에는 일정 기간 동안 휴면이 지속된다. 일정 기간의 저온 경과로 인편의 분화와 발달이 촉진된다.

**33** 명반응 … 빛에너지를 화학에너지로 전환시키는 반응이다. 그 방식이 두 개의 광계를 거치며 전자가 내놓은 에너지로 양성자($H+$, Proton)를 틸라코이드 내부(Thylakoid Lumen)에 쌓은 다음에, 화학적인 에너지를 지닌 분자를 만들어 낸다.

**34** 구근류 … 땅속에 구형의 저장기관을 형성하는 마늘, 양파, 튤립, 백합, 글라디올러스, 칸나 등의 작물이다.

**35** 국화 … 단일성 식물로서 하루 중 낮의 길이가 12시간 이하 (밤의 길이 12시간 이상)로 10일 이상 계속되어야 꽃눈이 분화하고 그 후 꽃눈이 발달하는데 10 ~ 20일이 필요하다. 자연일장 조건에서 9 ~ 10월경에 꽃이 핀다. 개화기를 빠르게(7월경)하기 위해서는 4, 5월에 단일 처리, 암막처리를 한다. 추국을 개화시키기 위한 방법으로 암막을 이용하여 낮의 길이를 한계일장보다 짧게 하여 개화시킨다.

**36** DIF(Difference Between Day and Night Temperature) … 낮과 밤의 온도 차이를 말하는 것으로 주야간온도차를 말한다.

**37** ② 아마릴리스 – 파종, 분주 번식

※ **아마릴리스** ··· 반내한성, 비늘줄기(인경)이며, 주로 분화 및 절화용으로 활용되고, 온도 조건만으로도 연중재배가 가능한 것이 재배상 장점이다.

**38** 식물이 저온 춘화에 감응하게 되는 부위는 종자시기의 경우 배, 식물체에서는 생장점이다.

**39** 파클로부트라졸(Paclobutrazol) ··· 수목의 성장을 억제하는 물질이다.

**40** **깍지벌레** ··· 반시류 깍지벌레상과(上科) 무리 암컷은 날개가 없고 비늘모양이나 벌레 혹 모양을 띠는 납질의 분비물로 덮여 있는 것이다. 주로 식물에 달라붙어 기생 생활하는 곤충으로 잘 알려져 있고 제때 제거해 주지 않으면 식물의 수액을 흡즙해 식물을 말라죽게 하거나, 그을음 병을 발병시킨다. 1 ~ 3mm 밖에 안 되는 작은 개체이지만 하얀색을 띠고 있어서 식물에 붙어있으면 잘 보인다. 난, 선인장, 관엽류, 장미 등에 피해를 준다.

**41** Sucrose ··· 절화의 필수 에너지원으로 절화의 수명을 연장하는 물질이지만 에틸렌의 생성이나 작용을 억제하지는 않는다.

**42** **블라인드 현상** ··· 화훼 분화는 체내 생리조건과 환경 조건이 맞아야 순조롭게 진행되는데, 이때 양자 중 어느 것이나 부적당 할 때 분화가 중단되고 영양생장으로 역전되는 현상을 말한다. 일반적으로 야간온도가 낮은 경우 발생하며 이를 방지하기 위해 야간 최저온도 14℃ 이하로 내려가지 않도록 유지하는 것이 좋다.

**43** **자동적 단위결과** ··· 보통의 단위결과이며 주두(柱頭) 또는 자방에 수분 기타의 자극을 주지 않아도 과실이 발육하는 것인데, 과수에 있어서는 바나나, 파인애플, 감, 감귤, 무화과, 포도의 무핵종에 많고 서양배, 사과, 핵과류에도 자동적 단위결과를 한다. 채소류에 있어서도 가지, 토마토에서 이러한 예를 볼 수 있다.

**44** 복숭아나무는 연평균기온이 11 ~ 15℃가 되는 지방에서 많이 재배된다. 겨울에 − 15 ~ − 20℃의 추위에도 견딘다. 하지만 3월 중·하순의 − 5 ~ 10℃에서 저온장해, 개화기에 − 1 ~ − 2℃에서 꽃눈의 늦서리 해를 받기도 한다.

**45** **자람가지** ··· 과수의 건강한 생육을 돕기 위한 가지로써 잎과 가지가 발생하는 가지이다.

**46** ㉠ 장미과 : 비파, 매실, 산딸기
㉡ 물푸레나무과 : 올리브
㉢ 진달래과 : 블루베리
㉣ 포도나무과 : 포도

**47** **환상박피법** ··· 취목 기법의 하나로 식물 줄기의 껍질 부분을 고리 모양으로 벗겨내는 것이다. 잎에서 만들어진 유기양분이 체관을 통해서 이동하므로 환상박피를 한 나무는 박피한 바로 위쪽 부분이 부풀어 오르게 되고 이를 통해 체관의 기능을 확인할 수 있다.

**48** ③ **홍로** : 우리나라 원예연구소에서 1980년에 '스퍼어리 블레이즈'에 '스퍼 골든 딜리셔스'를 교배하여 얻은 품종이다. 그 외 국내에서 육성된 품종으로는 원황(배), 백마(국화) 등이 있다.
① **신고** : 나주에서 재배되는 대표적인 배 품종으로 일본에서 도입되었다.
② **거봉** : 1942년 일본에서 개발한 포도 품종으로 포도알이 크고 단맛이 강하다.
④ **부유** : 일본 기후현 원산의 감 품종이다.

**49** 아브시스산 … 휴면 개시를 유도하여 눈과 씨앗 안에 보호된 조직상태가 특별한 환경신호나 계기가 주어질 때까지 생장하지 않게 한다. 생장조건이 불리할 때 식물 대사를 천천히 하거나 멈추게 하는 역할을 한다. 즉, 식물의 생장 중에 발생하게 되는 여러 과정을 억제하는 식물호르몬이다.

① 지베렐린 : 세포분열과 세포신장을 자극하여 줄기와 잎의 신장을 촉진한다.

② 옥신 : 옥신은 아미노산인 트립토판으로부터 어린잎에서 생합성되어 정단으로 이동하여 꽃이나 신엽의 형성을 유도한다. 세포가 산을 세포벽으로 방출하는 것을 유도하여 세포벽이 느슨해지고 세포가 확장되게 한다.

④ 시토키닌 : 화훼장식가들은 종종 절단된 꽃에 사이토카이닌을 살포함으로써 꽃의 수명을 길어지게 한다. 식물 생장의 주요 과정인 세포분열을 촉진한다.

**50** ㉠ 늦서리 피해 경감 대책 : 과수원 선정 시 분지와 상로가 되는 경사지를 피한다.

㉡ 관리 대책
- 송풍법 : 철제 파이프 위에 설치된 전동 모터에 날개를 부착되어 온도가 내려갈 때 모터를 가동시켜 송풍시키는 방법이다.
- 살수법 : 스프링클러로 물을 뿌려 얼음으로 변할 때 나오는 열을 이용하는 방법이다.
- 연소법 : 톱밥, 왕겨 등을 태워서 과수원 내 기온을 높여주는 방법이다.

**51** 이화학적특성 … 물질의 성질을 나타내는 물리적이고 화학적인 성질 즉 경도, 당도, 영양성분 등을 말한다.

**52** 헌터 색차계는 CIE. Munsel 색채계의 단점을 보완한 색차계로 수치에 의해 색을 표현하는 L, a, b 방법이다.

L : 명도, 0(검정)과 100(하얀) 사이의 값

a : 빨강 – 초록 차원, 빨강 a, 초록 − a에 위치

b : 노랑 – 파랑 차원, 노랑 b, 파랑 − b에 위치

따라서 Hunter 'b' 값이 + 40이므로 노랑색이다.

**53** 수분 손실과 함께 Pectinase와 같은 각종 섬유질 분해효소의 활성이 증가해 선도가 떨어진다.

**54** 사과의 껍질색은 적색, 황색 그리고 녹색으로 이루어져 있는데 성숙기에 들어가면 녹색이 연해지고, 적색이 짙어진다. 녹색을 나타내는 엽록소는 감소하고 적색을 나타내는 안토시아닌이 증가한다.

**55** 과실의 연화는 과실의 세포막이 붕괴됨으로써 발단이 되는데, 세포막을 구성하는 주요 성분은 섬유질과 펙틴질이 있다.

**56** ㉠ 형상식 선별기 : 회전드럼 및 회전벨트에 구멍을 뚫은 스크린식과 조간 간격형, 롤러간격 통과식, 스파이럴 롤러식, 진동봉식 등

㉡ 중량선별기 : 스프링식, 추저울식, 음성식, 전자식 등

**57** ① 마늘은 수확한 직후의 마늘의 수분 함량은 약 80% 정도인데 장기저장을 위해서는 수분 함량을 65% 이하가 되게 건조시켜야 한다.

② 양파는 적재 큐어링 시 햇빛에 노출되면 녹변이 발생할 수 있다.

③ 고구마는 수확 직후 30 ~ 33℃의 온도, 90 ~ 95%의 상대습도에서 3 ~ 6일간 큐어링 한다.

**58** **차압통풍식 예냉법** … 차압팬에 의해 포장상자 내부로 냉기를 강제적으로 통과시킴으로써 피냉각물과 직접 접촉하는 냉기의 양을 증가시켜 냉각속도를 빠르게 하는 방식으로서 거의 대부분의 원예산물에 적용이 가능하고 가장 널리 사용되고 있는 냉각방식이다. 이렇게 원예산물의 저장 전처리에 있어 딸기는 차압통풍식으로 예냉을 한다. 마늘은 일반적으로 수확 후 3개월간 휴면기간으로 맹아신장으로 인한 품질 변화는 없지만 부패 등 기타 품질 변화를 초래할 수 있으므로 장기저장을 위해서는 예건(큐어링) 작업을 저온저장고에서 실시한 후 저장을 해야 한다.

**59** 신선편이 채소는 박피와 절단 등의 가공과정을 거치면서 호흡과 같은 생리대사 활성이 높아질 뿐만 아니라, 에틸렌이나 2차 대사산물이 생성되면서 신선 채소에 비하여 갈변과 품질 변화가 빠르고, 미생물 증식으로 인하여 유통기간이 짧다는 단점이 있다.

**60** **요오드반응 검사**
ㄱ 과실 내 전분과 요오드 용액과의 반응정도로 성숙도 판단한다.
ㄴ 과실은 성숙 과정에 들면서 전분이 당으로 변화. 잘 익은 과실일수록 전분이 적다.
ㄷ 조사는 수확 예정일 4주 전부터는 5 ~ 7일 간격으로 조사하고 수확 예정 2주 전부터는 2 ~ 3일 간격으로 조사한다.
ㄹ 과실 자른 면을 요오드 용액에 10초 정도 침지하거나 과실시료가 많을 때는 절단면이 위로 오도록 여러 개의 과실을 배치한 후 요오드 용액을 살포해도 된다.
ㅁ 요오드 용액을 침지하여 꺼낸 후 혹은 살포 후 5분이 지났을 때 발색정도를 조사하여 전분지수 차트와 비교한다.

**61** 후지 사과품종의 성숙기 수확판단 기준은 만개 후 성숙일수 170 ~ 175일, 당도 14°Bx이상, 경도 1.5 ~ 1.8kg/5mm∮, 적산온도 3,554±3,654±10.4℃, 예년 수확 시기 등을 종합하여 수확적기에 맞추어 수확한다.

**62** GMO표시 대상인 '콩, 옥수수, 카놀라, 사탕무, 면화, 알팔파' 등 6가지 작물 및 이를 원재료로 제조가공한 식품 중 유전자변형 원재료를 사용하지 않은 식품은 '비유전자변형식품'으로 표시할 수 있다.

**63** 복숭아는 10℃ 이하의 온도에서 저장·유통 시 과육이 갈변하거나, 스펀지화 현상이 나타나는 저온장해가 발생한다.

**64** 호흡 속도가 낮은 사과와 양파는 저장력이 강하며 호흡 속도가 높은 아스파라거스와 브로콜리는 중량 감소가 빠르다.
※ 호흡 속도에 따른 원예작물

| 호흡 속도 | 원예작물 |
|---|---|
| 매우 높음 | 버섯, 강낭콩, 아스파라거스, 브로콜리 |
| 높음 | 딸기, 나무딸기류, 콜리플라워, 아욱, 콩 |
| 중간 | 복숭아, 자두, 살구, 서양배, 바나나, 체리 |
| 낮음 | 사과, 포도, 키위, 양파, 감자 |
| 매우 낮음 | 각과류, 대추야자 열매류 |

**65** 속포장재는 과채류의 호흡량에 맞추어 기체 투과성이 큰 것을 사용한다.

**66** 우리나라는 일관수송용 평파렛트의 KS표준규격으로 T11형인 1,100mm × 1,100mm가 제정되어 있다.

**67** HACCP 7원칙

　㉠ 위해 요소 분석

　㉡ 중요관리점(CCP) 결정

　㉢ CCP 한계기준 설정

　㉣ CCP 모니터링체계 확립

　㉤ 개선 조치 방법수립

　㉥ 검증 절차 및 방법수립

　㉦ 문서화 기록 유지방법 설정

**68** 골판지 상자의 포장치수 중 길이, 너비의 허용 범위는 ±2.5%로 한다. 그물망, 폴리에틸렌대(P.E대) 직물제 포대(P.P대)의 포장치수 허용 범위는 길이의 ±10%, 너비 ±10mm로 한다.

**69** **냉장용량** … 저장하고자 하는 생산물의 온도를 원하는 시간 안에 원하는 온도까지 떨어뜨릴 수 있는 냉장기기의 가동능력을 말한다. 저장고 내 온도 상승을 유기하는 냉장 부하요인으로는 포장열, 호흡열, 전도열, 대류열, 장비열 등이 있다.

**70** 양파 → 양배추 → 시금치 순이다.

**71** ③ 저장고를 수시로 개폐할 수 없으므로 산물의 상태 파악이 힘들다.

　① 시설비와 유지비 부담이 높다.

　② 저장고 내 산소 농도(3%)는 치사농도이므로 기계의 이상 등으로 CA저장고에 들어가야 할 경우에는 충분히 환기를 한 후 들어가야 한다.

　④ 저장고 또는 저장용기는 완전밀폐가 이루어져야 한다.

**72** 참외의 저온장해 증상은 발효과이다.

　※ **발효과** … 생리적 장해현상으로 외관상 정상과와 차이가 없으나 쪼개어 보면 과육이 태좌부로부터 과피 쪽으로 물에 데친 것처럼 색이 변하고 알코올 냄새를 풍기며 당도가 떨어지고 혀와 목을 자극하는 냄새가 난다. 저온과 일조부족으로 성숙이 지연되면 과숙현상이 유발되고 과실의 산소흡수가 억제되어 과육 내 발효현상이 일어난다.

**73** 기체냉매는 냉동효과에 비해 동력이 많고 열효율이 나빠서 기체보다 액체의 예냉효율이 높다.

**74** 사과 밀증상의 발생원인은 과실 내 당의 일종인 소르비톨(솔비톨)의 축적량이 많아져 이것이 세포 밖으로 스며나와 세포사이를 채우기 때문에 나타난다. 밀증상은 과실의 수확기가 늦을수록, 과실일 클수록, 1과당 잎 수가 많을수록 발생이 증가한다.

**75** ③ 양배추 - 갈변현상

**76** ① 품종과 품질이 다양하여 표준화·등급화에 어려움이 있다.

　② 운반과 보관비용이 많이 소요된다.

　③ 농산물은 수요, 공급이 비탄력적이어서 가격변동이 크다.

**77** 도매유통은 경매를 통해 반입물량을 공지하고 신속하고 공정하게 경락 가격을 공표, 경락대금을 정산, 결제한다.

**78** 규모의 영세성에 의한 시장경쟁력이 부족하다는 한계가 있다.

**79** 산지 유통의 거래방식 : 포전거래, 정전거래, 계약거래, 산지공판
   ⊙ 포전거래(밭떼기, 하우스떼기, 입도선매) : 수확 전 수집상들이 생산지를 순회하며 농민들과 거래하는 것을 말한다.
   ⓒ 정전거래(문전판매, 창고판매) : 수확한 농산물을 창고에 보관한 후 방문한 수집상에 판매하는 것을 말한다.
   ⓒ 산지공판 : 성출하기에 산지공판장이나 경매식 집하장 등에서 중매인을 대상으로 경매를 통해 공동판매하는 것을 말한다.
   ⓔ 계약재배(계약영농, 생산계약) : 생산농민이 구매계약자와 파종 전후부터 수확이전에 판로, 품질, 가격 등 조건을 붙여 구두나 서면으로 계약하는 것을 말한다.

**80** 산지농산물의 공동판매 원칙 … 무조건 위탁, 평균판매, 공동계산

**81** EDLP 전략 … "Everyday Low Price"의 약자로 모든 상품을 항상 저렴하게 파는 것을 말한다.

**82** 헤저(Hedger) … 의사결정 시점과 그 결정이 실현되는 시점 사이에 발생하는 가격 변화에 의한 위험(가격위험)에의 노출을 억제 혹은 관리하기 위하여 선물이나 옵션시장에 참여하는 선물거래자를 말한다. 헤저의 목적은 생산이나 소비, 자금 조달 및 다른 의사결정에서 발생하는 금전상 결과의 변동 정도를 최소화하거나 최소한으로 이를 관리하고자 함이다.

**83** 거미집이론에서 균형가격이 수렴하는 조건은 수요곡선의 기울기가 공급곡선의 기울기보다 작고, 수요의 가격 탄력성이 공급의 가격 탄력성보다 크다.

**84**
$$유통마진율 = \frac{소비자가격 - 생산자 수취가격}{소비자가격} \times 100$$
$$= \frac{40000 - 36000}{40000} \times 100 = 10\%$$

**85** 시장도매인은 도매시장 또는 민영농수산물도매시장의 개설자로부터 지정을 받고 농수산물을 매수 또는 위탁을 받아 도매하거나 매매를 중개하는 영업을 하는 법인을 말한다. 이는 경매제에 벗어나 1:1거래로 등락폭이 완만하여 불특정 다수에 의한 경락가격보다 가격안정성을 확보할 수 있다.

**86** 채소가격안정제 … 채소의 수급이 불안정할 때를 대비해 농민에게 적정가격을 보장하고 수급조절 의무를 부여해 가격을 안정시키고자 도입된 제도이다. 대상 품목에는 배추·무·마늘·양파·고추가 있다.

**87** 정가·수의매매 … 거래 당사자 간에 적정가격을 협의하되 구매자가 동의한 가격으로 거래가 형성되는 것을 말한다.

**88** 농산물 표준규격화 … 농산물을 전국적으로 통일된 기준, 즉 표준규격에 맞도록 품질, 크기, 쓰임새에 따라 등급을 매겨 분류하고 규격포장재에 담아 출하함으로써 내용물과 표시사항이 일치되도록 하는 것으로 수송, 적재 등 유통 비용 절감으로 유통의 효율성을 높인다.

**89** 농산물 산지 유통조직의 통합마케팅사업은 참여조직 간 과열경쟁을 억제하고 유통계열화를 촉진, 공동브랜드 육성하며, 농가를 조직화·규모화 한다.

**90** 단위화물적재 시스템은 산지에서부터 파렛트 적재, 하역작업을 기계화할 수 있는 일관 수송체계시스템을 말한다. 이를 통해 수송 서비스의 효율성을 증대하고 공영도매시장의 규격품 출하를 유도한다.

**91** 물적유통 … 제품 또는 서비스의 관련 정보가 발생 지점에서 소비 지점까지 효율적이고 효과적으로 흐를 수 있도록 계획, 실시, 통제하는 과정이다. 저장은 농산물 생산과 소비의 시간적 간격을 극복하기 위한 물적유통 기능이다.

**92** 농수산물 유통조절명령제 … 농수산물의 가격폭등이나 폭락을 막기 위해 정부가 유통에 개입하여 해당 농수산물의 출하량을 조절하거나 최저가(최고가)를 임의 결정하는 제도이다.

**93** 상품수명주기
  ㉠ **도입기** : 제품이 시장에 처음 소개되는 시기로 인지도나 수용도가 낮고, 판매성장률 또한 매우 낮다.
  ㉡ **성장기** : 제품이 시장에 수용되어 정착되는 단계이다. 성장기에 들어서면서 제품의 판매량은 빠르게 증가해 실질적인 이익이 창출되는 단계이다.
  ㉢ **성숙기** : 경쟁 심화를 유발시키는 단계로 많은 경쟁자들이 이기기 위해 본격적으로 대량 생산에 들어가며 원가 하락으로 단위당 이익이 최고점에 달하는 단계이다.
  ㉣ **쇠퇴기** : 제품이 개량품에 의해 대체되거나 제품라인으로부터 삭제되는 단계이다.

**94** 소비자의 구매의사결정 순서
  ㉠ 필요의 인식 → ㉡ 정보의 탐색 → ㉢ 대안의 평가 → ㉣ 구매의사결정

**95** ㉠ 농산물의 경우 일정한 재배기간이 필요해서 짧은 시간 동안 생산량을 증가시킬 수 없으며 저장이 쉽지 않기 때문에 공급의 가격 탄력성은 작게 나타나는 것이 일반적이다.
  ㉡ 수요가 공급보다 증가하면 가격은 오르고 그 반대가 되면 가격이 떨어진다. 이와 같이 수급관계의 변동이 가격의 변동을 초래하는 정도를 가격 신축성이라 한다. 공급의 가격 신축성이 크면 공급량의 변동 폭보다 가격의 변동 폭이 훨씬 더 크게 나타난다.
  ㉢ 킹의 법칙 : 곡물의 수확량이 정상 수준 이하로 감소할 때에 그 가격은 정상 수준 이상으로 오른다는 법칙. 17세기 말 영국의 경제학자 킹이 정립하였다.

**96** 추세변동 … 경제변동 중에서 장기간에 걸친 성장·정체·후퇴 등 변동경향을 나타내는 움직임을 말한다. 소비자의 식생활 변화에 따라 1인당 쌀 소비량이 지속적으로 감소하는 경향과 같은 변동형태는 추세변동이다.

**97** 모집단의 특성을 파악하기 위해 일정 수의 표본을 추출하여 설문을 실시하는 것을 서베이 조사라고 한다.

98 ② 부족불제도 : 정부가 생각하는 적정 농가수취 가격과 실제시장 가격과의 차이를 세수를 통한 공공재정 또는 소비자의 높은 가격부담 등의 형태로 보전하는 것이다.
① 공공비축제도 : 정부가 일정 분량의 쌀을 시가로 매입해 시가로 방출하는 제도이다. 쌀 수급을 시장기능에 맡기면서도 적정한 쌀 재고를 유지하기 위해 정부가 그때그때 시가로 쌀을 사고파는 방식이다.
③ 이중곡가제도 : 정부가 쌀·보리 등 주곡을 농민으로부터 비싼 값에 사들여 이보다 낮은 가격으로 소비자에게 파는 제도이다.
④ 생산조정제도 : 논벼를 재배한 농지에 앞으로 3년간 벼나 기타 상업적 작물을 재배하지 않는 조건으로, 매년 1ha당 일정액의 보상금을 지급하는 제도이다.

99 ① 고객유인 가격 전략 : 원가에 가까운 저가격을 책정하여 고객들의 관심을 자극하고 구매동기를 상승 시킨 후, 고객을 매장으로 유인하여 이윤이 많이 남는 다른 상품들의 구매도 함께 기대하는 전략이다.
② 특별 염가 전략 : 특정한 상표의 매출액을 증대시키기 위하여 생산자가 일시적으로 가격을 인하하는 전략이다.
③ 미끼가격 전략 : 소비자에게 잘 알려진 제품의 가격을 매우 저렴하게 책정하여 고객을 유인하고 다른 제품에서 이윤을 얻으려는 전략이다.

100 ㉠ 홍보
• 조직체가 커뮤니케이션 활동을 통하여 스스로의 생각이나 계획·활동·업적 등을 널리 알리는 활동이다.
• 상품이나 서비스에 대한 정보를 뉴스화하여 대중매체에 기사화하는 활동이다.
• 지면이나 시간에 대한 대가를 지불하지 않는다는 점에서 광고와 구별된다.
• 대가를 지불하지 않으므로 매체의 지면이나 시간이 확실히 보장되지 않으며 광고주가 메시지 내용을 통제할 수 없다.
㉡ 광고
• 좁은 의미로 상업적 교환 활동을 촉진하는 커뮤니케이션 수단이다.
• 기업의 상품판매활동을 위한 마케팅 수단 중 하나이다.
• 소비자들에게 호의적인 태도를 형성시킬 수 있는 설득 커뮤니케이션으로 구매 욕구를 창출할 수 있다.
• 광고는 비용을 지불하여 상응하는 지면이나 시간에 원하는 메시지를 담을 수 있는 권리를 보장받는다.

| | | 정답 한 눈에 보기 | | | | | | | | | | | | | | | | | |
|---|---|---|---|---|---|---|---|---|---|---|---|---|---|---|---|---|---|---|---|
| | | 1 | ④ | 2 | ③ | 3 | ④ | 4 | ③ | 5 | ② | 6 | ④ | 7 | ③ | 8 | ① | 9 | ② | 10 | ② |
| | | 11 | ① | 12 | ① | 13 | ② | 14 | ① | 15 | ④ | 16 | ③ | 17 | ③ | 18 | ④ | 19 | ④ | 20 | ① |
| | | 21 | ② | 22 | ② | 23 | ① | 24 | ④ | 25 | ③ | 26 | ② | 27 | ④ | 28 | ③ | 29 | ③ | 30 | ① |
| 2020년도 | 필기시험 제17회 2020.05.27 | 31 | ① | 32 | ④ | 33 | ① | 34 | ④ | 35 | ① | 36 | ① | 37 | ② | 38 | ② | 39 | ② | 40 | ③ |
| | | 41 | ④ | 42 | ③ | 43 | ④ | 44 | ④ | 45 | ② | 46 | ③ | 47 | ③ | 48 | ② | 49 | ④ | 50 | ③ |
| | | 51 | ② | 52 | ① | 53 | ④ | 54 | ① | 55 | ② | 56 | ④ | 57 | ③ | 58 | ③ | 59 | ② | 60 | ② |
| | | 61 | ① | 62 | ② | 63 | ② | 64 | ② | 65 | ② | 66 | ④ | 67 | ② | 68 | ① | 69 | ② | 70 | ④ |
| | | 71 | ③ | 72 | ② | 73 | ④ | 74 | ① | 75 | ③ | 76 | ③ | 77 | ④ | 78 | ② | 79 | ④ | 80 | ④ |
| | | 81 | ③ | 82 | ② | 83 | ③ | 84 | ① | 85 | ③ | 86 | ② | 87 | ① | 88 | ④ | 89 | ④ | 90 | ④ |
| | | 91 | ② | 92 | ③ | 93 | ① | 94 | ④ | 95 | ① | 96 | ① | 97 | ③ | 98 | ② | 99 | ① | 100 | ② |

**1** 표지와 표시항목은 인쇄하거나 스티커로 포장재에서 떨어지지 않도록 부착하여야 한다. 다만 포장하지 아니하고 낱개로 판매하는 경우나 소포장의 경우에는 표지만을 표시할 수 있다〈농수산물 품질관리법 시행규칙 별표 12〉.

**2** 표준규격품의 출하 및 표시방법 등 … 표준규격품을 출하하는 자가 표준규격품임을 표시하려면 해당 물품의 포장 겉면에 "표준규격품"이라는 문구와 함께 다음의 사항을 표시하여야 한다〈농수산물 품질관리법 시행규칙 제7조 제2항〉.
　㉠ 품목
　㉡ 산지
　㉢ 품종. 다만, 품종을 표시하기 어려운 품목은 국립농산물품질관리원장, 국립수산물품질관리원장 또는 산림청장이 정하여 고시하는 바에 따라 품종의 표시를 생략할 수 있다.
　㉣ 생산연도(곡류만 해당한다)
　㉤ 등급
　㉥ 무게(실중량). 다만, 품목 특성상 무게를 표시하기 어려운 품목은 국립농산물품질관리원장, 국립수산물품질관리원장 또는 산림청장이 정하여 고시하는 바에 따라 개수(마릿수) 등의 표시를 단일하게 할 수 있다.
　㉦ 생산자 또는 생산자단체의 명칭 및 전화번호

**3** 지리적표시의 무효심판 … 지리적표시에 관한 이해관계인 또는 지리적표시 등록심의 분과위원회는 지리적표시가 다음의 어느 하나에 해당하면 무효심판을 청구할 수 있다〈농수산물 품질관리법 제43조 제1항〉.
　㉠ 등록 거절 사유에 해당하는 경우에도 불구하고 등록된 경우
　㉡ 지리적표시 등록이 된 후에 그 지리적표시가 원산지 국가에서 보호가 중단되거나 사용되지 아니하게 된 경우
　※ 지리적표시의 등록 … 농림축산식품부장관 또는 해양수산부장관은 등록 신청된 지리적표시가 다음의 어느 하나에 해당하면 등록의 거절을 결정하여 신청자에게 알려야 한다〈농수산물 품질관리법 제32조 제9항〉.
　　㉠ 먼저 등록 신청되었거나, 등록된 타인의 지리적표시와 같거나 비슷한 경우
　　㉡ 「상표법」에 따라 먼저 출원되었거나 등록된 타인의 상표와 같거나 비슷한 경우
　　㉢ 국내에서 널리 알려진 타인의 상표 또는 지리적표시와 같거나 비슷한 경우

② 일반명칭[농수산물 또는 농수산가공품의 명칭이 기원적(起原的)으로 생산지나 판매 장소와 관련이 있지만 오래 사용되어 보통명사화된 명칭을 말한다]에 해당되는 경우

⑩ 지리적표시 또는 동음이의어 지리적표시의 정의에 맞지 아니하는 경우

⑭ 지리적표시의 등록을 신청한 자가 그 지리적표시를 사용할 수 있는 농수산물 또는 농수산가공품을 생산·제조 또는 가공하는 것을 업(業)으로 하는 자에 대하여 단체의 가입을 금지하거나 가입조건을 어렵게 정하여 실질적으로 허용하지 아니한 경우

**4** 검사 대상 농산물의 종류별 품목〈농수산물 품질관리법 시행령 별표 3〉

㉠ 정부가 수매하거나 생산자단체 등이 정부를 대행하여 수매하는 농산물

- **곡류** : 벼·겉보리·쌀보리·콩
- **특용작물류** : 참깨·땅콩
- **과실류** : 사과·배·단감·감귤
- **채소류** : 마늘·고추·양파
- **잠사류** : 누에씨·누에고치

㉡ 정부가 수출·수입하거나 생산자단체 등이 정부를 대행하여 수출·수입하는 농산물

- **곡류**
  - 조곡(粗穀) : 콩·팥·녹두
  - 정곡(精穀) : 현미·쌀
- **특용작물류** : 참깨·땅콩
- **채소류** : 마늘·고추·양파

㉢ 정부가 수매 또는 수입하여 가공한 농산물

  곡류 : 현미·쌀·보리쌀

**5** 유전자변형농수산물 표시의 조사〈농수산물 품질관리법 제58조〉

㉠ 식품의약품안전처장은 유전자변형농수산물의 표시 여부, 표시사항 및 표시방법 등의 적정성과 그 위반 여부를 확인하기 위하여 대통령령으로 정하는 바에 따라 관계 공무원에게 유전자변형표시 대상 농수산물을 수거하거나 조사하게 하여야 한다. 다만, 농수산물의 유통량이 현저하게 증가하는 시기 등 필요할 때에는 수시로 수거하거나 조사하게 할 수 있다.

㉡ ㉠에 따른 수거 또는 조사에 관하여는 보고·자료제출·점검 또는 조사를 할 때 우수관리인증기관, 우수관리시설을 운영하는 자 및 우수관리인증을 받은 자는 정당한 사유 없이 이를 거부·방해하거나 기피하여서는 아니 된다. 점검이나 조사를 할 때에는 미리 점검이나 조사의 일시, 목적, 대상 등을 점검 또는 조사 대상자에게 알려야 한다. 다만, 긴급한 경우나 미리 알리면 그 목적을 달성할 수 없다고 인정되는 경우에는 알리지 아니할 수 있다.

㉢ ㉠에 따라 수거 또는 조사를 하는 관계 공무원에 관하여는 점검이나 조사를 하는 관계 공무원은 그 권한을 표시하는 증표를 지니고 이를 관계인에게 보여주어야 하며, 성명·출입시간·출입목적 등이 표시된 문서를 관계인에게 내주어야 한다.

※ **유전자변형농수산물의 표시 등의 조사** ··· 유전자변형표시 대상 농수산물의 수거·조사는 업종·규모·거래 품목 및 거래형태 등을 고려하여 식품의약품안전처장이 정하는 기준에 해당하는 영업소에 대하여 매년 1회 실시한다〈농수산물품질관리법 시행령 제21조 제1항〉.

**6**  **농산물품질관리사 또는 수산물품질관리사의 직무** … 농산물품질관리사는 다음의 직무를 수행한다〈농수산물 품질관리법 제106조 제1항〉.

  ㉠ 농산물의 등급 판정

  ㉡ 농산물의 생산 및 수확 후 품질관리기술 지도

  ㉢ 농산물의 출하 시기 조절, 품질관리기술에 관한 조언

  ㉣ 그 밖에 농산물의 품질 향상과 유통 효율화에 필요한 업무로서 농림축산식품부령으로 정하는 업무

**7**  **안전성 검사기관의 지정 취소 등** … 식품의약품안전처장은 안전성 검사기관이 다음의 어느 하나에 해당하면 지정을 취소하거나 6개월 이내의 기간을 정하여 업무의 정지를 명할 수 있다. 다만, ㉠ 또는 ㉡에 해당하면 지정을 취소하여야 한다〈농수산물 품질관리법 제65조 제1항〉.

  ㉠ 거짓이나 그 밖의 부정한 방법으로 지정을 받은 경우

  ㉡ 업무의 정지 명령을 위반하여 계속 안전성조사 및 시험분석 업무를 한 경우

  ㉢ 검사성적서를 거짓으로 내준 경우

  ㉣ 그 밖에 총리령으로 정하는 안전성 검사에 관한 규정을 위반한 경우

**8**  **권장품질표시**〈농수산물 품질관리법 제5조의2〉

  ㉠ 농림축산식품부장관은 포장재 또는 용기로 포장된 농산물(축산물은 제외한다)의 상품성을 높이고 공정한 거래를 실현하기 위하여 표준규격품의 표시를 하지 아니한 농산물의 포장 겉면에 등급·당도 등 품질을 표시(이하 "권장품질표시")하는 기준을 따로 정할 수 있다.

  ㉡ 농산물을 유통·판매하는 자는 표준규격품의 표시를 하지 아니한 경우 포장 겉면에 권장품질표시를 할 수 있다.

  ㉢ 권장품질표시의 기준 및 방법 등에 필요한 사항은 농림축산식품부령으로 정한다.

**9**  우수관리인증기관은 우수관리인증 신청을 받은 경우에는 우수관리인증의 기준에 적합한지를 심사하여야 하며, 필요한 경우에는 현지심사를 할 수 있다〈농수산물 품질관리법 시행규칙 제11조(우수관리인증의 심사 등) 제1항〉.

**10**  우수관리인증기관은 농산물우수관리인증 유효기간 연장신청서를 검토하여 유효기간 연장이 필요하다고 판단되는 경우에는 해당 우수관리인증농산물의 출하에 필요한 기간을 정하여 유효기간을 연장하고 농산물우수관리인증서를 재발급하여야 한다. 이 경우 유효기간 연장기간은 우수관리인증의 유효기간을 초과할 수 없다〈농수산물 품질관리법 시행규칙 제16조(우수관리인증의 유효기간 연장) 제2항〉.

  ※ 우수관리인증의 유효기간은 우수관리인증을 받은 날부터 2년으로 한다. 다만, 품목의 특성에 따라 달리 적용할 필요가 있는 경우에는 10년의 범위에서 농림축산식품부령으로 유효기간을 달리 정할 수 있다〈농수산물 품질관리법 제7조(우수관리인증의 유효기간 등) 제1항〉.

**11**  **벌칙** … 다음의 어느 하나에 해당하는 자는 3년 이하의 징역 또는 3천만 원 이하의 벌금에 처한다〈농수산물 품질관리법 제119조〉.

  ㉠ 표준규격품, 우수관리인증농산물, 품질인증품, 이력추적관리농산물(이하 "우수표시품")이 아닌 농수산물(우수관리인증농산물이 아닌 농산물의 경우에는 우수관리인증의 유효기간 등에 따른 승인을 받지 아니한 농산물을 포함한다) 또는 농수산가공품에 우수표시품의 표시를 하거나 이와 비슷한 표시를 하는 행위

  ㉡ 우수표시품이 아닌 농수산물(우수관리인증농산물이 아닌 농산물의 경우에는 우수관리인증의 유효기간 등에 따른 승인을 받지 아니한 농산물을 포함한다) 또는 농수산가공품을 우수표시품으로 광고하거나 우수표시품으로 잘못 인식할 수 있도록 광고하는 행위

ⓒ 거짓표시 등의 금지를 위반하여 다음의 어느 하나에 해당하는 행위를 한 자
- 표준규격품의 표시를 한 농수산물에 표준규격품이 아닌 농수산물 또는 농수산가공품을 혼합하여 판매하거나 혼합하여 판매할 목적으로 보관하거나 진열하는 행위
- 우수관리인증의 표시를 한 농산물에 우수관리인증농산물이 아닌 농산물(우수관리인증의 유효기간 등에 따른 승인을 받지 아니한 농산물을 포함한다) 또는 농산가공품을 혼합하여 판매하거나 혼합하여 판매할 목적으로 보관하거나 진열하는 행위
- 품질인증품의 표시를 한 수산물에 품질인증품이 아닌 수산물을 혼합하여 판매하거나 혼합하여 판매할 목적으로 보관 또는 진열하는 행위
- 이력추적관리의 표시를 한 농산물에 이력추적관리의 등록을 하지 아니한 농산물 또는 농산가공품을 혼합하여 판매하거나 혼합하여 판매할 목적으로 보관하거나 진열하는 행위
ⓔ 거짓표시 등의 금지를 위반하여 지리적표시품이 아닌 농수산물 또는 농수산가공품의 포장·용기·선전물 및 관련 서류에 지리적표시나 이와 비슷한 표시를 한 자
ⓜ 거짓표시 등의 금지를 위반하여 지리적표시품에 지리적표시품이 아닌 농수산물 또는 농수산가공품을 혼합하여 판매하거나 혼합하여 판매할 목적으로 보관 또는 진열한 자
ⓗ 「해양환경관리법」에 따른 폐기물, 유해액체물질 또는 포장유해물질을 배출한 자
ⓢ 거짓이나 그 밖의 부정한 방법으로 농산물의 검사, 농산물의 재검사, 수산물 및 수산가공품의 검사, 수산물 및 수산가공품의 재검사 및 검정을 받은 자
ⓞ 검사를 받아야 하는 수산물 및 수산가공품에 대하여 검사를 받지 아니한 자
ⓩ 검사 및 검정 결과의 표시, 검사증명서 및 검정증명서를 위조하거나 변조한 자
ⓧ 검정 결과에 대하여 거짓광고나 과대광고를 한 자

**12** 안전성조사 결과에 따른 조치 … 식품의약품안전처장이나 시·도지사는 생산과정에 있는 농수산물 또는 농수산물의 생산을 위하여 이용·사용하는 농지·어장·용수·자재 등에 대하여 안전성조사를 한 결과 생산단계 안전기준을 위반한 경우에는 해당 농수산물을 생산한 자 또는 소유한 자에게 다음의 조치를 하게 할 수 있다〈농수산물 품질관리법 제63조 제1항〉.
㉠ 해당 농수산물의 폐기, 용도 전환, 출하 연기 등의 처리
㉡ 해당 농수산물의 생산에 이용·사용한 농지·어장·용수·자재 등의 개량 또는 이용·사용의 금지
㉢ 그 밖에 총리령으로 정하는 조치

**13** 지리적표시의 심의·공고·열람 및 이의신청 절차 … 공고결정에는 다음의 사항을 포함하여야 한다〈농수산물 품질관리법 시행령 제14조 제4항〉.
㉠ 신청인의 성명·주소 및 전화번호
㉡ 지리적표시 등록 대상 품목 및 등록 명칭
㉢ 지리적표시 대상 지역의 범위
㉣ 품질, 그 밖의 특징과 지리적 요인의 관계
㉤ 신청인의 자체품질기준 및 품질관리계획서
㉥ 지리적표시 등록 신청서류 및 그 부속서류의 열람 장소

**14** 지리적표시품의 사후관리 … 농림축산식품부장관 또는 해양수산부장관은 지리적표시품의 품질수준 유지와 소비자 보호를 위하여 관계 공무원에게 다음의 사항을 지시할 수 있다〈농수산물 품질관리법 제39조 제1항〉.

ㄱ 지리적표시품의 등록기준에의 적합성 조사

ㄴ 지리적표시품의 소유자 · 점유자 또는 관리인 등의 관계 장부 또는 서류의 열람

ㄷ 지리적표시품의 시료를 수거하여 조사하거나 전문시험기관 등에 시험 의뢰

**15** 과태료의 부과기준〈농수산물의 원산지 표시에 관한 법률 시행령 별표 2〉

| 위반행위 | 근거 법조문 | 과태료 | | |
|---|---|---|---|---|
| | | 1차 위반 | 2차 위반 | 3차 위반 |
| 정당한 사유 없이 수거 · 조사 · 열람을 거부 · 방해하거나 기피한 경우 | 법 제18조 제1항 제4호 | 100만 원 | 300만 원 | 500만 원 |

※ 수거 · 조사 · 열람을 하는 때에는 원산지의 표시 대상 농수산물이나 그 가공품을 판매하거나 가공하는 자 또는 조리하여 판매 · 제공하는 자는 정당한 사유 없이 이를 거부 · 방해하거나 기피하여서는 아니 된다〈농수산물의 원산지 표시에 관한 법률 제7조(원산지 표시 등의 조사) 제3항〉.

**16** 원산지 표시 등의 조사 … 농림축산식품부장관, 해양수산부장관, 관세청장, 시 · 도지사 또는 시장 · 군수 · 구청장은 원산지의 표시 여부 · 표시사항과 표시방법 등의 적정성을 확인하기 위하여 대통령령으로 정하는 바에 따라 관계 공무원으로 하여금 원산지 표시대상 농수산물이나 그 가공품을 수거하거나 조사하게 하여야 한다. 이 경우 관세 청장의 수거 또는 조사 업무는 원산지 표시 대상 중 수입하는 농수산물이나 농수산물 가공품(국내에서 가공한 가 공품은 제외한다)에 한정한다〈농수산물의 원산지 표시에 관한 법률 제7조(원산지 표시 등의 조사) 제1항〉.

**17** 농림업 관측〈농수산물 유통 및 가격안정에 관한 법률 제5조〉

ㄱ 농림축산식품부장관은 농산물의 수급 안정을 위하여 가격의 등락폭이 큰 주요 농산물에 대하여 매년 기상정 보, 생산면적, 작황, 재고물량, 소비동향, 해외시장정보 등을 조사하여 이를 분석하는 농림업 관측을 실시하 고 그 결과를 공표하여야 한다.

ㄴ 농림업 관측에도 불구하고 농림축산식품부장관은 주요 곡물의 수급 안정을 위하여 농림축산식품부장관이 정 하는 주요 곡물에 대한 상시 관측체계의 구축과 국제 곡물수급모형의 개발을 통하여 매년 주요 곡물 생산 및 수출 국가들의 작황 및 수급 상황 등을 조사 · 분석하는 국제곡물관측을 별도로 실시하고 그 결과를 공표 하여야 한다.

ㄷ 농림축산식품부장관은 효율적인 농림업 관측 또는 국제곡물관측을 위하여 필요하다고 인정하는 경우에는 품 목을 지정하여 지역농업협동조합, 지역축산업협동조합, 품목별 · 업종별협동조합, 산림조합, 그 밖에 농림축 산식품부령으로 정하는 자로 하여금 농림업 관측 또는 국제곡물관측을 실시하게 할 수 있다.

ㄹ 농림축산식품부장관은 ㄱ 또는 ㄴ에 따른 농림업 관측업무 또는 국제곡물관측업무를 효율적으로 실시하기 위 하여 농림업 관련 연구기관 또는 단체를 농림업 관측 전담기관(국제곡물관측업무를 포함한다)으로 지정하고, 그 운영에 필요한 경비를 충당하기 위하여 예산의 범위에서 출연금(出捐金) 또는 보조금을 지급할 수 있다.

ㅁ ㄹ에 따른 농림업 관측 전담기관의 지정 및 운영에 필요한 사항은 농림축산식품부령으로 정한다.

**18** 출하자 신고 … 도매시장에 농수산물을 출하하려는 자는 출하자 신고서에 다음의 구분에 따른 서류를 첨부하여 도 매시장 개설자에게 제출하여야 한다〈농수산물 유통 및 가격안정에 관한 법률 시행규칙 제25조의2 제1항〉.

ㄱ 개인의 경우 : 신분증 사본 또는 사업자등록증 1부

ㄴ 법인의 경우 : 법인 등기사항증명서 1부

**19** 출하자에 대한 대금결제〈농수산물 유통 및 가격안정에 관한 법률 제41조〉

㉠ 도매시장법인 또는 시장도매인은 매수하거나 위탁받은 농수산물이 매매되었을 때에는 그 대금의 전부를 출하자에게 즉시 결제하여야 한다. 다만, 대금의 지급방법에 관하여 도매시장법인 또는 시장도매인과 출하자 사이에 특약이 있는 경우에는 그 특약에 따른다.

㉡ 도매시장법인 또는 시장도매인은 ㉠에 따라 출하자에게 대금을 결제하는 경우에는 표준송품장(標準送品狀)과 판매원표(販賣元標)를 확인하여 작성한 표준정산서를 출하자와 정산 조직(대금 정산조직 또는 그 밖에 대금 정산을 위한 조직 등을 말한다)에 각각 발급하고, 정산 조직에 대금결제를 의뢰하여 정산 조직에서 출하자에게 대금을 지급하는 방법으로 하여야 한다. 다만, 도매시장 개설자가 농림축산식품부령 또는 해양수산부령으로 정하는 바에 따라 인정하는 도매시장법인의 경우에는 출하자에게 대금을 직접 결제할 수 있다.

㉢ ㉡에 따른 표준송품장, 판매원표, 표준정산서, 대금결제의 방법 및 절차 등에 관하여 필요한 사항은 농림축산식품부령 또는 해양수산부령으로 정한다.

**20** 허가 취소 등 … 농림축산식품부장관, 해양수산부장관, 시ㆍ도지사 또는 도매시장 개설자는 도매시장법인 등이 다음의 어느 하나에 해당하면 6개월 이내의 기간을 정하여 해당 업무의 정지를 명하거나 그 지정 또는 승인을 취소할 수 있다. 다만, ①에 해당하는 경우에는 그 지정 또는 승인을 취소하여야 한다〈농수산물 유통 및 가격안정에 관한 법률 제82조 제2항〉.

㉠ 지정조건 또는 승인조건을 위반하였을 때

㉡ 「축산법」을 위반하여 등급 판정을 받지 아니한 축산물을 상장하였을 때

㉢ 「농수산물의 원산지 표시에 관한 법률」을 위반하였을 때

㉣ 경합되는 도매업 또는 중도매업을 하였을 때

㉤ 지정요건을 갖추지 못하거나 해당 임원을 해임하지 아니하였을 때

㉥ 일정 수 이상의 경매사를 두지 아니하거나 경매사가 아닌 사람으로 하여금 경매를 하도록 하였을 때

㉦ 해당 경매사를 면직하지 아니하였을 때

㉧ 산지유통인의 업무를 하였을 때

㉨ 매수하여 도매를 하였을 때

㉩ 경매 또는 입찰을 하였을 때

㋐ 지정된 자 외의 자에게 판매하였을 때

㋑ 도매시장 외의 장소에서 판매를 하거나 농수산물 판매업무 외의 사업을 겸영하였을 때

㋒ 공시하지 아니하거나 거짓된 사실을 공시하였을 때

㋓ 지정요건을 갖추지 못하거나 해당 임원을 해임하지 아니하였을 때

ⓐ 제한 또는 금지된 행위를 하였을 때

ⓑ 해당 도매시장의 도매시장법인ㆍ중도매인에게 판매를 하였을 때

ⓒ 수탁 또는 판매를 거부ㆍ기피하거나 부당한 차별대우를 하였을 때

ⓓ 표준하역비의 부담을 이행하지 아니하였을 때

ⓔ 대금의 전부를 즉시 결제하지 아니하였을 때

ⓕ 대금결제 방법을 위반하였을 때

ⓖ 수수료 등을 징수하였을 때

ⓕ 시설물의 사용기준을 위반하거나 개설자가 조치하는 사항을 이행하지 아니하였을 때

ⓘ 정당한 사유 없이 검사에 응하지 아니하거나 이를 방해하였을 때

ⓙ 도매시장 개설자의 조치명령을 이행하지 아니하였을 때

ⓚ 농림축산식품부장관, 해양수산부장관 또는 도매시장 개설자의 명령을 위반하였을 때

ⓛ ㉠부터 ⓚ까지의 어느 하나에 해당하여 업무의 정지 처분을 받고 그 업무의 정지기간 중에 업무를 하였을 때

**21** ② "농림축산식품부령 또는 해양수산부령으로 정하는 부류"란 청과부류와 수산부류를 말한다〈농수산물 유통 및 가격안정에 관한 법률 시행규칙 제18조의2(도매시장법인을 두어야 하는 부류) 제1항〉.

※ 도매시장 개설자는 도매시장에 그 시설규모·거래액 등을 고려하여 적정 수의 도매시장법인·시장도매인 또는 중도매인을 두어 이를 운영하게 하여야 한다. 다만, 중앙도매시장의 개설자는 농림축산식품부령 또는 해양수산부령으로 정하는 부류에 대하여는 도매시장법인을 두어야 한다〈농수산물 유통 및 가격안정에 관한 법률 제22조(도매시장의 운영 등)〉.

**22** 농수산물도매시장의 거래품목 … 「농수산물 유통 및 가격안정에 관한 법률」에 따라 농수산물도매시장(이하 "도매시장")에서 거래하는 품목은 다음과 같다〈농수산물 유통 및 가격안정에 관한 법률 시행령 제2조〉.

㉠ 양곡부류 : 미곡·맥류·두류·조·좁쌀·수수·수수쌀·옥수수·메밀·참깨 및 땅콩

㉡ 청과부류 : 과실류·채소류·산나물류·목과류(木果類)·버섯류·서류(薯類)·인삼류 중 수삼 및 유지작물류와 두류 및 잡곡 중 신선한 것

㉢ 축산부류 : 조수육류(鳥獸肉類) 및 난류

㉣ 수산부류 : 생선어류·건어류·염(鹽)건어류·염장어류(鹽藏魚類)·조개류·갑각류·해조류 및 젓갈류

㉤ 화훼부류 : 절화(折花)·절지(折枝)·절엽(切葉) 및 분화(盆花)

㉥ 약용작물부류 : 한약재용 약용작물(야생물이나 그 밖에 재배에 의하지 아니한 것을 포함한다). 다만, 「약사법」에 따른 한약은 같은 법에 따라 의약품판매업의 허가를 받은 것으로 한정한다.

㉦ 그 밖에 농어업인이 생산한 농수산물과 이를 단순가공한 물품으로서 개설자가 지정하는 품목

**23** 시장의 정비명령 … 농림축산식품부장관 또는 해양수산부장관이 도매시장, 농수산물공판장(이하 "공판장") 및 민영농수산물도매시장(이하 "민영도매시장")의 통합·이전 또는 폐쇄를 명령하려는 경우에는 그에 필요한 적정한 기간을 두어야 하며, 다음의 사항을 비교·검토하여 조건이 불리한 시장을 통합·이전 또는 폐쇄하도록 해야 한다〈농수산물 유통 및 가격안정에 관한 법률 시행령 제33조 제1항〉.

㉠ 최근 2년간의 거래 실적과 거래 추세

㉡ 입지조건

㉢ 시설현황

㉣ 통합·이전 또는 폐쇄로 인하여 당사자가 입게 될 손실의 정도

**24** 위원의 해임 등제 … 농림축산식품부장관 또는 해양수산부장관은 위원이 다음의 어느 하나에 해당하는 경우에는 해당 위원을 해임 또는 해촉(解囑)할 수 있다〈농수산물 유통 및 가격안정에 관한 법률 시행령 35조의3〉.

㉠ 자격정지 이상의 형을 선고받은 경우

㉡ 심신장애로 직무를 수행할 수 없게 된 경우

㉢ 직무와 관련된 비위사실이 있는 경우

㉣ 직무태만, 품위손상이나 그 밖의 사유로 위원으로 적합하지 아니하다고 인정되는 경우

㉤ 어느 하나에 해당하는데도 불구하고 회피하지 아니한 경우

㉥ 위원 스스로 직무를 수행하기 어렵다는 의사를 밝히는 경우

※ 위원의 제척·기피·회피 … 분쟁조정위원회의 위원이 다음의 어느 하나에 해당하는 경우에는 해당 분쟁조정 사건의 조정에서 제척된다〈농수산물 유통 및 가격안정에 관한 법률 시행령 제35조의2 제1항〉.

㉠ 위원 또는 그 배우자가 해당 사건의 당사자가 되거나 해당 사건에 관하여 공동권리자 또는 의무자의 관계에 있는 경우

㉡ 위원이 해당 사건의 당사자와 친족관계에 있거나 있었던 경우

㉢ 위원이 해당 사건에 관하여 증언이나 감정을 한 경우

㉣ 위원이 해당 사건에 관하여 당사자의 대리인으로서 관여하거나 관여하였던 경우

**25** 농림수협 등, 생산자단체 또는 공익법인이 공판장의 개설승인을 받으려면 농림축산식품부령 또는 해양수산부령으로 정하는 바에 따라 공판장 개설승인 신청서에 업무규정과 운영관리계획서 등 승인에 필요한 서류를 첨부하여 시·도지사에게 제출하여야 한다〈농수산물 유통 및 가격안정에 관한 법률 제43조(공판장의 개설) 제2항〉.

**26** **무토양재배** … 토양 대신 생육에 필요한 무기양분을 골고루 용해시킨 양액(養液)으로 작물을 재배하는 것이다. 양액재배라고도 하며 주년생산에 의해 생산자의 소득을 증대시킨다.

**27** 조직배양을 통한 무병주 생산이 상업적으로 이용되고 있는 작물로는 감자, 딸기, 마늘, 카네이션 등이 대표적이다.

**28** 동절기 토마토 시설재배에서 착과촉진을 위해 옥신계열의 4 – CPA를 처리한다. 그러나 연속사용 시 공동과가 발생할 수 있어 공동과의 발생이 우려될 경우 지베렐린을 사용하면 효과적이다.
※ **옥신류(Auxin)** … 식물체에서 줄기세포의 신장생장 및 여러 가지 생리작용을 촉진하는 호르몬이다.

**29** 백다다기 오이의 암꽃은 저온단일조건하에서 많이 맺히고 고인장일조건하에서 적게 맺힌다. 따라서 암꽃의 수를 증가시키고자 할 경우 저온 및 단일조건으로 관리하여야 한다.

**30** ㉠ 토마토에 들어 있는 루틴(Rutin)은 혈관을 튼튼하게 만들어 줘 뇌출혈, 심혈관질환 등을 예방해 주고 혈압을 낮추는 역할을 한다. 라이코펜(Lycopene)은 강력한 항산화 효과가 있어 노화를 방지한다.
㉡ 상추에 들어 있는 락투신(Lactucin)은 항스트레스 성분으로 몸을 편안하게 이완시키고 불면증이나 스트레스를 개선하며 진통 완화 효과도 가지고 있다.

**31** ① 무적필름에서 '무적(無滴)'은 '물방울이 없다'는 뜻이다. 제조과정에서 필름 내부에 계면활성제를 첨가하여 하우스 안의 수증기가 응결돼 발생하는 물방울이 필름 표면 위로 흘러내리도록 한 것이다.

**32** ② 칠레이리응애는 식물을 말라 죽게 만드는 해충 점박이응애의 천적으로 식물의 천연살충제 역할을 한다.
① 무당벌레는 진딧물의 천적이다.
③ 마일스응애는 진드기, 버섯응애 등의 천적이다.

**33** 종자를 보관할 때에는 저온, 저습, 밀폐된 상태로 저장하면 수명이 보존되어 발아력을 오래 유지할 수 있다.

**34** 에틸렌(Ethylene)의 작용
㉠ 꽃의 노화를 촉진시킨다.
㉡ 낙엽을 촉진한다.
㉢ 과실의 성숙을 촉진시킨다.
㉣ 탈엽제 및 건조제로 이용된다.
㉤ 과수에서 적과의 효과가 있다.

**35** **구근류** … 알뿌리가 있는 식물을 통틀어 이르는 말로, 튤립, 글라디올러스, 마늘, 양파 등이 있다.

**36** 국화는 영양번식을 하는 화훼작물로 육묘방법은 주로 삽수를 이용하여 삽목한다. 분구(알뿌리 나누기)는 구근에서 자연적으로 생기는 자구를 분리하는 방법과 인공조작에 의해 자구를 착생시키는 방법이 있다.

**37** 로제트(Rosette) 현상 ··· 화훼작물의 선단부 절간이 신장하지 못하고 짧게 되어 근생엽이 방사형으로 퍼지는 모습을 통칭한다.

**38** 단일처리가 되지 않아 개화가 늦어지는 식물은 단일식물이다. 국화, 칼랑코에, 포인세티아는 단일식물에 해당한다.
② 장미는 장일식물이다.

**39** 블라인드(Blind) 현상 ··· 꽃눈이 꽃으로 발육하지 못하고 퇴화하는 현상이다. 원인은 엽수 부족, 일조량의 부족, 낮은 야간온도 등이 있다.

**40** 시비량이 부족하여 영양결핍이 될 경우 블라인드 현상의 원인이 될 수 있지만, 높은 C/N율은 블라인드 현상과 거리가 멀다.
※ 아칭(Arching)재배 ··· 영양생산 부분과 절화생산 부분의 역할 구분이 가장 큰 것이 특징으로 $50 \sim 70cm$ 높이의 벤치 위에 정식한 후 줄기가 자라면 통로 측에 밑으로 경사지게 신초를 꺾어 휘어두는 방법이다. 이 부분에서 영양분을 생산을 하고 뿌리 윗부분으로부터 새로 자란 신초를 절화적기에 기부 채화한다. 주원부에서 줄기를 수평면 이하로 굽힘으로써 주원부에 경아우세 현상이 작용되어 맹아를 촉진하고 맹아된 새싹이 왕성하게 자라기 때문에 절화품질이 좋아지는 수형이다. 줄기발생 위차 즉 채화할 꽃대 기부에서 자르기 때문에 채화작업이 용이하다. 연작피해 및 토양재배에서 벗어나고 정식·개식이 간단하고 그 후 수확까지의 기간이 짧아진다. 삽목묘의 이용이 가능하고 관리작업이 단순화되어 일용인부 도입에 의한 규모의 확대가 가능하다는 장점이 있다.

**41** 위과와 진과
㉠ 위과 : 화탁, 꽃잎 등이 발달하여 과실이 된 것으로, 배, 사과, 무화과 등이 있다.
㉡ 진과 : 자방이 비대하여 과실이 된 것으로, 밤, 살구, 포도, 복숭아 등이 있다.

**42** 거봉은 1942년 일본에서 개발한 포도 품종이다.

**43** 일소 현상은 점질토양보다 토양 수분이 부족한 모래토양에서 많이 발생한다.

**44** 저온요구도 ··· 수목의 겨울눈이나 사과, 복숭아, 주목 따위의 종자가 이듬해 봄에 싹을 틔우기 위해 충족해야 하는 일정 온도 이하의 시간이다. 동아의 휴면간섭에 필요한 저온 계속 시간의 장단을 말한다.

**45** ㉠ 자웅이주 : 암꽃과 수꽃이 다른 나무에 달리는 것으로 시금치, 아스파라거스, 참다래, 은행나무, 버드나무 등이 있다.
㉡ 자웅동주 : 암꽃과 수꽃이 동일개체에 달리는 것으로 무, 배추, 밤, 호두, 오이, 수박, 블루베리 등이 있다.

**46** ③ 포도나무는 한 나무로 결실하는 것으로 켐벨얼리, 거봉, 델라웨어 등 대부분의 포도 품종은 자가수정을 한다.
※ 수분수(受粉樹) ··· 다른 꽃의 꽃가루를 받을 수 있도록 섞어서 심는 품종이 다른 과실나무를 말한다.

**47** ③ 밀증상(蜜症狀)에 대한 설명이다. 밀증상을 보이는 부분은 단맛이 강하다.
① **고두병** : 칼슘 부족으로 발생하는 사과의 생리장해
② **축과병** : 붕소의 결핍으로 인해 발생하는 사과 생리장해
④ **바람들이** : 수확 후 또는 저장 중인 과실에서, 과육의 일부가 스폰지처럼 변하는 현상

**48** **사과 화상병** … 사과나무의 잎·줄기·꽃·열매 등이 마치 화상을 입은 듯한 현상을 보이다가 고사하는 병으로, 세균이 원인이다.

**49** 제시된 내용은 소석회의 효과이다. 소석회를 원료로 만든 알칼리혼화제는 이산화탄소와 접촉 반응을 일으켜 토양 속의 이산화탄소를 효과적으로 제거한다.

**50** IPM(Integrated Pest Management) … 주변 환경과 해충의 속성을 고려하여 생물적·화학적·물리적 방제법을 적절히 조합해 경제적 피해를 일으키지 않는 수준으로 병해충을 관리하는 방법이다. 농약 살포로 병해충을 완전 박멸하는 방제법이 아니라 병해충에 저항성이 강한 품종 선택, 포장 개량, 천적 활동 조장 등 방제에 있어 여러 가지 수단을 종합적으로 활용한다는 측면에서 병해충종합관리라고 한다.

**51** ② 방울토마토 과실의 숙성과정 중에는 세포벽 분해, 라이코펜 합성, 환원당 축적 등의 현상이 나타난다.
※ **정단조직(정단분열조직)** … 식물의 줄기 끝과 뿌리 끝부분에 존재하는 분열조직이다. 정단조직의 분열이 왕성하게 일어나면 식물이 성장하게 된다.

**52** 1 – MCP(원엠시피) … 과일 신선도 유지제로, 과일의 부패를 촉진하는 에틸렌 가스를 억제하여 수확한 과일의 신선함과 당도·경도·식감 등을 오랫동안 유지할 수 있다.

**53** 호흡을 할 때 받아들이는 산소의 양과 방출하는 이산화탄소의 양의 비를 호흡계수라고 하는데, 당의 호흡계수는 1이고, 유기산의 호흡계수는 1.33이다.

**54** 에톡시퀸은 황갈색 또는 갈색 기름 형태의 액체로, 강한 항산화작용을 갖는다. 식품첨가물로는 사용되지 않으며, 사료용 어분 및 사료용 동물성유지에 첨가되거나 고무의 안정제 등으로 사용된다. 사과의 껍질에는 항산화작용이 큰 카프로산(Caproic Acid)이나 클로로겐산(Chlorogenic Acid), 케르세틴(Quercetin) 등이 다량 함유되어 있다.

**55** 과수작물의 성숙기 판단 지표로는 만개 후 일수, 성분의 변화 외에 적산온도, 이층의 발달, 표면의 형태, 외부색상, 크기·모양 등이 있다.
ⓛⓒ 포장열이나 대기조성비는 성숙기 판단 지표에 해당되지 않는다.

**56** ppm은 parts per million으로 100만분율을 말한다.
1ppm = 1mg/L
= 0.001g/1,000ml
= 1g/1,000,000ml
= 1% × 1/10,000
= 0.0001%
따라서 이산화탄소 1%는 10,000ppm이다.

**57** 호흡열 … 생물이 호흡할 때에 체내에서 생기는 열을 말한다. 보기 중 상온을 기준으로 호흡열이 가장 높은 시금치(20℃ 기준 호흡 속도 230$mgCO_2$/kg·Hr)이고, 당근(70$mgCO_2$/kg·Hr), 사과(17 ~ 35$mgCO_2$/kg·Hr), 마늘(10 $mgCO_2$/kg·Hr) 순이다.

**58** 포도의 주요 유기산은 주석산이고, 딸기의 주요 유기산은 구연산이다.
　※ 주석산과 구연산
　　㉠ 주석산(Tartaric Acid) : 무색의 결정 또는 백색의 결정성 분말로, 냄새는 없고 산미를 갖는다.
　　㉡ 구연산(Citric Acid) : 무색·무취의 결정성 분말이다.

**59** 위조현상 … 수분이 부족하여 식물체 조직이 말라가는 현상이다. 과도한 증산은 수분 부족을 초래하여 사과의 과피가 노랗게 말라가는 위조현상의 주된 원인이 된다.

**60** ① 오존은 상온에서 약간 푸른색을 띠며, 오존만의 특이한 냄새를 가진다.
　② 오존은 강력한 산화력을 가진다.
　④ 오존은 인체에 독성이 있어 작업자에게 위해하다.

**61** 진공식 예냉 … 원예산물을 밀폐된 챔버에 넣고 압력을 낮추면 물의 증발온도가 낮아지고 원예산물의 표면에서 물이 빠른 속도로 증발된다. 이때 물이 증발하면서 주위로부터 증발열을 빼앗아 가는데, 이를 이용하는 냉각방식이다. 진공식 예냉은 시금치, 양상추, 미나리 등 엽채류에 효과적이다.

**62** 예건 … 저장 전 과실을 적당한 수준으로 말리는 건조시키는 과정이다. 수확 후 예건이 필요한 작물로는 마늘, 양배추 외에 단감, 배 등이 있다.

**63** 신선편이 식품에는 첨가물 사용이 가능하다.
　※ 신선편이 식품 … 생산 당시의 신선도를 최대한 유지한 상태로 저장·유통하여 좋은 품질을 소비자에게 전달하기 위해 가공은 최소화, 품질은 최대화시킨 식품이다.

**64** 냉각기에서 나오는 송풍 온도가 배의 동결점보다 낮게 유지될 경우 배가 동결될 수 있다. 따라서 냉각기에서 나오는 송풍 온도는 배의 동결점보다 높게 유지해야 한다.

**65** 제시된 내용은 필름이나 피막제를 이용하여 원예산물을 외부공기와 차단하는 MA(Modified Atmosphere)저장에 대한 설명이다. MA저장은 가스 조성 없이도 인위적 공기조성 효과를 낼 수 있어 간이 CA저장이라고도 한다. CA(Controlled Atmosphere)저장은 저산소·고이산화탄소의 CA 환경을 인공적으로 조성한 저장환경에 원예산물을 저장하여 품질 보전 효과를 높이는 저장법이다.

**66** 고구마의 저장온도는 12 ~ 13℃, 생강의 저장온도는 13 ~ 16℃, 애호박의 저장온도는 12 ~ 15℃ 사이가 적정하며 10℃ 이하로 내려갈 경우 저온장해가 발생한다.

**67** 상온의 동일 조건하에 저장하였다면 성숙이 급속이 진행되어 저장성이 약한 장십랑이 상대적으로 저장기간이 가장 짧다.

**68** 마늘은 장기저장 시 65 ∼ 70% 습도로 유지해야 수확 후 손실을 줄일 수 있다.

**69** 절화는 수확 후 바로 물올림을 실시해야 하는데, 이때 8 − HQS를 사용하여 물을 산성화시켜 미생물오염을 억제
할 수 있다.
※ 살균제로 주로 사용되는 8 − HQS는 줄기 막힘에 관여하는 효소의 활성을 억제시키고 용기 내 용액(물)을 산
성화시켜 절화의 수명을 연장시킨다.

**70** ④ 원예산물의 원거리 운송 시 겉포장재는 공기의 유동이 잘 일어날 수 있어야 한다.

**71** PLS(Positive List System) ⋯ 농약허용기준강화제도로 작물별 등록된 농약 이외에는 원칙적으로 사용을 금지하
는 제도이다. 그간 국내 · 외 농산물의 먹거리 안전을 확보하기 위해 수확 후 농산물에 대하여 작물별 농약 잔
류기준을 설정하여 왔으나, 다양한 농약의 개발과 이의 현장에서 사용이 증가됨에 따라 잔류기준이 없는 농약
에 대한 안전관리 강화 방안 요구 증대되었다. 이에 식약처에서는 잔류허용기준이 없는 경우 작물에 일률기준
(0.01ppm)을 적용하는 PLS제도 도입 · 시행하고 있다.

**72** 예냉 후 고온에 유통 시키면 과실 표면에 이슬이 맺히는 결로가 발생한다.

**73** 위해 요소
㉠ 물리적 위해 요소 : 쇳조각, 비닐, 노끈, 벌레 등의 이물
㉡ 화학적 위해 요소 : 중금속, 잔류농약, 곰팡이 독소, 아민류 등
㉢ 생물학적 위해 요소 : 위생지표세균, 병원성 미생물 등
※ GAP(농산물우수관리) ⋯ 농산물의 생산, 수확 후 관리 및 유통의 각 단계에서 작물이 재배되는 농경지 및 농업
용수 등의 농업환경과 농산물에 잔류할 수 있는 농약, 중금속, 잔류성 유기오염물질 또는 유해생물 등의 위해
요소를 적절하게 관리하는 것을 말한다.

**74** 딸기는 수분이 많고 껍질이 얇아 상하기 쉽기 때문에 열수세척 시 더 빨리 부패할 수 있다. 딸기 수확 후에는
예냉, 저온보관, 냉수세척, 저온저장 및 유통을 통해 품질을 관리한다.

**75** 자당은 식물체 내의 고갈된 탄수화물을 대체하여 정상적인 대사활동을 유지하게 한다. 절화를 수확 직후 몇 분
또는 몇 시간 동안 전처리 용액에 침지시킬 경우 에틸렌 가스에 민감하게 반응하는 카네이션, 델피니움, 알스
트로메리아, 스위트피 등의 절화수명 연장에 효과적이다.

**76** 농산물은 비탄력적인 수요와 공급을 특징으로 한다.
※ 농산물 유통의 특징
㉠ 농산물의 수집과 분산과정이 길고 복잡함
㉡ 유통 과정에서 부패 · 변질이 쉬움
㉢ 가치대비 부피가 크고 무거움
㉣ 표준화, 등급화, 기계화가 어려움
㉤ 유통 과정상 직 · 간접비용이 많이 소요
㉥ 공산품에 비해 유통마진이 상대적으로 높음
㉦ 비탄력적인 수요와 공급(수급 불안정)
㉧ 계절적 편재성 존재

**77** 모두 옳은 설명이다.

※ **6차 산업** … 농촌의 유무형 자원을 활용한 제조·가공의 2차 산업과, 체험·관광 등의 서비스 3차 산업의 융복합을 통해 새로운 부가가치와 지역의 일자리를 창출함으로써 지역경제 활성화를 촉진하는 활동이다.

**78** ㉠ 유통마진 : 200만 원 − 100만 원 = 100만 원

ㄴ 유통마진율 : $\dfrac{100}{200} \times 100 = 50\%$

**79** 농업협동조합은 농가별 개별출하가 아닌 조합을 통한 집단 출하를 유도한다.

**80** 공동계산제는 개별농가의 차별성은 감소하는 단점이 있다.

※ **공동계산제의 장점** … 영세·소농이 생산한 농산물을 산지 조직에서 공동으로 선별·출하·판매하면 체계적인 품질관리와 다양한 상품 공급이 가능해진다. 또한 규모의 경제를 구현해 전체 유통 비용을 절감하고 농가소득 증대로 이어질 수 있다.

**81** 유닛로드시스템은 하역과 수송의 표준화를 가져온다.

※ **유닛로드시스템(Unit Load System)** … 화물을 미리 표준 중량 또는 부피로 단위화·규격화시켜 가능한 한 일관된 기계력으로 하역·수송하는 화물 수송 방식이다.

**82** ①③④는 도매상의 역할이다.

※ **농산물 소매상** … 농산물을 개인용으로 사용하려는 최종 소비자에게 직접 상품이나 서비스를 제공하여 소매활동을 하는 유통기관으로, 소비자에게 정보를 제공하는 역할을 한다.

**83** ② 소비자 지불가격에서 농가수취 가격을 뺀 것으로 유통경로가 길수록 유통마진이 차지하는 비중이 크다.

**84** ① 농수산물종합유통센터에서는 세척, 소포장 등 단순가공에서 절단·냉장유통에 이르는 완전가공 형태의 소비자 지향적 상품으로 가공 기능도 수행한다.

※ **농수산물종합유통센터** … 국가 또는 지방자치단체가 설치하거나 국가 또는 지방자치단체의 지원을 받아 설치된 것으로서 농수산물의 출하 경로를 다원화하고 물류비용을 절감하기 위하여 농수산물의 수집·포장·가공·보관·수송·판매 및 그 정보처리 등 농수산물의 물류활동에 필요한 시설과 이와 관련된 업무시설을 갖춘 사업장을 말한다. 농수산물종합유통센터는 사전발주를 원칙으로 하며 전자거래의 방식으로 농수산물을 거래한다.

**85** 매매참가인 … 농수산물도매시장·농수산물공판장 또는 민영농수산물도매시장의 개설자에게 신고를 하고, 농수산물도매시장·농수산물공판장 또는 민영농수산물도매시장에 상장된 농수산물을 직접 매수하는 자로서 중도매인이 아닌 가공업자·소매업자·수출업자 및 소비자단체 등 농수산물의 수요자를 말한다.

**86** ㉠ 도매유통의 기능이다.
ㄹ 소매유통의 기능이다.

**87** 포전거래는 농가의 안전선호적 성향으로 발생한다.

※ **포전거래** … 밭에서 재배하는 작물을 밭에 있는 채로 몽땅 사고파는 것을 말한다.

**88** 중량과 부피, 수송거리, 수송수단, 수송량은 모두 수송비를 결정하는 요인에 해당한다.

**89** 선대자금, 밭떼기자금, 도·소매상의 사채는 모두 비제도권 유통금융에 해당한다.

**90** **간접유통** … 상품이 생산자에서부터 소비자에게까지 유통될 때 중간에 하나 이상의 유통기관(중간상)들의 단계를 거치게 되는 것으로 간접유통경로상의 피해는 분산된다. 반면 직접유통은 생산자와 소비자 사이에 중간상의 개입이 없이 생산자가 직접 소비자에게 상품을 유통 시키는 전반적인 관리를 하는 경우로, 직접유통경로상의 모든 피해는 생산자가 부담한다.

**91** ① 비대면거래가 가능하다.

③ 수집기능은 도매유통에서 주로 담당한다. 소매유통은 분산기능을 주로 담당한다.

④ 전통시장은 소매유통업체로 볼 수 있다.

**92** ③ 정부의 농산물 수급 안정정책에는 채소 수급 안정사업, 자조금 지원, 정부비축사업 등이 있다.

※ **농산물우수관리제도(GAP)** … 농산물의 생산, 수확 후 관리 및 유통의 각 단계에서 작물이 재배되는 농경지 및 농업용수 등의 농업환경과 농산물에 잔류할 수 있는 농약, 중금속, 잔류성 유기오염물질 또는 유해생물 등의 위해요소를 적절하게 관리하는 것을 말한다.

**93** ① **교차탄력성** : 한 재화의 가격 변화가 다른 재화의 수요량에 미치는 영향을 나타내는 수치이다.

② **가격변동률** : 금융 시장이나 부동산 시장에서 가격이 변동할 것으로 예상되는 정도를 백분율로 나타낸 수치이다.

③ **가격 탄력성** : 상품의 가격이 달라질 때 그 수요량이나 공급량이 변화하는 정도를 말한다.

④ **소득탄력성** : 소득의 변화에 따라 수요나 공급이 변화하는 정도를 말한다.

**94** 가격 인상(원인)이 매출액의 변화(결과)에 미치는 영향을 조사하는 것이므로 인과관계조사에 해당한다.

**95** 대안평가 … 농산물에 대한 소비자의 구매 전 행동에 해당한다.

**96** ① 시장세분화는 차별적 마케팅을 특징으로 한다.

※ **시장세분화** … 비슷한 선호와 취향을 가진 소비자를 묶어서 몇 개의 집단으로 세분화하고 이 중에 특정 집단을 골라 기업의 마케팅 자원과 노력을 집중하는 것을 말한다.

**97** 내셔널 브랜드(NB)는 생산자 브랜드로, 전국 상표라고도 한다. 유통업자 브랜드는 Private Brand(PB)이다.

**98** 유통 비용 중 직접비용은 유통에 직접 관여하는 비용을 말한다. 따라서 제시된 비용 중 직접비용은 수송비, 하역비, 포장비로 총 28,000원이다. 통신비와 제세공과금은 간접비용에 해당한다.

**99** **명성가격 전략** … 가격 설정 시 소비자층이 지불할 수 있는 가장 높은 가격이나 시장에서 제시된 가격 중 가장 높은 가격을 설정하는 전략이다. 주로 상품의 차별화와 고품질의 이미지를 부여하기 위해 사용되는 가격 전략이다.

    ③ **침투가격 전략** : 기업이 신제품을 출시할 때 처음에는 경쟁제품보다 낮은 가격을 제시한 후 점차적으로 가격을 올리는 전략

    ④ **단수가격 전략** : 제품 가격의 끝자리를 홀수(단수)로 표시하여 소비자로 하여금 제품이 저렴하다는 인식을 심어주어 구매욕을 부추기는 가격 전략

**100** ② 경품 및 할인쿠폰 등을 통한 촉진활동은 단기적인 상품 홍보 효과를 가져온다.

| 2021년도 | 필기시험 제18회 2021.04.10 | 1 | ① | 2 | ① | 3 | ③ | 4 | ② | 5 | ④ | 6 | ③ | 7 | ② | 8 | ① | 9 | ③ | 10 | ④ |
|---|---|---|---|---|---|---|---|---|---|---|---|---|---|---|---|---|---|---|---|---|---|
| | | 11 | ② | 12 | ④ | 13 | ① | 14 | ③ | 15 | ④ | 16 | ② | 17 | ④ | 18 | ③ | 19 | ① | 20 | ② |
| | | 21 | ④ | 22 | ② | 23 | ③ | 24 | ① | 25 | ③ | 26 | ② | 27 | ④ | 28 | ② | 29 | ② | 30 | ④ |
| | | 31 | ① | 32 | ② | 33 | ④ | 34 | ③ | 35 | ② | 36 | ③ | 37 | ② | 38 | ① | 39 | ④ | 40 | ② |
| | | 41 | ② | 42 | ① | 43 | ① | 44 | ② | 45 | ③ | 46 | ① | 47 | ② | 48 | ② | 49 | ④ | 50 | ① |
| | | 51 | ② | 52 | ④ | 53 | ④ | 54 | ② | 55 | ① | 56 | ② | 57 | ④ | 58 | ② | 59 | ④ | 60 | ③ |
| | | 61 | ③ | 62 | ④ | 63 | ④ | 64 | ② | 65 | ① | 66 | ① | 67 | ① | 68 | ④ | 69 | ② | 70 | ② |
| | | 71 | ② | 72 | ④ | 73 | ③ | 74 | ① | 75 | ② | 76 | ① | 77 | ② | 78 | ③ | 79 | ③ | 80 | ③ |
| | | 81 | ② | 82 | ③ | 83 | ④ | 84 | ② | 85 | ① | 86 | ④ | 87 | ② | 88 | ② | 89 | ② | 90 | ③ |
| | | 91 | ① | 92 | ① | 93 | ④ | 94 | ③ | 95 | ④ | 96 | ① | 97 | ④ | 98 | ④ | 99 | ④ | 100 | ① |

1 "생산자단체"란 「농업·농촌 및 식품산업 기본법」, 「수산업·어촌 발전 기본법」의 생산자단체와 그 밖에 농림축산식품부령 또는 해양수산부령으로 정하는 단체를 말한다〈농수산물 품질관리법 제2조(정의) 제2호〉.

2 원산지 표시〈농수산물의 원산지 표시에 관한 법률 제5조 제1항, 제2항〉
　㉠ 대통령령으로 정하는 농수산물 또는 그 가공품을 수입하는 자, 생산·가공하여 출하하거나 판매(통신판매를 포함한다)하는 자 또는 판매할 목적으로 보관·진열하는 자는 다음에 대하여 원산지를 표시하여야 한다.
　• 농수산물
　• 농수산물 가공품(국내에서 가공한 가공품은 제외한다)
　• 농수산물 가공품(국내에서 가공한 가공품에 한정한다)의 원료
　㉡ 다음의 어느 하나에 해당하는 때에는 제1항에 따라 원산지를 표시한 것으로 본다.
　• 「농수산물 품질관리법」 또는 「소금산업 진흥법」에 따른 표준규격품의 표시를 한 경우
　• 「농수산물 품질관리법」에 따른 우수관리인증의 표시, 같은 법에 따른 품질인증품의 표시 또는 「소금산업 진흥법」에 따른 우수천일염인증의 표시를 한 경우
　• 「소금산업 진흥법」에 따른 천일염생산방식인증의 표시를 한 경우
　• 「소금산업 진흥법」에 따른 친환경천일염인증의 표시를 한 경우
　• 「농수산물 품질관리법」에 따른 이력추적관리의 표시를 한 경우
　• 「농수산물 품질관리법」 또는 「소금산업 진흥법」에 따른 지리적표시를 한 경우
　• 「식품산업진흥법」 또는 「수산식품산업의 육성 및 지원에 관한 법률」에 따른 원산지인증의 표시를 한 경우
　• 「대외무역법」에 따라 수출입 농수산물이나 수출입 농수산물 가공품의 원산지를 표시한 경우
　• 다른 법률에 따라 농수산물의 원산지 또는 농수산물 가공품의 원료의 원산지를 표시한 경우

**3** 세부 산출기준〈농수산물의 원산지 표시에 관한 법률 시행령 별표 1의2〉

㉠ 통관 단계의 수입농수산물 등 및 반입농수산물 등의 경우에는 위반 수입농수산물 등 및 반입농수산물 등의 세관 수입신고 금액의 100분의 10 또는 3억 원 중 적은 금액

㉡ 가목을 제외한 농수산물 및 그 가공품(통관 단계 이후의 수입농수산물 등 및 반입농수산물 등을 포함한다)

| 위반금액 | 과징금의 금액 |
|---|---|
| 100만 원 이하 | 위반금액 × 0.5 |
| 100만 원 초과 500만 원 이하 | 위반금액 × 0.7 |
| 500만 원 초과 1,000만 원 이하 | 위반금액 × 1.0 |
| 1,000만 원 초과 2,000만 원 이하 | 위반금액 × 1.5 |
| 2,000만 원 초과 3,000만 원 이하 | 위반금액 × 2.0 |
| 3,000만 원 초과 4,500만 원 이하 | 위반금액 × 2.5 |
| 4,500만 원 초과 6,000만 원 이하 | 위반금액 × 3.0 |
| 6,000만 원 초과 | 위반금액 × 4.0(최고 3억 원) |

**4** 검사대상 농산물의 종류별 품목〈농수산물 품질관리법 시행령 별표 3〉

㉠ 정부가 수매하거나 생산자단체 등이 정부를 대행하여 수매하는 농산물
- 곡류 : 벼·겉보리·쌀보리·콩
- 특용작물류 : 참깨·땅콩
- 과실류 : 사과·배·단감·감귤
- 채소류 : 마늘·고추·양파
- 잠사류 : 누에씨·누에고치

㉡ 정부가 수출·수입하거나 생산자단체 등이 정부를 대행하여 수출·수입하는 농산물
- 곡류
  - 조곡(粗穀) : 콩·팥·녹두
  - 정곡(精穀) : 현미·쌀
- 특용작물류 : 참깨·땅콩
- 채소류 : 마늘·고추·양파

㉢ 정부가 수매 또는 수입하여 가공한 농산물
- 곡류 : 현미·쌀·보리쌀

**5** 농산물품질관리사 또는 수산물품질관리사의 직무 … 농산물품질관리사는 다음의 직무를 수행한다〈농수산물 품질관리법 제106조 제1항〉.

㉠ 농산물의 등급 판정
㉡ 농산물의 생산 및 수확 후 품질관리기술 지도
㉢ 농산물의 출하 시기 조절, 품질관리기술에 관한 조언
㉣ 그 밖에 농산물의 품질 향상과 유통 효율화에 필요한 업무로서 농림축산식품부령으로 정하는 업무

※ **농산물품질관리사의 업무** … "농림축산식품부령으로 정하는 업무"란 다음의 업무를 말한다〈농수산물 품질관리법 시행규칙 제134조〉

 ㉠ 농산물의 생산 및 수확 후의 품질관리기술 지도
 ㉡ 농산물의 선별·저장 및 포장 시설 등의 운용·관리
 ㉢ 농산물의 선별·포장 및 브랜드 개발 등 상품성 향상 지도
 ㉣ 포장농산물의 표시사항 준수에 관한 지도
 ㉤ 농산물의 규격출하 지도

**6** 우수관리인증의 취소 및 표시정지에 관한 처분기준〈농수산물 품질관리법 시행규칙 별표 2〉

| 위반행위 | 근거 법조문 | 위반횟수별 처분 기준 | | |
|---|---|---|---|---|
| | | 1차 위반 | 2차 위반 | 3차 위반 |
| 가. 거짓이나 그 밖의 부정한 방법으로 우수관리인증을 받은 경우 | 법 제8조 제1항 제1호 | 인증취소 | – | – |
| 나. 우수관리 기준을 지키지 않은 경우 | 법 제8조 제1항 제2호 | 표시정지 1개월 | 표시정지 3개월 | 인증취소 |
| 다. 전업(轉業)·폐업 등으로 우수관리인증농산물을 생산하기 어렵다고 판단되는 경우 | 법 제8조 제1항 제3호 | 인증취소 | – | – |
| 라. 우수관리인증을 받은 자가 정당한 사유 없이 조사·점검 또는 자료제출 요청에 응하지 않은 경우 | 법 제8조 제1항 제4호 | 표시정지 1개월 | 표시정지 3개월 | 인증취소 |
| 마. 우수관리인증을 받은 자가 우수관리인증의 표시방법을 위반한 경우 | 법 제8조 제1항 제4호의2 | 시정명령 | 표시정지 1개월 | 표시정지 3개월 |
| 바. 우수관리인증의 변경승인을 받지 않고 중요 사항을 변경한 경우 | 법 제8조 제1항 제5호 | 표시정지 1개월 | 표시정지 3개월 | 인증취소 |
| 사. 우수관리인증의 표시정지기간 중에 우수관리인증의 표시를 한 경우 | 법 제8조 제1항 제6호 | 인증취소 | – | – |

**7** 우수관리인증농산물의 표시〈농수산물 품질관리법 시행규칙 별표 1〉
 ㉠ 크기 : 포장재의 크기에 따라 표지의 크기를 키우거나 줄일 수 있다.
 ㉡ 위치 : 포장재 주 표시면의 옆면에 표시하되, 포장재 구조상 옆면에 표시하기 어려울 경우에는 표시 위치를 변경할 수 있다.
 ㉢ 표지 및 표시사항은 소비자가 쉽게 알아볼 수 있도록 인쇄하거나 스티커로 포장재에서 떨어지지 않도록 부착하여야 한다.
 ㉣ 포장하지 않고 낱개로 판매하는 경우나 소포장 등으로 우수관리인증농산물의 표지와 표시사항을 인쇄하거나 부착하기에 부적합한 경우에는 농산물우수관리의 표지만 표시할 수 있다.
 ㉤ 수출용의 경우에는 해당 국가의 요구에 따라 표시할 수 있다.
 ㉥ 산지(시·도, 시·군·구), 품목(품종), 중량·개수, 생산연도, 생산자(생산자집단명) 또는 우수관리시설명의 표시항목 중 표준규격, 지리적표시 등 다른 규정에 따라 표시하고 있는 사항은 그 표시를 생략할 수 있다.

**8** 농림축산식품부장관 또는 해양수산부장관이나 시·도지사는 농수산물의 공정한 유통질서를 확립하기 위하여 소비자단체 또는 생산자단체의 회원·직원 등을 농수산물 명예감시원으로 위촉하여 농수산물의 유통질서에 대한 감시·지도·계몽을 하게 할 수 있다〈농수산물 품질관리법 제104조(농수산물 명예감시원) 제1항〉.

**9** 위반행위의 횟수에 따른 과태료의 가중된 부과기준(제2호 목 및 사목의 경우는 제외한다)은 최근 1년간 같은 위반행위로 과태료 부과처분을 받은 경우에 적용한다. 이 경우 기간의 계산은 위반행위에 대하여 과태료 부과 처분을 받은 날과 그 처분 후 다시 같은 위반행위를 하여 적발된 날을 기준으로 한다〈농수산물 품질관리법 시행령 별표 4〉.

**10** 표준규격품의 출하 및 표시방법 등 … 표준규격품을 출하하는 자가 표준규격품임을 표시하려면 해당 물품의 포장 겉면에 "표준규격품"이라는 문구와 함께 다음의 사항을 표시하여야 한다〈농수산물 품질관리법 시행규칙 제7조 제2항〉.
ㄱ 품목
ㄴ 산지
ㄷ 품종. 다만, 품종을 표시하기 어려운 품목은 국립농산물품질관리원장, 국립수산물품질관리원장 또는 산림청 장이 정하여 고시하는 바에 따라 품종의 표시를 생략할 수 있다.
ㄹ 생산연도(곡류만 해당한다)
ㅁ 등급
ㅂ 무게(실중량). 다만, 품목 특성상 무게를 표시하기 어려운 품목은 국립농산물품질관리원장, 국립수산물품질 관리원장 또는 산림청장이 정하여 고시하는 바에 따라 개수(마릿수) 등의 표시를 단일하게 할 수 있다.
ㅅ 생산자 또는 생산자단체의 명칭 및 전화번호

**11** 유전자변형농수산물의 표시를 거짓으로 하거나 이를 혼동하게 할 우려가 있는 표시를 한 유전자변형농수산물 표시의무자는 7년 이하의 징역 또는 1억 원 이하의 벌금에 처한다〈농수산물 품질관리법 제117조(벌칙) 제1호〉.
※ **벌칙** … 다음의 어느 하나에 해당하는 자는 3년 이하의 징역 또는 3천만 원 이하의 벌금에 처한다〈농수산물 품질관리법 제119조〉.
ㄱ 표준규격품, 우수관리인증농산물, 품질인증품, 이력추적관리농산물(이하 "우수표시품")이 아닌 농수산물(우 수관리인증농산물이 아닌 농산물의 경우에는 우수관리인증의 유효기간 등에 따른 승인을 받지 아니한 농산 물을 포함한다) 또는 농수산가공품에 우수표시품의 표시를 하거나 이와 비슷한 표시를 하는 행위
ㄴ 우수표시품이 아닌 농수산물(우수관리인증농산물이 아닌 농산물의 경우에는 우수관리인증의 유효기간 등에 따른 승인을 받지 아니한 농산물을 포함한다) 또는 농수산가공품을 우수표시품으로 광고하거나 우수표시품 으로 잘못 인식할 수 있도록 광고하는 행위
ㄷ 거짓표시 등의 금지를 위반하여 다음의 어느 하나에 해당하는 행위를 한 자
• 표준규격품의 표시를 한 농수산물에 표준규격품이 아닌 농수산물 또는 농수산가공품을 혼합하여 판매하거나 혼합하여 판매할 목적으로 보관하거나 진열하는 행위
• 우수관리인증의 표시를 한 농산물에 우수관리인증농산물이 아닌 농산물(우수관리인증의 유효기간 등에 따른 승인을 받지 아니한 농산물을 포함한다) 또는 농산가공품을 혼합하여 판매하거나 혼합하여 판매할 목적으로 보관하거나 진열하는 행위
• 품질인증품의 표시를 한 수산물에 품질인증품이 아닌 수산물을 혼합하여 판매하거나 혼합하여 판매할 목적으로 보관 또는 진열하는 행위
• 이력추적관리의 표시를 한 농산물에 이력추적관리의 등록을 하지 아니한 농산물 또는 농산가공품을 혼합하여 판매하거나 혼합하여 판매할 목적으로 보관하거나 진열하는 행위

ⓔ 거짓표시 등의 금지를 위반하여 지리적표시품이 아닌 농수산물 또는 농수산가공품의 포장·용기·선전물 및 관련 서류에 지리적표시나 이와 비슷한 표시를 한 자

ⓜ 거짓표시 등의 금지를 위반하여 지리적표시품에 지리적표시품이 아닌 농수산물 또는 농수산가공품을 혼합하여 판매하거나 혼합하여 판매할 목적으로 보관 또는 진열한 자

ⓗ 「해양환경관리법」에 따른 폐기물, 유해액체물질 또는 포장유해물질을 배출한 자

ⓢ 거짓이나 그 밖의 부정한 방법으로 농산물의 검사, 농산물의 재검사, 수산물 및 수산가공품의 검사, 수산물 및 수산가공품의 재검사 및 검정을 받은 자

ⓞ 검사를 받아야 하는 수산물 및 수산가공품에 대하여 검사를 받지 아니한 자

ⓙ 검사 및 검정 결과의 표시, 검사증명서 및 검정증명서를 위조하거나 변조한 자

ⓒ 검정 결과에 대하여 거짓광고나 과대광고를 한 자

**12** 「농수산물 품질관리법」시행규칙 제46조(이력추적관리의 대상 품목 및 등록사항) 제2항 … 이력추적관리의 등록사항은 다음과 같다.

㉠ **생산자** : 단순가공을 하는 자를 포함한다.
- 생산자의 성명, 주소 및 전화번호
- 이력추적관리 대상 품목명
- 재배면적
- 생산계획량
- 재배지의 주소

㉡ **유통자**
- 유통업체의 명칭 또는 유통자의 성명, 주소 및 전화번호
- 수확 후 관리시설이 있는 경우 관리시설의 소재지

㉢ **판매자** : 판매업체의 명칭 또는 판매자의 성명, 주소 및 전화번호

**13** 지리적표시의 등록〈농산수산물 품질관리법 제32조 제1항 ~ 제3항〉

㉠ 농림축산식품부장관 또는 해양수산부장관은 지리적 특성을 가진 농수산물 또는 농수산가공품의 품질 향상과 지역특화산업 육성 및 소비자 보호를 위하여 지리적표시의 등록 제도를 실시한다.

㉡ ㉠에 따른 지리적표시의 등록은 특정지역에서 지리적 특성을 가진 농수산물 또는 농수산가공품을 생산하거나 제조·가공하는 자로 구성된 법인만 신청할 수 있다. 다만, 지리적 특성을 가진 농수산물 또는 농수산가공품의 생산자 또는 가공업자가 1인인 경우에는 법인이 아니라도 등록 신청을 할 수 있다.

③ ㉢에 해당하는 자로서 제1항에 따른 지리적표시의 등록을 받으려는 자는 농림축산식품부령 또는 해양수산부령으로 정하는 등록 신청서류 및 그 부속서류를 농림축산식품부령 또는 해양수산부령으로 정하는 바에 따라 농림축산식품부장관 또는 해양수산부장관에게 제출하여야 한다. 등록한 사항 중 농림축산식품부령 또는 해양수산부령으로 정하는 중요 사항을 변경하려는 때에도 같다.

※ **지리적표시의 등록 및 변경** … 지리적표시의 등록을 받으려는 자는 별지 제30호서식의 지리적표시 등록(변경) 신청서에 다음 의 서류를 첨부하여 농산물(임산물은 제외한다)은 국립농산물품질관리원장, 임산물은 산림청장, 수산물은 국립수산물품질관리원장에게 각각 제출하여야 한다. 다만, 지리적표시의 등록을 받으려는 자가 「상표법 시행령」제5조제1호부터 제3호까지의 서류를 특허청장에게 제출한 경우(2011년 1월 1일 이후에 제출한 경우만 해당한다)에는 별지 제30호서식의 지리적표시 등록(변경) 신청서에 해당 사항을 표시하고 제3호부터 제6호까지의 서류를 제출하지 아니할 수 있다〈농수산물 품질관리법 시행규칙 제56조 제1항〉.

ⓒ 정관(법인인 경우만 해당한다)
ⓛ 생산계획서(법인의 경우 각 구성원별 생산계획을 포함한다)
ⓒ 대상 품목·명칭 및 품질의 특성에 관한 설명서
ⓔ 해당 특산품의 유명성과 역사성을 증명할 수 있는 자료
ⓜ 품질의 특성과 지리적 요인과 관계에 관한 설명서
ⓗ 지리적표시 대상지역의 범위
ⓢ 자체품질기준
ⓞ 품질관리계획서

**14** ① 식품의약품안전처장은 농수산물(축산물은 제외한다)의 품질 향상과 안전한 농수산물의 생산·공급을 위한 안전관리계획을 매년 수립·시행하여야 한다〈농수산물 품질관리법 제60조(안전관리계획) 제1항〉.
② 시·도지사 및 시장·군수·구청장은 관할 지역에서 생산·유통되는 농수산물의 안전성을 확보하기 위한 세부추진계획을 수립·시행하여야 한다〈농수산물 품질관리법 제60조(안전관리계획) 제2항〉.
④ 안전성조사의 대상 품목 선정, 대상지역 및 절차 등에 필요한 세부적인 사항은 총리령으로 정한다〈농수산물 품질관리법 제61조(안전성조사) 제3항〉.

**15** **유전자변형농수산물의 표시 위반에 대한 처분** … 식품의약품안전처장은 제56조 또는 제57조를 위반한 자에 대하여 다음의 어느 하나에 해당하는 처분을 할 수 있다〈농수산물 품질관리법 제59조 제1항〉.
ⓒ 유전자변형농수산물 표시의 이행·변경·삭제 등 시정명령
ⓛ 유전자변형 표시를 위반한 농수산물의 판매 등 거래행위의 금지

**16** 농산물 지정검사기관의 지정 취소 및 사업정지에 관한 처분기준〈농수산물 품질관리법 시행규칙 별표 20〉

| 위반행위 | 근거 법조문 | 위반횟수별 처분기준 | | | |
|---|---|---|---|---|---|
| | | 1회 | 2회 | 3회 | 4회 |
| 가. 거짓이나 그 밖의 부정한 방법으로 지정을 받은 경우 | 법 제81조 제1항 제1호 | 지정 취소 | | | |
| 나. 업무정지 기간 중에 검사 업무를 한 경우 | 법 제81조 제1항 제2호 | 지정 취소 | | | |
| 다. 지정기준에 맞지 않게 된 경우 | | | | | |
| 1) 시설·장비·인력, 조직이나 검사업무에 관한 규정 중 어느 하나가 지정기준에 맞지 않는 경우 | 법 제81조 제1항 제3호 | | 업무정지 3개월 | 업무정지 6개월 | 지정 취소 |
| 2) 시설·장비·인력, 조직이나 검사업무에 관한 규정 중 둘 이상이 지정기준에 맞지 않는 경우 | | | 지정 취소 | | |
| 라. 검사를 거짓으로 한 경우 | 법 제81조 제1항 제4호 | 업무정지 1개월 | 업무정지 6개월 | 지정 취소 | |
| 마. 검사를 성실하게 하지 않은 경우 | | | | | |
| 1) 검사품의 재조제가 필요한 경우 | 법 제81조 제1항 제4호 | 업무정지 6개월 | 업무정지 3개월 | 업무정지 6개월 | 지정 취소 |
| 2) 검사품의 재조제가 필요하지 않은 경우 | | | 업무정지 1개월 | 업무정지 3개월 | 지정 취소 |
| 바. 정당한 사유 없이 지정된 검사를 하지 않은 경우 | 법 제81조 제1항 제5호 | 업무정지3개월 | 업무정지 1개월 | 업무정지 3개월 | 지정 취소 |

17 도매시장법인은 도매시장에서 농수산물을 경매·입찰·정가매매 또는 수의매매(隨意賣買)의 방법으로 매매하여야 한다. 다만, 출하자가 매매방법을 지정하여 요청하는 경우 등 농림축산식품부령 또는 해양수산부령으로 매매방법을 정한 경우에는 그에 따라 매매할 수 있다〈농수산물 유통 및 가격안정에 관한 법률 제32조(매매방법)〉.

18 도매시장 개설자의 의무 … 도매시장 개설자는 거래관계자의 편익과 소비자 보호를 위하여 다음의 사항을 이행하여야 한다〈농수산물 유통 및 가격안정에 관한 법률 제20조 제1항〉.
　　㉠ 도매시장 시설의 정비·개선과 합리적인 관리
　　㉡ 경쟁 촉진과 공정한 거래질서의 확립 및 환경 개선
　　㉢ 상품성 향상을 위한 규격화, 포장 개선 및 선도(鮮度) 유지의 촉진

19 과잉생산 시의 생산자 보호〈농수산물 유통 및 가격안정에 관한 법률 제9조〉
　　㉠ 농림축산식품부장관은 채소류 등 저장성이 없는 농산물의 가격안정을 위하여 필요하다고 인정할 때에는 그 생산자 또는 생산자단체로부터 농산물가격안정기금으로 해당 농산물을 수매할 수 있다. 다만, 가격안정을 위하여 특히 필요하다고 인정할 때에는 도매시장 또는 공판장에서 해당 농산물을 수매할 수 있다.
　　㉡ ㉠에 따라 수매한 농산물은 판매 또는 수출하거나 사회복지단체에 기증하거나 그 밖에 필요한 처분을 할 수 있다.
　　㉢ 농림축산식품부장관은 ㉠과 ㉡에 따른 수매 및 처분에 관한 업무를 농업협동조합중앙회·산림조합중앙회(이하 "농림협중앙회"라 한다) 또는 「한국농수산식품유통공사법」에 따른 한국농수산식품유통공사(이하 "한국농수산식품유통공사"라 한다)에 위탁할 수 있다.
　　㉣ 농림축산식품부장관은 채소류 등의 수급 안정을 위하여 생산·출하 안정 등 필요한 사업을 추진할 수 있다.
　　㉤ ㉠부터 ㉢까지의 규정에 따른 수매·처분 등에 필요한 사항은 대통령령으로 정한다.

20 도매시장법인이 경매사를 임면(任免)하였을 때에는 농림축산식품부령 또는 해양수산부령으로 정하는 바에 따라 그 내용을 도매시장 개설자에게 신고하여야 하며, 도매시장 개설자는 농림축산식품부장관 또는 해양수산부장관이 지정하여 고시한 인터넷 홈페이지에 그 내용을 게시하여야 한다〈농수산물 유통 및 가격안정에 관한 법률 제27조(경매사의 임면) 제4항〉.
　　※ 도매시장법인이 경매사를 임면(任免)한 경우에는 별지 제3호 서식에 따라 임면한 날부터 30일 이내에 도매시장 개설자에게 신고하여야 한다〈농수산물 유통 및 가격안정에 관한 법률 시행규칙 제20조(경매사의 임면) 제2항〉.

21 대량 입하품 등의 우대 … 도매시장 개설자는 다음의 품목에 대하여 도매시장법인 또는 시장도매인으로 하여금 우선적으로 판매하게 할 수 있다〈농수산물 유통 및 가격안정에 관한 법률 시행규칙 제30조〉.
　　㉠ 대량 입하품
　　㉡ 도매시장 개설자가 선정하는 우수출하주의 출하품
　　㉢ 예약 출하품
　　㉣ 「농수산물 품질관리법」에 따른 표준규격품 및 우수관리인증농산물
　　㉤ 그 밖에 도매시장 개설자가 도매시장의 효율적인 운영을 위하여 특히 필요하다고 업무규정으로 정하는 품목

22 공판장의 거래관계자〈농수산물 유통 및 가격안정에 관한 법률 제44조 제1항, 제2항〉
　　㉠ 공판장에는 중도매인, 매매참가인, 산지유통인 및 경매사를 둘 수 있다.
　　㉡ 공판장의 중도매인은 공판장의 개설자가 지정한다. 이 경우 중도매인의 지정 등에 관하여는 제25조 제3항 및 제4항을 준용한다.

**23** 유통명령에는 유통명령을 하는 이유, 대상 품목, 대상자, 유통조절방법 등 대통령령으로 정하는 사항이 포함되어야 한다〈농수산물 유통 및 가격안정에 관한 법률 제10조(유통협약 및 유통조절명령) 제3항〉.
※ **유통조절명령** … 유통조절명령에는 다음의 사항이 포함되어야 한다〈농수산물 유통 및 가격안정에 관한 법률 시행령 제11조〉.
　　　㉠ 유통조절명령의 이유(수급 · 가격 · 소득의 분석 자료를 포함한다)
　　　㉡ 대상 품목
　　　㉢ 기간
　　　㉣ 지역
　　　㉤ 대상자
　　　㉥ 생산조정 또는 출하조절의 방안
　　　㉦ 명령이행 확인의 방법 및 명령 위반자에 대한 제재조치
　　　㉧ 사후관리와 그 밖에 농림축산식품부장관 또는 해양수산부장관이 유통조절에 관하여 필요하다고 인정하는 사항

**24** **상장되지 아니한 농수산물의 거래허가** … 중도매인이 도매시장의 개설자의 허가를 받아 도매시장법인이 상장하지 아니한 농수산물을 거래할 수 있는 품목은 다음과 같다. 이 경우 도매시장 개설자는 시장관리운영위원회의 심의를 거쳐 허가하여야 한다〈농수산물 유통 및 가격안정에 관한 법률 시행규칙 제27조〉.
　㉠ 연간 반입물량 누적비율이 하위 3퍼센트 미만에 해당하는 소량 품목
　㉡ 품목의 특성으로 인하여 해당 품목을 취급하는 중도매인이 소수인 품목
　㉢ 그 밖에 상장거래에 의하여 중도매인이 해당 농수산물을 매입하는 것이 현저히 곤란하다고 도매시장 개설자가 인정하는 품목

**25** 민간인 등이 민영도매시장의 개설허가를 받으려면 농림축산식품부령 또는 해양수산부령으로 정하는 바에 따라 민영도매시장 개설허가 신청서에 업무규정과 운영관리계획서를 첨부하여 시 · 도지사에게 제출하여야 한다〈농수산물 유통 및 가격안정에 관한 법률 제47조(민영도매시장의 개설) 제2항〉.

**26** 마늘과 파류의 기능성 물질인 알리인의 효능은 살균작용과 항암작용이 있다.
① **상추** – 락투시린(진통효과)
③ **토마토** – 리코핀(항산화작용, 노화방지)
④ **포도** – 레스베라트롤(항곰팡이)

**27** 철과 망간의 흡수억제는 과습조건과 밀접하지 않다.
※ **과습조건에서 발생하는 현상**
　　㉠ 무기호흡의 증가
　　㉡ 에탄올 축적
　　㉢ 세포벽의 목질화

**28** ④ **생장점 배양** : 식물의 생장점을 잘라 배지에서 키워 식물체를 분화시키는 배양법이다.
① **줄기배양** : 끝눈이나 곁눈을 포함한 줄기 마디를 대상으로 한 조직배양법이다.
② **화분배양** : 꽃밥에 들어 있는 꽃가루를 무균적으로 배양법이다.
③ **엽병배양** : 잎자루(떡잎과 잎겨드랑이 부분) 부분을 배양법이다.

**29** 인의 결핍은 생육초기의 뿌리발육이 저해되고, 어린잎이 암녹색이 되며 둘레에 오점이 생긴다. 심해지는 경우 황화되고 결실이 저해된다.
① 질소 : 황화 현상이 일어나고, 화곡류의 분열이 저해된다.
③ 철 : 어린잎에서 황화 현상이 나타나며, 마그네슘과 함께 엽록소의 형성을 감소시킨다.
④ 마그네슘 : 황화 현상이 나타나고, 뿌리나 줄기의 생장점 발육이 저해된다.

**30** 즙액을 흡수하는 흡즙성해충의 종류는 패각충, 멸구, 애멸구, 깍지진디, 진딧물, 진드기, 방귀벌레 등이며, 콩 풍뎅이는 꽃에 모여 꽃가루나 꽃 등을 먹는 저작성해충이다.

**31** 건물을 생산하기 위한 속도를 증가시키는 요인으로 일정량의 수분을 증산하여 축적된 건물량을 얻는 요인이다. 풍속증가, 높은 광량, 낮은 습도, 높은 온도 등이 필요하다.

**32** 고설재배 … 현대화된 방식으로 땅에서 약 1m가량 높이의 베드에 딸기를 재배하여 정해진 영양액을 일정한 간격으로 공급하는 것을 말하며, 토경재배에 비해 설치비가 많이 소요된다.

**33** 배추과(십자화과) … 쌍떡잎식물의 한 과로 네 개의 꽃받침조각과 네 개의 꽃잎이 십자모양을 이루는 식물의 과를 말하며, 비트는 쌍떡잎식물은 맞지만 명아주과의 두해살이 풀이다.

**34** 일년초 … 파종한 다음 1년 안에 꽃이 피고 씨가 맺힌 후 말라죽는 것으로 봄뿌림한해살이와 가을뿌림 한해살이가 있다. 일년초 화훼류에는 맨드라미, 봉선화, 채송화, 사루비아, 매리골드 등이 있다. 이외에 두해살이 및 여러해살이 화초가 있다.

**35** ⓒ 화훼류는 꽃이 80% 이상 개화된 만개일시를 기준으로 수확한다.

**36** 장기간 토양에 농약과 화학 비료를 과다 투입하면 토양에 염류가 쌓이는데 이는 작물의 뿌리 생장이 저조해지고 생육을 불량하게 한다.

**37** 절화류 보존제 … 절화수명을 연장하는 물질로 당, 살균제, 에틸렌발생억제제 등이 있다.
① 에틸렌 : 기체상태의 식물호르몬으로 절화의 수명을 단축시키는 물질이다.
③ ACC : 에틸렌의 전구물질
④ 에테폰 : 에테폰은 에틸렌을 생성하는 물질이다.

**38** 생장억제제 … ABA, 페놀, CCC, B-9, Phosphon-D, AMO-1618, MH-30 등이 있다.
② NAA - 생장호르몬제(옥신류)
③ IAA - 생장호르몬제(옥신류)
④ GA - 도장호르몬(지베렐린)

**39** 저온춘화 … 식물체가 일정 기간 동안 저온을 거쳐야만 꽃눈이 분화되거나 개화가 일어나는 현상이다. 개화를 위해 식물을 낮은 온도로 자극하는 것으로, 일반적으로 원년생 장일식물은 비교적 저온인 1 ~ 10℃의 처리가 유효(저온춘화)하고, 단일식물은 비교적 고온인 10 ~ 30℃의 처리가 유효(고온춘화)하다.

**40** 토양 대신 생육에 요구되는 무기양분을 용해시킨 영양액으로 작물을 재배하는 것을 양액재배 또는 무토재배라 함. 박막수경은 환류식 액상배지경으로 고형배지 없이 양액을 일정 수위에 맞춰 흘려보내는 재배법이다.
  ① 매트재배 – 가공배지경(고형배지경)
  ③ 분무경 – 기상배지경(기상배지경)
  ④ 저면관수 – 담액수경(액상배지경)

**41** ㉠ 양지식물 : 햇볕이 잘 드는 곳에서 잘 자라는 식물로 박과, 콩과, 가지과 등으로 보통 사막에 사는 다육식물이나 알뿌리식물, 침엽수, 허브, 야생화 등이 있다.
  ㉡ 음지식물 : 어느 정도의 그늘에서도 잘 자라는 식물로 토란, 아스파라거스, 마늘, 잎채소 등으로 관음죽, 아글라오네마, 디펜바키아, 드라세나, 고무나무 등이 있다.

**42** ① 수분과 질소를 포함한 양분이 풍부해도 탄수화물의 생성이 적으면 결실과 화성이 불량해진다.
  ※ 꽃눈분화(화아분화) … 발육 중에 있는 정아 또는 액아가 잎으로 될 원기는 가지고 있으나, 일정한 요건에 의해 원기형성을 중지하고 꽃이 되는 것이다.

**43** 사과의 붉은색은 안토시아닌에 의하여 결정되는데, 일조유지를 최대화하고 일교차가 크며, 질소비료를 억제하면 착색을 양호하게 할 수 있다.

**44** 가지를 다른 가지와 접붙이는 것을 고접이라고 하며, 바이러스에 의해 발생된다.

**45** 위과 … 씨방의 일부나 그 외 화탁(꽃받침) 등 주변 기관이 발육하여 과육이 되는 것으로 사과, 배, 딸기, 오이 등이 있다.

**46** 옥신류 … 줄기나 뿌리의 선단에서 합성되어 체내의 아래로 극성이동을 하며 세포의 신장 촉진작용을 하여 조직이나 기관의 생장을 촉진한다. IBA, NAA, PCPA, MCPA 등이 있다.
  ② GA : 지베렐린 계열의 식물호르몬으로 발아촉진 등에 사용한다.
  ③ ABA : 생장억제제의 한 종류이다.
  ④ AOA : 에틸렌 생합성 억제제이다.

**47** 배의 경우 저온요구도가 길지만 참다래는 짧다.
  ※ 저온요구도
  ㉠ 배 : – 7.2℃ 이하에서 1500 ~ 1500시간
  ㉡ 참다래 : 7.2℃ 이하에서 700시간(헤이워드)

**48** 고두병의 원인 … 칼슘 부족, 질소 과다, 마그네슘 과다 등이 있다.

**49** 마늘은 백합과이며, 생강은 생강과이다.
  ① 상추 – 국화 : 국화과
  ② 고추 – 감자 : 가지과
  ③ 자두 – 딸기 : 장미과

**50** 해충은 대부분 곤충이며, 이외에 갑각류, 복족류, 선충류 등이 있다.

② 깍지벌레 : 흡즙해가 발생한다.

③ 귤응애 : 흡즙해가 발생한다.

④ 뿌리혹선충 : 벌레혹이 형성된다.

**51** 예냉 … 수확 후 원예산물에서 발생하는 품질악화를 감소시키는 수확 후 처리과정이다.

※ 수확한 산물은 양분을 공급받지 못하더라도 생리현상이 진행되어 축적된 양분으로 상태를 유지하는데 온도의 영향으로 대사 작용의 속도가 크게 변화하기 때문에 수확 후 온도 관리는 반드시 필요하다.

**52** ㉠ 전분지수 : 사과의 수확 판정지표로 아이오딘(요오드)검사를 통해 확인한다.

㉡ 아이오딘(요오드)검사 : 전분은 요오드와 반응하여 청색을 나타나는데 성숙이 진행될수록 반응이 약해져 완전이 숙성되면 반응이 나타나지 않는다.

**53** 감, 양파, 당근은 시금치에 비하여 증산작용이 활발하지 않다. 신선한 과일이나 채소의 경우 중량의 80 ~ 95%를 차지하며, 대부분의 채소는 수분함량이 90% 이상이며, 증산이 많아지게 되면 산물의 생체중이 5 ~ 10%까지 떨어지므로 상품성이 크게 훼손된다.

※ 증산작용 … 식물에서 수분이 빠져나가는 현상을 말한다.

**54** 배추는 수확 전에 꽃이 피면 상품성이 없어진다.

※ 수확기 … 산물의 이용 목적, 시장과 기상, 발육정도, 재배조건 등에 따라 결정하며, 판정지표로는 개화 후 경과일수, 네트발달정도, 착색정도, 당이나 전분 등의 함량, 과즙정도 등으로 해당 품목에 따라 결정한다.

**55** 칼슘 부족으로 인한 생리장해는 상추, 부추, 양파, 마늘 등의 잎끝마름증상, 배꼽썩음병(수박, 고추 등), 사과의 고두병, 참외의 물찬참외증상, 양배추의 흑심병 등이 있다.

**56** ③ MA저장 : 필름이나 피막제를 이용하여 산물을 포장하여 외부와 차단하여 산소농도 저하와 이산화탄소 농도 증가로 인한 품질변화를 억제하는 방법이다.

① 저온저장 : 냉각을 통해 일정한 온도까지 산물의 온도를 내린 후 일정하게 유지시켜 저장한다.

② CA저장 : 대기조성과는 다른 공기조성하에 저장한다.

④ 저산소저장 : CA저장의 유형으로 산소농도를 한계농도까지 낮춰 저장한다.

**57** 호흡양상은 호흡상승과와 비호흡상승과가 있으며, 산소의 이용유무에 따라 호기성호흡과 혐기성 호흡으로 구분된다.

㉠ 호흡상승과 : 바나나, 토마토, 살구, 아보카도 등이 있다.

㉡ 비호흡상승과 : 포도, 오이, 고추, 딸기, 오렌지 등이 있다.

**58** 토마토는 엽록체에 있는 클로로필이 파괴되는 동시에 적색이 발달하며 리코핀이 합성된다.

**59** 산물의 선별은 이물질이나 변형, 부패된 산물을 제거하고 품질평가 기준에 따라 등급을 분류하여 품질을 보증함으로 상품가치는 높이는 동시에 거래질서를 공정하게 하도록 하며, 선별방법은 무게에 의한 선별(중량식 선별기), 크기 및 모양에 의한 선별(형상식 선별기), 색에 의한 선별, 구성 성분과 정성 및 정량선별 등(비파괴 선별기)이 있다.

**60** ③ 주로 메틸브로마이트는 농산물을 수입할 때 병해충이 묻어오는 것을 막기 위한 방역제로 쓰인다.
※ 신선편이농산물의 세척 … 염소세척, 오존수세척, 전해수를 이용한 살균소독, 열처리를 이용한 살균소독 등이 있다.

**61** 산물의 품질구성요인 중 조직감은 식미의 가치를 결정하는 중요한 요인으로 수송에도 많은 영향을 준다. 조직감은 단단한 정도와 연한정도, 즙액의 양 등과 단단함, 연함, 사각거림 등과 다즙성, 섬유질, 입자 등 여러 요인에 의하여 결정되며, 촉감에 의해 느껴지는 물리적 특성이다.

**62** 풍미(맛과 향기) … 조직을 입에 넣어 씹을 때의 맛과 향을 감각기관을 통해 종합적으로 느낄 수 있으며, 기본적인 기준은 단맛, 신맛, 당산비, 쓴맛 등이 있고, 향기는 휘발성 물질에 의해 결정된다.

**63** 굴절당도계 … 빛의 굴절율을 이용하여 당도와 염류, 단백질 등 물에 녹는 물질 모두를 측정하여 수용액 중에 함유되는 가용성 고형분(함유물질)의 농도를 알 수 있다.

**64** 아열대가 원산지인 품목에서 많이 발생하며 어는점 이상의 저온에 노출 시 나타나는 영구적인 생리장해이다.

**65** 채소의 호흡 속도는 아스파라거스 > 완두 > 시금치 > 당근 > 오이 > 토마토 > 무 > 수박 > 양파 순이다.

**66** CA저장고에 사용되는 기기
㉠ 산소 농도를 낮추기 위한 질소발생기
㉡ 에틸렌 제어기
㉢ 산소와 이산화탄소의 농도측정 및 분석 제어기기
㉣ 이산화탄소 흡착기

**67** 딸기는 호흡 속도가 빠르므로 에틸렌을 처리할 경우 저장기간이 더욱 단축된다.

**68** 일반적으로 에틸렌은 식물의 노화를 촉진하여 저장성을 저해하므로 호흡을 억제하고 에틸렌의 합성을 일정수준 이하로 낮추어야 한다.

**69** 에틸렌의 영향
㉠ 저장이나 수송하는 과일의 숙성과 연화를 촉진한다.
㉡ 채소의 황화를 일으키고 노화를 촉진한다.
㉢ 줄기채소류는 섬유질화가 되어 경화현상이 일어난다.

**70** 예건 … 식물의 외층을 미리 건조시켜 내부조직의 수분증산을 억제하는 방법으로 수확 후 과실의 호흡작용이 안정화되고, 과습으로 인한 부패가 방지된다.

**71** 저온저장고의 온도가 편차범위 이상으로 차이가 발생할 경우, 상대습도의 변화로 저장력이 떨어진다.

**72** ① 공기의 유동을 억제하고 저장고의 온도와 냉각기 온도의 편차를 줄인다.(습도관리)
② 선별장과 저장고의 온도 차이를 최소화한다.(온도관리)
③ 포장용기는 수분흡수가 적은 것을 사용하여 습도를 유지한다.(습도관리)

※ 저온저장고의 관리
　　㉠ 온도관리
　　㉡ 습도관리
　　㉢ 서리제거
　　㉣ 에틸렌제거
　　㉤ 저장고소독

**73** 화학적 손상은 온도의 조절로 인한 신선도의 유지를 통하여 유통기한을 연장할 수 있다.

**74** **생물학적 위해요인** … 병원성 미생물, 바이러스, 해충, 해조류 등이며, 곰팡이는 해당하지 않는다.

**75** HACCP의 원칙
　　㉠ 위해요소 분석(HA)를 실시한다.
　　㉡ 중요관리점(CCP)을 결정한다.
　　㉢ 한계기준(CL)을 설정한다.
　　㉣ 중요관리점(CCP)에 대한 모니터링체계를 확립한다.
　　㉤ 모니터링 결과 중요관리점(CCP)이 관리상태를 위반했을 경우의 개선조치방법(CA)을 수립한다.
　　㉥ HACCP가 효과적으로 시행되는지를 검증하는 방법을 수립한다.
　　㉦ 이들 원칙 및 그 적용에 대한 문서화와 기록 유지방법을 수립한다.

**76** **가치사슬** … 기업이 제품 또는 서비스를 생산하기 위해 원재료, 노동력, 자본 등의 자원을 결합하는 과정으로 생산된 농산물이 생산자인 농업인으로부터 소비자나 사용자에게 이르기까지의 모든 경제활동을 말한다.

**77** 농산물의 소비구조 변화 요인
　　㉠ **사회적요인** : 생리적 필요성, 기호, 준거집단, 라이프스타일 등이 있다.
　　㉡ **경제적요인** : 인구, 가계소득, 가격 등이 있다.
　　㉢ **농산물의 수요증가율** : 인구증가율, 소득증가율, 수요탄력성 등이 있다.

**78** **농산물유통마진** … 소비자가 농산물의 구입에 대한 지출금액에서 농업인이 수취한 금액을 공제하는 것으로 유통단계에 종사하고 있는 모든 유통기관에 의해 수행된 효용증대와 기능에 대한 대가이며, 보관 수송이 용이하고 부패성이 적은 농산물은 마진이 낮고 부피가 크고 수송이 어려울수록 마진이 높다.

**79** **공동계산제** … 다수의 개별농가가 생산한 농산물을 출하자 별로 구분하는 것이 아닌 혼합하여 등급별로 구분하고 관리 판매하는 것으로 등급에 따라 비용과 대금을 평균하여 농가에 정산해주는 방식이다. 출하기를 조절하거나 수송, 보관, 저장 방법의 개선을 통해 농산물을 계획적으로 판매하여 수취 가격을 평준화하는 방법으로 개별농가의 위험분산, 대량거래가능, 출하조절의 용이성확보, 생산자 수취 가격 제고, 규모의 경제 실현 등의 장점이 있다.

**80** 소비자의 심리를 고려한 결정법중 하나로 소비자에게 저렴하다는 인식을 심어 구매를 하도록 유도하는 판매전략이다.

**81** 산지직거래의 구성요소

ⓐ 수집상 : 생산지를 순회하며 농산물을 수집하여 다음 소비지의 위탁상이나 시장출하는 전담하는 상인을 말한다.

ⓑ 산지위탁상인 : 생산지의 생산자로부터 위탁받아 위탁거래를 하거나 수집한 농산물을 도매시장이나 소비지수
집상에게 넘겨주는 상인을 말한다.

ⓒ 중개시장상인의 대리인 : 중개시장에서 상인들이 수행하는 기능 중 일부를 위임받아 활동하는 상인을 말한다.

ⓓ 협동조합 : 생산한 농산물을 골판장이나 시장에 출하하거나 일정 시기에 순회 수집하여 중개시장에 출하한다.

**82** 산지직거래의 유형

ⓐ 로컬푸드직매장(농산물직판장)

ⓑ 직거래장터(주말시장)

ⓒ 농민시장(농산물 산지직거래) 등

**83** 수급 상황에 따라 가격이 급변한다.

**84** 2013년 농산물 유통 및 가격안정에 관한 법률의 개정으로 정가수의매매가 허용된 후 적극적으로 예약상대거
래를 활용하고 있다.

**85** 선물거래의 기능

ⓐ 위험전가기능          ⓑ 가격예시기능

ⓒ 재고의 배분기능        ⓓ 자본의 형성기능

ⓔ 가격변동에 대한 예비기능

**86** 산지유통 … 시장을 거치지 않고 생산자와 소비자 또는 단체가 연결된 형태이다.

**87** ① 거래 – 유통마진

③ 저장 – 시간의 효용증개를 위한 비용

④ 수송 – 장소의 효용증대를 위해 투입된 모든비용

**88** 농산물 유통의 조성기능

ⓐ 표준화              ⓑ 등급화

ⓒ 유통금융            ⓓ 위험부담

ⓔ 시장정보

**89** SWOT분석

ⓐ 강점(Strength) : 내부요인에 의한 강점을 말한다.

ⓑ 약점(Weakness) : 내부요인에 의한 약점을 말한다.

ⓒ 기회(Opportunity) : 외부요인(경쟁, 고객, 시장환경)에서 비롯된 기회를 말한다.

ⓓ 위협(Threat) : 외부요인(경쟁, 고객, 시장환경 등)에서 비롯된 위협을 말한다.

**90** 시장세분화 전략 … 가치관의 다양화와 소비의 다양화라는 현대환경에 적응하기 위해 소비자를 충족시켜 시장의
점유율을 높이려는 전략이다.

**91** 마케팅조사 … 조사내용에는 상품조사, 판매조사, 소비자조사, 판로조사 등으로 조사 방법은 관찰조사와 질문조사, 실험조사 등으로 구분된다.

**92** 가격전략의 형태
ⓖ 저가격정책 : 수요의 가격탄력성이 크고 대량 생산으로 비용이 절감될 수 있는 경우
ⓛ 고가격정책 : 수요의 가격탄력성이 적고 수량 다품종 생산인 경우
ⓒ 할인가격정책 : 특정상품에 대하여 제조원가보다 낮은 가격으로 점유율을 높여야 할 경우

**93** 기업 이미지 개선을 위해서는 상표광고보다 기업광고가 유용하며, 상표광고는 제조업체나 유통업체가 생산된 제품에 각각 별도의 상표를 부여하여 광고하는 것으로 상품판매에 적합한 방법이다.

**94** 소비자 구매심리과정
ⓖ 주의(문제의 인식)　　　　ⓛ 흥미(정보의 탐색)
ⓒ 욕구(대체안의 평가)　　　　ⓔ 기억(구매의사결정)
ⓜ 행동(구매)

**95** 농산물 물류비 … 수송비, 포장비, 하역비, 저장비, 가공비 등이며, 간접비용으로 임대료, 자본이자, 통신비 등이 있다.

**96** 대체재 … 다양한 재화 중 유사한 효용을 얻을 수 있는 재화로 다른 재화의 가격급변에 대하여 대응하였을 때 효과가 있는 것을 말한다.

**97** 자조금사업 … 생산자단체 또는 관계자가 해당 산업의 이익을 위하여 시행하는 사업을 말한다.

**98** 농산물유통정보의 기능
ⓖ 가격정보 분석
ⓛ 출하시기의 조정
ⓒ 생산작물 선택을 위한 조사
ⓔ 산물의 가격분석
ⓜ 구매자 확보를 위한 시장분석

**99** 포장의 기능 … 형태의 효용을 증대시키며, 제품을 보호하고 판매를 촉진한다.

**100** 소비자 구매심리과정
ⓖ 주의(문제의 인식)
ⓛ 흥미(정보의 탐색)
ⓒ 욕구(대체안의 평가)
ⓔ 기억(구매의사결정)
ⓜ 행동(구매)
※ 상기 단계가 지속적으로 순환한다.

PART

# 부록

## I 농수산물 품질관리 관계법령

**1** 농수산물 품질관리법령상 동음이의어 지리적 표시에 관한 정의이다. (     ) 안에 들어갈 내용으로 옳은 것은?

"동음이의어 지리적표시"란 동일한 품목에 대하여 지리적표시를 할 때 타인의 지리적표시와 (     ) 은(는) 같지만 해당 지역이 다른 지리적표시를 말한다.

① 발음 ② 유래
③ 명성 ④ 품질

**2** 농수산물 품질관리법령상 농수산물품질관리심의회의에서 심의하는 사항이 아닌 것은?

① 농산물 품질인증에 관한 사항
② 농산물 이력추적관리에 관한 사항
③ 유전자변형농산물의 표시에 관한 사항
④ 농산물 표준규격 및 물류표준화에 관한 사항

**3** 농수산물 품질관리법령상 2022년 4월 1일 검사한 보리쌀의 농산물검사의 유효 기간은?

① 40일 ② 60일
③ 90일 ④ 120일

**4** 농수산물 품질관리법령상 다른 사람에게 농산물품질관리사 자격증을 빌려 주어 자격이 취소된 사람은 그 처분이 있은 날부터 농산물품질관리사 자격시험에 응시 할 수 없는 기간은?

① 1년 ② 2년
③ 3년 ④ 5년

**5** 농수산물 품질관리법령상 우수관리시설의 지위를 승계한 경우 종전의 우수관리시설에 행한 행정제재처분의 효과는 그 지위를 승계한 자에게 승계된다. 처분사실을 인지한 승계자에게 그 처분이 있은 날부터 행정제재처분의 효과가 승계되는 기간은?

① 6개월
② 1년
③ 2년
④ 3년

**6** 농수산물 품질관리법령상 우수관리인증농산물 표시의 제도법에 관한 설명으로 옳지 않은 것은?

① 인증번호는 표지도형 밑에 표시한다.
② 표지도형의 영문 글자는 고딕체로 한다.
③ 표지도형 상단의 "농림축산식품부"와 "MAFRA KOREA"의 글자는 흰색으로 한다.
④ 표지도형의 색상은 녹색을 기본색상으로 하고, 포장재의 색깔 등을 고려하여 빨간색으로 할 수 있다.

**7** 농수산물 품질관리법령상 농산물의 이력추적관리 등록에 관한 설명으로 옳지 않은 것은?

① 농림축산식품부장관은 이력추적관리의 등록을 한 자에 대하여 이력추적관리에 필요한 비용의 일부를 지원할 수 있다.
② 농림축산식품부장관은 이력추적관리의 등록자로부터 등록사항의 변경신고를 받은 날부터 1개월 이내에 신고수리 여부를 신고인에게 통지하여야 한다.
③ 대통령령으로 정하는 농산물을 생산하거나 유통 또는 판매하는 자는 농림축산식품부장 관에게 이력추적관리의 등록을 하여야 한다.
④ 이력추적관리의 등록을 한 자는 등록사항이 변경된 경우 변경 사유가 발생한 날부터 1개월 이내에 농림축산식품부장관에게 신고하여야 한다.

**8** 농수산물 품질관리법령상 지리적표시 농산물의 특허법 준용에 관한 설명으로 옳지 않은 것은?

① 출원은 등록신청으로 본다.
② 특허권은 지리적표시권으로 본다.
③ 심판장은 농림축산식품부장관으로 본다.
④ 산업통상자원부령은 농림축산식품부령으로 본다.

**9** 농수산물 품질관리법령상 지리적표시품의 1차 위반행위에 따른 행정처분 기준이 가장 경미한 것은?

① 지리적표시품이 등록기준에 미치지 못하게 된 경우

② 등록된 지리적표시품이 아닌 제품에 지리적표시를 한 경우

③ 지리적표시품 생산계획의 이행이 곤란하다고 인정되는 경우

④ 지리적표시품에 정하는 바에 따른 지리적표시를 위반하여 내용물과 다르게 거짓표시를 한 경우

**10** 농수산물 품질관리법령상 안전성조사 업무의 일부와 시험분석 업무를 수행하기 위하여 안전성검사기관을 지정하고 안전성조사와 시험분석 업무를 대행하게 할 수 있는 권한을 가진 자는?

① 식품의약품안전처장

② 국립농산물품질관리원장

③ 농림축산식품부장관

④ 농촌진흥청장

**11** 농수산물 품질관리법령상 안전성검사기관에 대해 6개월 이내의 기간을 정하여 업무의 정지를 명할 수 있는 경우는? (단, 경감사유는 고려하지 않음)

① 검사성적서를 거짓으로 내준 경우

② 거짓된 방법으로 안전성검사기관 지정을 받은 경우

③ 부정한 방법으로 안전성검사기관 지정을 받은 경우

④ 업무의 정지명령을 위반하여 계속 안전성조사 및 시험분석 업무를 한 경우

**12** 농수산물 품질관리법령상 유전자변형농산물의 표시기준 및 표시방법이 아닌 것은?

① '유전자변형농산물임'을 표시

② '유전자변형농산물이 포함되어 있음'을 표시

③ '유전자변형농산물이 포함되어 있지 않음'을 표시

④ '유전자변형농산물이 포함되어 있을 가능성이 있음'을 표시

**13** 농수산물 품질관리법령상 위반에 따른 벌칙의 기준이 다른 것은?

① 우수관리인증농산물이 우수관리기준에 미치지 못하여 우수관리인증농산물의 유통업자에게 판매금지 조치를 명하였으나 판매금지 조치에 따르지 아니한 자

② 유전자변형농산물의 표시를 거짓으로 한 자에게 해당 처분을 받았다는 사실을 공표할 것을 명하였으나 공표명령을 이행하지 아니한 자

③ 안전성조사를 한 결과 농산물의 생산단계 안전기준을 위반하여 출하 연기 조치를 명하였으나 조치를 이행하지 아니한 자

④ 지리적표시품의 표시방법을 위반하여 표시방법에 대한 시정명령을 받았으나 시정명령에 따르지 아니한 자

**14** 농수산물의 원산지 표시 등에 관한 법령상 프랑스에서 수입하여 국내에서 35일간 사육한 닭을 국내 일반음식점에서 삼계탕으로 조리하여 판매할 경우 원산지표시 방법으로 옳은 것은?

① 삼계탕(닭고기 : 국내산)

② 삼계탕(닭고기 : 프랑스산)

③ 삼계탕(닭고기 : 국내산(출생국 : 프랑스))

④ 삼계탕(닭고기 : 국내산과 프랑스산 혼합)

**15** 농수산물의 원산지 표시 등에 관한 법령상 위반행위에 관한 내용이다. (    ) 안에 해당하는 과태료 부과기준은?

> ( ㉠ ) : 원산지 표시대상 농산물을 판매 중인 자가 원산지 거짓표시 행위로 적발되어 처분이 확정된 경우 농산물 원산지 표시제도 교육을 이수하도록 명령을 받았으나 교육 이수명령을 이행하지 아니한 자
>
> ( ㉡ ) : 원산지 표시대상 농산물을 판매 중인 자는 원산지의 표시 여부 · 표시사항과 표시방법 등의 적정성을 확인하기 위하여 수거 · 조사 · 열람을 하는 때에는 정당한 사유 없이 이를 거부 · 방해하거나 기피하여서는 아니 되나 수거 · 조사 · 열람을 거부 · 방해하거나 기피한 자

| | ㉠ | ㉡ | | ㉠ | ㉡ |
|---|---|---|---|---|---|
| ① | 500만 원 이하 | 500만 원 이하 | ② | 500만 원 이하 | 1,000만 원 이하 |
| ③ | 1,000만 원 이하 | 500만 원 이하 | ④ | 1,000만 원 이하 | 1,000만 원 이하 |

**16** 농수산물의 원산지 표시 등에 관한 법령상 A 씨가 판매가 35,000원 상당의 고사리에 원산지를 표시하지 않아 원산지 표시의무를 위반한 경우 부과되는 과태료는? (단, 감경사유는 고려하지 않음)

① 30,000원

② 35,000원

③ 40,000원

④ 50,000원

**17** 농수산물 유통 및 가격안정에 관한 법령상 중앙도매시장은?

① 서울특별시 강서 농산물도매시장

② 부산광역시 반여 농산물도매시장

③ 광주광역시 서부 농수산물도매시장

④ 인천광역시 삼산 농산물도매시장

**18** 농수산물 유통 및 가격안정에 관한 법령상 가격 예시에 관한 설명으로 옳지 않은 것은?

① 농림축산식품부장관이 예시가격을 결정할 때에는 미리 기획재정부장관과 협의하여야 한다.

② 농림축산식품부장관은 해당 농산물의 파종기 이후에 하한가격을 예시하여야 한다.

③ 가격예시 대상 품목은 계약생산 또는 계약출하를 하는 농산물로서 농림축산식품부장관이 지정하는 품목으로 한다.

④ 농림축산식품부장관은 농림업관측 등 예시가격을 지지하기 위한 시책을 추진하여야 한다.

**19** 농수산물 유통 및 가격안정에 관한 법령상 농림축산식품부장관이 필요하다고 인정할 때에 생산자단체를 지정하여 수입 · 판매하게 할 수 있는 품목은?

① 오렌지

② 고추

③ 마늘

④ 생강

**20** 농수산물 유통 및 가격안정에 관한 법령상 산지유통인의 등록에 관한 설명으로 옳지 않은 것은?

① 농수산물을 수집하여 도매시장에 출하하려는 자는 부류별로 도매시장 개설자에게 등록하여야 한다.

② 중도매인의 임직원은 해당 도매시장에서 산지유통인의 업무를 하여서는 아니 된다.

③ 거래의 특례에 따라 시장도매인이 도매시장법인으로부터 매수하여 판매하는 경우 산지유통인 등록을 하여야 한다.

④ 생산자단체가 구성원의 생산물을 출하하는 경우 산지유통인 등록을 하지 않아도 된다.

**21** 농수산물 유통 및 가격안정에 관한 법령상 농산물가격안정기금에 관한 설명으로 옳지 않은 것은?

① 기금은 정부 출연금 등의 재원으로 조성한다.

② 기금은 농산물의 수출 촉진 사업에 융자 또는 대출할 수 있다.

③ 기금은 도매시장 시설현대화 사업 지원 등을 위하여 지출한다.

④ 기금은 국가회계원칙에 따라 기획재정부장관이 운용·관리한다.

**22** 농수산물 유통 및 가격안정에 관한 법령상 농수산물 전자거래에 관한 설명으로 옳지 않은 것은?

① 농림축산식품부장관은 한국농수산식품유통공사에 농수산물 전자거래소의 설치 및 운영·관리업무를 수행하게 할 수 있다.

② 농수산물전자거래의 거래수수료는 거래액의 1천분의 30을 초과할 수 없다.

③ 농수산물전자거래의 거래품목은 농림축산식품부령 또는 해양수산부령으로 정하는 농수산물이다.

④ 농수산물전자거래분쟁조정위원회 위원의 임기는 2년으로 하며, 최대 연임가능 임기는 6년이다.

**23** 농수산물 유통 및 가격안정에 관한 법령상 전년도 연간 거래액이 8억 원인 시장도 매인이 해당 도매시장의 중도매인에게 농산물을 판매하여 시장도매인 영업규정 위반으로 2차 행정처분을 받은 경우 도매시장 개설자가 부과기준에 따라 시장도 매인에게 부과하는 과징금은? (단, 과징금의 가감은 없음)

① 120,000원　　　　　　　　　　② 180,000원

③ 360,000원　　　　　　　　　　④ 540,000원

**24** 농수산물 유통 및 가격안정에 관한 법령상 도매시장법인의 겸영에 관한 설명으로 옳지 않은 것은?

① 도매시장법인이 해당 도매시장 외의 군소재지에서 겸영사업을 하려는 경우에는 겸영사업 개시 전에 겸영사업의 내용 및 계획을 겸영하려는 사업장 소재지의 군수에게도 알려야 한다.

② 도매시장 개설자는 도매시장법인의 과도한 겸영사업이 우려되는 경우에는 농림축산식품부령이 정하는 바에 따라 겸영사업을 2년 이내의 범위에서 제한할 수 있다.

③ 겸영사업을 하려는 도매시장법인의 유동비율은 100퍼센트 이상이어야 한다.

④ 도매시장법인이 겸영사업으로 수출을 하는 경우 중도매인·매매참가인 외의 자에게 판매할 수 있다.

**25** 농수산물 유통 및 가격안정에 관한 법령상 농수산물 공판장에 관한 설명으로 옳지 않은 것은?

① 공판장의 중도매인은 공판장의 개설자가 허가한다.

② 공판장 개설자가 업무규정을 변경한 경우에는 시·도지사에게 보고하여야 한다.

③ 농림수협등이 공판장을 개설하려면 시·도지사의 승인을 받아야 한다.

④ 도매시장공판장은 농림수협등의 유통자회사로 하여금 운영하게 할 수 있다.

## II 원예작물학

**26** 원예작물별 주요 기능성 물질의 연결이 옳지 않은 것은?

① 상추 – 시니그린(sinigrin)　　② 고추 – 캡사이신(capsaicin)

③ 마늘 – 알리인(alliin)　　④ 포도 – 레스베라트롤(resveratrol)

**27** 국내 육성 품종을 모두 고른 것은?

| | |
|---|---|
| ㉠ 백마(국화) | ㉡ 샤인머스캣(포도) |
| ㉢ 부유(단감) | ㉣ 매향(딸기) |

① ㉠㉡　　② ㉠㉣

③ ㉡㉢　　④ ㉢㉣

**28** 과(科, family)명과 원예작물의 연결이 옳은 것은?

① 가지과 – 고추, 감자　　② 국화과 – 당근, 미나리

③ 생강과 – 양파, 마늘　　④ 장미과 – 석류, 무화과

**29** 채소 수경재배에 관한 설명으로 옳지 않은 것은?

① 청정재배가 가능하다.

② 재배관리의 자동화와 생력화가 쉽다.

③ 연작장해가 발생하기 쉽다.

④ 생육이 빠르고 균일하다.

**30** 채소의 육묘재배에 관한 설명으로 옳지 않은 것은?

① 조기 수확이 가능하다.
② 본밭의 토지이용률을 증가시킬 수 있다.
③ 직파에 비해 발아율이 향상된다.
④ 유묘기의 병해충 관리가 어렵다.

**31** 양파의 인경비대를 촉진하는 재배환경 조건은?

① 저온, 다습
② 저온, 건조
③ 고온, 장일
④ 고온, 단일

**32** 토양의 염류집적에 관한 대책으로 옳지 않은 것은?

① 유기물을 시용한다.
② 객토를 한다.
③ 시설로 강우를 차단한다.
④ 흡비작물을 재배한다.

**33** 우리나라에서 이용되는 해충별 천적의 연결이 옳은 것은?

① 총채벌레 – 굴파리좀벌
② 온실가루이 – 칠레이리응애
③ 점박이응애 – 애꽃노린재류
④ 진딧물 – 콜레마니진디벌

**34** 장미 블라인드의 원인을 모두 고른 것은?

| ㉠ 일조량 부족 | ㉡ 일조량 과다 |
| ㉢ 낮은 야간온도 | ㉣ 높은 야간온도 |

① ㉠㉢
② ㉠㉣
③ ㉡㉢
④ ㉡㉣

**35** 해충의 피해에 관한 설명으로 옳지 않은 것은?

① 총채벌레는 즙액을 빨아먹는다.
② 진딧물은 바이러스를 옮긴다.
③ 온실가루이는 배설물로 그을음병을 유발한다.
④ 가루깍지벌레는 뿌리를 가해한다.

**36** 화훼작물의 양액재배 시 양액조성을 위해 고려해야 할 사항이 아닌 것은?

① 전기전도도(EC)
② 이산화탄소 농도
③ 산도(pH)
④ 용존산소 농도

**37** 화훼작물의 저온 춘화에 관한 설명으로 옳지 않은 것은?

① 저온에 의해 화아분화와 개화가 촉진되는 현상이다.
② 종자 춘화형은 일정기간 동안 생육한 후부터 저온에 감응한다.
③ 녹색 식물체 춘화형에는 꽃양배추, 구근류 등이 있다.
④ 탈춘화는 춘화처리의 자극이 고온으로 인해 소멸되는 현상을 말한다.

**38** 분화류의 신장을 억제하여 콤팩트한 모양으로 상품성을 향상시킬 수 있는 생장조절제는?

① 2,4 - D
② IBA
③ IAA
④ B-9

**39** 다음이 설명하는 재배법은?

> • 주요 재배품목은 딸기이다.
> • 점적 또는 NFT 방식의 관수법을 적용한다.
> • 재배 베드를 허리높이까지 높여 토경재배에 비해 작업의 편리성이 높다.

① 매트재배
② 네트재배
③ 아칭재배
④ 고설재배

**40** 부(−)의 DIF에서 초장 생장의 억제효과가 가장 큰 원예작물은?

① 튤립 　　　　　　　　　　　② 국화

③ 수선화 　　　　　　　　　　④ 히야신스

**41** 조직배양을 통한 무병주 생산이 산업화된 원예작물을 모두 고른 것은?

| | |
|---|---|
| ㉠ 감자 | ㉡ 참외 |
| ㉢ 딸기 | ㉣ 상추 |

① ㉠㉡ 　　　　　　　　　　② ㉠㉢

③ ㉡㉢ 　　　　　　　　　　④ ㉢㉣

**42** 다음이 설명하는 병은?

- 주로 5 ~ 7월경에 발생한다.
- 사과나 배에 많은 피해를 준다.
- 피해 조직이 검게 변하고 서서히 말라 죽는다.
- 세균(Erwinia amylovora)에 의해 발생한다.

① 궤양병 　　　　　　　　　　② 흑성병

③ 화상병 　　　　　　　　　　④ 축과병

**43** 그해 자란 새가지에 과실이 달리는 과수는?

① 사과 　　　　　　　　　　　② 배

③ 포도 　　　　　　　　　　　④ 복숭아

**44** 과수별 실생대목의 연결이 옳지 않은 것은?

① 사과 – 야광나무

② 배 – 아그배나무

③ 감 – 고욤나무

④ 감귤 – 탱자나무


**45** 꽃받기가 발달하여 과육이 되고 씨방은 과심이 되는 과실은?

① 사과

② 복숭아

③ 포도

④ 단감


**46** 과수에서 꽃눈분화나 과실발육을 촉진시킬 목적으로 실시하는 작업이 아닌 것은?

① 하기전정

② 환상박피

③ 순지르기

④ 강전정


**47** 과수원 토양의 입단화 촉진 효과가 있는 재배방법이 아닌 것은?

① 석회 시비

② 유기물 시비

③ 반사필름 피복

④ 녹비작물 재배


**48** 과수 재배 시 늦서리 피해 경감 대책에 관한 설명으로 옳지 않은 것은?

① 상로(霜路)가 되는 경사면 재배를 피한다.

② 산으로 둘러싸인 분지에서 재배한다.

③ 스프링클러를 이용하여 수상 살수를 실시한다.

④ 송풍법으로 과수원 공기를 순환시켜 준다.


**49** 엽록소의 구성성분으로 부족할 경우 잎의 황백화 원인이 되는 필수원소는?

① 철

② 칼슘

③ 붕소

④ 마그네슘


**50** 경사지 과수원과 비교하였을 때 평탄지 과수원의 장점이 아닌 것은?

① 배수가 양호하다.

② 토양 침식이 적다.

③ 기계작업이 편리하다.

④ 토지 이용률이 높다.

**51** 원예산물의 수확적기를 판정하는 방법으로 옳은 것은?

① 후지 사과 – 요오드반응으로 과육의 착색면적이 최대일 때 수확한다.

② 저장용 마늘 – 추대가 되기 전에 수확한다.

③ 신고 배 – 만개 후 90일 정도에 과피가 녹황색이 되면 수확한다.

④ 가지 – 종자가 급속히 발달하기 직전인 열매의 비대최성기에 수확한다.

**52** 사과(후지)의 성숙 시 관련하는 주요 색소를 선택하고 그 변화로 옳은 것은?

| | |
|---|---|
| ㉠ 안토시아닌 | ㉡ 엽록소 |
| ㉢ 리코펜 | |

① ㉠ : 증가, ㉡ : 감소

② ㉠ : 감소, ㉡ : 증가

③ ㉠ : 감소, ㉡ : 감소, ㉢ : 증가

④ ㉠ : 증가, ㉡ : 증가, ㉢ : 감소

**53** 호흡급등형 원예산물을 모두 고른 것은?

| | |
|---|---|
| ㉠ 살구 | ㉡ 가지 |
| ㉢ 체리 | ㉣ 사과 |

① ㉠㉡

② ㉠㉣

③ ㉡㉢

④ ㉢㉣

**54** 포도의 성숙 과정에서 일어나는 현상으로 옳지 않은 것은?

① 전분이 당으로 전환된다.
② 엽록소의 함량이 감소한다.
③ 펙틴질이 분해된다.
④ 유기산이 증가한다.


**55** 오이에서 생성되는 쓴맛을 내는 수용성 알칼로이드 물질은?

① 아플라톡신
② 솔라닌
③ 쿠쿠르비타신
④ 아미그달린


**56** 원예산물에서 에틸렌의 생합성 과정에 필요한 물질이 아닌 것은?

① ACC합성효소
② SAM합성효소
③ ACC산화효소
④ PLD분해효소


**57** 원예작물의 수확 후 증산작용에 관한 설명으로 옳은 것은?

① 증산율이 낮은 작물일수록 저장성이 약하다.
② 공기 중의 상대습도가 높아질수록 증산이 활발해져 생체중량이 감소된다.
③ 증산은 대기압에 정비례하므로 압력이 높을수록 증가한다.
④ 원예산물로부터 수분이 수증기 형태로 대기중으로 이동하는 현상이다.


**58** 과실별 주요 유기산의 연결로 옳지 않은 것은?

① 포도 – 주석산
② 감귤 – 구연산
③ 사과 – 말산
④ 자두 – 옥살산

**59** 원예산물의 조직감과 관련성이 높은 품질구성 요소는?

① 산도                      ② 색도

③ 수분함량            ④ 향기


**60** 굴절당도계에 관한 설명으로 옳은 것은?

① 당도는 측정시 과실의 온도에 영향을 받지 않는다.

② 영점을 보정할 때 증류수를 사용한다.

③ 당도는 과실 내의 불용성 펙틴의 함량을 기준으로 한다.

④ 표준당도는 설탕물 10% 용액의 당도를 1%($^\circ$Brix)로 한다.


**61** 원예산물에서 카로티노이드 계통의 색소가 아닌 것은?

① $\alpha$ - 카로틴             ② 루테인

③ 케라시아닌           ④ $\beta$ - 카로틴


**62** 수확 후 감자의 슈베린 축적을 유도하여 수분손실을 줄이고 미생물 침입을 예방하는 전처리는?

① 예냉                      ② 예건

③ 치유                      ④ 예조


**63** 원예산물의 세척 방법으로 옳은 것을 모두 고른 것은?

| ㉠ 과산화수소수 처리 | ㉡ 부유세척 |
|---|---|
| ㉢ 오존수 처리 | ㉣ 자외선 처리 |

① ㉠㉣                   ② ㉠㉡㉢

③ ㉡㉢㉣               ④ ㉠㉡㉢㉣

**64** 장미의 절화수명 연장을 위해 보존액의 pH를 산성으로 유도하는 물질은?

① 제1인산칼륨, 시트르산
② 카프릴산, 제2인산칼륨
③ 시트르산, 수산화나트륨
④ 탄산칼륨, 카프릴산

**65** 다음 ( )에 알맞은 용어는?

> 예냉은 수확한 작물에 축적된 ( ㉠ )을 제거하여 품온을 낮추는 처리로, 품온과 원예산물의 ( ㉡ )을 이용하면 ( ㉠ )량을 구할 수 있다.

|  | ㉠ | ㉡ |  | ㉠ | ㉡ |
|---|---|---|---|---|---|
| ① | 호흡열 | 대류열 | ② | 포장열 | 비열 |
| ③ | 냉장열 | 복사열 | ④ | 포장열 | 장비열 |

**66** 수확 후 후숙처리에 의해 상품성이 향상되는 원예산물은?

① 체리
② 포도
③ 사과
④ 바나나

**67** 원예산물의 저장 효율을 높이기 위한 방법으로 옳지 않은 것은?

① 저장고 내부를 차아염소산나트륨 수용액을 이용하여 소독한다.
② CA저장고에는 냉각장치, 압력조절장치, 질소발생기를 설치한다.
③ 저장고 내의 고습을 유지하기 위해 활성탄을 사용한다.
④ 저장고 내의 온도는 저장중인 원예산물의 품온을 기준으로 조절한다.

**68** 원예산물의 MA필름저장에 관한 설명으로 옳지 않은 것은?

① 인위적 공기조성 효과를 낼 수 있다.
② 방담필름은 포장 내부의 응결현상을 억제한다.
③ 필름의 이산화탄소 투과도는 산소 투과도 보다 낮아야 한다.
④ 필름은 인장강도가 높은 것이 좋다.

**69** 원예산물의 숙성을 억제하기 위한 방법을 모두 고른 것은?

| | |
|---|---|
| ㉠ CA저장 | ㉡ 과망간산칼륨처리 |
| ㉢ 칼슘처리 | ㉣ 에세폰처리 |

① ㉠㉡㉢         ② ㉠㉡㉣

③ ㉠㉢㉣         ④ ㉡㉢㉣

**70** 농민 H 씨가 다음과 같은 배를 동일 조건에서 상온저장 할 경우 저장성이 가장 낮은 것은?

① 신고         ② 신수

③ 추황배         ④ 영산배

**71** 원예산물을 저온저장 시 발생하는 냉해(chilling injury)의 증상이 아닌 것은?

① 표피의 함몰         ② 수침현상

③ 세포의 결빙         ④ 섬유질화

**72** 다음 중 3 ~ 7℃에서 저장할 경우 저온장해가 일어날 수 있는 원예산물은?

① 토마토         ② 단감

③ 사과         ④ 배

**73** 원예산물의 적재 및 유통에 관한 설명으로 옳지 않은 것은?

① 신선채소류에는 수분흡수율이 높은 포장상자를 사용한다.

② 압상을 방지할 수 있는 강도의 골판지상자로 포장해야 한다.

③ 기계적 장해를 회피하기 위해 포장박스 내 적재물량을 조절한다.

④ 골판지 상자의 적재방법에 따라 상자에 가해지는 압축강도는 달라진다.

**74** 동일조건에서 이산화탄소 투과도가 가장 낮은 포장재는?

① 폴리프로필렌(PP)  ② 저밀도 폴리에틸렌(LDPE)

③ 폴리스티렌(PS)  ④ 폴리에스테르(PET)


**75** 다음이 설명하는 원예산물관리제도는?

- 농약 허용물질목록 관리제도
- 품목별로 등록된 농약을 잔류허용기준농도 이하로 검출되도록 관리

① HACCP  ② PLS

③ GAP  ④ APC

**76** 농산물의 특성으로 옳지 않은 것은?

① 계절성 · 부패성

② 탄력적 수요와 공급

③ 공산품 대비 표준화 · 등급화 어려움

④ 가격 대비 큰 부피와 중량으로 보관 · 운반 시 고비용


**77** 농산물의 생산과 소비 간의 간격해소를 위한 유통의 기능으로 옳지 않은 것은?

① 시간 간격해소 – 수집

② 수량 간격해소 – 소분

③ 장소 간격해소 – 수송 · 분산

④ 품질 간격해소 – 선별 · 등급화


**78** 최근 식품 소비트렌드로 옳지 않은 것은?

① 소비품목 다변화

② 친환경식품 증가

③ 간편가정식(HMR) 증가

④ 편의점 도시락 판매량 감소


**79** 농산물 유통정보의 종류에 관한 설명으로 옳은 것은?

① 관측정보 – 농업의 경제적 측면 예측자료

② 정보종류 – 거래정보, 관측정보, 전망정보

③ 거래정보 – 산지 단계를 제외한 조사실행

④ 전망정보 – 개별재배면적, 생산량, 수출입통계


**80** 농산물 유통기구의 종류와 역할에 관한 설명으로 옳지 않은 것은?

① 크게 수집기구, 중개기구, 조성기구로 구성된다.

② 중개기구는 주로 도매시장이 역할을 담당한다.

③ 수집기구는 산지의 생산물 구매역할을 담당한다.

④ 생산물이 생산자부터 소비자까지 도달하는 과정에 있는 모든 조직을 의미한다.

**81** 농산물 도매시장에 관한 설명으로 옳지 않은 것은?

① 경매를 통해 가격을 결정한다.

② 농산물 가격에 관한 정보는 제공하지 않는다.

③ 최근 직거래 등으로 거래비중이 감소되고 있다.

④ 도매시장법인, 중도매인, 매매참가인 등이 활동한다.


**82** 생산자는 산지 수집상에게 배추 1천 포기를 100만 원에 판매하고 수집상은 포기당 유통비용 200원, 유통이윤 800원을 더해 도매상에게 판매했다. 수집상의 유통마진율(%)은?

① 30　　　　　　　　　　　　② 40

③ 50　　　　　　　　　　　　④ 60


**83** 협동조합 유통에 관한 설명으로 옳은 것을 모두 고른 것은?

| | |
|---|---|
| ㉠ 시장교섭력 제고 | ㉡ 불균형적인 시장력 견제 |
| ㉢ 무임승차 문제발생 우려 | ㉣ 시장 내 경쟁척도 역할수행 |

① ㉠㉢　　　　　　　　　　② ㉡㉣

③ ㉠㉡㉣　　　　　　　　　④ ㉠㉡㉢㉣


**84** 공동판매의 장점이 아닌 것은?

① 신속한 개별정산

② 유통비용의 절감

③ 효율적인 수급조절

④ 생산자의 소득안정

**85** 소매상의 기능으로 옳은 것을 모두 고른 것은?

| | |
|---|---|
| ㉠ 시장정보 제공 | ㉡ 농산물 수집 |
| ㉢ 산지가격 조정 | ㉣ 상품구색 제공 |

① ㉠㉢  
③ ㉠㉡㉣  

② ㉠㉣  
④ ㉡㉢㉣  


**86** 농산물 산지유통의 기능으로 옳은 것을 모두 고른 것은?

| | |
|---|---|
| ㉠ 농산물의 1차 교환 | ㉡ 소비자의 수요정보 전달 |
| ㉢ 산지유통센터(APC)가 선별 | ㉣ 저장 후 분산출하로 시간효용 창출 |

① ㉠㉢  
③ ㉠㉢㉣  

② ㉡㉣  
④ ㉡㉢㉣  


**87** 농산물의 물적유통 기능으로 옳지 않은 것은?

① 자동차 운송은 접근성에 유리  
② 상품의 물리적 변화 및 이동 관련 기능  
③ 수송기능은 생산과 소비의 시간격차 해결  
④ 가공, 포장, 저장, 수송, 상하역 등이 해당  


**88** 농산물 무점포 전자상거래의 장점이 아닌 것은?

① 고객정보 획득용이  
② 오프라인 대비 저비용  
③ 낮은 시간·공간의 제약  
④ 해킹 등 보안사고에 안전

**89** 농산물의 등급화에 관한 설명으로 옳은 것은?

① 상·중·하로 등급 구분      ② 품위 및 운반·저장성 향상

③ 등급에 따른 가격차이 결정      ④ 규모의 경제에 따른 가격 저렴화


**90** 농산물 수요의 가격탄력성에 관한 설명으로 옳은 것은?

① 고급품은 일반품 수요의 가격탄력성 보다 작다.

② 수요가 탄력적인 경우 가격인하 시 총수익은 증가한다.

③ 수요의 가격탄력적 또는 비탄력적 여부는 출하량 조정과는 무관하다.

④ 수요의 가격탄력성은 품목마다 다르며, 가격하락 시 수요량은 감소한다.


**91** 소비자의 특성으로 옳지 않은 것은?

① 단일 차원적      ② 목적의식 보유

③ 선택대안의 비교구매      ④ 주권보유 및 행복추구


**92** 시장세분화 전략에서의 행위적 특성은?

① 소득      ② 인구밀도

③ 개성(personality)      ④ 브랜드충성도(loyalty)


**93** 농산물 브랜드의 기능이 아닌 것은?

① 광고      ② 수급조절

③ 재산보호      ④ 품질보증


**94** 계란, 배추 등 필수 먹거리들을 미끼상품으로 제공하여 구매를 유도하는 가격전략은?

① 리더가격      ② 단수가격

③ 관습가격      ④ 개수가격

**95** 경품, 사은품, 쿠폰 등을 제공하는 판매촉진의 효과가 아닌 것은?

① 상품홍보
② 잠재고객 확보
③ 단기적 매출증가
④ 타 업체의 모방 곤란


**96** 농산물의 유통조성기능이 아닌 것은?

① 정보제공
② 소유권 이전
③ 표준화 · 등급화
④ 유통금융 · 위험부담


**97** 생산부터 판매까지 유통경로의 모든 프로세스를 통합하여 소비자의 가치를 창출하고 기업의 경쟁력을 판단하는 시스템은?

① POS(Point Of Sales)
② CS(Customer Satisfaction)
③ SCM(Supply Chain Management)
④ ERP(Enterprise Resource Planning)


**98** 농산물 가격변동의 위험회피 대책이 아닌 것은?

① 계약생산
② 분산판매
③ 재해대비
④ 선도거래


**99** 단위화물적재시스템의 설명으로 옳지 않은 것은?

① 운송수단 이용 효율성 제고
② 시스템화로 하역 · 수송의 일관화
③ 파렛트, 컨테이너 등을 이용한 단위화
④ 국내표준 파렛트 T11형 규격은 1,000mm × 1,000mm


**100** 농산물 유통시장의 거시환경으로 옳은 것을 모두 고른 것은?

| | |
|---|---|
| ㉠ 기업환경 | ㉡ 기술적 환경 |
| ㉢ 정치 · 경제적 환경 | ㉣ 사회 · 문화적 환경 |

① ㉠㉡
② ㉢㉣
③ ㉠㉢㉣
④ ㉡㉢㉣

## 제19회 **2022년 4월 2일** 시행

| 1 | ① | 2 | ① | 3 | ③ | 4 | ② | 5 | ② | 6 | ③ | 7 | ② | 8 | ③ | 9 | ④ | 10 | ① |
|---|---|---|---|---|---|---|---|---|---|---|---|---|---|---|---|---|---|---|---|
| 11 | ① | 12 | ③ | 13 | ④ | 14 | ③ | 15 | ② | 16 | ④ | 17 | ④ | 18 | ② | 19 | ① | 20 | ③ |
| 21 | ④ | 22 | ④ | 23 | ② | 24 | ② | 25 | ① | 26 | ① | 27 | ② | 28 | ① | 29 | ③ | 30 | ④ |
| 31 | ③ | 32 | ③ | 33 | ④ | 34 | ① | 35 | ④ | 36 | ③ | 37 | ② | 38 | ③ | 39 | ④ | 40 | ④ |
| 41 | ② | 42 | ④ | 43 | ③ | 44 | ② | 45 | ① | 46 | ④ | 47 | ③ | 48 | ② | 49 | ④ | 50 | ① |
| 51 | ④ | 52 | ① | 53 | ② | 54 | ④ | 55 | ③ | 56 | ④ | 57 | ④ | 58 | ④ | 59 | ③ | 60 | ② |
| 61 | ③ | 62 | ② | 63 | ② | 64 | ① | 65 | ② | 66 | ④ | 67 | ③ | 68 | ③ | 69 | ① | 70 | ② |
| 71 | ③ | 72 | ① | 73 | ① | 74 | ④ | 75 | ② | 76 | ② | 77 | ① | 78 | ④ | 79 | ① | 80 | ① |
| 81 | ② | 82 | ③ | 83 | ④ | 84 | ① | 85 | ② | 86 | ③ | 87 | ③ | 88 | ④ | 89 | ③ | 90 | ② |
| 91 | ① | 92 | ④ | 93 | ② | 94 | ① | 95 | ④ | 96 | ② | 97 | ③ | 98 | ③ | 99 | ④ | 100 | ④ |

**1** "동음이의어 지리적표시"란 동일한 품목에 대하여 지리적표시를 할 때 타인의 지리적표시와 발음은 같지만 해당 지역이 다른 지리적표시를 말한다〈농수산물 품질관리법(시행 2023. 6. 11.) 제2조(정의) 제9호〉.

**2** 심의회의 직무 … 심의회는 다음의 사항을 심의한다〈농수산물 품질관리법 시행 2023. 6. 11.) 제4조〉.
　㉠ 표준규격 및 물류표준화에 관한 사항
　㉡ 농산물우수관리 · 수산물품질인증 및 이력추적관리에 관한 사항
　㉢ 지리적표시에 관한 사항
　㉣ 유전자변형농수산물의 표시에 관한 사항
　㉤ 농수산물(축산물은 제외한다)의 안전성조사 및 그 결과에 대한 조치에 관한 사항
　㉥ 농수산물(축산물은 제외한다) 및 수산가공품의 검사에 관한 사항
　㉦ 농수산물의 안전 및 품질관리에 관한 정보의 제공에 관하여 총리령, 농림축산식품부령 또는 해양수산부령
　　으로 정하는 사항
　㉧ 제69조에 따른 수산물의 생산 · 가공시설 및 해역(海域)의 위생관리기준에 관한 사항
　㉨ 수산물 및 수산가공품의 제70조에 따른 위해요소중점관리기준에 관한 사항
　㉩ 지정해역의 지정에 관한 사항
　㉪ 다른 법령에서 심의회의 심의사항으로 정하고 있는 사항
　㉫ 그 밖에 농수산물 및 수산가공품의 품질관리 등에 관하여 위원장이 심의에 부치는 사항

**3** 농산물검사의 유효기간〈농수산물 품질관리법 시행규칙(시행 2022. 4. 29.) 별표23〉

| 종류 | 품목 | 검사시행시기 | 유효기간(일) |
|---|---|---|---|
| 곡류 | 벼 · 콩 | 5.1. ~ 9.30. | 90 |
| | | 10.1. ~ 4.30. | 120 |
| | 겉보리 · 쌀보리 · 팥 · 녹두 · 현미 · 보리쌀 | 5.1. ~ 9.30. | 60 |
| | | 10.1. ~ 4.30. | 90 |
| | 쌀 | 5.1. ~ 9.30. | 40 |
| | | 10.1. ~ 4.30. | 60 |
| 특용작물류 | 참깨 · 땅콩 | 1.1. ~ 12.31. | 90 |
| 과실류 | 사과 · 배 | 5.1. ~ 9.30. | 15 |
| | | 10.1. ~ 4.30. | 30 |
| | 단감 | 1.1. ~ 12.31. | 20 |
| | 감귤 | 1.1. ~ 12.31. | 30 |
| 채소류 | 고추 · 마늘 · 양파 | 1.1. ~ 12.31. | 30 |
| 잠사류<br>(蠶絲類) | 누에씨 | 1.1. ~ 12.31. | 365 |
| | 누에고치 | 1.1. ~ 12.31. | 7 |
| 기타 | 농림축산식품부장관이 검사대상 농산물로 정하여 고시하는 품목의 검사유효기간은<br>농림축산식품부장관이 정하여 고시한다. | | |

**4** 제83조에 따라 농산물검사관의 자격이 취소된 사람은 자격이 취소된 날부터 1년이 지나지 아니하면 전형시험에 응시하거나 농산물검사관의 자격을 취득할 수 없다〈농수산물 품질관리법(시행 2023. 6. 11.) 제82조(농산물검사관의 자격 등) 제3항〉.

※ 농산물검사관의 자격취소 등〈농수산물 품질관리법(시행 2023. 6. 11.) 제83조〉

　　㉠ 국립농산물품질관리원장은 농산물검사관에게 다음의 어느 하나에 해당하는 사유가 발생하면 그 자격을 취소하거나 6개월 이내의 기간을 정하여 자격의 정지를 명할 수 있다. 다만, 다른 사람에게 그 명의를 사용하게 하거나 자격증을 대여한 경우 및 명의의 사용이나 자격증의 대여를 알선한 경우에는 자격을 취소하여야 한다.

　　　• 거짓이나 그 밖의 부정한 방법으로 검사나 재검사를 한 경우

　　　• 이 법 또는 이 법에 따른 명령을 위반하여 현저히 부적격한 검사 또는 재검사를 하여 정부나 농산물검사기관의 공신력을 크게 떨어뜨린 경우

　　　• 다른 사람에게 그 명의를 사용하게 하거나 자격증을 대여한 경우

　　　• 명의의 사용이나 자격증의 대여를 알선한 경우

　　㉡ ㉠에 따른 자격 취소 및 정지에 필요한 세부사항은 농림축산식품부령으로 정한다.

**5** 행정제재처분 효과의 승계 … 지위를 승계한 경우 종전의 우수관리인증기관, 우수관리시설 또는 품질인증기관에 행한 행정제재처분의 효과는 그 처분이 있은 날부터 1년간 그 지위를 승계한 자에게 승계되며, 행정제재처분의 절차가 진행 중인 때에는 그 지위를 승계한 자에 대하여 그 절차를 계속 진행할 수 있다. 다만, 지위를 승계한 자가 그 지위의 승계 시에 그 처분 또는 위반사실을 알지 못하였음을 증명하는 때에는 그러하지 아니하다〈농수산물 품질관리법(시행 2023. 6. 11.) 제28조의2〉.

**6** 표지도형 내부의 "GAP" 및 "(우수관리인증)"의 글자 색상은 표지도형 색상과 동일하게 하고, 하단의 "농림축산식품"와 "MAFRA KOREA"의 글자는 흰색으로 한다〈농수산물 품질관리법 시행규칙(시행 2022. 4. 29.) 별표1〉.

※ 우수관리인증농산물의 표시〈농수산물 품질관리법 시행규칙(시행 2022. 4. 29.) 별표1〉

  ⊙ 우수관리인증농산물의 표지도형

  ⓛ 제도법
  • 도형표시
  – 표지도형의 가로의 길이(사각형의 왼쪽 끝과 오른쪽 끝의 폭 : W)를 기준으로 세로의 길이는 $0.95 \times W$의 비율로 한다.
  – 표지도형의 흰색모양과 바깥 테두리(좌·우 및 상단부만 해당한다)의 간격은 $0.1 \times W$로 한다.
  – 표지도형의 흰색모양 하단부 좌측 태극의 시작점은 상단부에서 $0.55 \times W$ 아래가 되는 지점으로 하고, 우측 태극의 끝점은 상단부에서 $0.75 \times W$ 아래가 되는 지점으로 한다.
  • 표지도형의 한글 및 영문 글자는 고딕체로 하고, 글자 크기는 표지도형의 크기에 따라 조정한다.
  • 표지도형의 색상은 녹색을 기본색상으로 하고, 포장재의 색깔 등을 고려하여 파란색, 빨간색 또는 검은색으로 할 수 있다.
  • 표지도형 내부의 "GAP" 및 "(우수관리인증)"의 글자 색상은 표지도형 색상과 동일하게 하고, 하단의 "농림축산식품부"와 "MAFRA KOREA"의 글자는 흰색으로 한다.
  • 배색 비율은 녹색 C80 + Y100, 파란색 C100 + M70, 빨간색 M100 + Y100 + K10, 검은색 B100으로 한다.
  • 표지도형의 크기는 포장재의 크기에 따라 조정한다.
  • 표지도형 밑에 인증번호 또는 우수관리시설지정번호를 표시한다.
  ⓒ 표시사항
  • 표지

  인증번호(또는 우수관리시설지정번호)  Certificate Number

  • 표시항목 : 산지(시·도, 시·군·구), 품목(품종), 중량·개수, 생산연도, 생산자(생산자 집단명) 또는 우수관리시 설명
  ⓔ 표시방법
  • 크기 : 포장재의 크기에 따라 표지의 크기를 키우거나 줄일 수 있다.
  • 위치 : 포장재 주 표시면의 옆면에 표시하되, 포장재 구조상 옆면에 표시하기 어려울 경우에는 표시위치를 변경할 수 있다.
  • 표지 및 표시사항은 소비자가 쉽게 알아볼 수 있도록 인쇄하거나 스티커로 포장재에서 떨어지지 않도록 부착하여야 한다.

- 포장하지 않고 낱개로 판매하는 경우나 소포장 등으로 우수관리인증농산물의 표지와 표시사항을 인쇄하거나 부착하기에 부적합한 경우에는 농산물우수관리의 표지만 표시할 수 있다.
- 수출용의 경우에는 해당 국가의 요구에 따라 표시할 수 있다.
- 표준규격, 지리적표시 등 다른 규정에 따라 표시하고 있는 사항은 그 표시를 생략할 수 있다.
  ⓛ 표시내용
  - 표지 : 표지크기는 포장재에 맞출 수 있으나, 표지형태 및 글자표기는 변형할 수 없다.
  - 산지 : 농산물을 생산한 지역으로 시·도명이나 시·군·구명 등 「농수산물의 원산지 표시 등에 관한 법률」에 따라 적는다.
  - 품목(품종) : 「식물신품종 보호법」 제2조 제2호에 따른 품종을 이 규칙 제7조 제2항 제3호에 따라 표시한다.
  - 중량·개수 : 포장단위의 실중량이나 개수
  - 생산연도(쌀과 현미만 해당하며 「양곡관리법」에 따라 표시한다)
  - 우수관리시설명(우수관리시설을 거치는 경우만 해당한다) : 대표자 성명, 주소, 전화번호, 작업장 소재지
  - 생산자(생산자집단명) : 생산자나 조직명, 주소, 전화번호

**7** ② 농림축산식품부장관은 변경신고를 받은 날부터 10일 이내에 신고수리 여부를 신고인에게 통지하여야 한다〈농수산물 품질관리법(시행 2023. 6. 11.) 제4항〉.
① 농림축산식품부장관은 이력추적관리의 등록을 한 자에 대하여 이력추적관리에 필요한 비용의 전부 또는 일부를 지원할 수 있다〈농수산물 품질관리법(시행 2023. 6. 11.) 제24조(이력추적관리) 제8항〉.
③ 대통령령으로 정하는 농산물을 생산하거나 유통 또는 판매하는 자는 농림축산식품부장관에게 이력추적관리의 등록을 하여야 한다〈농수산물 품질관리법(시행 2023. 6. 11.) 제24조(이력추적관리) 제2항〉.
④ 이력추적관리의 등록을 한 자는 농림축산식품부령으로 정하는 등록사항이 변경된 경우 변경 사유가 발생한 날부터 1개월 이내에 농림축산식품부장관에게 신고하여야 한다〈농수산물 품질관리법(시행 2023. 6. 11.) 제24조(이력추적관리) 제3항〉.

**8** 「특허법」의 준용 … "특허"는 "지리적표시"로, "출원"은 "등록신청"으로, "특허권"은 "지리적표시권"으로, "특허청"·"특허청장" 및 "심사관"은 "농림축산식품부장관 또는 해양수산부장관"으로, "특허심판원"은 "지리적표시심판위원회"로, "심판장"은 "지리적표시심판위원회 위원장"으로, "심판관"은 "심판위원"으로, "산업통상자원부령"은 "농림축산식품부령 또는 해양수산부령"으로 본다〈농수산물 품질관리법(시행 2023. 6. 11.) 제41조〉.

**9** 시정명령 등의 처분기준 : 지리적표시품〈농수산물 품질관리법 시행령(시행 2022. 4. 29.) 별표1〉

| 위반행위 | 근거 법조문 | 행정처분 기준 | | |
|---|---|---|---|---|
| | | 1차 위반 | 2차 위반 | 3차 위반 |
| 지리적표시품 생산계획의 이행이 곤란하다고 인정되는 경우 | 법 제40조 제3호 | 등록 취소 | | |
| 지리적표시품이 아닌 제품에 지리적표시를 한 경우 | 법 제40조 제1호 | 등록 취소 | | |
| 지리적표시품이 등록기준에 미치지 못하게 된 경우 | 법 제40조 제1호 | 표시정지 3개월 | 등록 취소 | |
| 의무표시사항이 누락된 경우 | 법 제40조 제2호 | 시정명령 | 표시정지 1개월 | 표시정지 3개월 |
| 내용물과 다르게 거짓표시나 과장된 표시를 한 경우 | 법 제40조 제2호 | 표시정지 1개월 | 표시정지 3개월 | 등록 취소 |

**10** 식품의약품안전처장은 안전성조사 업무의 일부와 시험분석 업무를 전문적·효율적으로 수행하기 위하여 안전성검사기관을 지정하고 안전성조사와 시험분석 업무를 대행하게 할 수 있다〈농수산물 품질관리법(시행 2023. 6. 11.) 제64조(안전성검사기관의 지정 등) 제1항〉

**11** 안전성검사기관의 지정취소 등〈농수산물 품질관리법(시행 2023. 6. 11.) 제65조〉

    ㉠ 식품의약품안전처장은 제64조 제1항에 따른 안전성검사기관이 다음의 어느 하나에 해당하면 지정을 취소하거나 6개월 이내의 기간을 정하여 업무의 정지를 명할 수 있다. 다만, 거짓이나 그 밖의 부정한 방법으로 지정을 받은 경우 또는 업무의 정지명령을 위반하여 계속 안전성조사 및 시험분석 업무를 한 경우에 해당하면 지정을 취소하여야 한다.

    • 거짓이나 그 밖의 부정한 방법으로 지정을 받은 경우

    • 업무의 정지명령을 위반하여 계속 안전성조사 및 시험분석 업무를 한 경우

    • 검사성적서를 거짓으로 내준 경우

    • 그 밖에 총리령으로 정하는 안전성검사에 관한 규정을 위반한 경우

    ㉡ ㉠에 따른 지정 취소 등의 세부 기준은 총리령으로 정한다.

**12** 유전자변형농수산물에는 해당 농수산물이 유전자변형농수산물임을 표시하거나, 유전자변형농수산물이 포함되어 있음을 표시하거나, 유전자변형농수산물이 포함되어 있을 가능성이 있음을 표시하여야 한다〈농수산물 품질관리법 시행령(시행 2022. 4. 29.) 제20조(유전자변형농수산물의 표시기준 등) 제1항〉.

**13** ④ 지리적표시품의 표시 시정 등 표시방법에 대한 시정명령에 따르지 아니한 자는 1천만 원 이하의 과태료를 부과한다〈농수산물 품질관리법(시행 2023. 6. 11.) 제123조(과태료) 제1항 제5호〉.

    ※ 벌칙 … 다음의 어느 하나에 해당하는 자는 1년 이하의 징역 또는 1천만 원 이하의 벌금에 처한다〈농수산물 품질관리법(시행 2023. 6. 11.) 제120조〉.

    ㉠ 이력추적관리의 등록을 하지 아니한 자

    ㉡ 시정명령(표시방법에 대한 시정명령은 제외한다), 판매금지 또는 표시정지 처분에 따르지 아니한 자

    ㉢ 판매금지 조치에 따르지 아니한 자

    ㉣ 유전자변형농수산물의 표시 위반에 대한 처분을 이행하지 아니한 자

    ㉤ 유전자변형농수산물의 표시 위반에 대한 처분에 따른 공표명령을 이행하지 아니한 자

    ㉥ 안전성조사 결과에 따른 조치를 이행하지 아니한 자

    ㉦ 동물용 의약품을 사용하는 행위를 제한하거나 금지하는 조치에 따르지 아니한 자

    ㉧ 지정해역에서 수산물의 생산제한 조치에 따르지 아니한 자

    ㉨ 생산·가공·출하 및 운반의 시정·제한·중지 명령을 위반하거나 생산·가공시설 등의 개선·보수 명령을 이행하지 아니한 자

    ㉩ 검정결과에 따른 조치를 이행하지 아니한 자

    ㉺ 검사를 받아야 하는 농산물에 대하여 검사를 받지 아니한 자

    ㉻ 검사를 받지 아니하고 해당 농수산물이나 수산가공품을 판매·수출하거나 판매·수출을 목적으로 보관 또는 진열한 자

    ㉼ 다른 사람에게 농산물검사관, 농산물품질관리사 또는 수산물품질관리사의 명의를 사용하게 하거나 그 자격증을 빌려준 자

    ㉽ 농산물검사관, 농산물품질관리사 또는 수산물품질관리사의 명의를 사용하거나 그 자격증을 대여 받은 자 또는 명의의 사용이나 자격증의 대여를 알선한 자

**14** 축산물의 원산지 표시방법〈농수산물의 원산지 표시 등에 관한 법률 시행규칙(시행 2022. 1. 1.) 별표4〉

㉠ 쇠고기
- 국내산(국산)의 경우 "국산"이나 "국내산"으로 표시하고, 식육의 종류를 한우, 젖소, 육우로 구분하여 표시한다. 다만, 수입한 소를 국내에서 6개월 이상 사육한 후 국내산(국산)으로 유통하는 경우에는 "국산"이나 "국내산"으로 표시하되, 괄호 안에 식육의 종류 및 출생국가명을 함께 표시한다.
  [예시] 소갈비(쇠고기 : 국내산 한우), 등심(쇠고기 : 국내산 육우), 소갈비(쇠고기 : 국내산 육우(출생국 : 호주))
- 외국산의 경우에는 해당 국가명을 표시한다.
  [예시] 소갈비(쇠고기 : 미국산)

㉡ 돼지고기, 닭고기, 오리고기 및 양고기(염소 등 산양 포함)
- 국내산(국산)의 경우 "국산"이나 "국내산"으로 표시한다. 다만, 수입한 돼지 또는 양을 국내에서 2개월 이상 사육한 후 국내산(국산)으로 유통하거나, 수입한 닭 또는 오리를 국내에서 1개월 이상 사육한 후 국내산(국산)으로 유통하는 경우에는 "국산"이나 "국내산"으로 표시하되, 괄호 안에 출생국가명을 함께 표시한다.
  [예시] 삼겹살(돼지고기 : 국내산), 삼계탕(닭고기 : 국내산), 훈제오리(오리고기 : 국내산), 삼겹살(돼지고기 : 국내산(출생국 : 덴마크)), 삼계탕(닭고기 : 국내산(출생국 : 프랑스)), 훈제오리(오리고기 : 국내산(출생국 : 중국))
- 외국산의 경우 해당 국가명을 표시한다.
  [예시] 삼겹살(돼지고기 : 덴마크산), 염소탕(염소고기 : 호주산), 삼계탕(닭고기 : 중국산), 훈제오리(오리고기 : 중국산)

**15** 정당한 사유 없이 이를 거부·방해하거나 기피하여서는 아니 되나 위반하여 수거·조사·열람을 거부·방해하거나 기피한 자는 1천만 원 이하의 과태료를 부과한다〈농수산물의 원산지 표시 등에 관한 법률(시행 2022. 1. 1) 제18조(과태료) 제1항 제4호〉, 교육 이수명령을 이행하지 아니한 자는 500만 원 이하의 과태료를 부과한다〈농수산물의 원산지 표시 등에 관한 법률(시행 2022. 1. 1) 제18조(과태료) 제2항 제1호〉.

**16** 과태료의 부과기준〈농수산물의 원산지 표시 등에 관한 법률 시행령(시행 2022. 9. 16.) 별표2〉

| 위반행위 | 근거 법조문 | 과태료 | |
|---|---|---|---|
| | | 1·2·3차 위반 | 4차 이상 위반 |
| 원산지 표시를 하지 않은 경우 | 법 제18조 제1항 제1호 | 5만 원 이상 1,000만 원 이하 | |

**17** 중앙도매시장 … "농수산물도매시장으로서 농림축산식품부령 또는 해양수산부령으로 정하는 것"이란 다음의 농수산물도매시장을 말한다〈농수산물 유통 및 가격안정에 관한 법률 시행규칙(시행 2022. 1. 1.) 제3조〉.
㉠ 서울특별시 가락동 농수산물도매시장
㉡ 서울특별시 노량진 수산물도매시장
㉢ 부산광역시 엄궁동 농산물도매시장
㉣ 부산광역시 국제 수산물도매시장
㉤ 대구광역시 북부 농수산물도매시장
㉥ 인천광역시 구월동 농수산물도매시장
㉦ 인천광역시 삼산 농산물도매시장
㉧ 광주광역시 각화동 농산물도매시장
㉨ 대전광역시 오정 농수산물도매시장
㉩ 대전광역시 노은 농산물도매시장
㉪ 울산광역시 농수산물도매시장

※ "중앙도매시장"이란 특별시 · 광역시 · 특별자치시 또는 특별자치도가 개설한 농수산물도매시장 중 해당 관할 구역 및 그 인접지역에서 도매의 중심이 되는 농수산물도매시장으로서 농림축산식품부령 또는 해양수산부령으로 정하는 것을 말한다〈농수산물 유통 및 가격안정에 관한 법률(시행 2022. 1. 1.) 제2조(정의) 제3호〉.

**18** 농림축산식품부장관 또는 해양수산부장관은 농림축산식품부령 또는 해양수산부령으로 정하는 주요 농수산물의 수급조절과 가격안정을 위하여 필요하다고 인정할 때에는 해당 농산물의 파종기 또는 수산물의 종자입식 시기 이전에 생산자를 보호하기 위한 하한가격["예시가격"(豫示價格)이라 한다]을 예시할 수 있다〈농수산물 유통 및 가격안정에 관한 법률(시행 2022. 1. 1.) 제8조(가격 예시) 제1항〉.

**19** 농산물의 수입추천 등 ··· 농림축산식품부장관이 비축용 농산물로 수입하거나 생산자단체를 지정하여 수입 · 판매하게 할 수 있는 품목은 다음과 같다〈농수산물 유통 및 가격안정에 관한 법률 시행규칙(시행 2022. 1. 1.) 제2항〉.
㉠ 비축용 농산물로 수입 · 판매하게 할 수 있는 품목 : 고추 · 마늘 · 양파 · 생강 · 참깨
㉡ 생산자단체를 지정하여 수입 · 판매하게 할 수 있는 품목 : 오렌지 · 감귤류

**20** 산지유통인의 등록 ··· 농수산물을 수집하여 도매시장에 출하하려는 자는 농림축산식품부령 또는 해양수산부령으로 정하는 바에 따라 부류별로 도매시장 개설자에게 등록하여야 한다. 다만, 다음의 어느 하나에 해당하는 경우에는 그러하지 아니하다〈농수산물 유통 및 가격안정에 관한 법률(시행 2022. 1. 1.) 제29조 제1항〉.
㉠ 생산자단체가 구성원의 생산물을 출하하는 경우
㉡ 도매시장법인이 도매시장에서 도매시장법인이 하는 도매는 출하자로부터 위탁을 받아 하여야 함에 따라 매수한 농수산물을 상장하는 경우
㉢ 중도매인이 비상장 농수산물을 매매하는 경우
㉣ 시장도매인이 시장도매인의 영업 규정에 따라 매매하는 경우
㉤ 그 밖에 농림축산식품부령 또는 해양수산부령으로 정하는 경우

**21** 기금은 국가회계원칙에 따라 농림축산식품부장관이 운용 · 관리한다〈농수산물 유통 및 가격안정에 관한 법률(시행 2022. 1. 1.) 제56조(기금의 운용 · 관리) 제1항〉.

**22** 분쟁조정위원회 위원의 임기는 2년으로 하며, 한 차례만 연임할 수 있다〈농수산물 유통 및 가격안정에 관한 법률 시행령(시행 2021. 1. 5.) 제35조(분쟁조정위원회의 구성 등) 제2항〉.

**23** 과징금 부과기준 : 시장도매인〈농수산물 유통 및 가격안정에 관한 법률 시행령(시행 2021. 1. 5.) 별표1〉

| 연간 거래액 | 1일당 과징금 금액 |
| --- | --- |
| 5억 원 미만 | 4,000원 |
| 5억 원 이상 10억 원 미만 | 6,000원 |
| 10억 원 이상 30억 원 미만 | 13,000원 |
| 30억 원 이상 50억 원 미만 | 41,000원 |
| 50억 원 이상 70억 원 미만 | 68,000원 |
| 70억 원 이상 90억 원 미만 | 95,000원 |
| 90억 원 이상 110억 원 미만 | 123,000원 |
| 110억 원 이상 130억 원 미만 | 150,000원 |
| 130억 원 이상 150억 원 미만 | 178,000원 |
| 150억 원 이상 200억 원 미만 | 205,000원 |
| 200억 원 이상 250억 원 미만 | 270,000원 |
| 250억 원 이상 | 680,000원 |

※ 도매시장법인, 시장도매인 또는 도매시장공판장 개설자에 대한 위반행위별 처분기준〈농수산물 유통 및 가격안정에 관한 법률 시행규칙(시행 2022. 1. 1.) 별표4〉

| 위반사항 | 근거 법조문 | 처분기준 | | |
|---|---|---|---|---|
| | | 1차 | 2차 | 3차 |
| 법 제37조 제2항을 위반하여 해당 도매시장의 도매시장법인·중도매인에게 판매를 한 경우 | 법 제82조 제2항 제16호 | 업무정지 15일 | 업무정지 1개월 | 업무정지 3개월 |

※ 시장도매인은 해당 도매시장의 도매시장법인·중도매인에게 농수산물을 판매하지 못한다〈농수산물 유통 및 가격안정에 관한 법률(시행 2022. 1. 1.) 제37조(시장도매인의 영업) 제2항〉.

**24** 도매시장 개설자는 산지(産地) 출하자와의 업무 경합 또는 과도한 겸영사업으로 인하여 도매시장법인의 도매업무가 약화될 우려가 있는 경우에는 대통령령으로 정하는 바에 따라 겸영사업을 1년 이내의 범위에서 제한할 수 있다〈농수산물 유통 및 가격안정에 관한 법률(시행 2022. 1. 1.) 제35조(도매시장법인의 영업제한) 제5항〉.

**25** 공판장의 중도매인은 공판장의 개설자가 지정한다. 이 경우 중도매인의 지정 등에 관하여는 중도매업의 허가 규정을 준용한다〈농수산물 유통 및 가격안정에 관한 법률(시행 2022. 1. 1.) 제44조 제2항〉.

**26** 상추는 락투시린이며 시니그린은 생강의 주요 기능성 물질이다.
※ 원예작물별 주요 기능성 물질

| 구분 | 내용 | 구분 | 내용 |
|---|---|---|---|
| 상추 | 락투세린(lactucerin) | 고추 | 캡사이신(capsaicin) |
| 포도 | 레스베라트롤(resveratrol) | 마늘 | 알리인(alliin) |
| 딸기 | 엘러진산(ellagic acid) | 비트 | 베타인(betaine) |
| 생강 | 시니그린(sinigrin) | 오이 | 엘라테린(elaterin) |

**27** 샤인머스캣(포도)과 부유(단감)는 우리나라에서 재배되고 있으나 국외 도입 품종이다. 포도 품종별 재배면적 비중은 2021년을 기준으로 '캠벨얼리(36.8%) > 거봉(20.9%) > 샤인머스캣(3.4%) > MBA(7.5%) > 델라웨어(0.4%) > 기타(2.9%)' 순이다. 부유는 대부분 일본에서 도입되었으며 전체 재배 면적의 83% 이상이 편중되어 있다. 부유 대체 품종으로 감풍이 개발되었으며 부유보다 10일 정도 이른 10월 하순에 수확한다.

**28** ② 국화과 - 국화, 우엉, 쑥갓, 상추 등
③ 생강과 - 생강, 양하 등
④ 장미과 - 장미, 사과, 딸기, 자두 등

**29** 연작장해는 식물에 따라 필요한 양분이 달라 토양 속에 축적된 특정된 양분이 빠르게 소모되어 영양이 부족해지고 특정 성분의 무기염류가 축적된다. 수경재배는 식물에게 필요한 영양분을 맞춤형으로 공급할 수 있기 때문에 영양분의 결핍이 없으며, 사용한 수경재배 배지는 폐기하거나 소독하여 다시 사용하기 때문에 미생물에 의한 질병 발생을 예방할 수 있다.
※ **연작장해** … 한 식물을 한 곳에서 계속 재배하면 작물이 제대로 자라지 않는 현상이다.

**30** 집약적인 관리 및 보호가 가능하다.

※ 육묘
ⓐ 조기 수확이 가능하다.
ⓑ 출하기를 앞당길 수 있다.
ⓒ 종자를 절약하고 수량증대가 가능하다.
ⓓ 집약적인 관리 및 보호가 가능하다.
ⓔ 본밭의 토지이용률을 향상시켜 단위면적당 수량과 수익을 증가시킬 수 있다.
ⓕ 직파가 불리한 고구마 등의 재배에 유리하다.

**31** 양파 및 마늘은 고온장일 조건에서 인경비대를 촉진할 수 있다.

**32** 토양에 염류가 과다집적되면 작물에 피해가 간다. 토양수분이 적고 산성토양일수록 피해는 커진다. 객토, 심경, 유기물 시용, 피복물 제거, 담수처리, 흡비작물 재배 등으로 대처할 수 있다.

**33** ① 총채벌레 – 애꽃노린재류, 오이이리응애
② 온실가루이 – 온실가루이좀벌
③ 점박이응애 – 칠레이리응애, 긴이리응애, 팔리시스이리응애

**34** 일조량이 부족하고 일반적으로 야간온도가 낮은 경우에 발생한다.
※ 블라인드 … 화훼의 분화 시 체내 생리조건과 환경조건 가운데 어느 하나가 미달되어 분화가 중단되고 영양생장으로 역전되는 현상이다.

**35** 가루깍지벌레는 잎, 가지 과실의 즙액을 흡수하는 흡즙해를 끼친다.

**36** 양액의 농도는 EC로 표시하며 적정 범위는 1.5 ~ 2.5이다. pH 범위는 5.5 ~ 6.5이어야 하며 양액의 pH가 낮아졌을 때 수산화나트륨이나 수산화칼륨으로 pH를 높여주고, 양액의 pH가 높을 경우 황산을 넣어 낮춰준다. 재배 기간 동안 농도, pH 등은 변화하면 안 된다.

**37** 녹색 식물체 춘화형은 일정기간 동안 생육 후부터 저온에 감은한다. 일반적으로 저온 춘화에 필요한 온도는 1 ~ 10℃이다.

**38** ①②③ 옥신류(Auxin) 생장조절제이다. 발근, 개화를 촉진하고 낙과를 방지한다. 과실의 비대와 성숙을 촉진한다.

**39** 고설재배 … 작업의 편리성을 향상시키기 위해 양액재배 배드를 허리 높이로 설치하여 NFT 방식 혹은 점적관수 방식으로 재배하는 방식이다. 주요 재배품목은 딸기이다. 허리 높이에 설치한 철재 구조물에 상자를 놓은 후 관을 통해 영양분을 공급하기 때문에 허리를 굽히지 않아도 된다. 노동력이 절감되고 토양 전염병을 예방할 수 있다.
※ NFT(Nutrient Film Technique) … 가장 많이 보급되어 있는 순환식 수경방식으로 파이프 내에 배양액을 조금씩 흘려보내 재배하는 방법이다. 시설비가 저렴하고 설치가 간단하며 중량이 가볍다.

**40** DIF(difference day and night temperature) ··· 주야온도차를 의미한다. 자연조건하에서는 늘 양(+)의 값을 가지지만 식물공장에서는 이를 조절할 수 있다. 값이 클수록 식물의 신장 생장이 좋아진다. 짧은 초장을 유도할 경우 부(-)의 DIF처리가 필요하며, DIF 값에 반응이 좋은 식물은 백합, 국화, 제라늄, 피튜니아 등이 있다. 수선화, 튤립, 히야신스는 DIF차에 둔감하다.

**41** 영양번식으로 증식하는 화훼의 경우 바이러스가 가장 큰 문제가 된다. 바이러스는 직접 방제가 어렵기 때문에 무병주 생산이 유용하다. 카네이션, 거베라, 안개초, 국화 등이 무병주 생산에 이용되며 산업적으로 이용되는 대표적인 작물은 감자와 딸기이다.

**42** 화상병(Fire Blight) ··· 배와 사과에 생기는 세균성 병해의 일종이다. 어위니아 아밀로보라 원인균에 의해 발생하며 1년 안에 나무를 고사시킨다.

**43** 새가지는 그해에 자란 잎이 붙어 있는 가지로 포도가 대표적인 과수이다.

**44** 배 대목에는 돌배, 한국콩배, 북지콩배 등이 있다.

　※ 배 대목 특징

　㉠ 돌배 : 가시발생이 비교적 적고 줄기의 비대생장이 빨라 파종 당년 8 ~ 9월이면 눈접을 할 수 있을 정도로 자란다. 수고는 15m에 달하는 교목성으로 과피는 갈색을 띠며, 잎은 전연(全緣)이나 삼열엽(三裂葉)도 간혹 있다. 활착후의 생육도 양호하여 배 대목으로 가장 많이 이용되고 있다.

　㉡ 한국콩배 : 수고는 10m에 달하며 가는 가지가 많다. 잎은 비교적 작으며, 모양은 난형 또는 원형이다. 과실은 직경이 1㎝ 정도이며 갈색이다. 초기에는 생장이 늦고 심근성으로 토양 적응성은 강하나 복지콩배보다 접목친화성이 약하다. 그러나 서양배와는 접목친화성이 비교적 높은 편으로 알려져 있다.

　㉢ 복지콩배 : 수고는 15m 정도이며 잎의 모양은 난형이다. 과실은 콩배처럼 작고 가지에 가시가 있다. 뿌리는 토양적응성이 강하며 특히 알카리토양에 잘 견딘다. 파종 후 2년째부터 왕성하게 자라며, 나무의 키는 2 ~ 3m 내외다.

**45** 딸기, 사과, 배 등은 씨방하위로 씨방과 더불어 꽃받기가 발달하여 과육이 되고 씨방은 과심이 된다.

**46** ① 하기전정 : 여름철에 가지치기를 하기 위하여 나무의 가지나 줄기 및 잎의 일부를 잘라 내는 작업이다. 하기전정은 동기전정과 다르게 영양생장 억제로 꽃눈형성을 촉진한다.

　② 환상박피 : 꽃눈분화 및 과실의 발육과 성숙을 촉진하기 위해 줄기 혹은 가지의 껍질을 둥글게 벗겨 내난 작업이다.

　③ 순지르기 : 과수, 두류, 과채류, 목화 등에서 실시하며 발육을 촌진시키기 위해 하는 작업이다.

　※ 전정 ··· 정지를 위해 가지를 절단하거나 생육 및 결과의 조절 등을 위해 과수 등의 가지를 잘라주는 것이다. 가지치기를 할 때에 가지를 많이 잘라 내는 일을 강전정이라고 한다. 전정은 병충해 피해 가지나 노쇠한 가지 등을 제거하여 통풍과 수광을 좋게 하고 품질이 좋은 과실이 열리게 한다.

**47** 반사필름은 시설의 보광이나 반사광 이용 시 사용하는 플라스틱 필름이다.

**48** 늦서리 피해를 받기 쉬운 조건

　㉠ 대체적으로 낮 기온이 낮고, 오후 6시 기온이 10℃, 오후 9시 기온이 4℃ 이하이고 하늘이 맑고 바람이 없을 때

　㉡ 과원은 산지로부터 냉기류의 유입이 많은 곡간, 평지사방이 산지로 둘러싸인 분지지역, 산간지로 표고 250m 이상 되는 곡간 평지의 과원

　㉢ 지형은 이동성 고기압이 자주 통과하는 지역, 내륙기상으로 기온일변화가 심한 지역, 사방이 산지로 둘러싸인 분지

**49** 마그네슘 결핍 시 황백화 현상이 나타나며 줄기와 뿌리의 생장점 발육이 저해된다.

　※ **황백화 현상** … 잎이 황백색으로 변하는 현상이다. 광이 없을 때 엽록소의 형성이 저해되고 에티올린의 담황색 색소가 형성되면서 발생한다.

**50** 평탄지 과수원은 미고결 퇴적물(주로 진흙 혹은 모래)로 이루어진 경사 2% 이하의 평평한 지형이다. 지형과 토성의 특성상 장기간 배수불량으로 인해 뿌리 활동에 지장을 줄 수 있다. 경사지는 대체로 배수가 양호하고 착색에도 유리한 편이다.

**51** ① 후지 사과 – 개화 후 160 ~ 170일을 기준으로 수확한다.

　② 저장용 마늘 – 미숙상태일 때 수확한다.

　③ 신고 배 – 개화 후 165 ~ 170일을 기준으로 수확한다.

　※ 과실의 외관상 판단이 어려운 품종도 있으므로 개화일자를 기준으로 판단하는 것이 정확하다.

**52** 사과 성숙 시 안토시아닌은 증가하고 엽록소는 감소한다. 에틸렌 발생량이 많아지며 전분이 가수분해되어 당이 많아진다.

**53** 성숙과 숙성과정에서 호흡이 급격히 증가하는 호흡급등형에는 사과, 배, 참다래, 바나나, 아보카도, 토마토, 감, 수박 등이 있으며 호흡의 변화가 없는 비호흡급등형에는 포도, 감귤, 오렌지, 레몬, 딸기, 고추, 가지, 오이 등이 있다.

　※ **원예산물 호흡속도**

　　㉠ 과일 : 딸기 > 복숭아 > 배 > 감 > 사과 > 포도 > 키위

　　㉡ 채소 : 아스파라거스 > 완두 > 시금치 > 당근 > 오이 > 토마토 > 무 > 수박 > 양파

**54** 유기산은 감소하여 신맛에서 단맛으로 변화한다.

**55** ① 아플라톡신 : 옥수수나 땅콩, 쌀 등에서 검출되는 곡류독이다.

　② 솔라닌 : 감자의 싹눈에 들어 있다. 독성이 있어 많이 먹으면 구토, 복통, 현기증 등 중독 증상을 일으킨다.

　④ 아미그달린 : 살구씨, 복숭아씨 속에 들어있다. 아미그달린 자체에는 독성이 없으나 효소와 화학 반응을 일으켜 몇 개의 분자로 분해되면 시안화수소가 생성된다.

**56** PLD분해효소(인지질분해효소) … 세포막에 존재하는 인지질을 분해시키는 지질대사효소로서 지질의 리모델링 및 인지질 이외의 다른 지질분자들의 합성 그리고 세포내 다양한 신호전달에 관여하는 단백질이다.

**57** ① 증산율이 높은 작물은 저장성이 떨어진다.

② 상대습도가 낮은 환경에서 증산이 많아져 생체중량이 줄어든다.

③ 압력이 낮을수록 증가한다.

※ **증산작용** … 원예산물에서 수분이 빠져나가는 현상으로 수확한 산물에 있어서는 나쁜 영향을 미친다. 온도가 높을수록, 상대습도가 낮을수록, 공기유동량이 많을수록 증산작용은 증가한다. 표피조직의 상처나 절단 부위를 통해서도 증가한다. 조직에 변화가 생겨 신선도가 저하되며 대체로 수분 5%가량 소실되면 상품가치를 잃는다.

**58** 자두에는 구연산과 사과산이 다량 함유되어 있다. 포도에는 주석산, 사과에는 말산과 능금산, 배에는 능금산, 밀감에는 구연산이 함유되어 있다.

**59** 과실별 조직감 유형

㉠ **사과** : 씹는 느낌의 사각거림

㉡ **복숭아** : 연화의 정도

㉢ **감귤류** : 수분 함량과 관련하여 과즙 양

㉣ **배** : 씹히는 느낌과 다즙성

**60** ① 굴절당도계 측정 시 온도에 따라 굴절률에 변화가 있다.

③ 과즙에 녹아 있는 단당류와 소당류 함량을 측정한다.

④ 설탕물 10% 용액을 10°Brix로 한다.

**61** **카로티노이드** … 색소의 일종으로 $\alpha$ – 카로틴, $\beta$ – 카로틴, 루테인, 레티놀 등이 대표적이다.

**62** 감자 수확 후 15 ~ 20℃, 습도 85 ~ 95%의 환경에서 약 이주가량 큐어링을 하며 코르크층을 형성하면 수분 손실 및 미생물 침입을 예방할 수 있다.

**63** 과산화수소 처리, 부유세척, 오존수 처리는 원예산물에 부착되어 있는 오염물질을 세척제를 사용하거나, 화학적인 방법 혹인 물리적인 방법을 사용하여 제거하는 습식 세척에 해당한다.

※ **자외선 처리** … 자외선을 이용하여 세균이나 곰팡이 등을 멸살하는 살균방법이다.

**64** 유기산은 약산을 보존용액을 산성화시켜 세균 증식을 억제하여 품질 유지에 도움이 된다. 또한 인산칼륨은 식물의 착색을 도와주고 줄기를 단단하게 해, 품질을 높이고 수명을 연장하는 효과가 있다.

**65** 예냉은 수확한 작물에 축적된 포장열을 제거하여 품온을 낮추는 처리로, 품온과 원예산물의 비열을 이용하면 포장열량을 구할 수 있다.

※ **포장열** … 수확한 작물에 축적된 열을 포장열이라고 한다. 얼마나 빠르게 제거하느냐에 따라 저온저장의 효과가 달라진다. 예냉을 하지 않은 상태의 원예산물은 포장열로 인해 냉장용량을 많이 차지한다.

**66** 후숙처리에 의해 상품성이 향상되는 대표적인 원예산물은 바나나. 바나나를 후숙하면 향기와 영양이 크게 향상된다. 자연상태에서는 외피가 연두색 상태일 때 수확하여 그냥 상온에 두면 며칠 내로 후숙이 이루어진다.

**67** 저장고의 습도가 높으면 부패발생률이 생긴다. 서리 및 에틸렌 제거, 저장고 소독 등을 통해 습도를 관리해준다.

**68** MA필름저장에 사용되는 필름은 수분투과성과 이산화탄소, 산소 및 다른 공기의 투과성이 중요하다. 이산화탄소의 투과도는 산소 투과도의 3 ~ 5배에 이르러야 한다.

**69** 에틸렌은 과실의 수성과 잎의 노화를 촉진시키며 에세폰은 에틸렌을 발생시키는 식물조절제로 이용된다.

**70** 상온저장은 외기의 온도변화에 따라 외기의 도입·차단, 강제송풍처리, 보온, 밀폐처리 등의 장치 없이 저장하는 방법이다. 배 상온 저장력은 '신수(7) < 추황배(50) < 신고 (60) = 영산배(60)'순이다.

**71** 세포의 결빙은 한해(寒海)의 증상이다. 식물체 조직 내 즙액의 농도가 낮은 세포 간극에서 먼저 결빙이 발생하는 세포 외 결빙과 결빙이 진전되면서 세포 내 원형질이나 세포액이 어는 세포 내 결빙이 있다.

**72** 토마토의 저온장해 회피 온도는 12℃이다. 약 3 ~ 10℃에서 8일간 저장했을 시 저온장해가 발생한다.
※ 저온장해 회피 온도

| 구분 | 내용 | 구분 | 내용 |
|---|---|---|---|
| 0℃ 미만 | 콩, 브로콜리, 당근, 샐러리, 마늘, 양파, 상추, 버섯, 파슬리 등 | 4 ~ 5℃ | 감귤 |
| 0 ~ 2℃ | 아스파라거스, 사과, 배, 복숭아, 매실, 포도, 단감 등 | 7 ~ 13℃ | 애호박, 오이, 가지, 수박, 바나나, 토마토 |
| 2 ~ 7℃ | 서양호박 | 13℃ 이상 | 생강, 고구마 |

**73** 신선채소류는 수분 증산을 억제하고 결로를 방지할 수 있는 포장재를 사용한다.

**74** '폴리에스테르(PET) < 폴리스티렌(PS) < 폴리프로필렌(PP) < 저밀도 폴리에틸렌(LDPE)'의 순이다.

**75** ② PLS(Positive List System) : 등록되지 않은 농약은 원칙적으로 사용을 금지하는 제도를 말한다. 정해진 농약기준에 따라 안전성 적합 여부를 판단, 기준이 없는 경우엔 0.01ppm(불검출 수준)을 초과하면 부적합으로 처리한다.
① HACCP : 식품의 원재료부터 제조, 가공, 보존, 유통, 조리단계를 거쳐 최종소비자가 섭취하기 전까지의 각 단계에서 발생할 우려가 있는 위해요소를 규명하고, 이를 중점적으로 관리하기 위한 중요관리점을 결정하여 자율적이며 체계적이고 효율적인 관리로 식품의 안전성을 확보하기 위한 과학적인 위생관리체계이다.
③ GAP(Good Agricultural Practices) : 작물의 재배환경, 재배과정, 수확및 수확후 관리과정에서 농산물에 잔류할수 있는 중금속등의 오염을 제거하거나 국가에서 정한 허용기준치(PLS)이하로 관리하여 안전성과 품질이 확보된 농산물을 공급하는 제도이다.
④ APC(Agricultural Products Processing Center) : 농산물의 집하, 선별, 세척, 포장, 예냉, 저장 등의 상품화 기능을 수행하고, 대형 유통업체나 도매 시장에 판매 기능을 수행하는 산지 유통의 핵심 시설이다.

**76** 농산물은 수요와 공급이 비탄력적이다.

　※ 농산물의 특성

　　㉠ 계절적 변동이 크다.

　　㉡ 부패성을 가진다.

　　㉢ 수요와 공급이 비탄력적이다.

　　㉣ 가격 대비 부피와 중량이 커서 운송과 운반 시 비용이 많이 든다.

　　㉤ 생산시기와 기간이 자연에 의해 규제받는다.

**77** 생산과 소비 간 시간 간격을 해소하고 연결해주는 기능은 저장기능이다.

**78** 가공 및 조리식품의 소비가 증가하고 있다.

**79** ② 정보종류 – 통계정보, 관측정보, 시장정보, 비공식 정보, 공식 정보

③ 시장정보 – 산지 단계를 제외한 조사실행

④ 통계정보 – 개별재배면적, 생산량, 수출입통계

**80** 크게 수집기구, 중개기구, 분산기구로 구성된다.

　※ 농산물 유통기구

| 구분 | 내용 |
|---|---|
| 수집기구 | 여러 농가에 의해 흩어져 있는 농산물을 수집하여 상품을 형성한다. 생산이 소규모며 분산되어 있는 경우 발달한다. 주로 산지를 중심으로 형성된다. |
| 중개기구 | 수집된 농산물을 소매시장으로 이전시키는 기능을 한다. 도매시장의 형태로 나타난다. |
| 분산기구 | 농산물을 최종 소비자에게 전달하는 기능을 한다. 전통적인 소매시장과 대형 소매기관(백화점 등)이 있다. |

**81** 농산물 도매시장은 가격형성 기능을 수행하고 있으며 최고가격제 원칙에 따라 경매를 진행한다.

　※ 도매시장의 기능

　　㉠ 가격형성

　　㉡ 분배 및 유통경비 절약

　　㉢ 위생적인 거래

　　㉣ 농산물 수급조절

**82** 생산자는 배추 한 포기당 1천 원에 판매하고 수집상은 포기당 2천 원에 도매상에게 판매하였으므로 50%의 유통마진이 생긴다.

$$\frac{2000 - 1000}{2000} \times 100 = 50(\%)$$

　※ 유통마진 = 최종소비자 지불가격 – 생산농가의 수취가격

**83** 협동조합 유통

    ㉠ 유통마진 절감

    ㉡ 협동조합을 통한 시장교섭력 제고

    ㉢ 초과이윤 억제

    ㉣ 시장 확보 및 위험분산

    ㉤ 농산물 출하시기 조절 용이

    ㉥ 무임승차 우려

**84** 공동판매는 공동계산으로 이루어진다.

    ※ **공동계산** … 다수의 개별농가가 생산한 각 상품을 혼합하여 등급별로 구분하고 관리·판매하여 등급에 따라 비용과 대금을 평균하여 농가에 정산하는 방법이다.

**85** 소매상의 기능

    ㉠ 소비자가 원하는 상품구색 제공

    ㉡ 소매광고, 판매원 서비스 등을 통해 고객에게 관련 정보 제공

    ㉢ 애프터서비스, 설치, 배달 등 제공

    ㉣ 자체 신용정책을 통해 소비자 금융 부담 절감

**86** 농산물 산지유통의 기능

    ㉠ 가격변동에 대응하여 생산품목 및 생산량 조정 기능

    ㉡ 출하조절로 시간효용 창출

    ㉢ 장소효용 및 가공을 통한 형태효용, 부가가치 창출

    ㉣ 생산자와 산지 유통인 간 농산물 1차 교환 가능

    ㉤ APC의 선별

**87** 생산지와 소비지가 다르기 때문에 이동시켜야 하는데, 이를 담당하는 기능을 수송기능이라고 한다. 생산과 소비의 시간격차 해결은 저장기능이다.

**88** 안전한 대금지불방식이 요구된다.

    ※ **전자상거래 장·단점**

| 장점 | 단점 |
| --- | --- |
| • 낮은 시간·공간적 제약<br>• 다양한 상품정보 제공<br>• 비용 감소<br>• 장바구니 기능<br>• 고객의 구매형태 등의 분석 용이<br>• 효율적인 물류수송 | • 상품구격 비표준화<br>• 보안사고에 취약하여 안전한 대금지불방식 요구<br>• 효율적인 물류 및 배달체계 구축 요구 |

**89** 등급화 … 크기(상품의 지름, 길이, 무게 등), 품질(고유의 특성, 청결도, 신선도, 형태), 상태(견고성, 신선도 등), 허용(등급 구분상 허용할 수 있는 한계치) 등 이미 정해진 표준에 따라 상품을 분류하는 과정이다. 지나치게 세분화된 등급은 등급 간 가격차이가 미미하여 의미가 없다. 등급화는 농산물의 공동출하를 용이하게 한다.

**90** 가격탄력성은 상품의 가격이 변화할 때 판매량이 어떻게 변화하는지 나타내는 지표이다. 농산물 수요의 가격탄력성은 공산품에 비해 비탄력적인 성격을 보인다. 따라서 가격 변동이 크다.
　※ 수요의 가격탄력성 구분
　　㉠ 가격탄력성 > 1(탄력적 수요) : 약간의 가격변화에 대해 수요량이 크게 변화하여 총수익 증가
　　㉡ 가격탄력성 = 1(단위 탄력적 수요) : 가격변화율 만큼 판매율이 변화하여 총 수익 변화 없음
　　㉢ 가격탄력성 < 1(비탄력적 수요) : 가격 인하 시 총수익 감소

**91** 다차원적인 관점을 지닌다.
　※ 소비자 구매의사결정과정
　　㉠ 문제 인식　　　　　　㉡ 정보 탐색　　　　　　㉢ 선택대안 평가
　　㉣ 구매의사결정　　　　㉤ 구매 후 행동

**92** 브랜드 충성도는 소비자가 특정 브랜드에 대해 지니고 있는 호감 또는 애착의 정도를 의미한다. 사용량, 사용상황, 구매준비, 브랜드 충성도 등을 기준으로 행위적 특성을 세분화할 수 있다.

**93** ① 브랜드 기능의 파생적 기능에 해당한다.
　③④ 브랜드 기능의 본질적 기능에 해당한다.
　※ 농산물 브랜드 기능
　　㉠ 파생적 기능 : 브랜드 충성도, 농산물 광고 및 마케팅 홍보 등
　　㉡ 본질적 기능 : 생산자 표시 기능, 품질보증 기능, 소유자의 자산 기능 등

**94** ① 리더가격(유인가격) : 저렴한 가격으로 소비자의 관심을 끌고 유인하여 이윤이 높은 다른 제품을 추가로 구매하게끔 유도하는 가격전략이다.
　② 단수가격 : 제품 가격 끝자리를 홀수(999원 등)로 표시하여 제품이 저렴하다는 인식을 심어주는 가격전략이다.
　③ 관습가격 : 장기간 동일 가격을 유지하는 전략이다.
　④ 개수가격 : 고급품질의 가격이미지를 형성하여 구매를 자극하는 가격전략이다. 단수가격전략과 상응한다.

**95** 판매촉진은 제품, 가격, 장소 등 마케팅 활동으로 소비자의 구매의욕을 자극한다. 이를 통해 제품 홍보, 광고, 매출증가, 고객 확보 등을 기대할 수 있다.

**96** 소유권 이전은 농산물 유통의 기능 중 하나이다. 유통조성기능에는 소유권 이전 기능과 물적 유통기능을 원활히 수행하기 위해 표준화·등급화, 유통금융, 시장정보기능 등이 있다.

**97** ① POS(Point Of Sales) : 판매시점 정보관리로, 판매와 관련한 데이터를 관리하고 고객정보를 수집하여 부가가치를 향상시킬 수 있도록 상품 판매 시기를 결정하는 것을 말한다.

② CS(Customer Satisfaction) : 고객만족으로, 고객의 욕구와 기대에 부응하며 고객 신뢰뿐만 아니라 상품과 서비스 재구입이 이루어질 수 있도록 한다.

④ ERP(Enterprise Resource Planning) : 전사적 자원관리로, 기업을 통합적으로 관리하고 경영 효율성을 기하기 위한 수단이다.

**98** ①②④ 농산물 가격변동의 대응책이다. 재해대비는 농작물 및 시설물 관리 요령에 해당한다.

**99** 국내표준 파렛트 T11형 규격은 1,100mm×1,100mm이다.

**100** 미시환경 및 거시환경
㉠ 미시환경 : 기업, 원료공급자, 마케팅 중간상, 기업 등
㉡ 거시환경 : 정치·경제적 환경, 사회·문화적 환경, 기술적 환경, 자연적 환경, 인구통계적 환경 등

상식
용어사전
시리즈

합격GO!

**1** **금융상식 2주 만에 완성하기**

금융은행권, 단기간 공략으로 끝장낸다! 필기 걱정은 이제 NO! <금융상식 2주 만에 완성하기> 한 권으로 시간은 아끼고 학습효율은 높이자!

**2** **중요한 용어만 한눈에 보는 시사용어사전 1130**

매일 접하는 각종 기사와 정보 속에서 현대인이 놓치기 쉬운, 그러나 꼭 알아야 할 최신 시사상식을 쏙쏙 뽑아 이해하기 쉽도록 정리했다!

**3** **중요한 용어만 한눈에 보는 경제용어사전 961**

주요 경제용어는 거의 다 실었다! 경제가 쉬워지는 책, 경제용어사전!

**4** **중요한 용어만 한눈에 보는 부동산용어사전 1273**

부동산에 대한 이해를 높이고 부동산의 개발과 활용, 투자 및 부동산 용어 학습에도 적극적으로 이용할 수 있는 부동산용어사전!

# 자격증 기출문제 총집합!

자격증 별로 정리된
기출문제로 깔끔하게 합격하자!

기출문제로 자격증 시험 준비하자!

건강운동관리사, 스포츠지도사, 손해사정사, 손해평가사,
농산물품질관리사, 수산물품질관리사, 관광통역안내사, 국내여행안내사, 보세사, 사회조사분석사